全国本科院校机械类创新型应用人才培养规划教材

# 计算机辅助工程

许承东　主　编
贺媛媛　胡春生　副主编

## 内 容 简 介

CAE(计算机辅助工程)是近年来在航空航天、机械、土木工程等领域发展迅速的学科，也是本科生计算机应用课程的一个方向。CAE 是计算机辅助设计和计算机辅助分析等技术的延伸，也是固体力学、流体力学、数值计算、计算机仿真等多个学科的交叉。本书系统阐述了 CAE 的基本概念、原理、工具软件、分析流程等，结合实际的工程背景给出了进行 CAE 分析的两个实例，读者可以根据书中介绍的原理、流程和实例，逐步掌握 CAE 的基本原理和方法。

本书的内容包括：CAE 的发展历史、CAE 的分析流程、几何建模基础、网格剖分基础、CAE 软件前处理介绍、数值计算方法基础、计算流体力学基础、计算结构力学基础、计算机图形图像基础、CAE 软件中的后处理模块介绍、主流 CAE 软件介绍、面向轨道车辆设计的 CAE 技术应用示例、面向飞行器设计的 CAE 技术应用示例。本书注重于实例教学，介绍基本概念的同时提供应用案例，同时附有一定数量的习题。

本书可以作为高等学校航空宇航类、机械工程、机械电子工程、车辆工程和土木工程等专业相关课程的教材，也可供从事 CAE 相关研究与应用的专业人员参考。

**图书在版编目(CIP)数据**

计算机辅助工程/许承东主编. —北京：北京大学出版社，2013.8

(全国本科院校机械类创新型应用人才培养规划教材)

ISBN 978-7-301-22977-4

Ⅰ. ①计…　Ⅱ. ①许…　Ⅲ. ①计算机辅助技术—高等学校—教材　Ⅳ. ①TP391.7

中国版本图书馆 CIP 数据核字(2013)第 182838 号

**书　　名：计算机辅助工程**

著作责任者：许承东　主编

策 划 编 辑：郑　双

责 任 编 辑：郑　双

标 准 书 号：ISBN 978-7-301-22977-4/TH・0365

出 版 发 行：北京大学出版社

地　　址：北京市海淀区成府路 205 号　100871

网　　址：http://www.pup.cn　　新浪官方微博：@北京大学出版社

电 子 信 箱：pup_6@163.com

电　　话：邮购部 62752015　发行部 62750672　编辑部 62750667　出版部 62754962

印　刷　者：北京鑫海金澳胶印有限公司

经　销　者：新华书店

787 毫米×1092 毫米　16 开本　19.75 印张　462 千字

2013 年 8 月第 1 版　2013 年 8 月第 1 次印刷

定　　价：38.00 元

# 前　言

CAE 是 Computer Aided Engineering 的缩写，一般译为计算机辅助工程。广义的 CAE 包含了工程全生命周期的各个计算机辅助技术(CAD、CAA、CIM、CAM、CAPP 等)，狭义的 CAE 主要指计算机辅助分析，本书的内容主要是针对狭义 CAE 展开的。CAE 是固体力学、流体力学、数值计算、计算机仿真等多个学科的交叉与融合，它的特点是以工程和科学问题为背景，建立计算模型并对其进行计算机仿真分析。CAE 的理论基础在 20 世纪 40～60 年代已经基本完善，20 世纪 80 年代之后 CAE 开始蓬勃发展，现在它已经是航空航天、机械、土木等多个工程领域必不可少的分析和验证手段。

CAE 的蓬勃发展在于它能够通过对产品零部件工作状态进行合理的计算机模拟和仿真，及早发现设计中的缺陷，从而显著缩短研制周期，节约试验费用，提高生产效率。通过计算机模拟和仿真，可以节省大量的真实实验的成本，同时由于计算机仿真的“时间”可以快于现实时间，因此 CAE 可以在很短的时间内分析现实中很长时间的变化，进而缩短了研制周期，提高了效率。对于航空航天、机械、土木等工程专业的本科生，及早掌握 CAE 的基本原理和相关技术，可以为未来工作打下良好的基础。本书力图以基本原理介绍与相关实例演示相结合的方式，深入浅出地阐明 CAE 的基本原理、方法和技术，并以实例来帮助读者掌握 CAE 的基本原理和流程。

全书共分 7 个章节，其中第 1 章简述了 CAE 的发展历史；第 2 章介绍了 CAE 前处理的基础知识，包括几何建模的基础、网格剖分的基础等；第 3 章介绍了 CAE 分析技术的基本原理，包括数值计算方法的基础，并介绍了在此基础上发展起来的计算流体力学和计算结构力学的基本概念；第 4 章介绍了 CAE 后处理的基础知识，包括计算机图形图像基础、典型 CAE 软件中的后处理模块；第 5 章分类介绍了市面上主流 CAE 软件的功能特点；第 6 章举例介绍了 CAE 在轨道车辆设计中的应用；第 7 章举例介绍了 CAE 在飞行器设计中的应用。书中每章都提供了导入案例和阅读材料，并编制了配套习题，尽量使读者在学习的过程中逐步掌握 CAE 的整个流程。

本书的编写是众多人员辛勤劳动的结果。北京理工大学许承东教授作为主编，编制了本书的大纲，起草了书稿的章节及初稿，并全程指导了书稿的编写；贺媛媛副教授以多年从事 CAE 课程教学的经验对本书的章节安排和习题课件编制提出了修改意见，并参与了部分内容的编写；北京理工大学的胡春生、曹啸博、张鹏飞、蔡熙、张弛、李光耀、马小强、宋丹、李剑、范国超、李赫等人合作完成了本书第 1～5 章和第 7 章内容。北京交通大学的李强教授和刘德坤编写了第 6 章的内容。特别感谢曹啸博、范国超、刘德坤为第 6 章和第 7 章实例部分所做的大量工作。另外还需要感谢出现在本书参考文献中的各个书目或论文的作者，你们的工作给本书的编著提供了大量的素材，是本书完成的基础。

由于时间和水平有限，书中难免出现不妥之处，恳请读者批评指正。

编　者

# 目　录


第 1 章　绪论 ........ 1

1.1　CAE 的基本概念 ........ 2

1.2　计算机发展概述 ........ 3

1.3　CAE 的发展历史 ........ 6

1.4　CAE 分析的流程 ........ 9

小结 ........ 11

习题 ........ 13

第 2 章　前处理技术基础 ........ 14

2.1　几何建模基础 ........ 15

2.1.1　基本的几何元素 ........ 16

2.1.2　典型的几何建模方法 ........ 19

2.1.3　几何建模实例 ........ 27

2.2　网格剖分基础 ........ 28

2.2.1　网格单元 ........ 28

2.2.2　网格分类 ........ 30

2.2.3　网格剖分方法 ........ 33

2.2.4　CAE 软件中的网格剖分 ........ 41

2.2.5　网格剖分实例 ........ 42

2.3　CAE 软件前处理 ........ 43

小结 ........ 44

习题 ........ 45

第 3 章　分析技术基础 ........ 47

3.1　数值计算方法基础 ........ 48

3.1.1　有限差分法 ........ 48

3.1.2　有限体积法 ........ 52

3.1.3　有限元法 ........ 54

3.2　计算流体力学基础 ........ 60

3.2.1　计算流体力学简介 ........ 60

3.2.2　计算流体力学的基本概念 ........ 62

3.2.3　计算流体力学的求解过程 ........ 69

3.2.4　计算流体力学问题的边界条件 ........ 70

3.3　计算结构力学基础 ........ 73

3.3.1　计算结构力学简介 ........ 73

3.3.2　计算结构力学的基本原理和方法 ........ 74

3.3.3　计算结构力学的基本概念 ........ 77

3.3.4　计算结构力学分析的基本步骤 ........ 79

3.3.5　典型的计算结构力学问题 ........ 80

3.3.6　边界条件与载荷 ........ 84

小结 ........ 88

习题 ........ 88

第 4 章　后处理技术基础 ........ 90

4.1　计算机图形图像基础 ........ 91

4.1.1　点阵图基础 ........ 92

4.1.2　矢量图基础 ........ 94

4.1.3　点阵图和矢量图的比较 ........ 95

4.1.4　动画基础 ........ 98

4.2　CAE 软件中的后处理模块 ........ 99

4.2.1　FLUENT 后处理 ........ 99

4.2.2　MSC.NASTRAN 后处理 ........ 105

4.2.3　ANSYS 后处理 ........ 112

4.2.4　MSC.ADAMS 后处理 ........ 116

小结 ........ 121

习题 ........ 122

第 5 章　CAE 相关主流软件系统简介 ........ 124

5.1　几何建模软件 ........ 125

5.1.1　Pro/E(Creo) ........ 125

5.1.2　UG ........ 128

5.1.3　SolidWorks ........ 131

5.1.4　CATIA ........ 134

5.2　网格剖分软件 ........ 137

5.2.1　HyperMesh ........ 137

5.2.2　其他网格剖分软件 ........ 141

5.3　结构分析软件 ........ 142

5.3.1　MSC.Nastran ........ 142

5.3.2　ANSYS ........ 145

5.4 动力学分析软件 ........ 148
5.4.1 MSC.ADAMS ........ 148
5.4.2 LS-DYNA ........ 151
5.4.3 ABAQUS ........ 155
5.5 流体力学分析软件 ........ 158
5.5.1 FLUENT ........ 158
5.5.2 FASTRAN ........ 160
5.6 模型交换技术 ........ 165
5.6.1 模型交换的基本方法 ........ 166
5.6.2 模型交换的常见问题 ........ 168
5.6.3 模型交换的主要环节 ........ 169
5.6.4 模型的修正问题 ........ 170
5.6.5 模型特征重建 ........ 171
5.7 数据交互文件 ........ 171
5.7.1 IGES 标准 ........ 171
5.7.2 STEP 标准 ........ 173
5.7.3 DXF 文件 ........ 175
5.7.4 STL 文件 ........ 176
5.7.5 IDF 文件 ........ 177
5.7.6 ACIS 文件 ........ 178
5.7.7 Parasolid 文件 ........ 178
小结 ........ 179
习题 ........ 180

**第 6 章 面向轨道车辆设计的 CAE 技术应用** ........ 182

6.1 轮对外形设计 ........ 184
6.1.1 车轮强度分析 ........ 185
6.1.2 瞬态温度场的数学模型 ........ 186
6.1.3 温度场的有限元理论 ........ 187
6.1.4 热应力场的有限元理论 ........ 187
6.1.5 制动热负载的确定和施加 ........ 188
6.1.6 热应力的计算过程 ........ 188
6.2 几何建模 ........ 189
6.3 网格划分 ........ 193
6.3.1 轮对几何模型的六面体结构网格剖分实例 ........ 193
6.3.2 轮对几何模型的非结构网格剖分实例 ........ 208
6.4 静力分析 ........ 210
6.4.1 静力分析描述 ........ 210
6.4.2 静力分析实例及步骤 ........ 210
6.5 模态分析 ........ 215
6.5.1 模态分析描述 ........ 215
6.5.2 模态分析实例及步骤 ........ 215
6.6 热-应力耦合分析 ........ 220
6.6.1 热-应力耦合分析仿真场景描述 ........ 220
6.6.2 分析实例及步骤 ........ 220
小结 ........ 233
习题 ........ 234

**第 7 章 面向飞行器设计的 CAE 技术应用** ........ 235

7.1 飞行器总体设计与 CAE 技术 ........ 236
7.1.1 CAE 技术在飞行器气动外形设计中的应用 ........ 238
7.1.2 CAE 技术在飞行器结构设计中的应用 ........ 239
7.1.3 CAE 技术在飞行器动力学特性分析中的应用 ........ 240
7.2 几何建模实例 ........ 241
7.3 网格剖分 ........ 248
7.3.1 飞行器几何模型的非结构网格剖分实例 ........ 248
7.3.2 飞行器几何模型的六面体结构网格剖分实例 ........ 251
7.4 空气动力学仿真 ........ 264
7.4.1 空气动力学仿真场景描述 ........ 264
7.4.2 仿真实例及步骤 ........ 265
7.5 结构力学仿真 ........ 281
7.5.1 结构力学仿真场景描述 ........ 281
7.5.2 仿真实例及步骤 ........ 281
7.6 系统动力学仿真 ........ 292
7.6.1 系统动力学仿真场景描述 ........ 292
7.6.2 仿真实例及步骤 ........ 293
小结 ........ 300
习题 ........ 301

**附录 课后习题答案** ........ 303

**参考文献** ........ 305

# 第1章 绪　论

- 了解CAE的基本概念。
- 了解CAE的发展历史。
- 掌握CAE分析的流程。

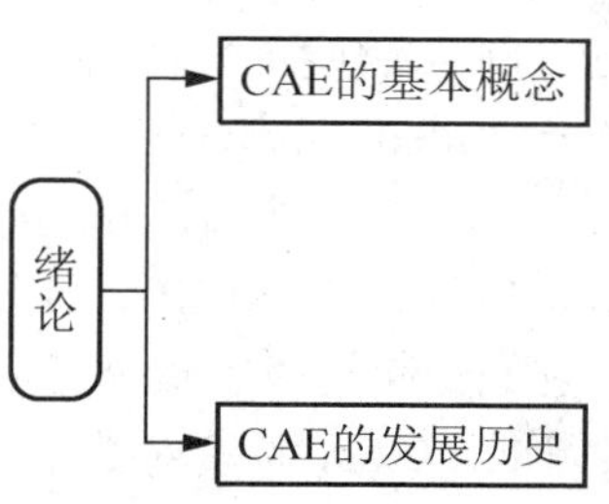


图1.1　绪论知识结构图

## 导入案例

20 世纪 90 年代初，美国波音(Boeing)公司正式启动波音 777 飞机研制计划，它采用一种全新的设计与制造方式并在 4 年半之后，于 1994 年 6 月 12 日直接进行了第 1 架波音 777 的首飞。波音 777 飞机的研制采用了全数字化的无纸设计技术，整机设计、部件测试、整机装配及在各种环境下的试飞，均是采用仿真技术在计算机上进行，将产品(新型飞机)功能与工艺两方面可能出现的问题，提前发现并解决于生产制造过程的上游——设计阶段，达到设计的最优化和产品制造的一次性成功。波音 777 的整机外形、结构件和整机飞机系统 100%采用三维数字化定义，100%应用数字化预装配，整个设计制造过程无需模型和样机，最终一次试飞成功。对比以往的飞机研制，波音 777 成本降低了 25%，出错返工率减少了 75%，制造周期缩短了 50%。波音 777 的成功研制成为了现代产品开发新技术应用的里程碑，其采用的开发过程现在称为虚拟产品开发(Virtual Product Development，VPD)，应用的开发技术称为虚拟样机技术(Virtual Prototyping，VP)。而支持 VPD 的基础是面向零部件的(Computer Aided Design，CAD)、(Computer Aided Engineering，CAE)、(Computer Aided Manufacturing，CAM)技术。接下来，本章将对 CAE 技术进行讲解，使读者能够了解其相关的知识。

## 1.1 CAE 的基本概念

CAE 是 Computer Aided Engineering 的缩写，一般译为计算机辅助工程，它的特点是以工程和科学问题为背景，建立计算模型并对其进行计算机仿真分析。关于 CAE 的含义可以从广义和狭义两部分去理解，广义的 CAE 包括了计算机辅助设计(Computer Aided Design，CAD)、计算机辅助分析(Computer Aided Analysis，CAA)、计算机集成制造(Computer Integrated Manufacturing，CIM)、计算机辅助制造(Computer Aided Manufacturing，CAM)、物料需求规划(Material Requirements Planning，MRP)、计算机辅助工艺过程设计(Computer Aided Process Planning，CAPP)。它们一起构成了整个 CAE 的体系，我们可以简单地理解为：CAD 负责制作数字化的方案图纸，CAA 负责对数字化的方案图纸进行分析，CIM 负责组织和管理制造企业的运行，CAM 负责根据数字化图纸进行制造活动，MRP 负责为制造活动合理地安排物料，CAPP 负责对工艺过程进行规划设计。由此可见广义的 CAE 包含的内涵非常广泛，几乎涵盖了产品制造的全生命周期。而狭义的 CAE 一般指 CAE 软件或是用 CAE 软件来进行复杂工程和产品结构强度、刚度、屈曲稳定性、动力响应、热传导、三维多体接触、弹塑性等力学性能的分析计算及结构性能的优化设计等问题的一种近似数值分析方法，狭义的 CAE 更接近于广义 CAE 中 CAA 的部分，主要是指工程设计中的分析计算与分析仿真。本书的后续章节主要是针对狭义 CAE 展开的，有关 CAE 的概念和内涵除非另作说明，否则一律指代狭义的 CAE。

CAE 的作用主要是指用计算机对工程和产品的运行性能与安全可靠性分析，对其未来的运行状态进行模拟，及早发现设计计算中的缺陷，并证实未来工程、产品功能和性能的可用性和可靠性。具体包括工程数值分析、结构与过程优化设计、强度与寿命评估、运动／动力学仿真。工程数值分析用来分析确定产品的性能；结构与过程优化设计用来保证产品功能、工艺过程的基础上，使产品、工艺过程的性能最优；结构强度与寿命评估用来评估产品的精度设计是否可行，可靠性如何及使用寿命为多少；运动/动力学仿真用来对CAD建模完成的虚拟样机进行运动学仿真和动力学仿真。

对CAE进一步分析，其具体的含义表现为以下几个方面：

- 运用工程数值分析中的有限元等技术分析计算产品结构的应力、变形等物理场量，给出整个物理场量在空间与时间上的分布，实现结构从线性、静力的计算分析到非线性、动力的计算分析。
- 运用过程优化设计的方法在满足工艺、设计等约束条件下，对产品的结构、工艺参数、结构形状参数进行优化设计，使产品结构性能、工艺过程达到最优。
- 运用结构强度与寿命评估的理论、方法、规范，对结构的安全性、可靠性及使用寿命做出评价与估计。
- 运用运动/动力学的理论、方法，对由CAD实体造型设计出的零件、部件和整机进行运动/动力学仿真，给出零件的模态，部件和整机的运动轨迹、速度、加速度及动反力的大小等。

CAE技术的应用，一方面使许多过去受条件限制无法分析的复杂问题，通过计算机数值模拟得到满意的解答；另一方面，计算机辅助分析使大量繁杂的工程分析问题简单化，使复杂的过程层次化，节省了大量的时间，避免了低水平重复的工作，使工程分析更快、更准确。CAE作为计算机学科和工程分析学科的交叉，其发展史与计算机及工程分析技术的发展息息相关。

## 1.2 计算机发展概述

计算机的发展至今为止总共经历了四次大的革命性的飞跃，据此将计算机分为四代，分别是第一代电子管计算机、第二代晶体管计算机、第三代集成电路计算机和第四代大规模集成电路计算机，下面分别对这四代计算机进行简单的介绍。

1. 第一代电子管计算机(1945—1956)

第二次世界大战期间，为了开发新型火炮和导弹，美国陆军军械部在马里兰州的阿伯丁建立了“弹道研究实验室”，要求该实验室每天为部队提供6张火力表。其中，每张火力表都要计算几百条弹道，而每条弹道的数学模型都是一组复杂的非线性方程组。这些方程组只能用数值方法进行近似计算，而利用当时的计算工具，即使是200多名雇员加班加点工作，也需要两个多月才能算出一张火力表。这显然无法满足军方的要求。

为此，1942年美国宾夕法尼亚大学的约翰·莫希利(John Mauchly)提出试制“高速电子管计算装置”的设想，希望用电子管代替继电器以提高计算速度。该设想很快得到军方的支持，于是成立了以莫希利以及他的学生约翰·埃克特(John Eckert)为首的研制小组。在研制过程的中期，时任弹道研究实验室顾问、正在参与美国第一颗原子弹研制的数学家冯·诺依曼(Von Neumann)带着原子弹研制中的计算问题，加入了研制小组。在冯·诺依曼的帮助下，1946 年 2 月 15 日，世界上第一台计算机——电子数字积分器与计算器(Electronic Numerical Integrator And Calculator，ENIAC)诞生。其计算速度达到每秒 5000 次加法运算，比当时最快的继电器式计算装置的运算速度快 1000 多倍，极大地提高了弹道的计算速度。与现代的计算机相比，ENIAC 显然是个庞然大物，它使用了 18000 多个电子管，占地面积约 170$m^2$，重达 30t，功率约 150kW。

1945 年冯·诺依曼等人发表了“离散自变量自动电子计算机(Electronic Discrete Variable Automatic Computer，EDVAC)”的报告。该报告长达 101 页纸，明确定义了计算机的五大部件：运算器(Arithmetic Logic Unit)、逻辑控制器(Logic Control Unit)、存储器(Memory)、输入设备(Input Equipment)和输出设备(Output Equipment)及其之间的相互关系，如图 1.2 所示。其中，运算器和逻辑控制器也合称中央处理器(Central Processing Unit，CPU)，是计算机的核心部件，被称为计算机的心脏。报告还指出：数据和指令均采用由“0”和“1”组成的二进制，以便发挥电子器件的特性，简化系统结构和逻辑设计；采用存储器存储程序、指令和数据，以提高计算速度。该报告奠定了现代计算机的基本架构，是计算机发展史上里程碑式的文献。冯·诺依曼由此被称为“计算机之父”。ENIAC 的发明标志着信息时代的来临，它一直工作到 1955 年 10 月。1946—1954 年间，真空电子管是计算机的核心器件，这时候的计算机一般被称为第一代计算机。

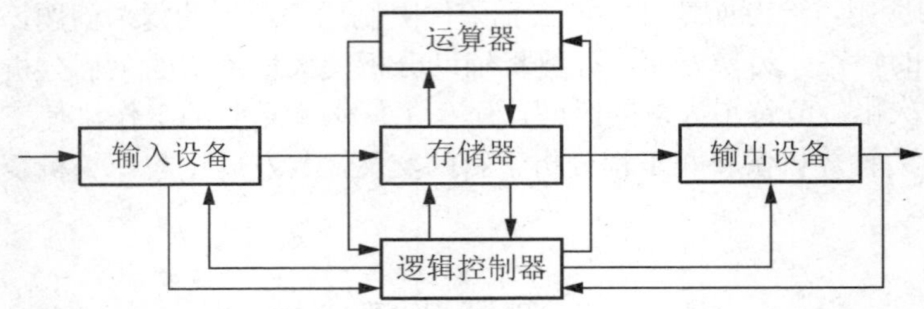


图 1.2　冯·诺依曼的计算机体系架构

2. 第二代晶体管计算机(1956—1963)

1947 年 12 月，美国贝尔(Bell)实验室的科学家威廉·肖克利(William Shockley)、约翰·巴丁(John Bardeen)和沃尔特·布拉顿(Walter Brattain)等研制成功世界上第一个晶体管，取得固体物理学和微电子技术领域的重大突破。1956 年，他们三个共同荣获了诺贝尔物理学奖。晶体管的发明引发了电子工业的一场革命，被科学界称为“20 世纪最重要的发明”。威廉·肖克利也被称为“晶体管之父”。晶体管的发明极大地促进了计算机的发展。晶体管代替了体积庞大的电子管，电子设备的体积不断减小。1954 年，美国贝尔实验室采用晶体管制造了世界上的第一台晶体管计算机，标志着计算机技术进入了第二个发展阶段(1954—1964)。与第一代计算机相比，第二代计算机体积小、速度快、功耗低、性能更加稳定。早期采用晶体管技术的计算机主要用于核物理中的数据处理，价格昂贵，生产数量极少。1960 年后，第二代计算机开始用于商业领域、大学和政府等部门。打印机、磁带、磁盘、内存、操作系统等现代化计算机的部件开始出现。

3. 第三代集成电路计算机(1964—1971)

1958 年仙童公司开发出首个平面晶体管。1959 年 1 月，仙童公司总经理罗伯特·诺依斯(Robert Noyce)提出有关集成电路的设计方案，当年的 7 月 30 日提交了“半导体器件——连线结构”的专利申请，并于 1961 年 4 月 25 日获得美国专利。1958 年 7 月，杰克·基尔比(Jack Kilby)加入德州仪器(Texas Instruments，TI)公司并于 1958 年 9 月 12 日，成功地将 1 只晶体管、4 只电阻和 3 只电容等集成在一块半导体锗晶体片上，研制出了世界上第一块集成电路(IC)。集成电路的发明奠定了现代微电子技术的基础，开创了电子技术发展的新纪元，越来越多的元器件被集成到单一的半导体芯片上。1964 年，美国国际商用机器公司(International Business Machines Corporation，IBM)研制成功世界上第一台采用集成电路的通用计算机 IBM System360，标志着计算机产业进入第三发展阶段。由于采用了集成电路，第三代计算机体积更小、功耗更低、速度更快。此外，第三代计算机开始使用操作系统，计算机在操作系统(Operating System，OS)的控制下可以同时运行多个程序。

1968 年 7 月，罗伯特·诺依斯、高登·摩尔(Gordon Moore)与安迪·格鲁夫(Andy Grove)三人离开仙童公司，合伙创办了一家名为集成电子(Integrated Electronic)的公司，这就是后来闻名遐迩的英特尔(Intel)公司。英特尔公司的创始人之一高登·摩尔在集成电路的发展进程中扮演着重要的角色。著名的计算机界的“摩尔定律”就是以他的名字命名的：1965 年，摩尔通过长期的研究发现，大约每隔 18 个月，每块集成电路上集成的电子元器件数量会增加一倍，集成电路的性能会提升一倍，而价格则会下降一半。

4. 第四代大规模集成电路计算机(1971—现在)

按照摩尔定律，集成电路不断扩大规模和集成度。20 世纪 70 年代以后，大规模集成电路(Large Scale Integration，LSI)和超大规模集成电路(Very Large Scale Integration，VLSI)相继出现。1969 年，Intel 发布了世界首款金属氧化物半导体(MOS)静态随机存储器 1101。1971 年，英特尔发布了世界首款可擦写编程只读存储器。1971 年 11 月 15 日，Intel 公司工程师马西安·特德·霍夫(Marcian E Hoff)发明了世界首款包括运算器、控制器在内的商用微处理器(Micro Processor)4004，也称为中央处理器(CPU)，实现了单片计算机(Computer on a Chip)的梦想。Intel 4004 字长为 4 位，只有 45 条指令，每秒能执行 5 万条指令，运行速度甚至比不上世界第一台计算机 ENIAC。但是，一块 4004 集成了 2300 只晶体管，其质量还不到 1 盎司(28.35g)。Intel 4004 的发明是信息技术(Information Technology，IT)史上重要的里程碑，它为计算机的微型化和个人计算机(PC)的诞生奠定了基础，引发了计算机产业的第四次变革。计算机不断向着小型化、微型化、低功耗、智能化、系统化的方向发展。霍夫也因此被称为“微处理器之父”。

这个时候的计算机已经和我们现在用的计算机差别很小了，从 1980 年直到现在，计算机一直按照着“摩尔定律”不断地发展，CPU 的运算速度越来越快，内存和硬盘越来越大。2012 年 6 月，世界上运算速度最快的超级计算机是由 IBM 公司为美国劳伦斯·利弗莫尔国家实验室研发的 Sequoia，它每秒能完成 $1.6\times10^8$ 亿次运算，这一记录在 2012 年 10 月被隶属于美国能源部的橡树岭国家实验室的“泰坦(Titan)”打破，泰坦每秒能完成 $17.59\times10^8$ 亿次运算。2011 年单块硬盘的容量已经达到了 4TB(4×1024GB)，同年的单条内存最大容量也达到了 16GB。计算机硬件的迅速发展为 CAE 的发展扫清了限制和制约，使得大规模的 CAE 分析变得可行。

5. 未来的计算机

自问世以来数字计算机在速度和能力上有了可观的提升，但迄今仍有不少课题超出了当前计算机的能力所及。对于其中一部分课题，传统计算机是无论如何也不可能实现的，因为找到一个解决方法的时间还赶不上问题规模的扩展速度。因此，科学家开始将目光转向新的方向来解决这一类问题，这些未来的计算机是：超导计算机、激光计算机、DNA 计算机和量子计算机等。

高速超导计算机的耗电仅为半导体器件计算机的几千分之一，它执行一条指令只需十亿分之一秒，比半导体器件快几十倍。以目前的技术制造出的超导计算机的集成电路芯片只有 3～5$mm^2$ 大小。

激光计算机是利用激光作为载体进行信息处理的计算机，又称光脑，其运算速度将比普通的电子计算机至少快 1000 倍。它依靠激光束进入由反射镜和透镜组成的阵列中来对信息进行处理。与电子计算机相似之处是，激光计算机也靠一系列逻辑操作来处理和解决问题。光束在一般条件下的互不干扰的特性，使得激光计算机能够在极小的空间内开辟很多平行的信息通道，密度大得惊人。一块截面等于 5 分硬币大小的棱镜，其通过能力超过全球现有全部电缆的许多倍。

科学家研究发现，脱氧核糖核酸(DNA)有一种特性，能够携带生物体的大量基因物质。数学家、生物学家、化学家及计算机专家从中得到启迪，正在合作研究制造未来的液体 DNA 计算机。这种 DNA 计算机的工作原理是以瞬间发生的化学反应为基础，通过和酶的相互作用，将发生过程进行分子编码，把二进制数翻译成遗传密码的片段，每一个片段就是著名的双螺旋的一个链，然后对问题以新的 DNA 编码形式加以解答。和普通的计算机相比，DNA 计算机的优点首先是体积小，但存储的信息量却超过现在世界上所有的计算机。

量子力学证明，个体光子通常不相互作用，但是当它们与光学谐腔内的原子聚在一起时，它们相互之间会产生强烈影响。光子的这种特性可用来发展量子力学效应的信息处理器件——光学量子逻辑门，进而制造量子计算机。量子计算机利用原子的多重自旋进行。量子计算机可以在量子位上计算，可以在 0 和 1 之间计算。在理论方面，量子计算机的性能能够超过任何可以想象的标准计算机。

## 1.3 CAE 的发展历史

CAE 最主要的理论基础是有限元法(Finite Element Method，FEM)，有限元方法是用来求偏微分方程式近似解的一种数学方法，它也可以被用来求解积分方程式。有限元方法起源于需要解决市政工程和航空工程方面复杂的弹性结构分析问题。它的开发可以追溯到 A.Hrennikoff(1941)和 R.Courant(1942)的工作，这些先驱者使用这些方法都共享一个基本的特性：把连续域的网格离散化进入一组离散的子域里。Hrennikoff 的工作是采用格子使域离散，而与之类似，Courant 的方法是把域划分成有限的三角形子域来求解 St.Venant 扭转问题。1963—1964 年 Besseling、Melosh 和 Jones 等人证明了有限元法是基于变分原理的里兹(Ritz)法的另一种形式，从而使得里兹分析的所有理论基础都适应于有限元法，确认了有限元法是处理连续介质问题的一种普遍方法。以此为理论指导，有限元法的应用范围有了很大的拓展，有限元法的应用由简单的弹性力学平面问题扩展到空间问题、板壳问题，由静力平衡问题扩展到稳定性问题、动力学问题和波动问题；分析对象从弹性材料扩展到塑性、粘塑性和复合材料，从固体力学扩展到流体力学、传热学等连续介质力学领域。将有限元分析技术逐渐由传统的分析和校核扩展到优化设计，并与计算机辅助设计(CAD)和辅助制造(CAM)密切结合，形成了现在 CAE 技术的框架。

CAE 的发展是伴随着有限元、计算机技术的发展而发展的，在 20 世纪 60～70 年代有限元的理论还处于发展阶段，分析的对象主要是航空航天设备结构的强度、刚度及模态实验和分析问题，又由于当时的计算机的硬件内存少、磁盘的空间小、计算速度慢等特点，CAE 软件处于探索时期。下面列出的是 60～70 年代 CAE 发展历史上部分具有标志性的节点：

- 1963 年——Edward L.Wilson 教授和 Ray W. Clough 教授为了教授结构静力与动力分析而开发了 SMIS。
- 1969 年——Wilson 教授在第一代程序的基础上开发的第二代线性有限元分析程序，就是著名的 SAP(Structural Analysis Program)，而非线性程序则为 NONSAP。
- 1978 年——Wilson 教授的学生 Ashraf Habibullah 创建了 Computer and Structures Inc.(CSI)。
- 1963 年——Richard MacNeal 博士和 Robert Schwendler 先生联手创办了 MSC 公司。
- 1969 年——NASA 推出了其第一个 NASTRAN 版本，称为 COSMIC Nastran。
- 1971 年——MSC 继续的改良 Nastran 程序并推出 MSC.Nastran。
- 1967 年——在 NASA 的支持下 SDRC 公司成立。
- 1968 年——发布了世界上第一个动力学测试及模态分析软件包。
- 1971 年——推出商业用有限元分析软件 Supertab(后并入 I-DEAS 软件中)。
- 1969 年——John Swanson 博士建立了自己的公司 Swanson Analysis Systems Inc(SASI)。

20 世纪 60～70 年代是 CAE 软件的诞生期，这些软件的诞生大部分是由具体的应用需求牵引的，这些应用需求大部分是军事和航天产业中出现的需要解决的工程问题，随着分析方法和计算技术的发展，CAE 软件开始从实验室走向了工程应用，从特定的应用范围走向了通用，并诞生了 CAE 领域的三大产品 Nastran、IDEAS 和 ANSYS。时至今日，这三大巨头主导 CAE 市场的格局基本保持下来，只是在发展方向上，MSC 和 ANSYS 比较专注于非线性分析市场，SDRC 则是更偏向于线性分析市场，同时 SDRC 发展起来了自己的 CAD / CAE / PDM 技术。

20 世纪 70～90 年代，CAE 开始蓬勃发展，出现了大量的新公司和新软件，下面列出的是这一期间的标志性节点：

- 1971 年 MARC 公司成立，致力于发展用于高级工程分析的通用有限元程序，Marc 程序重点处理非线性结构和热问题。
- 1977 年 Mechanical Dynamics Inc. (MDI)公司成立，致力于发展机械系统仿真软件。其软件 ADAMS 应用于机械系统运动学、动力学仿真分析。
- 1978 年 Hibbitt Karlsson＆Sorensen，Inc. 公司成立。其 ABAQUS 软件主要应用于结构非线性分析。

- 1982 年 Computer Structural Analysis and Research(CSAR)成立。其 CSA/Nastran 主要针对大结构、流固耦合、热及噪声分析。
- 1983 年 Automated Analysis Corporation(AAC)成立，其程序 COMET 主要用于噪声及结构噪声优化等领域的分析软件 FIDAP。
- 1986 年 ADINA 公司成立并致力于发展结构、流体及流固耦合的有限元分析软件。
- 1987 年 Livermore Software Technology Corporation(LSTC)成立，其产品 LS-DYNA 特别适合求解各种二维、三维非线性结构的高速碰撞、爆炸和金属成型等非线性动力冲击问题。
- 1988 年 FLomerics 公司成立，提供用于电子系统内部空气流及热传递的分析程序 FloTHERM。
- 1989 年 Engineering Software Research and Development 公司成立，致力发展 P 法有限元程序。同时 Forming Technologies Incorporated 公司成立，致力于冲压模型软件的开发。
- 1994 年——Swanson Analysis Systems，Inc.被 TA Associates 并购，并宣布了新的公司名称改为 ANSYS。

在此期间，有限元分析技术在结构分析和场分析领域获得了很大的成功，从力学模型开始拓展到各类物理场的分析，这个期间有限元技术的应用范围已经囊括了力学、热、流体、电磁这自然界四大基本物理场；从线性分析向非线性分析(如材料为非线性、几何大变形导致的非线性、接触行为引起的边界条件非线性等)发展，从单一场的分析向几个场的耦合分析发展。三个大型商用 CAE 软件 Nastran、IDEAS 和 ANSYS 日渐走向成熟，更多新的 CAE 软件迅速出现，为 CAE 市场的繁荣注入了新鲜血液。在此期间，CAE 软件的开发主要集中在计算速度、精度及与硬件平台的匹配方面，由于当时计算机的内存和硬盘造价昂贵，如何有效地利用计算机内存及磁盘空间完成大规模的仿真计算是需要考虑的重要因素。这期间 CAE 软件的使用者多数为专家且集中在航空、航天、军事等几个领域，这些使用者往往在使用软件的同时还需要进行软件的二次开发。

20 世纪 90 年代至今，是 CAE 的成熟壮大期，众多 CAE 软件经历了兼容合并，逐步扩大了软件的适应性和应用范围，下面列出的是这一期间诞生的典型公司和产品：

- MSC 公司——旗下拥有十几个产品，覆盖了线性分析、非线性分析、显式非线性分析及流体动力学问题和流场耦合问题。
- ANSYS 公司——通过一连串的并购与自身壮大后，ANSYS 塑造了一个体系规模庞大、产品线极为丰富的仿真平台，在结构分析、电磁场分析、流体动力学分析、多物理场、协同技术等方面都提供完善的解决方案。
- Siemens 公司——2001 年 SDRC 公司被 EDS 所收购，并将其与 UGS 合并重组，SDRC 的有限元分析程序也演变成了 NX 中的 I-deas NX Simulation，与 NX Nastran 一起成为了 NX 产品生命周期中的仿真分析中的重要组成部分。2007 年被西门子并购。
- Dassault Systemes 公司——2005 年 Dassault Systemes 并购 SIMULIA 的 ABAQUS，并在 SolidWorks 上进行了集成。
- Altair 公司——以前后处理而进入 CAE 领域的 Altair 公司，近年围绕前后处理建立起来的 HyperWorks 软件成为现在市场上很有竞争力的软件。

- LMS公司——其软件的分析集1D(一维多领域系统仿真)、3D(三维虚拟样机仿真)、“试验”于一身，不仅可以加速虚拟仿真，还能使仿真结果更准确可靠。
- COMSOL 公司——以多物理场耦合仿真开辟出了一片新天地，为其发展、更为CAE技术的发展拨开迷雾。

在此期间，各个CAE软件都积极扩展CAE本身的功能，领域呈现出了大鱼吃小鱼的市场局面，大的软件公司为了提升自己的分析技术、拓宽自己的应用范围，不断寻找机会收购、并购小的、专业的软件商，因此CAE软件本身的功能得到了极大的提升；同时，由于CAE分析需要以数字化的模型为基础，各大分析软件都向CAD靠拢，发展与各CAD软件的专用接口并增强软件的前后置处理能力，如MAC/Nastran在1994年收购了PATRAN作为自己的前后处理软件，并先后开发了与CATIA、UG等CAD软件的数据接口，ANSYS也在大力发展其软件的ANSYS/PrePost前后处理功能，SDRC公司利用I-DEAS自身的CAD功能强大的优势，积极开发与别的CAD模型传输接口，先后投放了与Pro/E、UG、CATIA等的接口，以保证CAD/CAE的相关性；另外，CAD软件商通过并购大力增强其软件CAE功能，如CATIA、SolidWorks、UG都增加了基本的CAE前后处理及简单的线性、模态分析功能；CAE软件的应用领域越来越宽，使用者从分析专家转向设计者和设计工程师，而且分析人员将主要时间和精力转向了前后处理。

随着计算机软、硬件技术的快速发展，CAE无论在性能还是在功能等方面都得到了极大的发展，并呈现出如下发展趋势：

(1) CAE软件向专业应用方向发展：CAE软件将提供完善的外部接口，CAE用户可以利用这些接口在通用软件平台上进行深度的二次开发，建立企业级的CAE分析软件，由此简化分析方法，提高CAE应用效益，以此来建立和提升企业开发和研制的能力。

(2) CAE功能进一步扩充：CAE将实现多结构耦合分析、多物理场耦合分析、多尺度耦合分析，以及结构、构件和材料的一体化设计、计算与模拟仿真等功能。

(3) 三维图形处理与虚拟现实技术：随着快速三维虚拟现实技术的日趋成熟，CAE软件的前后处理系统将会在复杂的三维实体建模及相关的静态和动态图形处理技术方面有新的发展。

(4) 一体化的CAD/CAE/CAM系统：现在的大部分CAE软件都实现了和CAD的集成，由于不同模型转换之间存在的隐患，未来的发展方向必然是CAD/CAE/CAM的无缝集成和一体化。

(5) 多媒体用户界面与智能化、网络化：随着计算机网络和图形技术的发展，未来的CAE软件的用户界面具有更强的直观性。同时，使用户能够实现多专业、异地、协同、综合地设计与分析。

## 1.4 CAE分析的流程

任何产品的设计开发都是一个反复迭代的过程，CAE最大的作用就是减少设计中的迭代。理想的现代设计过程中，CAE应该渗透进产品设计开发的每个阶段和环节，如图1.3所示。

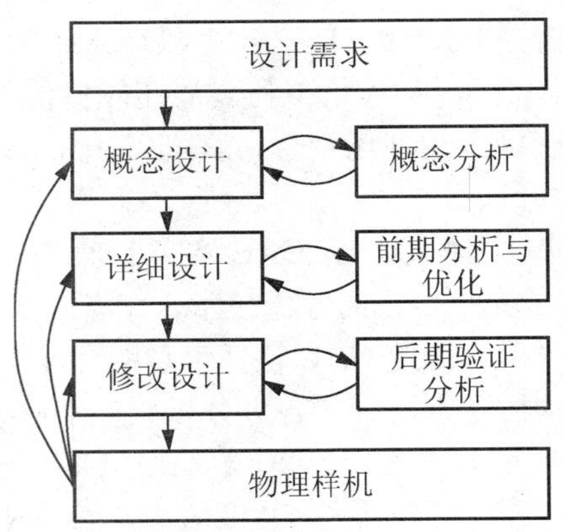


图 1.3　CAE 在产品设计过程中的作用

CAE 分析流程和着重点在概念设计阶段、详细设计阶段和后期验证阶段都是不一样的，而且做不同类型的 CAE 分析其流程也是不同的，甚至不同软件的分析流程也是不同的。虽然无法用一个统一的流程来涵盖所有的 CAE 分析，但是所有的 CAE 分析基本都包括三个大的部分：前处理、分析计算和后处理。前处理主要完成几何模型的构建、网格的剖分、各种参数的设定，这部分工作需要大量人力的参与，而且 CAE 分析结果的好坏几乎都在这一部分被确定了；分析计算主要是计算机利用前处理所设定的求解器或者计算方法来“自动”完成问题的分析和解算，这一部分是没有人力参与的；后处理主要完成分析数据的处理，利用各种图形、图像或者动画进行分析结果的显示。一个典型的 CAE 分析流程，如图 1.4 所示。

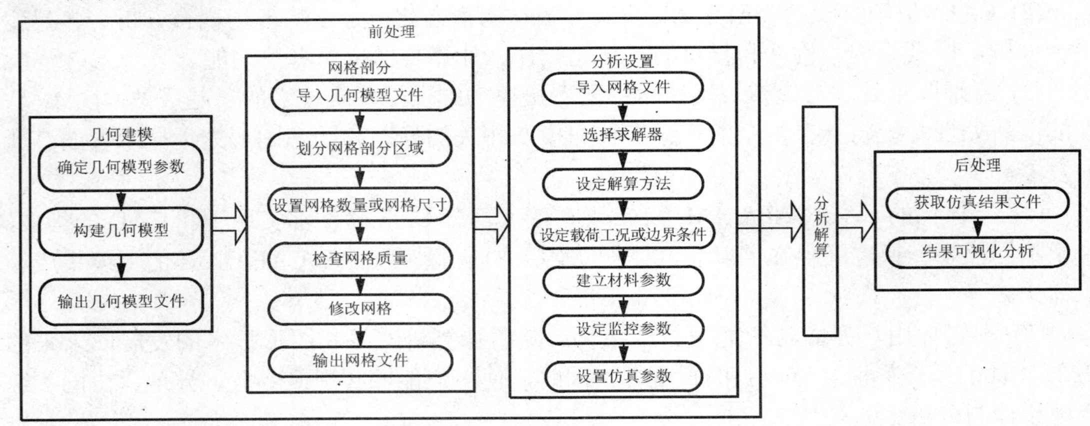


图 1.4　一个典型的 CAE 分析流程

本书的后续章节也将按照典型 CAE 的分析流程来进行展开，其中第 2 章介绍前处理的部分内容，第 3 章介绍分析计算的部分内容，第 4 章介绍后处理的部分内容，第 5 章对主流的 CAE 软件进行简单的介绍，第 6 章和第 7 章分别针对轨道车辆和飞行器，进行了 CAE 的简单分析。

# 小　　结

本章从广义和狭义两个角度介绍了 CAE 的基本概念，并概述了计算机和 CAE 的发展历史，最后简述了 CAE 分析的基本流程。通过对本章的学习，读者应该能对“CAE 是什么？”、“CAE 能干什么？”、“CAE 从何而来？”和“CAE 的分析流程是什么？”等问题做出自己的解答。

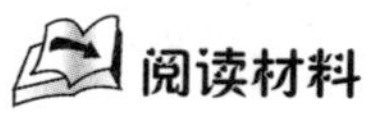

## 阅读材料

### 如何成为一名 CAE 工程师？

下面是某单位的招聘公告：

CAE 工程师

岗位职责：

1. 使用 CAE 工具参与产品设计并给出设计建议；

2. 负责计划和执行工程仿真(CAE)，安排 CAE 时间，收集产品数据，选择与修改计算模型，完成具体仿真计算和报告。

岗位要求：

1. 机械工程、计算数学、材料、力学等专业硕士或以上学历，力学基础扎实，熟悉有限元技术或有限体积法；

2. 2 年以上相关工作经验，具有 Hypermesh、Fluent、Nastran 或 Abaqus 软件实际应用经验者优先考虑；

3. 工作计划性、条理性强，认真主动；

4. 良好的英语读写能力。

产品开发工程师

岗位职责：

1. 应用 UG 等 CAD/CAE 工具进行驱动电机、电力电子控制等产品的变型开发设计；

2. 编制上述产品的工程图纸及生产制造文件；

3. 编制相关产品的试验与认可规范；

4. 进行上述产品的试验验证；

5. 支持样品制造。

岗位要求：

1. 机械、电子等工程类专业大学本科毕业或以上；

2. 3 年以上机械设计经验，具有较强的机械设计能力，熟悉模具设计、复杂机械设计、机床设计、电机机械设计、非标机械设计者优先考虑；

3. 熟悉汽车行业产品开发流程，能熟练使用 UG 软件尤佳；

4. 良好的英语读写能力。

上面的招聘公告极具代表性，从中我们可以看出对 CAE 工程师的基本要求。以有限元分析工程师为例，作为一个合格的有限元分析工程师，至少应该具备以下几个方面的技能和经验：

1. 专业技能和知识，如机械原理与设计制造，流体力学等。如果目标是汽车行业的那还需要汽车相关专业的知识；如果目标是飞机行业，则需要飞机相关专业的知识。

2. 坚实的理论基础，包括物理、力学、数值分析、有限元理论。

3. 必要的程序使用经验，对常用的商业有限元分析程序能够熟练应用。

4. 工程实践的经验，对于不同的工程问题能够准确地做出判断和确定分析方案。

在这几个方面中，比较容易解决地是程序使用，通常的CAE软件教程是很容易获得的，一般通过一些练习就可以很快掌握程序的使用。但是熟悉几个练习题和做一个分析工程师之间还有很大的差距。练习题与工程分析的差别在于，练习题中的模型是已经简化过的，结构已经简化好了，分析类型已经设定，边界条件和载荷条件已经确定，按照步骤进行计算之后，能够看到和教材上一致的结果就算是完成了。在这个过程中，学习者学习的主要是程序的操作过程。而在做工程分析的时候，情况就完全不同了，没有人给你指定模型的简化、分析类型、边界条件，在计算完成后，还需要对结果进行分析和评价。在这个过程中，程序的使用变成了整个分析过程中的技术性最低的一个环节。

一个完整的工程分析的流程包括如下几个部分:

- 首先是问题的提出，在工业实践中，提出问题的部门通常是设计部门或生产部门，设计部门会提出要求对某一设计进行某一方面的验证或优化，生产部门会提出对在产品生产或使用过程中出现的缺陷或问题进行分析和解决。一般情况下，由于分工的不同，设计或生产的工程师对于有限元分析是没有经验的，他们提出的问题是模糊的。例如，设计工程师会问，在某种情况下，我的设计安全吗？生产工程师会问，为什么这个产品会坏呢？
- 然后是问题的分析，这个过程是需要结构分析工程师与设计工程师或生产工程师共同完成的。接到设计工程师和生产工程师提出的问题时，先对问题做一个初步的判断，是什么样类型的问题；然后对问题进行调查，判断是否需要进行下一步的有限元分析。接下来，如果决定要进行有限元分析，就需要更仔细地分析了，需要决定以下几个问题：分析目的和分析规模，结构简化与计算规模，边界条件和载荷条件，建立模型的方式，计算结果的分析方法。等这几个问题决定后，就可以开始计算了。
- 在计算结束以后，就需要对结果进行可信度的评价，即要确定计算结果是所设定问题的正确模拟，获得了和实际问题足够近似的结果。在此基础上，才能按照预先定好的结果分析方法对结果进行分析。根据分析的结论，才最终向设计和生产部门提供可靠的建议和意见。

上面粗略地介绍了工程有限元结构分析的一个基本的流程。在这个流程中，利用程序处理一个设定好的问题只是其中的一个步骤。那么前面提到的几个方面的技能和经验是如何在这个流程中体现出来的？在整个流程中应该注意一些什么关键问题呢？

在接到设计部门和生产部门提出的问题时，工程判断(engineering judgment)非常重要，要了解问题的状况，提出问题的目的，根据工程经验做出初步判断。并非所有接到的问题都是需要进一步分析的，有限元分析也不一定是解决问题的最佳手段。在工程中，能够用最少成本和最短时间解决问题的手段才是最佳的。要做出正确的初步判断，需要有通过解决大量工程问题积累的经验，需要对常见问题的理论有清晰的解决思路，需要对有限元方法的能力和局限有清楚的认识，同时对于可能进行的有限元分析需要的时间和人力有准确的判断。这个过程中要充分和设计工程师及生产工程师进行沟通，尽量获取更多的资料和数据，避免模糊的直觉判断，无论是否要进行下一步分析，都要提出有理有据的建议。

在决定需要进行有限元分析后，对即将要进行的分析的理论和本质要有深刻的认识，对自己所可能使用的程序的能力也要心中有数，避免不合理和不切实际的分析计划。运用理论和经验上的判断，决定计算的模型、规模和类型。能够用尽可能简单的模型，尽可能短的时间得到解决问题所需要的分析结果是制定分析计划的基本原则。

熟练的运用商业有限元程序进行有限元分析，需要对程序有深刻的认识，做到每输入一个参数都清楚知道这个参数的意义和作用，这其实也需要理解有限元和力学的理论，仅仅熟悉程序的界面是不够的。

获得分析结果后，问题并没有解决，设计和生产部门需要的是简单有效的结论和方案。能够从纷繁复杂的数据中寻找问题的解决方案，需要的仍然是理论和经验。

作为一个分析工程师到底需要什么样的理论基础？首先是数学，对于有限元分析，数学同样是最基础的了。除了微积分之外，由于在力学领域会涉及较多的偏微分方程，所以对数理方程应有所了解。同时，由于有限元分析是数值计算方法，矩阵论和计算方法作为数值计算的基础，也是必须要掌握的。

# 习　题

## 一、填空题

1. CAE 的作用主要是指用计算机对工程和产品的________与________分析，对其未来的运行状态进行模拟、及早地发现设计计算中的缺陷，并证实未来工程、产品功能和性能的可用性和可靠性。具体包括________、________、________、________。

2. 计算机的五大部件包括：________、________、________、________和________。

3. CAE 软件的发展趋向包括：________；________；________；________；________。

4. CAE 最主要的理论基础是________，该方法是用来求________的一种数学方法，它也可以被用来求解________。

5. CAE 分析基本都包括三个大的部分，这三个部分是________、________和________。

## 二、选择题

1. 狭义的 CAE 更接近于下列哪部分？(　　)

A. CAD　　B. CAA　　C. CIM　　D. CAM

2. 世界上第一台计算机主要用来计算什么问题？(　　)

A. 参数推导问题　　B. 数据统计问题

C. 弹道计算问题　　D. 空间模拟问题

3. CAE 领域最早诞生的产品不包括下列哪个软件？(　　)

A. PATRAN　　B. Nastran　　C. IDEAS　　D. ANSYS

4. 在 CAE 分析过程中，哪部分工作需要大量人力参与，且对结果影响很大？(　　)

A. 几何建模　　B. 网格剖分　　C. 分析计算　　D. 后处理

## 三、简答题

1. 详细描述典型的 CAE 分析流程。

2. 简述 CAE 与计算机发展的关系。

# 第 2 章

# 前处理技术基础

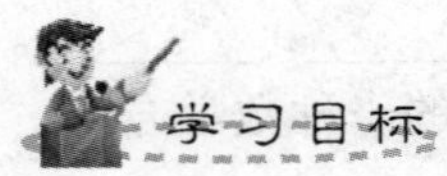


- 了解 CAE 前处理技术中的几何建模基础，掌握几何建模的方法和流程。
- 掌握 CAE 前处理中的网格剖分基础。
- 了解网格的分类及网格剖分的原理和方法。
- 掌握部分 CAE 软件前处理相关设置及流程。

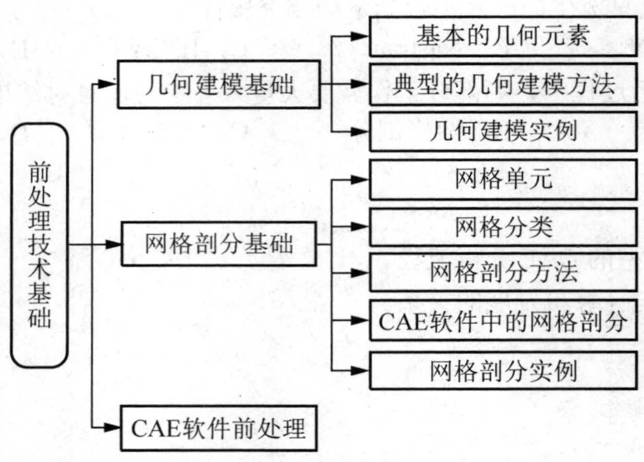


图 2.1　前处理技术基础知识结构图

## 导入案例

CAE是用计算机辅助求解复杂工程和产品结构强度、刚度、屈曲稳定性、动力响应、热传导、三维多体接触、弹塑性等力学性能的分析计算及结构性能的优化设计等问题的一种近似数值分析方法。CAE已成为工程和产品结构分析中必不可少的数值计算工具，同时也是分析连续力学各类问题的一种重要手段。根据经验，CAE分析过程中有40%～45%的时间用于模型的建立和数据输入。采用CAD技术来建立CAE的几何模型和物理模型，完成分析数据的输入，通常称此过程为CAE的前处理。下面我们以房间内的空气流动仿真问题为例介绍一下前处理的基本过程,软件采用GAMBIT和FLUENT。

(1) 分析问题并给出仿真方案。在一个长为4m，宽为3m的房间内，仅有一个1m的门可以通风，需要解决的问题是在房间内设置一个风扇改善房间内的通风条件。图2.2所示是诸多设计方案中的一个，该方案在左侧墙的中部设置了一个风扇。针对该设计方案我们要做的是模拟不同的风扇送风角$\alpha$($\alpha$=0°，45°，-45°等)时房间内的空气流动状况，分析该设计方案下空气流通状况最好的风扇送风角度。

(2) 建立几何模型，并进行网格划分。根据要解决的问题建立二维几何模型，并对几何模型进行网格剖分。本案例的几何模型和网格剖分过程比较简单，因此耗时较短。但是，对于复杂的三维仿真对象和仿真分析问题，几何建模和网格剖分将占用工程师大部分的时间和精力。几何模型的准确性和网格尺寸的大小会影响后续仿真分析的计算成本和计算精度。

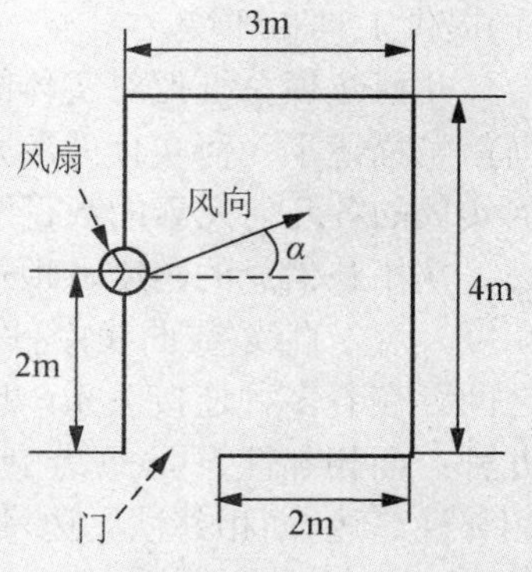

图2.2 室内通风模型示意图

(3) 设定边界条件。该仿真分析案例中，将风扇处的边界条件简化为速度入口(Velocity-inlet)边界条件，其中Velocity Magnitude[m/s]为3，Temperature [k]为299，Turbulence Intensity[%]为5。门口处的边界条件设置为压力出口(Pressure-outlet)边界条件，其中Backflow Total Temperature [k]可设置为320，Backflow Turbulence Intensity[%]设置为10。对于壁面可以选择固壁边界条件(wall)，参数选用默认设置。边界条件的设定是CAE仿真分析中的关键环节，边界条件的正确与否直接影响仿真结果的准确性。

(4) 选择求解器并设定求解过程参数。设定完边界条件后，选择Fluent的二维求解器。材料设置选择理想气体参数，湍流模型选用k-epsilon [2 eqn]模型，能量模型要选用能量方程，设定完迭代系数和监控参数后，就可以提交软件进行仿真计算了。仿真参数设定环节通常针对各种仿真分析问题会有对应的参考方案，因此工程师只需要熟练地掌握和运用就可以了。

## 2.1 几何建模基础

几何模型是CAD、CAE、CAPP和CAM等系统的基础和重要组成部分，借助CAD/CAE/CAPP/CAM等计算机辅助软件解决问题的第一步就是要建立恰当的几何模型，它是进行后续各类操作的基础，如图 2.3 所示。几何模型是 CAD/ CAE/CAPP/CAM 等系统内部用来描述和记录设计对象几何形状的工具，它以计算机能够理解的方式，对实体进行确切的几何定义，并赋予其一定的数学描述，再以一定的数据结构形式对其定义和数学描述进行表达，从而在计算机内部构造出一个实体“数字化”的几何模型。值得注意的是，几何模型仅仅是对物体的几何数据及拓扑关系进行了抽象和描述，其中并无明显的功能、结构和工程含义。

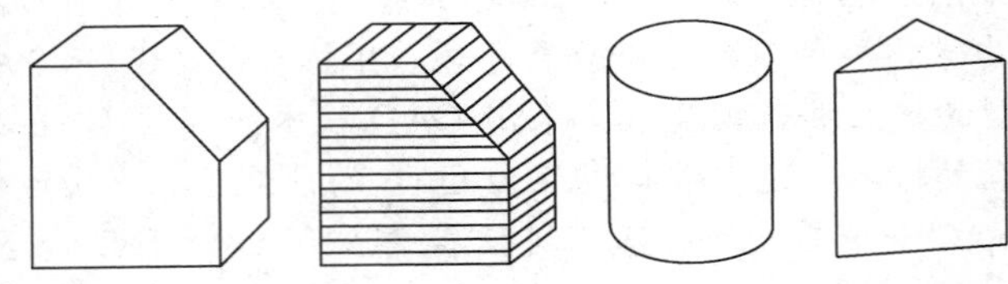

图 2.3　几何模型示例

几何建模系统是能够定义、描述和生成几何实体，并能对几何实体进行交互编辑的系统。在定义与描述三维实体时，如何准确、完整和唯一的定义几何实体，并选择合适的数据结构来描述相关数据是几何建模系统必须解决的主要问题。几何建模系统为几何建模(操作)提供工具和环境。

几何建模系统把对实体的定义和描述建立在对几何信息和拓扑信息处理的基础上。几何信息描述了几何实体的各几何元素在欧氏空间的形状、尺寸及位置。拓扑信息描述了几何实体的各几何元素的数目及相互间的连接关系。

从拓扑信息的角度，顶点、边、面是构成模型的三种基本几何元素。而从几何信息的角度，点、直线(或曲线)、平面(或曲面)是构成模型的三种基本几何元素。这三种基本元素之间存在着多种连接关系，以平面构成的立方体为例，它的顶点、边和面的连接关系共有九种：面相邻性、面-顶点包含性、面-边包含性、顶点-面相邻性、顶点相邻性、顶点-边相邻性、边-面相邻性、边-顶点相邻性、边相邻性。

### 2.1.1　基本的几何元素

任何复杂的形体都是由基本几何元素构成的，几何建模(Geometry Modeling)就是通过对几何元素进行各种变换、处理及集合运算，来生成几何模型的过程。最基本的几何元素包括点、线(边)、环、面、体等。

1. 点

点(Vertex)是零维几何元素，也是最基本的几何元素，任何形体都包括有序的点的集合，如图 2.4 所示。利用计算机对几何形体进行存储、管理、操作的实质就是对点集及其连接关系的处理。点的种类包括端点、交点、切点、孤立点等。但是在形体定义中，一般不允许存在孤立点。在曲线和曲面的造型中还用到三种重要的点，控制点、型值点和插值点。控制点也称为特征点，它用于调整和控制曲线或曲面的位置和形状，但不要求曲线或曲面必须经过控制点。型值点用来确定曲线或曲面的位置和形状，并且要求曲线或曲面必须经过型值点。插值点则是为了提高曲线和曲面的输出精度，或为了便于修改曲线或曲面的形状，在型值点或控制点中间插入的一系列辅助点。

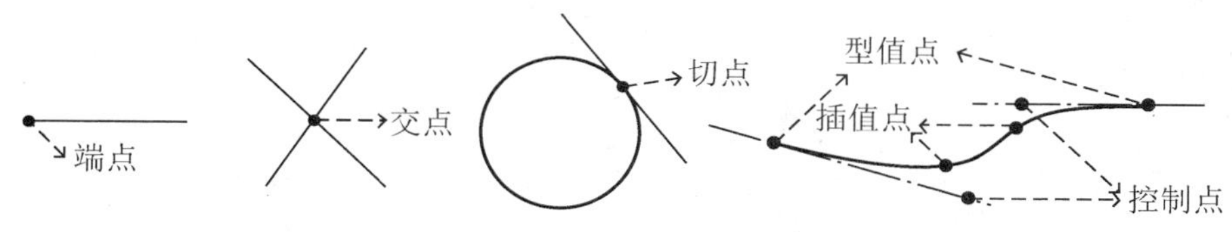


图 2.4 点的示意图

2. 线(边)

线(边)(Edge)是一维几何元素，它是两个或多个相邻面的交界，如图 2.5 所示。正则形体的一个边只能有两个相邻面，而非正则形体的一个边则可以有多个相邻面。一条边由两个端点定界，分别称为该边的起点和终点。线(边)又可以分为直线(边)、曲线(边)，其中直线(边)可以简单地通过起点和终点定界，但是曲线(边)通常通过一系列的型值点或控制点来定义，并以显式或隐式方程式来表示。

3. 环

环(Loop)是由有序、有向边(直线或曲线段)组成的面上封闭边界，环中各条边不能自交，相邻两条边共享一个端点，如图 2.6 所示。环分内外环，确定面的最大外边界的环称为外环，确定面中内孔或者凸台边界的环称为内环。环也具有方向性，它的外环各边按照逆时针方向排列，内环各边则按顺时针方向排列。

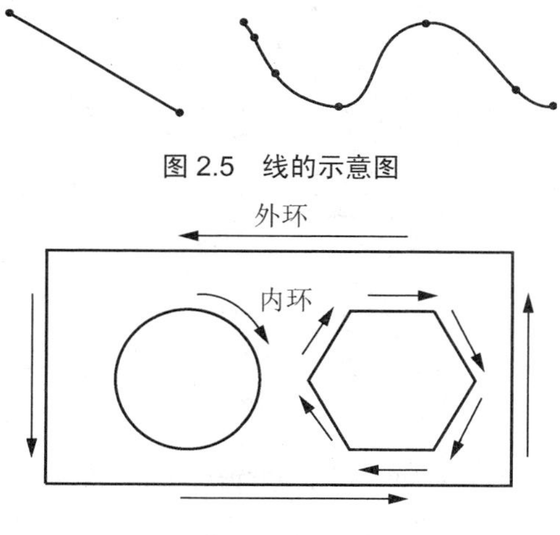


图 2.5 线的示意图

图 2.6 环的示意图

4. 面

面(Face)是二维几何元素，它是形体表面的一个有限、非零的区域，如图 2.7 所示。面的有效范围由一个外环和若干个内环界定，面具有方向性，一般用面的外法矢方向(由组成面的外环的有向棱边按右手法则确定)作为它的正方向。一个面可以没有内环，但必须有且只能有一个外环。常见的面又可以分为平面、二次曲面、柱面、直纹面、双三次参数曲面等。

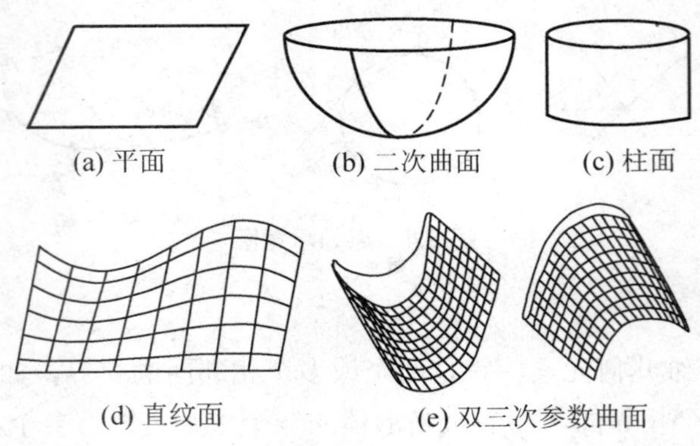

(a) 平面　(b) 二次曲面　(c) 柱面

(d) 直纹面　(e) 双三次参数曲面

**图 2.7　面的示意图**

5. 体

体(Object)是由封闭表面围成的三维几何空间。通常把具有维数一致的边界所定义的形体称为正则形体，反之则称为非正则形体，如图 2.8 所示。非正则形体的造型技术可以存取不一致的几何元素，并对维数不一致的几何元素进行求交分类，扩大了几何建模的应用范围。然而通常的几何建模系统都具有检查形体合法性的功能，会删除非正则形体。表 2-1 描述了正则形体与非正则形体的区别。

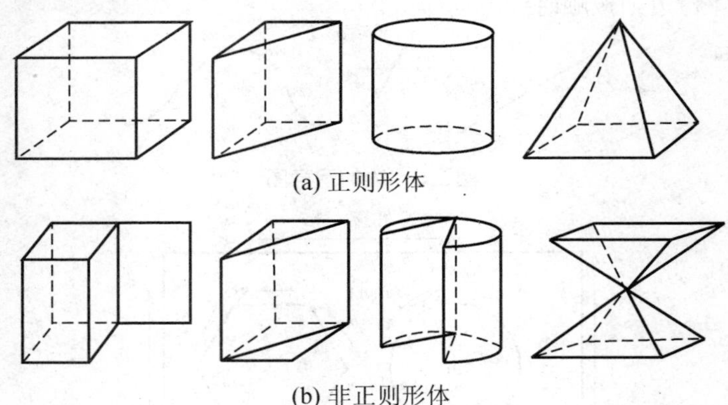

(a) 正则形体

(b) 非正则形体

**图 2.8　正则形体与非正则形体示意图**

**表 2-1　正则形体与非正则形体区别**

| 几何元素 | 正则形体 | 非正则形体 |
|---|---|---|
| 点 | 至少和三个面(或三个边)邻接 | 可以与多个面(或边)邻接，也可以是聚集体、聚集面、聚集边或孤立点 |
| 线(边) | 只有两个邻面 | 可以有一个邻面、多个邻面或没有邻面 |
| 面 | 形体表面的一部分 | 可以是形体表面或形体内的一部分，也可以与形体分离 |

几何形体在计算机内部由几何信息和拓扑信息共同定义，任何形体都可以由这五种基本几何元素按照一定的格式进行存储和表达。

### 2.1.2 典型的几何建模方法

几何建模方法按照对几何信息和拓扑信息的描述及存储方法的不同，可以大致分为线框建模、曲面建模、实体建模、特征建模四种主要类型。

#### 1. 线框建模

二维线框模型(Wireframe Model)是最早的计算机几何建模模型，用户需要逐点、逐线的构造模型，后来随着计算机软硬件技术和图形变换理论的成熟，三维线框模型绘图系统开始迅速发展。然而三维线框模型仍由点、直线(曲线)组成。

线框模型在计算机中以两张表进行存储，一张为顶点表，记录各个顶点的坐标值；一张为棱线表，记录每条棱线所连接的两个顶点信息。

线框模型的数据结构决定了它有以下的特点：

优点：线框建模所需信息最少，数据运算简单、所占的存储空间比较小，绘图显示速度快，对硬件的要求不高，容易掌握，处理时间较短。

局限性：一方面，线框模型的数据结构仅确定了各条边的两个顶点及各个顶点的坐标，不能准确地描述曲面体；另一方面，线框模型的数据结构中缺少拓扑信息，如边与面、面与体之间的关系信息等，因此利用它无法识别面和体，无法形成实体，也无法区分体内和体外，对物体形状的判断容易产生多义性，如图 2.9 所示；另外，线框模型还存在不能作任意剖切、不能计算物性(质量、体积等)、不能进行面的求交、不能生成刀具轨迹、不能检查物体之间的干涉等缺点。

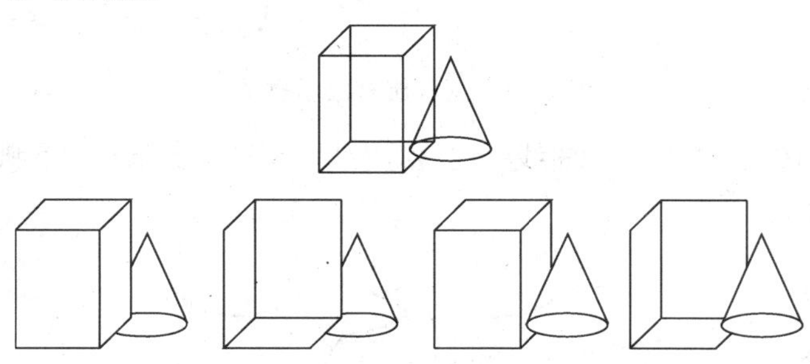

图 2.9 线框建模的多定义性

#### 2. 曲面建模

曲面模型也称为表面模型(Surface Model)，它以“面”来定义对象模型，能够精确地确定对象面上任意一个点的 $X$、$Y$、$Z$ 坐标值。面的信息对于产品的设计和制造过程具有重要的意义，物体的真实形状、物性(体积、质量等)、有限元网格剖分、数控编程时的刀具轨迹坐标都需要根据物体的曲面信息来确定。

曲面模型的描述方式大致分为两种，一种是以线框模型为基础的面模型；另一种则以曲线、曲面为基础的面模型。基于线框模型的面模型把线框模型中的边所包围成的封闭部分定义为面，它在计算机中的数据结构是在线框模型的顶点表和棱线表中附加必要的指针，使边有序的连接，并增加一张面表来构成表面模型。以线框模型为基础的面模型只适合描述简单形体，对于复杂的曲面形体，只能先构造若干个小平面，并用这些小平面逼近曲面的方法来近似的对其进行描述。这种方法在面对复杂且需要精确描述的曲面的情况下不太适用。

以曲线、曲面为基础的面模型造型方法可以分为以下几种。

(1) 扫描曲面(Swept Surface)。根据扫描方法的不同，又可以分为旋转扫描法和轨迹扫描法两类。使用扫描曲面的方法可以形成如下几种曲面形式。

① 线性拉伸面。线性拉伸面是由一条曲线(母线)沿着一定的直线方向移动而形成的曲面，如图 2.10 所示。

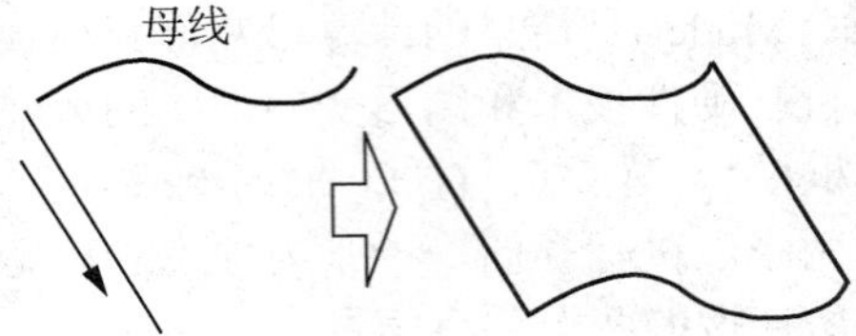


图 2.10 生成线性拉伸面示意图

② 旋转面。旋转面是由一条曲线(母线)绕一个轴线，按给定的旋转半径旋转一定的角度而扫成的面，如图 2.11 所示。

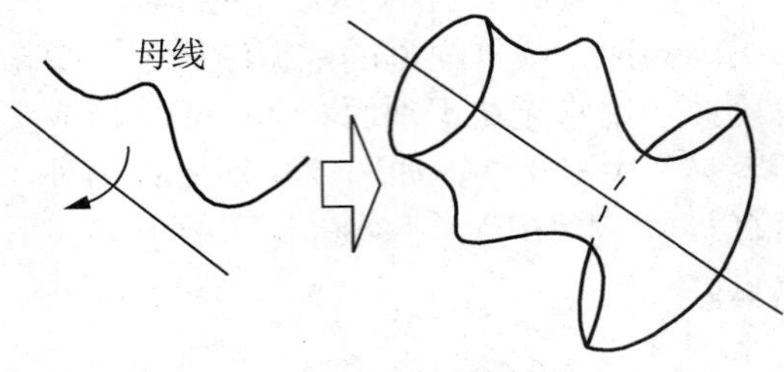


图 2.11 生成旋转面示意图

③ 扫成面：扫成面是由一条曲线(母线)沿着另一条(或多条)曲线(轨迹线)扫描而成的面，如图 2.12 所示。

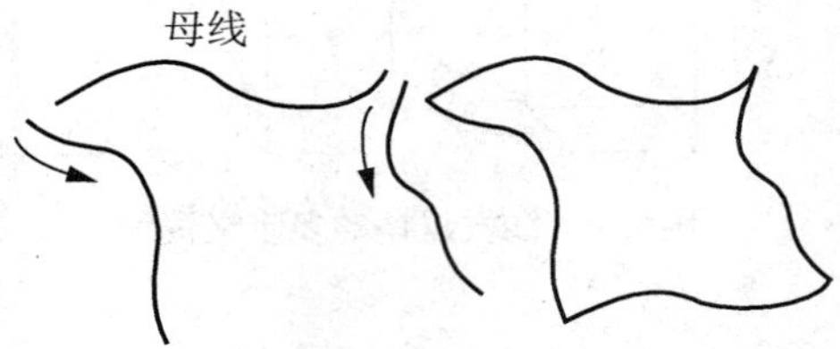


图 2.12 生成扫成面示意图

(2) 直纹面(Ruled Surface)。直纹面是以直线为母线，直线的端点在同一方向上沿着两条轨迹线移动所生成的曲面。圆柱面、圆锥面都是典型的直纹面，如图 2.13 所示。

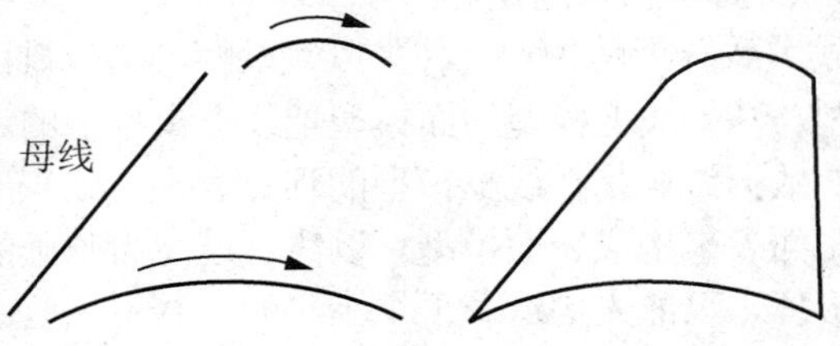


图 2.13 生成直纹面示意图

(3) 复杂曲面(Complex Surface)。复杂曲面的基本生成原理是先确定曲面上特定的离散点(型值点)的坐标位置，通过拟合使曲面通过或逼近给定的型值点，得到相应的曲面。根据曲面的参数方程的不同，就可以得到不同类型及特性的曲面，常见的复杂曲面有孔斯(Coons)曲面、贝塞尔(Bezier)曲面、B样条(B-Spline)曲面等。

① 孔斯曲面。孔斯曲面是由四条封闭边界所构成的曲面。它的特点是几何意义明确、曲面表达式简单，主要用于构造一些通过给定型值点的曲面，但不适用于曲面的概念性设计，如图2.14(a)所示。

② 贝塞尔曲面。贝塞尔曲面是以逼近为基础的曲面设计方法，它先通过控制顶点的网格勾画出曲面的大致形状，再通过修改控制点的位置来修改曲面形状。这种方法比较直观，易于为工程设计人员接受，但是该方法存在局部性修改的缺陷，即修改任意一个控制点都会影响整张曲面的形状，如图2.14(b)所示。

③ B样条曲面。B样条曲面是B样条曲线和贝塞尔曲面方法在曲面构造上的推广。以B样条基函数来反映控制顶点对曲面形状的影响。该方法不仅保留了贝塞尔曲面设计方法的优点，而且解决了贝塞尔曲面设计中存在的局部性修改问题。

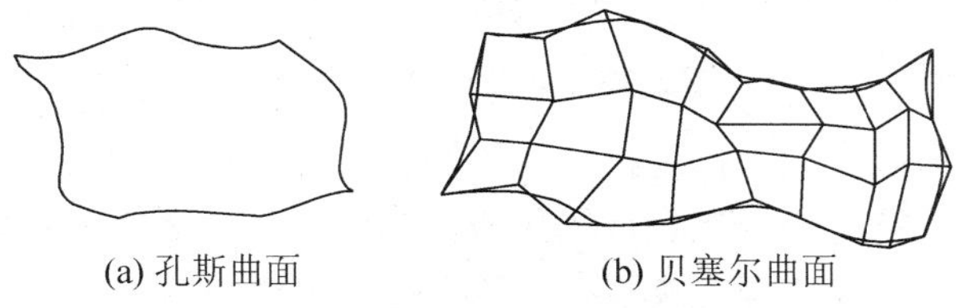

(a) 孔斯曲面　　(b) 贝塞尔曲面

图2.14　复杂曲面示意图

曲面建模由于增加了有关面的信息，在提供三维实体信息的完整性、严密性方面，曲面建模比线框建模进了一步，它克服了线框建模的许多缺点，能够比较完整地定义三维实体的表面。曲面建模可为CAD/CAE/CAPP/CAM系统中各种场合下的应用提供几何模型数据，如在有限元分析中就可以直接利用曲面建模构造的模型进行网格剖分。曲面建模的主要局限性是无法表示零件的立体属性，如图2.15所示。

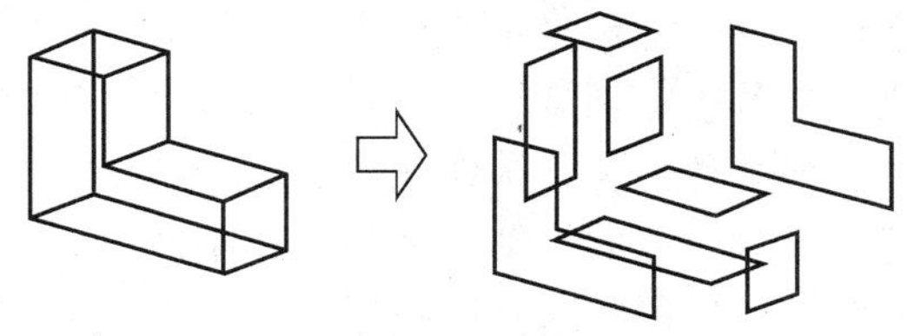

图2.15　曲面建模示意图

3. 实体建模

线框建模和曲面建模在完整、准确地表达实体形状方面都有其局限性，要想唯一地构造实体的模型，需要采用实体建模。实体建模(Solid Model)是一种具有封闭空间、能提供三维形体完整的几何信息的模型，它所描述的形体是唯一的。利用实体建模系统，一方面可以提供实体完整的信息；另一方面，由于具有消隐的功能，可以实现对可见边的判断。常见的实体造型方法有体素构造法、扫描变形法、边界表示法等。

1) 体素构造法

体素构造法也称实体构造法(Constructive Solid Geometry，CSG)，它通过对基本体素的布尔运算(交、并、差)来构造几何实体。基本体素是指能用有限个尺寸参数进行定形和定位的简单的封闭空间，每一基本体素具有完整的几何信息，是真实而唯一的三维物体。常见的体素有长方体、圆柱体、圆锥体、圆环体、球体、棱柱体等。

体素之间的布尔运算是指两个或者两个以上体素经过集合运算得到新实体的方法。图 2.16 分别描述了两个体素 A 和 B、C 和 D 及 E 和 F 经过布尔运算交、并和差后得到的结果。

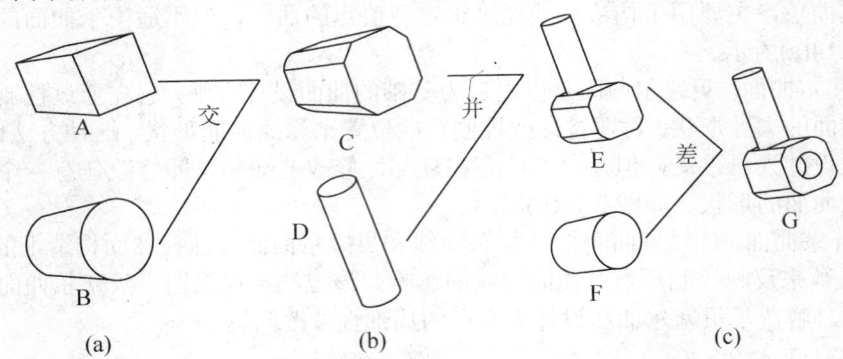


图 2.16　体素间的布尔运算

采用体素构造法构成三维形体的过程可以用一棵二叉树来表示，其中叶节点为基本体素，中间点为集合运算符号或经集合运算生成的中间形体，树根为生成的最终形态，它完整地记录了一个形体的生成过程，被称为 CSG 树。总的来说，体素构造法造型简便，所需的存储信息量少，但是其产生和修改形体的操作种类有限，且不能查询到形体较低层次(顶点、边、面等)的几何信息和拓扑信息。另外，同一个形体可以由多个 CSG 树表达。

2) 扫描变形法

对于表面形状较复杂、难以通过定义基本体素加以描述的物体，可通过定义基体，利用基本的变形操作实现物体建模，这种构造实体的方法称为扫描变形法。扫描变形法又可分为平面轮廓扫描和整体扫描两种。平面轮廓扫描是一种与二维系统密切结合的方法，对于具有相同截面的零件实体来说，可预先定义一个封闭的截面轮廓，再将此封闭轮廓沿给定轴线方向平移一定距离或绕着给定轴旋转一定角度，就可得到所需的实体。整体扫描首先定义一个三维实体作为扫描基体，让此基体在空间运动，运动可以是沿某方向的移动，也可以是绕某一轴线转动，或绕一点的摆动，运动方式不同，生成的实体形状也不同。扫描变形需要确定的分量主要包括被移动的基体和移动的路径，如图 2.17 和图 2.18 所示。

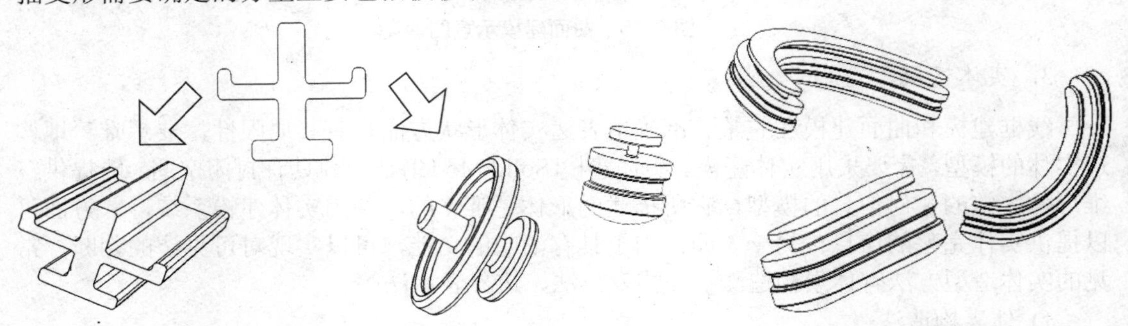

图 2.17　平面轮廓扫描示意图　　　　图 2.18　生成实体的方法(平移、回转)

3) 边界表示法

边界表示法(Boundary Representation，B-Rep)将实体定义为由封闭的边界(边界是物体内部点与外部点的分界面，而且封闭的边界表面既可以为平面，也可以为曲面)表面围成的有限空间。在航空航天行业广泛应用的 CATIA 就是以此方法为基础的。

边界表示法强调形体的外表细节，包含描述三维实体所必需的几何信息和拓扑信息，其中几何信息描述了实体的大小、尺寸、形状及位置，拓扑信息描述了实体的所有顶点、边与表面之间的连接关系。边界表示法存储的信息比较完整，其信息量比较大。

边界表示模型和曲面模型都用面为基础来表示实体，但是它们存在着本质的区别，边界表示模型的表面必须封闭、有向，靠各个表面之间严格的拓扑关系构成一个整体，而曲面模型的表面可以不封闭，不能通过面来判断物体的内部与外部，并且曲面模型中没有各个表面之间的连接关系。

由于实体建模能够定义三维物体的内部结构形状，因此，能完整地描述物体的所有几何信息，还能确定物体的物性参数(体积、面积、重心、形心等)。根据实体模型还能方便地生成该实体的多向视图和剖面图，并可以消除隐藏线和隐藏面。此外，可以直接根据实体模型进行数控加工编程。

4. 特征建模

1) 曲面和实体建模系统存在的问题

在曲面和实体建模系统中，由于模型的数据结构中只存储了形体的几何形状信息，缺乏对产品零件信息的完整描述，未能提供产品在 CAD/CAE/CAPP/CAM 生命周期所需的全部信息，因此，不能构成符合数据交换规范的产品模型，导致 CAD/CAE/CAPP/CAM 集成的困难；实体建模系统只能提供点、线、面或简单体素拼合的几何形状，不能满足设计人员对零件基本形体特征的考虑；实体模型的适应性有限，只能构造一部分产品零件，建模覆盖率不高，不能进一步提高建模的时空效率；特征识别只是孤立地考虑简单几何体的识别问题，特征之间的分割及相互关系定义则很少涉及，在进行特征识别之前，需要预先对这些特征进行详细的形式化的人工描述，而当形状复杂时，人工描述十分困难。

2) 特征的定义

对于特征(Feature)，目前还没有明确、统一的定义，随着应用环境的不同，大家对于特征的理解也不尽一致。广义的特征可以理解为产品开发过程中各种信息的载体，如零件几何信息、拓扑信息、形位公差、材料、装配、热处理、表面粗糙度。狭义的特征可以理解为具有一定拓扑形状的一组实体体素所构成的特定形体。对于特征的几种经典定义如下。

(1) 1992 年 Brown 给出：特征就是任何已被接受的某一个对象的几何、功能元素和属性，通过特征我们可以很好地理解该对象的功能、行为和操作。

(2) 特征就是一个包含工程含义或意义的几何原型外形。

(3) Dixon 等学者从设计自动化入手，将特征定义为：具有一定几何形状的实体，与计算机集成制造系统(Computer Integrated Manufacturing Systems，CIMS)一个或多个功能相关，可以作为基本单元进行设计和处理。

(4) Wilson 等学者从制造领域入手，将特征定义为对应一定基本加工操作的几何形状。特征可以定义为零件的一部分表面，它包含以下含义：特征不是体素，是某个或某几个加工表面；特征不是完整的零件；特征的分类与该表面加工工艺规程密切相关；描述特征的信息中，除表达形状的如直径、长度、宽度等几何信息及约束关系信息外，还需包含材料、精度等制造信息。主要的特征，如图 2.19 所示。

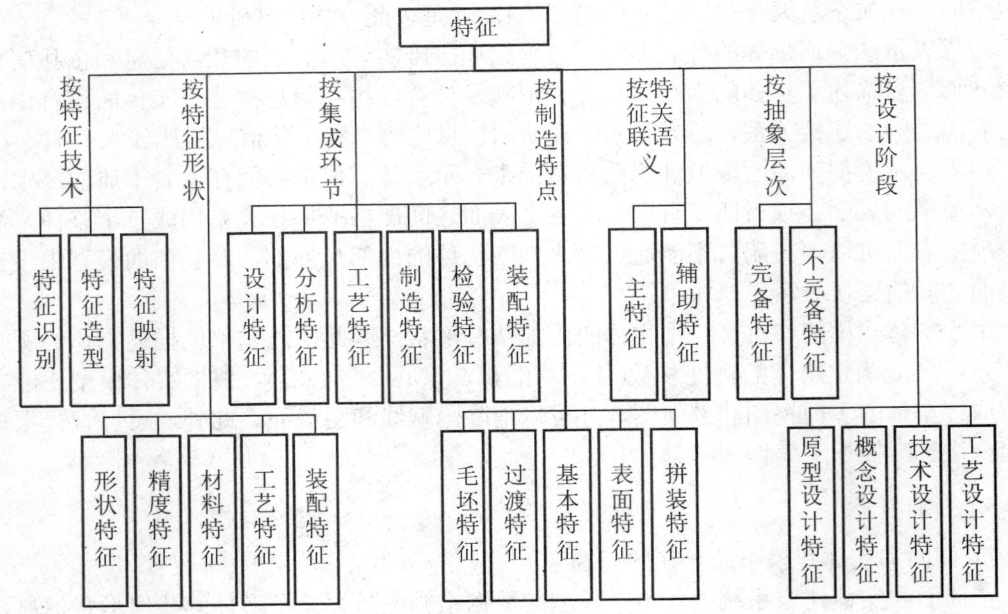


图 2.19 特征示意图

(5) 通过定义简单的特征，还可以生成组合特征。

建立特征模型，通常可以通过不同的方法。一种是以人机交互的方式辅助识别特征，输入工艺信息，建立零件或产品描述的数据结构。这种方法易于实现，但效率较低，并且几何信息与非几何信息是分离的。一种是利用实体建模信息，自动识别特征，再交互输入工艺信息。这种方式应用面广，但由于识别能力有限，因而适用的零件范围狭小，有很大的局限性。再一种是利用特征进行零件设计，即预先定义好大量特征，放入特征库，在设计阶段就调入形状特征进行造型，再逐步输入几何信息、工艺信息，建立起零件的特征数据模型，并将其存入数据库。这种方法潜力较大，也正是目前研究和探索的主要方法。

3) 特征建模的定义和分类

特征建模是面向整个设计、制造过程的，不仅要支持 CAD 系统、CAPP 系统、CAM 系统，还要支持绘制工程图、有限元分析、数控编程、仿真模拟等多个环节。因此，必须能够完整地、全面地描述零件生产过程的各个环节的信息及这些信息之间的关系。除了实体建模中已有的几何、拓扑信息之外，还应当支持设计、制造过程中的动态信息，例如，有限元的前、后置处理，零件加工过程中工序图的生成，工件尺寸的计算等。特征建模是一种以实体建模为基础，包括上述信息的产品建模方案，通常由形状特征(Form Feature)、装配特征(Assembly Feature)、精度特征(Precision Feature)、材料特征(Material Feature)、性能分析特征(Analysis Feature)、补充特征(Additional Feature)等组成。主要的特征分类，如图 2.20 所示。

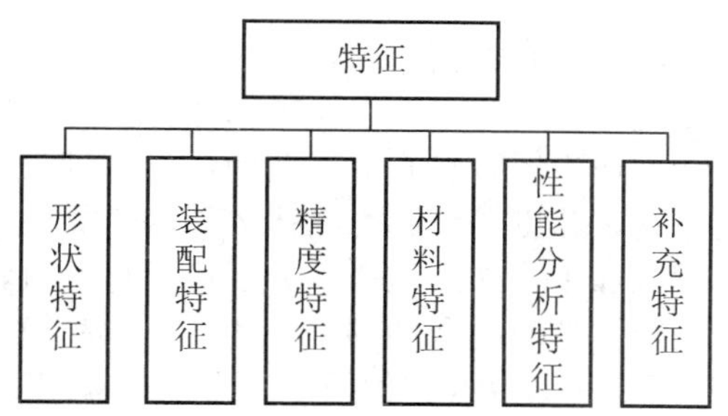


图 2.20 特征的分类

形状特征用于描述具有一定工程意义的几何形状信息；装配特征用于表达零部件的装配关系；精度特征用于描述产品几何形状、尺寸的许可变动量及其误差；材料特征用于描述材料的类型、性能及热处理等信息；性能分析特征也称为技术特征，用于表达零件在性能分析时所使用的信息；补充特征也称为管理特征，用于表达一些与上述特征无关的产品信息。其中形状特征模型是特征建模的核心和基础。

形状特征模型主要包括几何信息、拓扑信息。通常将其定义为具有一定拓扑关系的一组几何元素构成的形状实体，它对应零件上的一个或多个功能，能够被固定的加工方法加工成形。将一种形状定义为一个特征，其尺寸标注、定位方式都遵循一定的原则，并对应各自的加工方法、加工设备和刀具、量具、辅具。形状特征模型以实体建模为基础，其数据结构是以 B-Rep 法为基础，数据节点包括特征类型、序号、尺寸及公差等。通常它包含两个层次，一个是低层次的点、线、面、环等组成的 B-Rep 法结构，另一个是高层次的由特征信息组成的结构。形状特征的分类，如图 2.21 所示。

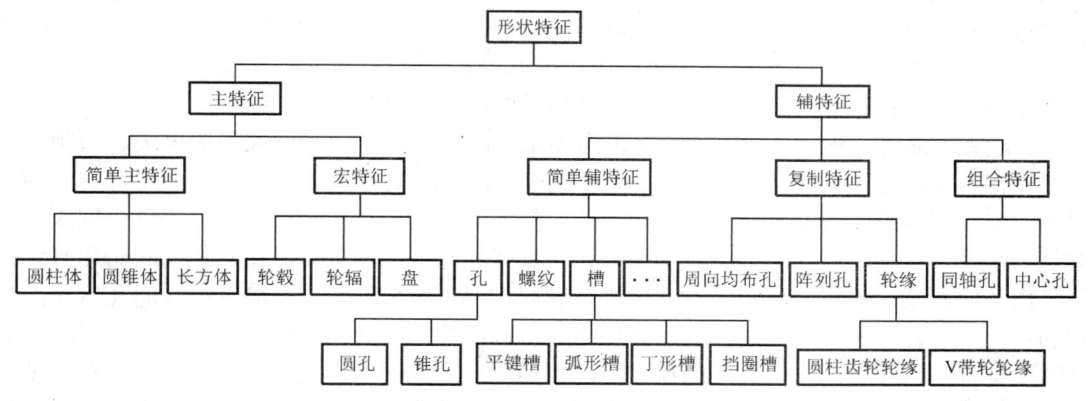


图 2.21 形状特征的分类

4) 特征建模系统的功能

特征建模系统的功能有以下几个方面。

(1) 预定义特征，建立特征库。

(2) 特征库的智能化应用，实现基于特征的零件设计。

(3) 为特征附加注释，并为用户列举参考特征。

(4) 支持用户自定义特征及管理、操作特征库。

(5) 特征的消隐、移动。

(6) 零件设计中，跟踪和提取有关几何属性。

5) 特征建模的特点

特征建模使产品的设计工作不停留在底层的几何信息基础上，而是依据产品的功能要素，如键槽、螺纹孔、均布孔、花键等，起点在比较高的功能模型上。特征的引用不仅直接体现设计意图，也直接对应加工方法，这样，便于进行计算机辅助工艺规程的设计及组织生产。特征建模以计算机能够理解的和能够处理的统一产品模型代替传统的产品设计、工艺设计、夹具设计等各个环节的连接，它使得产品设计与原来后续的各个环节并行展开，系统内部信息共享，实现真正的CAD/CAPP/CAE/CAM的集成，且支持并行工程。有利于实现产品设计、制造方法的标准化、系列化、规范化，使得产品在设计时就考虑加工、制造要求，保证产品有较好的工艺性、可制造性，有利于降低产品的成本。综上所述，特征建模作为集成系统的核心，不仅可以使设计人员以一种全新的设计方法和设计思想进行产品开发，极大地提高了设计效率，同时，特征作为产品生命周期中各个阶段的信息载体，为整个设计制造中的各个环节提供了统一的产品信息模型，使产品设计、工艺设计、夹具设计等阶段的信息提取更方便、灵活、一致，避免了信息的重复输入。因此，特征建模被公认为是实现CAD/CAPP/CAE/CAM集成化的最有效的途径。

5. 参数化建模

采用传统建模方法建立的几何模型具有确定的形状和大小，当模型建立之后，难以对其形状和尺寸进行编辑、修改，无法满足产品设计快速变更的需求。使用这些建模方法的软件一般被称为静态造型系统或者几何驱动系统(Geometry-Driven System)。参数化建模使用约束来定义和修改几何模型，其中约束包括尺寸约束、拓扑约束及工程约束(应力、应变、性能)等。参数化建模的核心是参数和约束之间的关系，当参数变化的时候，根据原有的关系就可以得到新的几何模型。使用参数化建模软件，用户可以动态地更新和修改产品模型而无需关心其约束条件。使用这种建模方法的软件被称为动态造型系统或者参数驱动系统(Parameter-Driven System)。目前的参数化建模软件系统可以分为两类。

(1) 尺寸驱动系统：尺寸驱动系统采用预定义的方法建立图形的几何约束集，并制定一组尺寸作为参数与几何约束集相关联，改变尺寸值就能改变图形。它只考虑尺寸和拓扑约束，而不考虑工程约束。尺寸驱动的几何模型由几何元素、尺寸约束和拓扑约束三部分构成。当对某一尺寸进行修改时，系统会自动检索该尺寸在尺寸链中的位置，找到它的起始几何元素与终止几何元素，使它们按新的尺寸值进行调整，得到新模型，随后检查所有的几何元素是否满足约束，如不满足，则拓扑关系保持不变，按尺寸约束递归修改几何模型，直到满足全部约束位置。尺寸驱动系统的优点在于能方便地实现产品的系列化、标准化设计及对原设计的继承性修改，但是由于它一般不能改变图形的拓扑结构，因此难以对初始方案做出重大改变，限制了其灵活性。目前市场上多数的参数化设计软件都是尺寸驱动系统。

(2) 变量设计系统：变量设计系统不仅考虑尺寸约束和拓扑约束，它还考虑了工程约束，它是一种约束驱动的系统。因为考虑了工程约束，这种系统特别适合进行产品结构设计。变量设计系统比尺寸驱动系统及传统静态造型系统更灵活，更适合于概念设计，但是由于方程组求解困难，其系统实现较难。

### 2.1.3 几何建模实例

(1) 绘制草图。以FRONT平面为基准面绘制等边三角形，如图2.22所示。

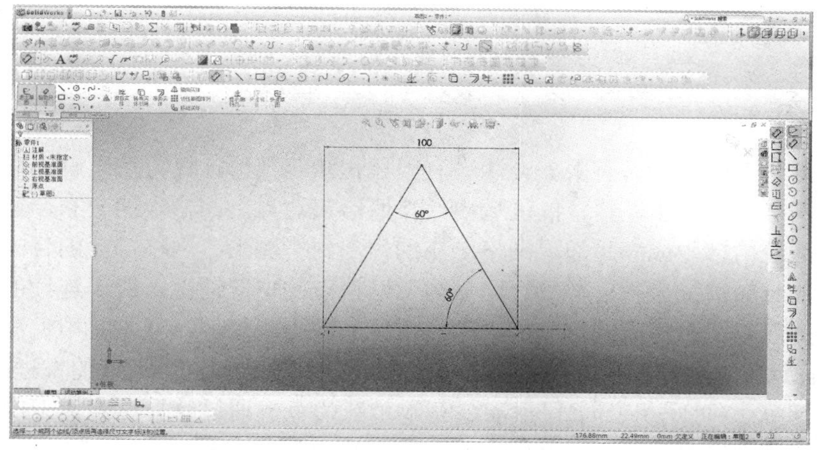


图 2.22 绘制草图

(2) 创建实体。选择“拉伸”按钮，创建模型底座，如图 2.23 所示。

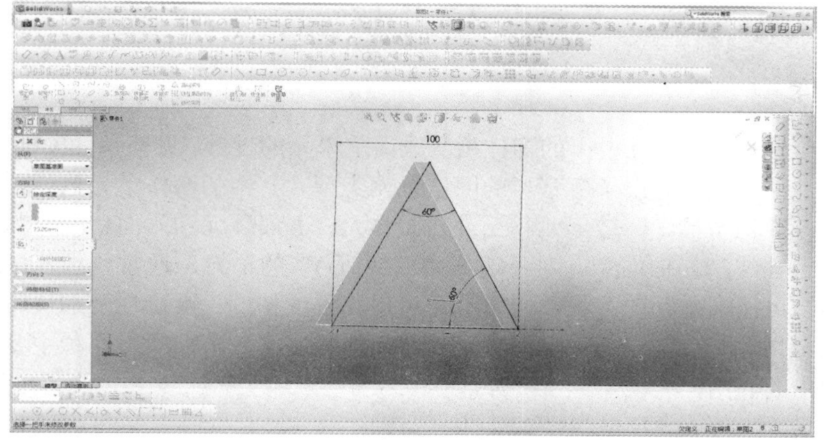


图 2.23 创建底座

(3) 按照类似的步骤创建空心圆柱、加强筋和通孔。建模结果如图 2.24 所示。

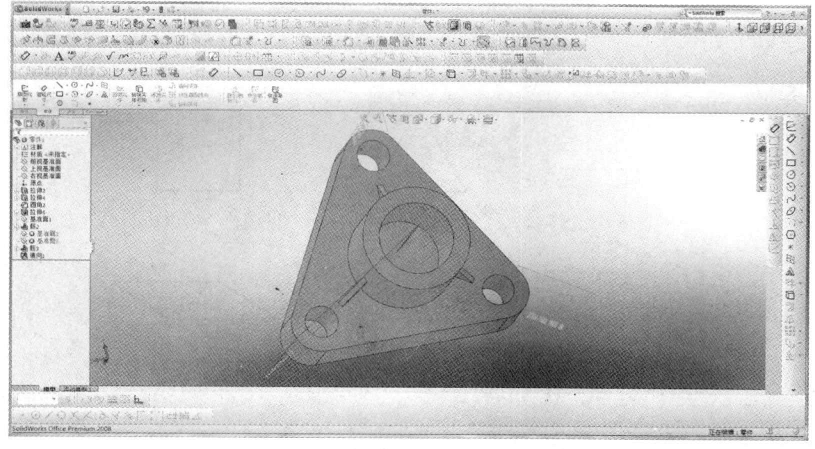

图 2.24 实体模型

## 2.2 网格剖分基础

网格剖分是有限元法、有限差分法、有限体积法等数值计算方法求解偏微分方程组的先决条件。网格生成是指在给定的区域内，按照给定边界上网格点的分布，通过一定的数学转换，在区域内部生成满足边界网格分布的内部网格图形。网格剖分的目的就是根据边界上网格点的分布情况来求解该物理区域内部网格点的位置情况。对于连续的物理系统的数学描述，如航天飞机周围的空气的流动，水坝的应力集中等，通常是用偏微分方程来完成的。为了在计算机上实现对这些物理系统的行为或状态的模拟，连续的方程必须离散化，在方程的求解域上(时间和空间)仅仅需要有限个数的点，通过计算这些点上的未知变量既而得到整个区域上的物理量的分布。有限差分、有限体积和有限元等数值方法都是通过这种方法来实现的。这些数值方法非常重要的一个部分就是实现对求解区域的网格剖分。下面就简要介绍一些这方面的情况。(另外，部分文献资料中，网格生成、网格划分等名词在多数情况下也可作为网格剖分理解，本书中对其不再做区分。)

### 2.2.1 网格单元

网格剖分就是将工作环境下的物体离散成简单单元的过程。网格单元(Cell)是构成网格的基本元素，因此，首先要了解基本的网格单元类型。基本的网格单元包括一维杆元及集中质量元、二维三角形、四边形元和三维四面体元、五面体元和六面体元。其边界形状主要有直线型、曲线型和曲面型。对于边界为曲线(面)型的单元，通常要求各边或面上有若干点，这样既可保证单元的形状，同时，又可提高求解精度、准确性及加快收敛速度。不同维数的同一物体可以剖分为由多种单元混合而成的网格。下面对这几种主要的网格单元类型进行简单的介绍。

1. 网格单元类型

在结构网格中，常用的 2D 网格单元是四边形单元，3D 网格单元是六面体单元。而在非结构网格中，常用的 2D 网格单元还有三角形单元，3D 网格单元还有四面体单元和五面体单元，其中五面体单元还可分为棱锥形(或楔形)和金字塔形单元等。常用的 1D 单元、2D 单元和 3D 网格单元，如图 2.25 所示。

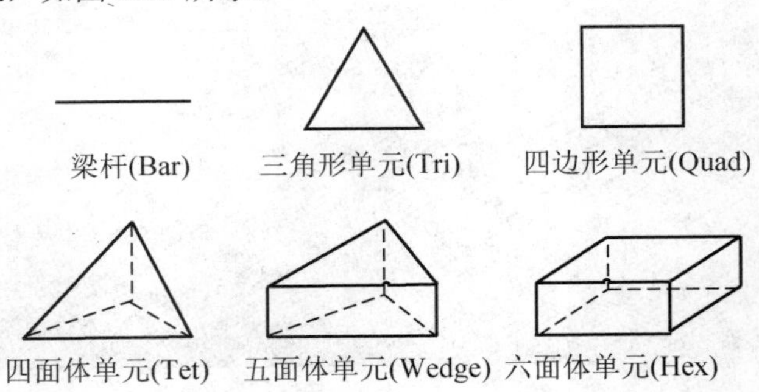


图 2.25　网格单元类型示意图

1) 点单元(Point)

点单元通过节点来创建，其一般用于动态问题中集中质量的处理。在节点处创建点单元，然后将结构中该点处的集中质量赋予该点单元，集中质量所代表的质量力就施加到了节点上。

2) 梁/杆单元(Beam/Bar)

梁/杆单元有 2 节点、3 节点和 4 节点三种拓扑形式(以“Bar”后面跟着一个表示节点数的数字表示，如 Bar2)，对应于线性的几何。从几何表达上梁和杆是没有区别的，都用线表示，但是物理特性上来讲，两者是有区别的。一般来讲，在每种单元的端点或拐角位置都有节点，以表征和维持单元的基本形状。

3) 三角形单元(Tri)

三角形单元有 3 节点、4 节点、6 节点、7 节点、9 节点和 13 节点等形式，适用于曲面的网格划分。4 节点三角形单元的第 4 个节点位于三角形的中心；6 节点三角形单元的每一条边上有 3 个节点；7 节点三角形单元的每条边上有 3 个节点，同时中心位置也有一个节点；9 节点三角形单元的每条边上 4 个节点；13 节点三角形单元的每条边上有 4 个节点，同时内部有 4 个节点。

4) 四边形单元(Quad)

相对来说，四边形单元的精确度要高于三角形单元，但其适应能力较差，适合于较规则的曲面。四边形单元有 4 节点、5 节点、8 节点、9 节点、12 节点和 16 节点等形式，适用于曲面网格的划分。当单元节点多于 4 个时，其节点分布类似于三角形单元。

5) 四面体单元(Tet)

四面体单元适应于实体网格的划分，其中有 4 节点、5 节点、10 节点、11 节点、14 节点、15 节点、16 节点和 40 节点等形式。5 节点的四面体单元其第 5 个节点位于四面体的中心部位；10 节点的四面体单元其每条边上有 3 个节点；11 节点的四面体单元除了每条边上有 3 个节点之外，其中心位置也有一个节点；14 节点的四面体单元每条边上有 3 个节点，同时每个面上的中心位置也有一个节点；15 节点四面体单元的节点分布与 14 节点单元类似，只是在单元体的中心位置有个节点；16 节点单元的每条边上有 4 个节点；40 节点四面体单元节点的分布比较复杂，其每个面上节点的分布类似于 Tri10，单元体的内部有 11 个节点。

6) 五面体单元(Wedge)

五面体单元也就是楔形单元，有 6 节点、7 节点、15 节点、16 节点、20 节点、21 节点、24 节点和 52 节点等类型。7 节点的五面体单元内部有一节点；15 节点的五面体单元每条边上有 3 个节点；16 节点的五面体单元除了每条边上有 3 个节点之外，内部还有一个节点；20 节点的五面体单元的节点分布是这样的，在两个三角形表面之间插入一个面，这个面上面节点的分布类似于 Tri6，而两个三角形表面上每条边有 3 个节点，三角形的中心位置也有一个节点。

7) 六面体单元(Hex)

一般来说，六面体网格比四面体网格质量高，对网格要求比较高的情况(如 CFD 动网格)，计算比四面体更容易收敛。同样网格尺寸，数量少很多，六面体比四面体的计算需要的时间短一些。六面体网格的网格方向更能迎合流场方向，如边界层的地方，六面体网格比四面体网格离散误差要小。当然，对于相对简单的结构，六面体网格划分还比较容易。

但相对复杂的结构，六面体网格划分起来比较麻烦，花时间要比较多。

2. 高质量网格单元的特点

网格剖分后的网格单元应满足以下要求：

(1) 合法性。一个单元的节点不能落入其他单元内部，在单元边界上的节点均应作为单元的节点，不可丢弃。

(2) 相容性。单元必须落在待分区域内部，不能落入外部，且单元并集等于待分区域。

(3) 逼近精确性。待分区域的顶点(包括特殊点)必须是单元的节点，待分区域的边界(包括特殊边及面)被单元边界所逼近。

(4) 良好的单元形状。单元最佳形状是正多边形或正多面体。

(5) 良好的剖分过渡性。单元之间过渡应相对平稳，否则，将影响计算结果的准确性甚至使有限元计算无法计算下去。

(6) 网格剖分的自适应性。在几何尖角处、应力温度等变化大处网格应密，其他部位应较稀疏，这样可保证计算解精确可靠。

### 2.2.2 网格分类

网格按照不同的标准可以构成不同的分类，如从维度可以分为一维、二维和三维网格，从毗邻单元是否相同可以分为结构化和非结构化等。下面就介绍几种常见的网格分类方法。

1. 结构化网格与非结构化网格

从严格意义上讲，结构化网格是指网格区域内所有的内部点都具有相同的毗邻单元，如图 2.26 所示。结构化网格可以很容易地实现区域的边界拟合，适于流体和表面应力集中等方面的计算，并且结构化网格生成的速度快、质量好、数据结构简单。由于结构化网格对曲面或空间的拟合大多数采用参数化或样条插值的方法得到，区域光滑，与实际的模型更容易接近。结构化网格典型的缺点是适用的范围比较窄。尤其随着近几年的计算机和数值方法的快速发展，人们对求解区域的复杂性要求越来越高，在这种情况下，结构化网格生成技术就显得力不从心了。结构化网格的生成技术主要是代数网格生成方法。主要应用参数化和插值的方法，对处理简单的求解区域十分有效。

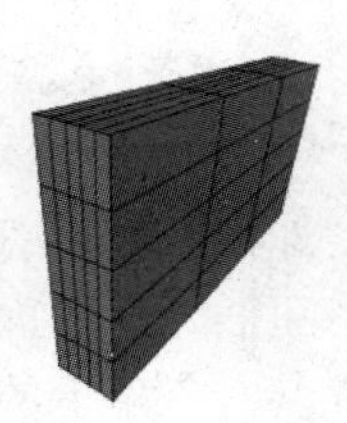

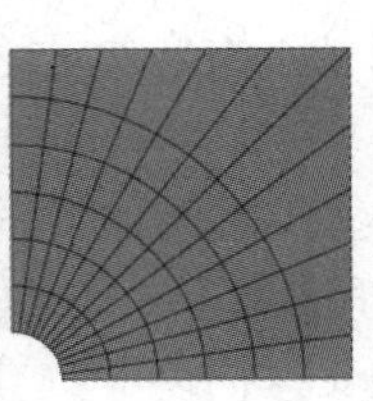
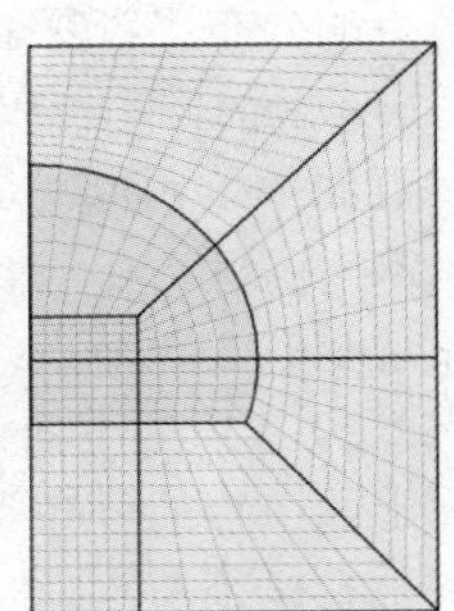

图 2.26 结构化网格示意图

同结构化网格的定义相对应，非结构化网格是指网格区域内的内部点不具有相同的毗邻单元，即与网格剖分区域内的不同内部点相连的网格数目不同，如图 2.27 所示。从定义上可以看出，结构化网格和非结构化网格有相互重叠的部分，即非结构化网格中可能会包含结构化网格的部分。非结构化网格技术从20世纪60年代开始得到了发展，主要是弥补结构化网格不能够解决任意形状和任意连通区域的网格剖分的欠缺。到90年代时，非结构化网格的文献达到了它的高峰时期。由于非结构化网格的生成技术比较复杂，随着人们对求解区域的复杂性的不断提高，对非结构化网格生成技术的要求越来越高。

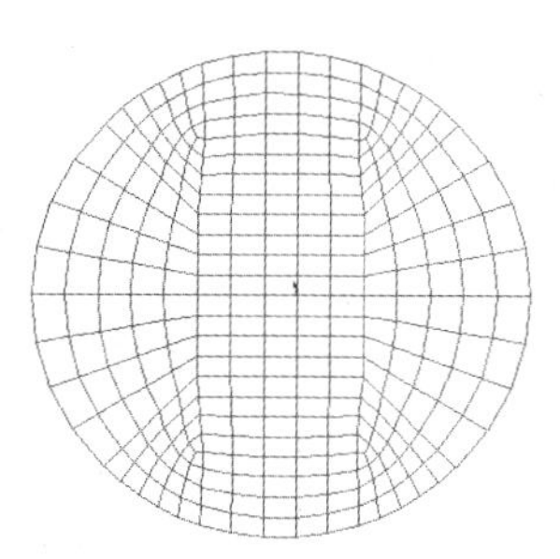
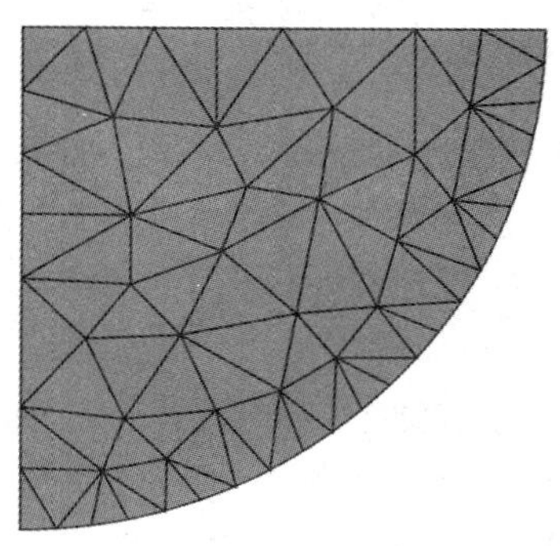

图2.27 非结构化网格示意图

区分结构和非结构化网格比较简单的办法是数一下每个节点上的边数，如果相同就是结构化网格。图2.27中左边的网格中既包含结构化部分，又包含非结构化部分。

结构化网格和非结构化网格的适用范围和特点不同，表2-2比较了两种网格的特点。

表2-2 结构化网格与非结构化网格的特点列表

| 特点 | 结构化网格 | 非结构化网格 |
|---|---|---|
| 网格生成速度 | 快 | 快 |
| 网格生成质量 | 好 | 自动生成时网格质量较差 |
| 数据结构 | 简单 | 相比结构化网格复杂 |
| 适用范围 | 适用于简单规则图形 | 适用于复杂图形 |
| 计算效率 | 高 | 相比结构化网格低 |
| 单元密度控制 | 可控制 | 可控制 |
| 生成的单元 | 二维单元是四边形，三维单元是六面体 | 可以生产所有类型网格单元 |
| 自动化程度 | 复杂图形网格划分时需要手工分块 | 可手动划分，也可自动划分 |
| 计算收敛性 | 收敛性好 | 收敛性较差 |

2. 正交网格和非正交网格

正交网格是指网格线互相垂直的网格，而非正交网格的网格线是不垂直的，如图2.28所示。但是实际上很少用到完全正交的网格，大部分的网格都是非绝对正交的。一般用网格的“正交性”来判断网格的质量好坏。

网格的正交性是网格边之间互相垂直的程度。一般而言，三维网格单元中，三个方向上的网格边之间的夹角越接近90°则质量越好。这一点在规则区域(如正方形方腔)很容易实现，但对于流动区域比较复杂的问题则非常困难。但一般情况下，应当保证所有的网格单元内的网格边夹角大于10°，否则网格本身就会引入较大的数值误差。

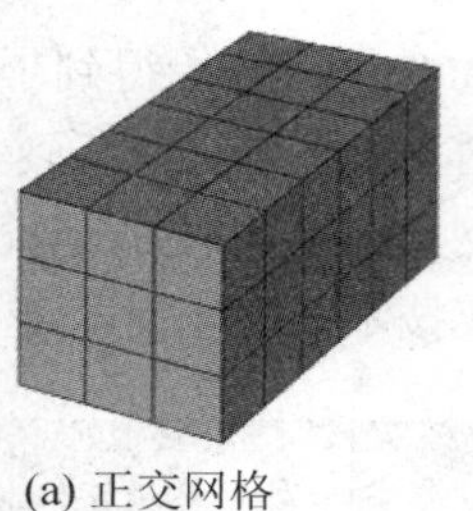

(a) 正交网格

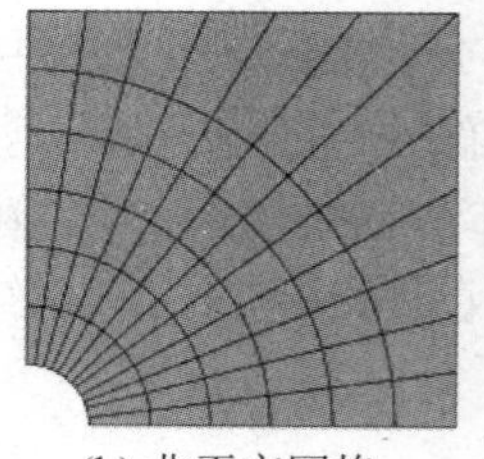

(b) 非正交网格

图 2.28　正交网格与非正交网格示意图

3. 贴体坐标网格与非贴体坐标网格

在对计算区域进行网格剖分的时候，如果计算区域是一个各边界与坐标轴都平行的规则区域，则可很方便地划分该区域，快速地生成均匀网格，然而对于边界复杂的计算区域，尽管可以采用阶梯形网格对边界进行近似处理，但是这种处理通用性差，且会影响计算精度，为解决这个问题，需要采用数学方法构造一种坐标系，其坐标轴刚好与被计算物体的边界相适应，这种坐标系统就称为贴体坐标系统(Body-fitted Coordinates)，其基本思想是通过数学变换将复杂的物理区域变换到规则的计算空间中，物理空间和计算空间一一对应，一般情况下用直角坐标系来生成矩形区域的贴体坐标系，用极坐标来生成环扇形区域的贴体坐标系。

由贴体坐标系生成的网格就是贴体坐标网格，其通用性较好，又有生成的网格均匀、网格疏密易于控制等优点，由此得到了普遍应用。贴体坐标网格有如下优点。

(1) 能适用于具有复杂几何形状的积分区域。

(2) 能够在近固壁处布置较密网格，以适应近壁区参数变化剧烈的求解要求，较准确地体现固壁对流场的影响。

(3) 使网格线与流线的方向一致或接近，可以减少一些常用差分格式(如线性上风格式)的数值扩散误差。

4. 自由网格与映射网格

自由网格和映射网格严格来说不算网格的分类，它们是 CAE 软件平台提供的两种网格剖分策略。所谓自由，体现在没有特定的准则，对于单元形状无限制，生成的单元不规则，基本适用于所有的模型。映射网格则要求满足一定的规则，且映射面网格只包含四边形或三角形单元，而映射体网格只包含六面体单元。自由网格划分是自动化程度最高的网格划分技术之一，它可以在面上(平面、曲面)自动生成三角形或四边形网格，在体上自动生成四面体网格。一般情况下，可利用智能尺寸控制技术来调整网格数量、边长及曲率，进而控制网格的大小和疏密分布，也可人工设置网格的大小并控制。对于复杂几何模型而言，这种划分网格方法省时省力，但缺点是单元数量通常会很大，计算效率降低，而且这种方法对于三维复杂模型只能生成四面体单元。

映射网格则是对规整模型的一种规整网格剖分方法。其原始概念为：对于面，只能是四边形面，网格划分数需在对边上保持一致，形成单元全部为四边形；对于体，只能是六面体，对应线和面的网格剖分数保持一致，形成的单元全部为六面体。映射网格只用于规则的几何图素，对于裁剪曲面或者空间自由曲面等复杂的几何体则难以控制，映射网格具有规则的形状，明显成排的规则排列。

在一些分析软件中，网格单元的划分条件会有所放宽，面可以是三角形、四边形，或者其他任意多边形。对于四边以上的多边形，必须将某些边连成一条边，以使对于网格划分而言，仍然是三角形或四边形，或者对线段进行映射分割；体则可以是四面体、五面体、六面体。对于六面以上的多面体，必须将某些面连成一个面，以使的对于网格划分而言，仍然是四面体、五面体或六面体。

自由网格划分对于单元没有特殊的限制，也没有指定的分布模式，而映射网格划分则不但对单元形状有所控制，而且对单元排布模式也有要求。在进行一般的网格控制之前，用户应该根据实际情况决定使用自由网格划分还是映射网格划分来进行模型的网格剖分。大量实践都证明了，映射网格比自由网格具有如下优点。

(1) 对于单元边长相同的情况，映射网格所生成的有限元模型比自由网格的模型要小很多，从而可以减小计算所需的资源，加快计算速度。

(2) 对于有限元模型规模相近(即节点个数相近，从计算的角度来说，有限元模型的规模取决于节点的个数)的情况，映射网格计算结果的精度一般高于自由网格的计算精度。

主要基于这两点，在有条件的情况下，应该尽量划分映射网格。不过，对于比较复杂的几何模型，划分三维映射网格会遇到很大困难。

### 2.2.3 网格剖分方法

网格从维度上可以分为一维网格、二维网格和三维网格三种，其中一维网格的剖分比较简单，只有均匀点或非均匀点两种情况，本书中不再作介绍。而二维网格和三维网格的剖分比较复杂，剖分方法也有许多种，很多方法既可以用在二维中也可以用在三维中，本书不可能巨细无遗的列出所有方法，所以只简述有代表性的、典型的方法。

#### 1. 二维(平面)网格剖分方法

二维(平面)网格剖分单元主要可以分为两种，一种是三角形单元；一种是四边形单元。其中三角形是最简单的平面形状，由三角形可以近似模拟出各种复杂形状的平面图像，它的单元精度比四边形单元低，但对边界的适应性强，因此应用广泛。

1) 三角形剖分

三角形网格按照遵循的规则，可以大致分为两类，一类是符合 DT(Delaunay Triangle)规则的三角形网格，如图 2.29 所示；一类是不符合 DT 规则的三角形网格。对应的网格剖分方法就有以 DT 规则为基准的网格剖分方法，和以其他为基准的网格剖分方法。前者剖分的网格必然符合 DT 规则，而后者剖分的网格则不一定符合 DT 规则。在介绍它们之前，先介绍 DT 的基本概念。

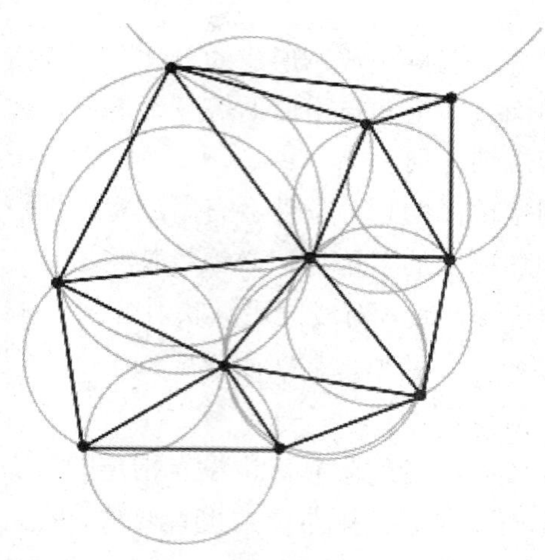

图 2.29　一个 Delaunay 三角网格剖分的示例

1934 年苏联数学家 Delaunay 提出了 Delaunay 三角形 DT(Delaunay Triangle)：对于任意给定的平面点集，只存在着唯一的一种三角剖分方法，满足所谓的“最大-最小角”优化准则，即所有最小内角之和最大。要满足 Delaunay 三角剖分的定义，必须符合两个重要的准则：①空圆特性：Delaunay 三角网是唯一的(任意四点不能共圆)，在 Delaunay 三角形网中任一三角形的外接圆范围内不会有其他点存在。②最大化最小角特性：在散点集可能形成的三角剖分中，Delaunay 三角剖分所形成的三角形的最小角最大。从这个意义上讲，Delaunay 三角网是“最接近于规则化的”的三角网。具体是指由两个相邻的三角形构成凸四边形的对角线，在相互交换后，六个内角的最小角不再增大。数学家已经证明了在各种二维三角剖分中，只有 Delaunay 三角剖分才同时满足全局和局部最优。Delaunay 三角剖分最大的优点是它自动避免了生成小内角的长薄单元。

Delaunay 三角剖分是一种三角剖分的标准和准则，而实现它有许多种算法，根据构建三角网的步骤，目前平面区域的 DT 三角剖分的方法基本上可以归结为三类：逐点插入算法(Lawson 算法)、分治算法和三角网生长算法。下面是几种典型算法的原理和步骤。

(1) 逐点插入(Lawson)算法。Lawson 在 1977 年提出了“逐点插入”的 Lawson 算法，其基本原理是：首先建立一个大的三角形或多边形，把所有数据点包围起来，向其中插入一点，该点与包含它的三角形三个顶点相连，形成三个新的三角形，然后逐个对它们进行空外接圆检测，同时用 Lawson 设计的局部优化过程(Local Optimization Procedure，LOP)进行优化，即通过交换对角线的方法来保证所形成的三角网为 Delaunay 三角网。

Lawson 算法的基本步骤如下。

① 定义一个包含所有数据点的由两个直角三角形构成的矩形框。

② 在矩形区域内建立初始三角网，可以预设一个点作为初始的顶点；然后迭代以下步骤，直至所有数据点被处理。

③ 插入一个数据点 V，在三角网中找出包含 V 点的三角形，将点 V 与三角形的三个顶点相连，重构三角形；搜索点在三角网中位置的方法很多，可以采用重心法、中心法、面积法(利用格林公式计算三角形的面积)来判断点是否在三角形内，也可以利用点与直线的关系来确定。

④ 用局部优化算法优化三角网：对具有公共边的两个三角形组成的四边形进行判断，如果其中任意一个三角形的外接圆包含另一三角形除公顶点外的第三顶点，则交换公共边。

Lawson 算法思路简单，易于编程实现，且构网算法理论严密、唯一性好，网格满足空圆特性，较为理想。由其逐点插入的构网过程可知，遇到非 Delaunay 边时，通过删除调整，可以构造形成新的 Delaunay 边。在完成构网后，增加新点时，无需对所有的点进行重新构网，只需对新点的影响三角形范围进行局部联网，且局部联网的方法简单易行。同样，点的删除、移动也可快速动态地进行。但在实际应用当中，这种构网算法当点集较大时构网速度也较慢，如果点集范围是非凸区域或者存在内环，则会产生非法三角形。而且此算法不能直接推广到三维情况，因为三维情况下，对角线交换的推广变成了对角面交换，而对角面交换将可能改变区域体积和外边界。

(2) 分治算法。分治算法的基本思想是将一个规模为 $N$ 的问题分解为 $K$ 个规模较小的子问题，这些子问题相互独立且与原问题性质相同，如图 2.30 所示。求出子问题的解，就可得到原问题的解。Lewis 和 Robinson 将分治算法的基本思想应用于 Delaunay 三角网格的构建，其思路是采用递归分割点集直至每个子集中仅含三个离散点而形成三角形的办法，经过自下而上逐级合并生成最终的三角网。

分治算法的基本步骤如下。

① 将点集数据进行排序、分割，递归地把点集划分为足够小、互不相交的子集，直至所有子集中的点数少于 3 个点为止。

② 在每一个子集内构建Delaunay子三角网。

③ 然后逐步合并相邻子集，最终形成整个点集的 Delaunay 三角网。

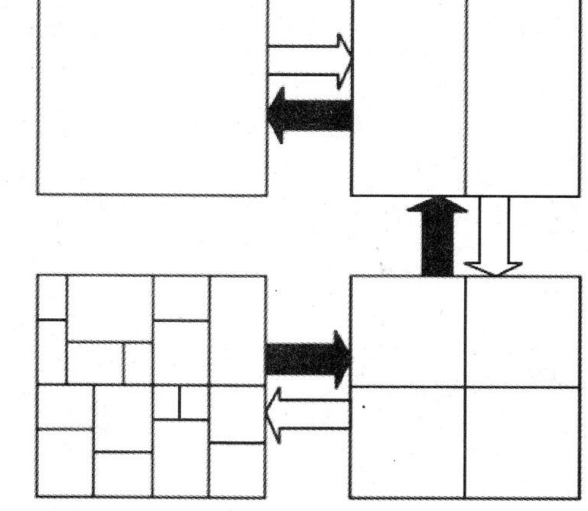

图 2.30 分治算法的示意图

(3) 三角网生长算法。三角网生长法的基本思想是：任选一点，找到与它距离最近的点相连成为一条初始基线。按 Delaunay 条件寻找与基线构成 Delaunay 三角形的第三个顶点。重复进行这一过程直到所有数据都被连接进三角网中。

三角网生长算法步骤，如图 2.31 所示。

① 在所采集的离散点中任意找一点，然后查找距此点最近的点，连接后作为初始基线。

② 在初始基线右侧运用 Delaunay 法则搜寻第三点。具体的做法是：在初始基线右侧的离散点中查找距此基线距离最短的点，作为第三点。

③ 生成 Delaunay 三角形，再以三角形的两条新边(从基线起始点到第三点以及第三点到基线终止点)作为新的基线。

④ 重复步骤②、③，直至所有的基线处理完毕。

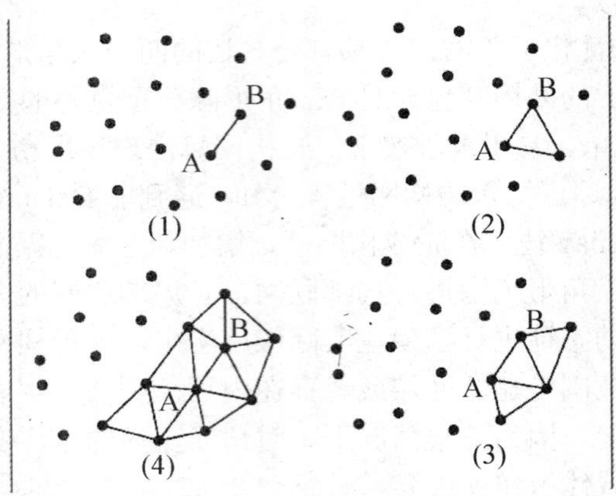


图 2.31　三角网生长算法的示意图

上述三种算法是符合 DT 规则的算法，还有一些其他的算法，可以快速地生成三角形网格，但是其生成的网格却并不一定符合 DT 规则，典型的包括如下两种。

① 推进波前法(Advancing Front Technique，AFT)。AFT 方法的基本思路是先离散区域边界，二维平面区域边界离散后是首尾相连的线段集合，这种离散以后的区域边界称为前沿。接下来的步骤就是从前沿开始，依次插入一个新节点或采用一个已存在节点生成一个新单元。一个新的单元生成以后，前沿要进行更新，即向区域的内部推进。这种插入节点、生成新单元、更新前沿的过程循环进行，当前沿为空时表明整个区域剖分结束。如将边界曲线看成是当前工作波前，则在剖分过程中，每生成一次单元，边界曲线所围成的区域面积都减小一次，同时当前工作波前也向内推进一步，故而称其为推进波前法，如图 2.32 所示。

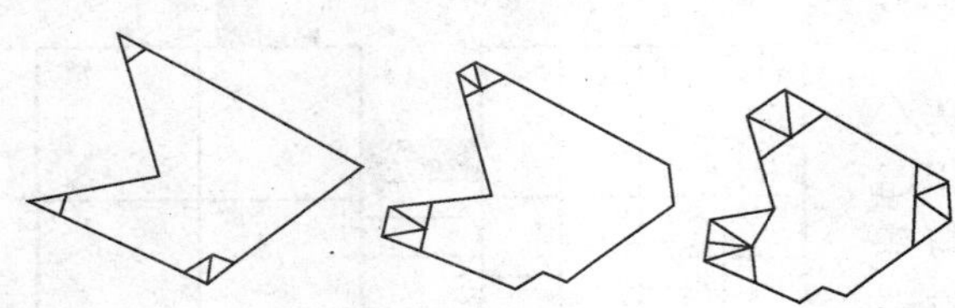

图 2.32　推进波前法的示意图

AFT 方法的基本思路虽然简单，但是在程序实现上是需要很多技巧的，这是因为在 AFT 方法的实现中，涉及数据的存储方式、前沿的查找方法、前沿之间的相交判断等，这些环节的实现效率都直接影响 AFT 方法的运行效率。

与基于 Delaunay 概念的各种方法相比，AFT 方法虽然没有后者那样成熟的理论依据，在很多情形下靠经验解决问题，但是这并不妨碍它的成功应用，因为它具有更大的灵活性及可靠性。AFT 算法的时间复杂度为 O(Nlogn)，与 DT 法相当，但对生成单元的控制能力却比 DT 法强。AFT 方法最大的缺点是时间效率相对较低，需要有较好的数据结构及算法来提高前沿生成算法的速度。

② 映射单元法。映射单元法(Mapped Element Approach)的原理是：将目标区域手工分成许多有利于映射操作的简单子区域，然后定义映射函数，将非规则区域映射成一个规则区域(如正方形区域)，然后在规则区域上进行网格剖分，再将规则区域上的网格点映射到原来的非规则区域上形成网格剖分。映射单元法既可以用来生成三角形网格，又可以用来生成四边形网格。

映射法的优点在于方法简单、计算效率高、生成的网格分布均匀规则、排列整齐，能够用于曲面网格的生成。但其最大弊端在于对形状较为复杂的形体适应性差，需要事先根据所要产生的网格将目标区域分割成一系列可映射的子区域，这一工作通常需要人工完成，自动化程度较低，人工交互多，不适合于全自动网格的生成。另外，如何设计映射函数也是一个比较复杂的问题，如果设计不好经常容易造成网格的重叠或空洞。过去大部分有限元计算模型并不依赖于实体造型系统(So1id Modeling System，SMS)，所以往往可以根据可映射的补丁反过来定义目标域。随着计算机实体造型系统的出现，通过与其他方法相结合，这一类方法的自动化程度也逐渐得到提高。

这些方法可以互相结合形成新的算法，如将AFT算法和DT的规则结合，就能够用改进的AFT方法生成符合DT规则的三角形网格。不同方法的合理融合和改进也是一个网格剖分算法中的研究方向。

2) 四边形剖分

在二维网格生成方法中，三角形网格的自动生成算法最为成熟，但有限元计算表明，在相同网格步长下，三角形单元的计算精度不如四边形单元。Azi 等人研究表明，有限容积法数值计算结果的精度与单元形状关系不大，与网格步长关系则极为显著。在同样网格节点分布的情况下，三角形单元的数目是四边形单元的两倍。因此，最终形成的线性代数方程组的阶数也是两倍。这样，无论是存储还是求解，都是不经济的。因此，为了在一定计算工作量的条件下尽量提高精度，提出了采用四边形网格计算的思想，进而导致了四边形网格生成的技术问题。

生成四边形的典型方法可以分为两大类，其中一类是用三角形分裂或合并的思想来生成四边形的间接法，另外一类是直接生成四边形的直接法。

前一类方法的思想比较简单，就是先生成三角形网格，然后按照一定的规则将一个三角形分裂成三个四边形或者将两个三角形合并成一个四边形，如图2.33所示。

这类方法生成的四边形的内角很难保证接近直角，所以需要采用一些相应的修正方法(如 Smooth，Add)加以修正。这种方法的优点是首先就得到了区域内的整体的网格尺寸的信息，缺点是生成的网格质量相对比较差，需要多次修正，同时需要首先生成三角形网格，生成的速度也比较慢，程序的工作量大。

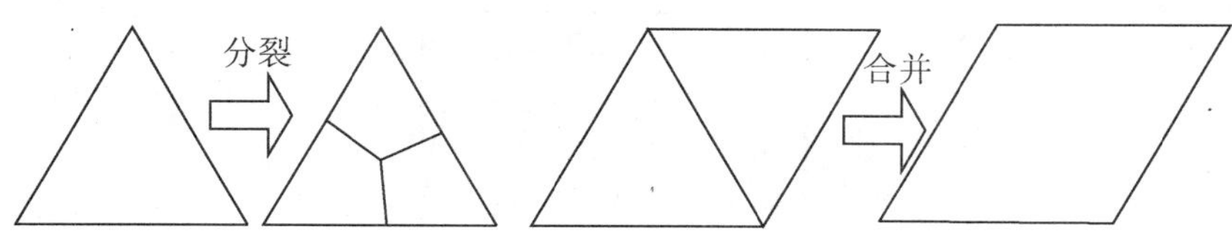


**图2.33 由三角形生成四边形示意图**

后一类方法的优点是生成的四边形的网格质量好，对区域边界的拟合比较好，最适合流体力学的计算，缺点是生成的速度慢，程序设计复杂。后一类的典型方法包括栅格法、有限四叉树法、几何分割法、前沿推进法、映射法等。其中几何分割法的思想和三角剖分里的分治算法是类似的，就是把一个大区域切分成多个小区域，只不过这里是用四边形来切分的；前沿推进法和推进波前法思想类似，映射法在上文已经介绍过了。下面主要介绍栅格法和有限四叉树法。

(1) 栅格法。栅格法的基本思想很简单，对于二维问题来讲，就是取一个内部已经剖分成栅格的矩形罩住将要剖分的区域，将在待剖分区域内部的网格保留，在边界处对栅格进行剪裁以保证区域边界的完整性，如图2.34所示。栅格法是剖分给定区域的最简单、最直接的方法，整个的区域网格生成及边界条件的保证可以实现自动化。栅格法已经被成功的用来解决许多工程实际问题，效果也比较显著。

基于栅格法所生成的网格与选择的初始网格及其取向有关，虽然区域内部单元网格的质量非常好，可区域边界处单元的质量在剪裁时却难以保证，在二维情况时这个问题处理起来稍微简单一些，在三维情况时，区域边界处理起来就相当复杂，涉及三维实体的造型方法和边界表示方法。学者们提出不同的方法来改进栅格法，形成各种改进的栅格法来改进区域边缘网格，如图 2.35 所示。

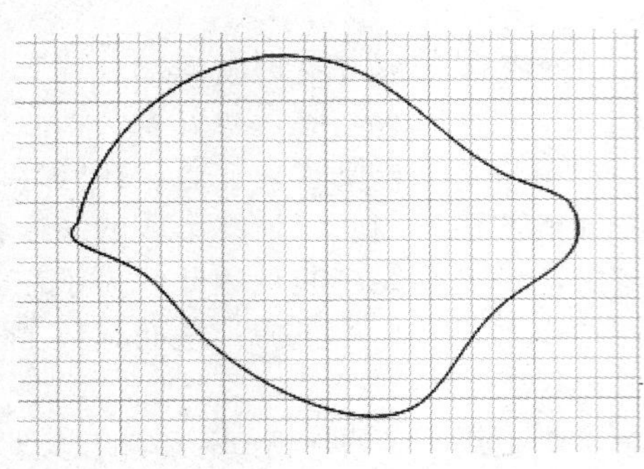

图 2.34　栅格法示意图

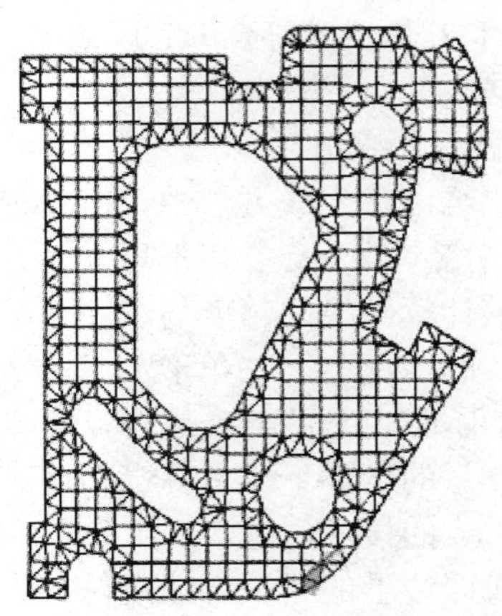

图 2.35　改进栅格法示意图

(2) 有限四叉树法。有限四叉树法(Finite Quad-tree Method)从本质上讲也是采用了几何分割的思想，它采用树形数据结构，其基本思想是先找出问题域的最小包络矩形(尽可能小的正方形方盒)，再把矩形细分为四个全等的子矩形，依次判断每个子矩形与问题域的关系，根据子矩形与问题域的包络关系(对每一个子区域测试其是否完全在目标区域外面或是否满足密度控制计算的精度要求)来决定取舍或是否继续细分下去，如图 2.36 所示。

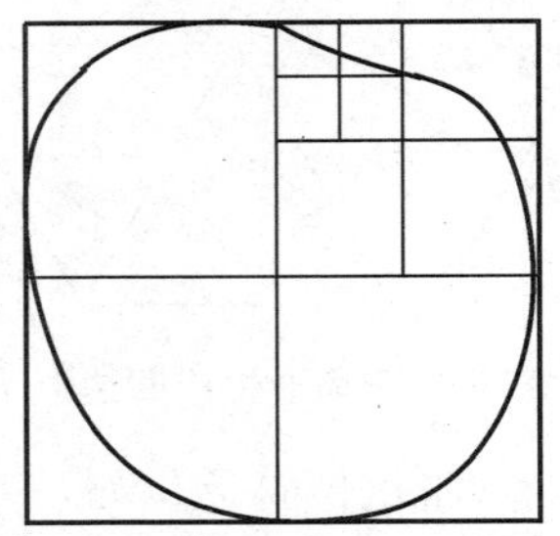

图 2.36　有限四叉树法示意图

四叉树方法可以适用于任意复杂形状的平面结构，且问题域可以有任意形状的孔洞，其算法效率几乎与单元节点数的增长成线性关系，其网格生成易于实现密度控制，易于进行自适应分析。但是这种算法缺点也很明显，生成的边界单元受边界形状影响大，而且所生成的网格与所选择初始栅格有关，网格边界的单元质量较差，程序实现相当复杂，所需内存较大，不利于实现并行处理等。

2. 三维网格剖分方法

最常用的三维网格主要是四面体和六面体，相比于四面体，六面体的精度理论上比四面体高，而且同等尺寸下，六面体的节点要比四面体节点少，六面体单元可以在不失去精度的情况下提供直接的尺寸。而四面体和六面体生成方法的思想大多是由二维的方法直接推到三维的，如典型的映射单元法、栅格法、改进八叉树法、波前法等。下面仅对这些方法进行简单介绍。

(1) 映射单元法。映射单元法是三维网格生成中最早使用的方法之一。这种方法先把三维实体分成几个大的20节点六面体区，然后使用形函数映射技术把各个六面体区域映射为许多细小的8节点六面体单元，这种方法易于实现，可以生成规整的结构化网格。但是当三维实体的表面十分复杂时，该方法的逼近精度不高，并且人工分区十分麻烦，自动化实现程度低。近些年来，一些研究者采用“整体规划技术(Integrated Programming Technique)”来进行实体的自动分区，但是该技术很难对复杂形体(如复杂的曲面零件)进行实体的自动分区。曲面映射是三维映射的特例，采用曲面映射技术可以对几何曲面进行离散化处理。映射单元法的发展趋势是实现简单、规则形状形体的自动分区，提高手工分区的交互性，能方便地进行复杂的三维形体的分区。

(2) 栅格法。基于栅格法预先产生网格模板，然后将要进行网格化的物体加到其上，并在实体内部尽可能多地填充规则的长方体或正方体网格，在实体的边界上根据实体边界的具体特征更改网格的形状和相互连接关系，使得边界上的六面体单元尽可能地逼近物体的边界形状。这种方法能实现网格生成的自动化，网格的生成速度也非常快。其最大弱点是边界单元的质量较差，另一个缺点是所生成的单元尺寸相近，网格密度很难得到控制。

(3) 改进八叉树法。改进八叉树法的基础是三维物体的八叉树表示，它具有改进四叉树法同样的利弊，但三维物体的边界处理更加复杂。它将物体边界简化为42种可能的模式(18种单平面和24种双平面切割八叉元)。这种方法与基于栅格法结合生成“过渡网格”效果较好，著名的有限元分析软件MARC/AutoForge模块中就采用了这种方法。这种方法的发展趋势是要与基于栅格法相结合来提高过渡网格的质量，并减少仿真过程中畸形单元，提高形体尖角处的质量。

(4) 波前法。采用波前法逐层由实体表面向实体内部生成六面体网格(Plastering Algorithm)。Blacker和Meyers于1993年提出了这种方法，该方法实际上是二维四边形网格逐层推进生成法(Paving Algorithm)在三维空间上的拓展。在三维实体内部，各个六面体单元的边与边、面与面之间的相互关系十分复杂，并且只有满足一定条件的实体表面上的节点才能生成完全的六面体网格，故这种方法的实现具有很高的难度。该方法生成的六面体网格的单元质量(尤其是边界单元的质量)是所有算法中最好的。但该方法的实现仍然需要一些技术细节上的问题。该方法的发展趋势是优化表面的布点，避免在向实体内部逐层推进时产生尺寸过小和形状不合理的单元，避免单元间的裂缝。

(5) 几何变换法。几何变换法由二维四边形网格经过旋转、扫描、拉伸等几何变换而形成六面体网格，在几何变换后需要删除重复节点及四边形，进行单元及节点的重新编号。该方法比较容易生成六面体网格，但是这种方法只适用于形状简单的三维形体，且主要依靠人机交互的方式来实现。该方法的发展趋势是使四边形有限元网格能够以自由曲线为路径进行扫描，尽量减少人机交互的步骤。

(6) 模块拼凑法。模块拼凑法把工件分为一定数量的子模块，然后对每一类形状简单的子模块规定一种六面体网格生成方法，随后整个工件的有限元网格即可由这些子模块内的网格拼凑而成。但实际生产中的工件(模锻件)的形状往往非常复杂，很难对其进行子模块的自动划分。这种方法只能针对形状比较简单和变化较少的工件来生成六面体网格，未来的发展趋势是完善专家系统的知识库，使其能适应更复杂形状工件的子模块的自动划分。

(7) 单元转换法。由于多种四面体网格自动生成算法已经达到实用化的程度，在自动生成四面体网格后，单元转换法可以把一个直边 4 节点四面体网格自动的转化为六面体网格。这种方法的缺点是得到的网格是杂乱无章的非结构化六面体网格，网格的质量不高。为了较好地逼近复杂物体的曲面边界，需要生成较多的直边四面体单元，因而也将得到数量极多的六面体单元，这会使得有限元仿真的时间过长。对同时具有内外复杂边界的三维问题(如内部有空洞缺陷的复杂锻件分析)，该方法是实现六面体网格自动生成的一种比较有效的方法。这种方法的发展趋势是减少不必要的四面体单元的数量，采用结构化网格结构重组技术以剔除不必要的单元，采用约束优化算法提高六面体单元的质量。

(8) B 样条曲面拟合插值法。这种方法基于三维物体的边界曲面 B 样条表示，采用插值拟合曲面来生成六面体网格。在几何构形确定的情况下，这种方法即可自动生成六面体网格。通过调整 B 样条函数中的参数可以控制网格密度。这种方法的优点是边界曲面逼近好，形体的几何表示与网格生成在数学方法上一致。缺点是局部网格的处理比较困难，这是整体域剖分所带来的问题。这种方法的发展趋势是采用 B 样条曲面和实体造型相结合的方式来描述三维物体，采用模块法来处理物理体内部的局部网格。

(9) 采用中轴面分解和整体规划技术生成六面体网格。这种方法首先采用中轴面(Medial Surface)分解技术将三维实体分解成一定数量的简单子域，然后在每个子域内生成六面体网格，并采用整体规划技术来确定每条边的分割数，进而控制六面体网格的密度。中轴面分解方法也可以拓展应用于带有凹边或凹顶点的实体及退化情况，从而可以实现复杂实体(如带有孔、凹角)等的六面体网格生成。该方法生成的六面体网格的单元质量很高并且疏密有秩。这种方法的发展趋势是实现复杂形体的全自动中轴面分解，尽可能地形成容易网格化的子域，提高边界单元的质量，避免产生形状不好的单元。

### 3. 网格剖分的发展趋势

近年来网格生成方法研究领域最重要的进展是实现了复杂三维域网格全自动生成，这在很大程度上使网格生成不再是工程仿真应用的瓶颈问题。然而，这并不表明网格生成算法已经达到顶峰。一方面网格生成还有许多难点问题未能解决；另一方面现有的算法在效率、质量、可靠性、几何适应性、规模、便捷性等方面还存在许多问题，需要进一步研究。有限元网格生成及其相关领域的发展趋势如下。

(1) 通用算法的数据结构与多种算法的联合应用。在通用算法的研究方面，应注意数据结构的研究和多种算法的联合应用，提高核心算法的可靠性和几何适应性，达到速度与质量之间的平衡，实现核心算法的黑箱化。

(2) CAD/CAE 的集成与参数化动态有限元建模。参数化 CAD 技术、有限元分析技术、优化技术的发展，已使参数化的结构优化设计成为可能，而参数化动态有限元建模是实现这一先进分析设计技术的基础。参数化设计是新一代智能化、集成化 CAD 系统的核心技术之一，参数化动态有限元建模就是以参数化 CAD 系统为平台，将 CAD 的参数化设计技术应用到有限元建模过程中，以设计参数来驱动有限元模型的生成与更新，实现设计参数、几何模型、有限元模型之间的高效率参数联动。

(3) 自适应网格生成技术。近年来，自适应网格生成技术发展非常迅速。事实证明，自适应网格生成对于提高有限元分析的精度非常有效。自适应网格生成算法与实际模型的求解方程、算法特征相关联，随着有限元研究与应用领域的不断扩展，自适应网格生成算法也会不断发展。

(4) 网格生成算法的并行化和分布化。并行化计算环境对于大规模、超大规模科学计算及高端工程应用是必需的。而分布式计算环境可作为一种中等的工程应用解决方案。现有网格生成并行化或分布化算法在计算效率、内存管理、生成单元质量等方面还不够完善。另外，并行计算环境与分布式计算环境的控制软件日趋成熟，这为算法的并行化、分布化开发提供了强有力的技术保障。

### 2.2.4 CAE 软件中的网格剖分

各个 CAE 软件中都封装了不同的网格剖分算法，这样就能让用户可以自动或者手动地来进行网格的剖分，下面列出了几个用户在使用 CAE 软件进行网格剖分的时候需要考虑的一些关键因素。

#### 1. 网格密度

为了适应应力等计算数据的分布特点，在结构不同部位需要采用大小不同的网格。在孔的附近有集中应力，因此网格需要加密。周边应力梯度相对较小，因此网格可以划分稀一点。由此反映了疏密不同的网格划分原则。在计算数据变化梯度较大的部位，为了较好地反映数据变化规律，需要采用比较密集的网格。而在计算数据变化梯度较小的部位，为减小模型规模，网格则应相对稀疏。

#### 2. 单元阶次

单元阶次与计算精度有着密切的关联，单元一般具有线性、二次和三次等形式，其中二次和三次形式的单元称为高阶单元。高阶单元的曲线或曲面边界能够更好地逼近结构的曲线和曲面边界，且高次插值函数可更高精度地逼近复杂场函数，所以增加单元阶次可提高计算精度。但增加单元阶次的同时网格的节点数也会随之增加，在网格数量相同的情况下由高阶单元组成的模型规模相对较大，因此在使用时应权衡考虑计算精度和时耗。

#### 3. 单元形状

网格单元形状的好坏对计算精度有着很大的影响，单元形状太差的网格甚至会中止计算。单元形状评价一般有以下几个指标：

(1) 单元的边长比、面积比或体积比以正三角形、正四面体、正六面体为参考基准。

(2) 扭曲度。单元面内的扭转和面外的翘曲程度。

(3) 节点编号。节点编号对于求解过程中总刚度矩阵的带宽和波前因数有较大的影响，从而影响计算时耗和存储容量的大小。

4. 单元协调性

单元协调是指单元上的力和力矩能够通过节点传递给相邻单元。为保证单元协调，必须满足如下条件是：

(1) 一个单元的节点必须同时也是相邻点，而不应是内点或边界点。

(2) 相邻单元的共有节点具有相同的自由度性质。另外，有相同自由度的单元网格也并非一定协调。

### 2.2.5 网格剖分实例

导弹模型网格剖分流程如下：

(1) 生成几何模型。

(2) 生成线网格。在线上生成网格，作为将在面上划分网格的网格种子，允许用户详细地控制在线上节点的分布规律，GAMBIT 提供了满足 CFD 计算特殊需要的五种预定义的节点分布规律。

(3) 生成面网格。对于平面及轴对称流动问题，只需要生成面网格。对于三维问题，也可以先剖分面网格，作为进一步划分体网格的网格种子。GAMBIT 根据几何形状及 CFD 计算的需要提供了三种不同的网格划分方法。

① 映射方法。映射网格划分技术是一种传统的网格划分技术，它仅适合于逻辑形状为四边形或三角形的面，它允许用户详细控制网格的生成。在几何形状不太复杂的情况下，可以生成高质量的结构化网格。

② 子映射方法。为了提高结构化网格生成效率，GAMBIT 软件使用子映射网格划分技术，即当用户提供的几何外形过于复杂，子映射网格划分方法可以自动对几何对象进行再分割，使在原本不能生成结构化网格的几何实体上划分出结构化网格。子映射网格技术是 FLUENT 公司独创的一种新方法，它对几何体的分割只是在网格划分算法里进行，并不真正对用户提供的几何外形做实际操作。

③ 自由网格。对于拓扑形状较为复杂的面，可以生成自由网格，用户可以选择合适的网格类型(三角形或四边形)。

(4) 生成体网格。生成的导弹体网格，如图 2.37 所示。

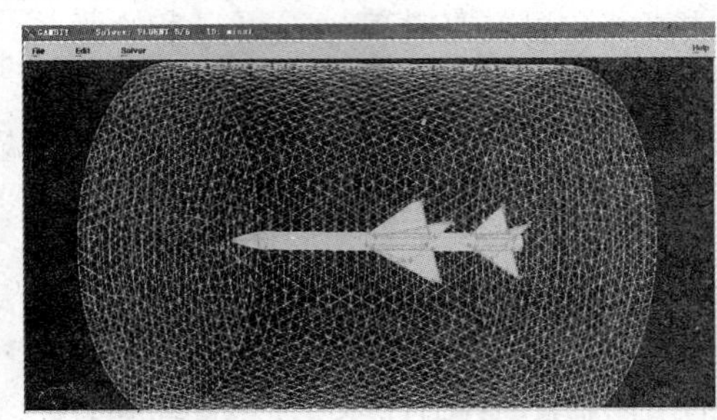

图 2.37 导弹体网格示意图

(5) GAMBIT 的可视化网格检查技术和网格输出功能。可以直观地显示网格质量，用户可以浏览单元畸变、扭曲、网格过度、光滑性等质量参数，可以根据需要细化和优化网格，从而保证 CFD 的计算网格。用颜色代表网格的质量。GAMBIT 支持所有的 FLUENT

求解器，如 FLUENT4.5、FLUENT5、NEKTON、POLYFLOW、FIDAP 等求解器。GAMBIT 支持面向图形的边界条件，即用户可以直接在几何图形上施加流动的边界条件，不需要在网格上进行操作。

(6) CAD/CAE 网格文件输出。网格剖分完成后，可以生成软件所支持的网格文件。GAMBIT 软件可以直接存取主流的 CAD/CAE 系统的网格数据并支持标准的数据交换格式，CAE 接口如下：ANSYS、Nastrain、Patrain、FIDAP、GAMBIT。GAMBIT 可以直接输入主流 CAE 软件的网格，而且在输入网格后可以自动反拓出相应的曲面或几何实体。

## 2.3 CAE 软件前处理

上文简述了 CAE 前处理的基础知识，下面对使用 CAE 软件进行前处理的步骤和注意事项进行简单的介绍。

前处理器(Preprocessor)用于完成前处理工作。前处理环节是向 CFD 软件输入所求问题的相关数据，该过程一般是借助与求解器相对应的对话框等图形界面来完成的。在前处理阶段需要用户进行以下工作：

(1) 定义所求问题的几何计算域。

(2) 将计算域划分成多个互不重叠的子区域，形成由单元组成的网格。

(3) 对所要研究的物理和化学现象进行抽象，选择相应的控制方程。

(4) 定义流体的属性参数。

(5) 为计算域边界处的单元指定边界条件。

(6) 对于瞬态问题，指定初始条件。

流动问题的解是在单元内部的节点上定义的，解的精度由网格中单元中的数量所决定。一般来讲，单元越多、尺寸越小，所得到的解的精度就越高，但所需的计算机内存资源及 CPU 时间也就相应增加。为了提高计算精度，在物理量梯度较大的区域，以及我们感兴趣的区域，往往要加密计算网格。在前处理阶段生成网格时，关键是要把握好精度与计算成本之间的平衡。

目前在使用的商用软件 CFD 软件进行 CFD 计算时，有超过 50%以上的时间花在几何区域的定义及计算网格的生成上。我们可以使用 CFD 软件自身的前处理器生成几何模型，也可以借助其他的商用 CFD 或 CAD/CAE 软件(如 MSC.Patran、ANSYS、I-DEAS、Pro/E)提供的几何模型。此外，指定流体参数的任务也是在前处理阶段进行的。

一个典型的使用 CAE 软件进行分析的流程包括下面几个步骤，如图 2.38 所示。

(1) 读入几何模型文件。

(2) 设置模板。

(3) 进行几何修改。

(4) 设置材料及属性参数。

(5) 生成基本网格节点。

(6) 生成 2D 网格。

(7) 生成 3D 网格。

(8) 检验网格质量并进行校正。

(9) 设置求解边界条件并添加载荷。

(10) 设置求解参数。

(11) 输出网格文件。

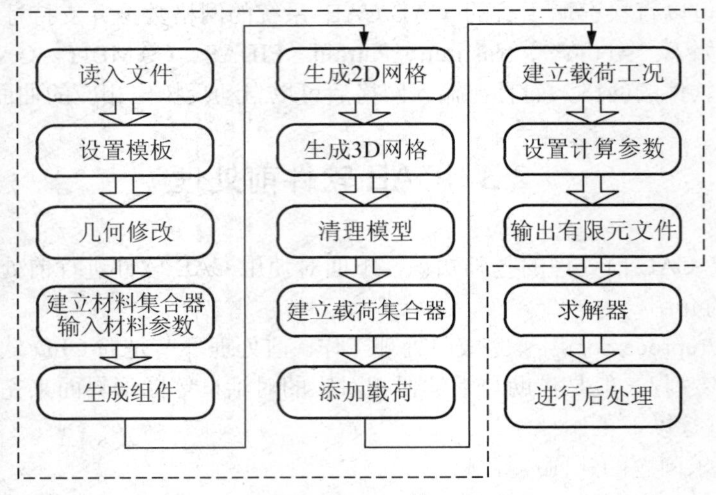


图 2.38 一般前处理流程

## 小 结

本章针对 CAE 前处理环节涉及的知识，首先对基本的几何元素、典型的几何建模实例进行了介绍，随后对网格单元类型、网格的分类、网格的剖分方法和 CAE 软件中的网格剖分注意事项进行了介绍，最后总结了一般前处理的流程。本章每一节都配套了实例和针对性的课后习题。通过对本章的学习，读者应该对“如何进行建模？”、“如何对几何模型进行网格剖分？”和“如何完成 CAE 的前处理？”等问题做出自己的解答。

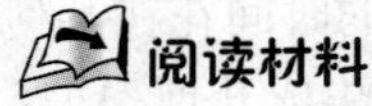
**阅读材料**

### 几何建模技术的发展历史

CAD 的核心技术是几何建模技术(又称几何造型技术)，在 CAD/CAM 技术五十多年的发展历程中，共经历了四次重大的变革。

20 世纪 60 年代初期的 CAD 系统都是以线框建模方法为主，它们只能处理简单的线框模型，提供二维的绘图环境，用途比较单一。进入 70 年代，根据汽车造型中的设计需求，法国人提出了贝塞尔算法，随之产生了三维曲面造型系统 CATIA。CATIA 的出现，标志着 CAD 技术从单纯模仿工程图纸的三视图模式中解放出来，首次实现以计算机完整描述产品零件的主要信息。这是 CAD 发展历史中的第一次重大飞跃。

1979 年，SDRC 公司发布了世界上第一个完全基于实体造型技术的大型 CAD/CAE 软件——IDEAS。由于实体造型技术能够精确表达零件的全部属性，在理论上有助于统一 CAD、CAE、CAM 的模型表达，给设计带来了巨大的方便。实体造型技术的普及应用标志着 CAD 发展史上的第二次技术革命。但是，在当时的硬件条件下，实体造型的计算及显示速度太慢，限制了它在整个行业的推广。

20世纪90年代初期，参数化技术逐渐成熟，标志着CAD技术的第三次革命。参数化技术的成功应用，使得它在1990年前后几乎成为CAD业界的标准。

随后，SDRC攻克了欠约束情况下全参数的方程组求解问题，形成了一套独特的变量化造型理论。SDRC将变量化技术成功地应用到CAD系统中，标志着CAD技术的第四次革命。

## 习　　题

### 一、填空题

1．从拓扑信息的角度，________、________、________是构成模型的三种基本几何元素。而从几何信息的角度，________、________、________是构成模型的三种基本几何元素。

2．几何建模方法按照对________和________的描述及存储方法的不同，大致可划分为________、________、________和________四种主要类型。

3．结构化网格可以很容易地实现________，适于流体和表面应力集中等方面的计算，并且结构化网格生成的________、________、________。

4．用户在使用CAE软件进行网格剖分的时候需要考虑的关键因素有________、________、________、________。

5．映射网格要求________，且映射面网格只包含________单元，而映射体网格只包含________单元。

### 二、选择题

1．下列哪项不属于常见的实体造型方法？(　　)

A．体素构造法　　B．扫描变形法

C．拉伸表示法　　D．边界表示法

2．(　　)是有限元法、有限差分法、有限体积法等数值计算方法求解偏微分方程组的先决条件。

A．几何建模　　B．网格剖分

C．边界条件设定　　D．数值计算

3．形状特征模型主要包括几何信息和(　　)。

A．拓扑信息　　B．材料信息　　C．属性信息　　D．应力信息

### 三、判断题

1．基本体素是指能用有限个尺寸参数进行定形和定位的简单的封闭空间，每一基本体素具有完整的几何信息，是真实而唯一的三维物体。　　(　　)

2．特征建模是一种以实体建模为基础，包括上述信息的产品建模方案，通常由形状特征模型、精度特征模型、材料特征模型组成，而材料特征模型是特征建模的核心和基础。　　(　　)

3．映射网格划分则对单元形状有所控制，但对单元排布模式却没有要求。　　(　　)

4．映射单元法既可以用来生成三角形网格，又可以用来生成四边形网格。（　）

5．流动问题的解是在单元内部的节点上定义的，解的精度由网格中单元中的数量所决定。一般来讲，单元越多、尺寸越小，所得到的解的精度就越高，但所需的计算机内存资源及 CPU 时间也就相应增加。（　）

## 四、简答题

1．简述网格剖分的基本流程。

2．简述常用的数值求解方案及求解的基本流程。

## 五、操作题

1．使用 UG、PRE、SOLIDWORKS 中的任意一种软件完成图 2.39 所示模型的建模。

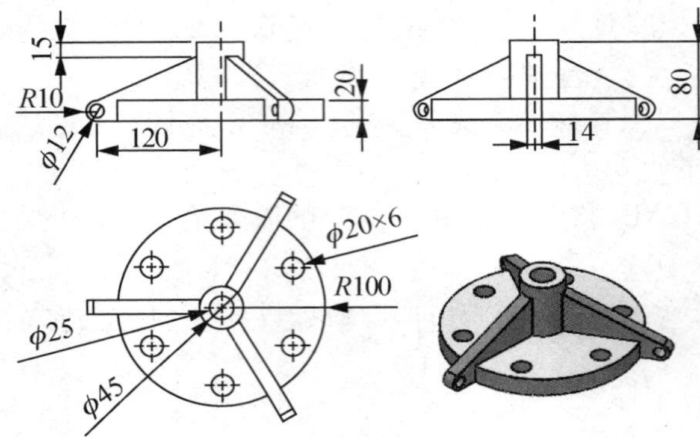


图 2.39　操作题 1

2．使用 HYPERMESH、Gambit、MSC.PATRAN 中的任意一种软件对图 2.40 中的模型进行结构体网格和非结构体网格的划分。

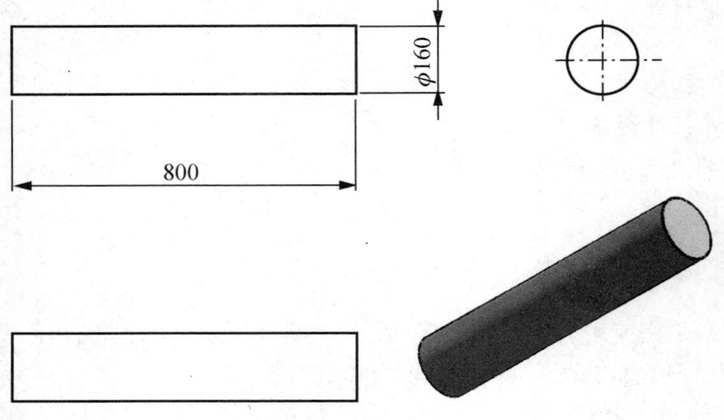


图 2.40　操作题 2

# 第3章 分析技术基础

- 了解数值计算方法的基础概念和理论，包括有限差分法、有限体积法、有限单元法。
- 了解计算流体力学(CFD)的基本原理和关键技术，掌握CFD的基本方法。
- 了解计算结构力学的基本原理和关键技术，掌握其基本方法。

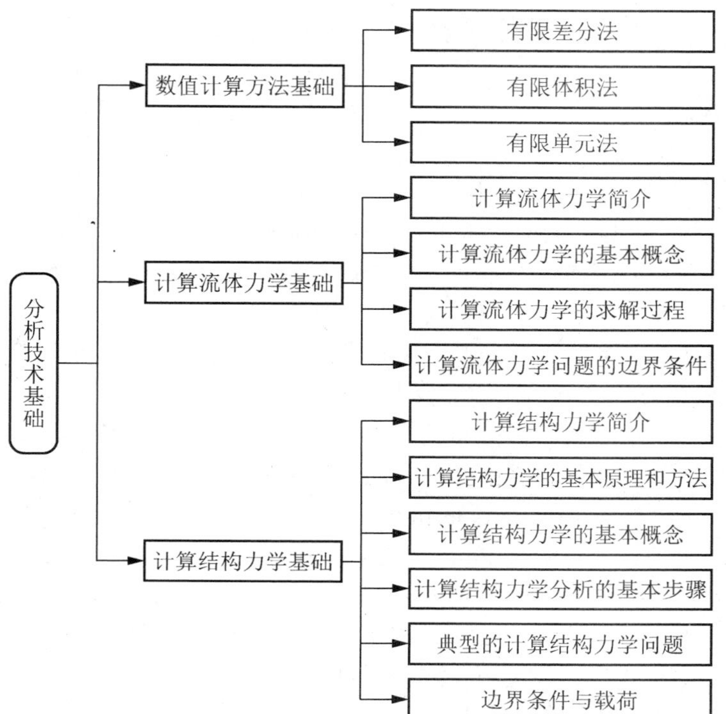


图3.1 分析技术基础知识结构图

**导入案例**

以前的工业设计模式和现代工业设计模式有很大的区别，以前的工业设计是以“画图纸”为始，然后直接将图纸送到加工中心进行加工制造，将样品进行各种实验来验证设计的合理性和有效性。可想而知，这个过程是耗时耗力的，首先图纸需要有经验的设计人员徒手进行手工绘制，其次需要将图纸加工成样品才有可能知道它的具体性能，最终还要对样品做各种各样的实验才能对其进行验证。试想如果设计产品是一个飞机，这个设计周期将会何其漫长，而且制造“样品机”的费用将会何其庞大。所幸，借助 CAE 技术，现代工业设计模式发生了翻天覆地的变化。现代的工业设计也是以“画图纸”为始，但是图纸以数字化的形式存在于计算机中，借助各种各样的 CAD 软件，工程师可以快速地设计和修改图纸，随后并不需要将图纸加工成样品就能对其在计算机中进行各种各样的仿真“实验”，借助各种数值计算方法和分布式计算技术，可以同步的对一个设计进行多种不同的仿真“实验”，这大大加速了产品的设计周期，同时利用计算进行仿真“实验”的成本要远远小于真实实验的成本，最终节省了人力、物力和经费。现代工业设计模式的基础就是 CAE 技术，而 CAE 的基础则是数值计算方法，本章将对数值计算方法进行讲解，主要介绍有限差分法、有限体积法和有限单元法三种典型方法，并介绍这三种方法在计算流体力学和计算结构力学中的应用。

## 3.1 数值计算方法基础

### 3.1.1 有限差分法

1. 有限差分法的基本概念

有限差分法(Finite Difference Method，FDM)是数值解法中应用最早、最经典的方法。它将求解域划分为差分网格，用有限个数的网格节点代替连续的求解域，然后以泰勒(Taylor)级数展开等方法将偏微分方程(控制方程)的导数用网格节点上的函数值的差商代替进行离散，推导出以网格节点上的值为有限个未知数的差分方程组，随后求差分方程组(代数方程组)的解，就是微分方程定解问题的数值近似解。

有限差分法是一种直接将微分问题变为代数问题的近似数值解法，数学概念直观，表达简单，是发展较早且比较成熟的数值方法，较多地用于求解双曲型和抛物型问题。在此基础上发展起来的方法有 PIC(Particle-In-Cell)法、MAC(Maker-And-Cell)法，以及由美籍华人学者陈景仁提出的有限分析法(Finite Analytic Method)等。

对于有限差分格式，从格式的精度来划分，有一阶格式、二阶格式和高阶格式。从差分的空间形式来考虑，可分为中心格式和逆风格式。考虑时间因子的影响，差分格式还可以分为显格式、隐格式、显隐交替格式等。目前常见的差分格式，主要是上述几种形式的组合，不同的组合构成不同的差分格式。差分方法主要适用于有结构网格，网格的步长一般根据实际的情况和柯朗稳定条件来决定。

构造差分的方法有多种形式，目前主要采用的是泰勒级数展开方法。其基本的差分表达式主要有四种形式：一阶向前差分、一阶向后差分、一阶中心差分和二阶中心差分等，其中前两种格式为一阶计算精度，后两种格式为二阶计算精度。通过对时间和空间这几种不同差分格式的组合，可以组合成不同的差分计算格式。

有限差分法的缺陷是用它求解边界条件复杂，尤其是椭圆型问题不如有限元法或有限体积法方便。

2. 有限差分法的基本原理

用有限差分方法求解偏微分方程问题必须把连续问题进行离散化，为此首先要对求解区域给出网格剖分。例如，对于双曲型方程和抛物型方程的初值问题，求解区域是

$$D=\{(x,\ t)|-\infty<x<\infty,\ t\geqslant 0\} \tag{3-1}$$

如果在 $x$-$t$ 的上半平面画出两组平行于坐标轴的直线，把上半平面分成矩形网格，如图 3.2 所示，图中的直线称为网格线，其交点称为网格点或节点。一般来说，平行于 $t$ 轴的直线是等距的，可设其距离$\Delta x>0$，有时也记作 $h$，称其为空间步长。而平行于 $x$ 轴的直线则大多不是等距的，往往按具体问题而定，设距离$\Delta t>0$，有时也记作$\tau$，称其为时间步长。这样两组网格线可以写作

$$\begin{aligned} &x=x_j=j\Delta x=jh \qquad (j=0,\ \pm 1,\ \pm 2,\ \cdots) \\ &t=t_n=n\Delta t=n\tau \qquad (n=0,\ \pm 1,\ \pm 2,\ \cdots) \end{aligned} \tag{3-2}$$

网格节点$(x_j,\ t_n)$有时候也记作$(j,\ n)$。

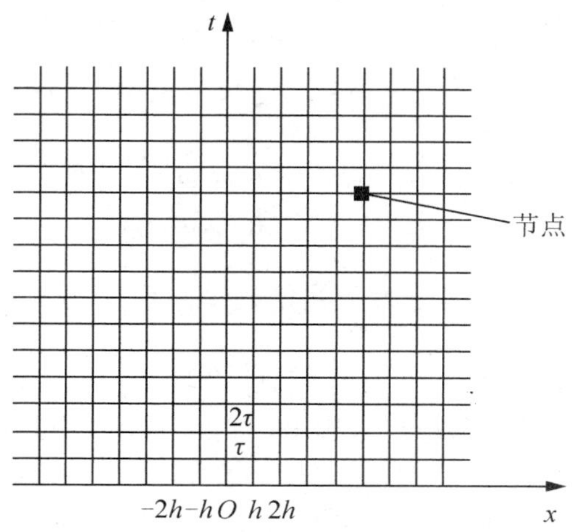


图 3.2 网格节点示意图

在划分好网格之后，需要推导不同层的节点之间的函数关系，从而得到差分方程。其原理如下。根据泰勒公式，一个函数可以被展开为

$$f(x_0+h)=f(x_0)+\frac{f'(x_0)}{1!}h+\frac{f^{(2)}(x_0)}{2!}h^2+\cdots+\frac{f^{(n)}(x_0)}{n!}h^n+R_n(x) \tag{3-3}$$

其中，一阶泰勒展开式为

$$f(x_0+h)=f(x_0)+f'(x_0)h+R_1(x) \tag{3-4}$$

令 $x_0=a$ 并且$(x-a)=h$ 得

$$f(a+h)=f(a)+f'(a)h+R_1(x) \tag{3-5}$$

两边同除以 $h$ 得

$$\frac{f(a+h)}{h}=\frac{f(a)}{h}+f'(a)+\frac{R_1(x)}{h} \tag{3-6}$$

则 $f'(a)$ 为

$$f'(a)=\frac{f(a+h)-f(a)}{h}-\frac{R_1(x)}{h} \tag{3-7}$$

如果 $R_1(x)$ 足够小，则

$$f'(a)\approx\frac{f(a+h)-f(a)}{h} \tag{3-8}$$

类似的还可以得到

$$f'(a)\approx\frac{f(a)-f(a-h)}{h} \tag{3-9}$$

$$f'(a)\approx\frac{f\left(a+h\right)-f(a-h)}{2h} \tag{3-10}$$

其中，式(3-8)称为向前差分格式，式(3-9)称为向后差分格式，式(3-10)称为中心差分格式。对流方程的初值问题

$$\begin{cases}\dfrac{\partial u}{\partial t}+a\dfrac{\partial u}{\partial t}=0 & (x\in R,t>0)\\ u(x,0)=g(x) & (x\in R)\end{cases} \tag{3-11}$$

用以上类似的方法进行展开，其在$(x_j，t_n)$处可以近似地用下面的方程来代替

$$\frac{u_j^{n+1}-u_j^n}{\tau}+a\frac{u_{j+1}^n-u_j^n}{h}=0\ (j=0，\pm1，\pm2，\cdots，\ n=0，1，2，\cdots) \tag{3-12}$$

式中，$u_j^n$ 为 $u(x_j，t_n)$的近似值，可将式(3-12)改写成便于计算的形式

$$u_j^{n+1}=u_j^n-a\lambda(u_{j+1}^n-u_j^n) \tag{3-13}$$

式中，$\lambda=\dfrac{\tau}{h}$ 称为网格比。由式(3-13)配上初始条件的离散形式

$$u_j^0=\varphi_j，(j=\pm1，\pm2，\cdots) \tag{3-14}$$

就可以按照时间逐层推进，算出各层的值。由第 $n$ 个时间层推进到第 $n$+1 个时间层时，式(3-13)提供了逐点直接计算 $u_j^{n+1}$ 的表达式，因此式(3-13)被称为显式格式，并且式(3-13)中计算第 $n$+1 层时只用到了 $n$ 层的数据，前后仅联系两个时间层，故称之为两层格式，更精确的可以称其为两层显式格式。此外，还可以得到其他的差分格式

$$\frac{u_j^{n+1}-u_j^n}{\tau}+a\frac{u_j^n-u_{j-1}^n}{h}=0 \tag{3-15}$$

$$\frac{u_j^{n+1}-u_j^n}{\tau}+a\frac{u_{j+1}^n-u_{j-1}^n}{2h}=0 \tag{3-16}$$

其中，式(3-13)和式(3-15)称为偏心差分格式，式(3-16)称为中心差分格式。这三种差分格式的网格点示意图如图 3.3 所示。

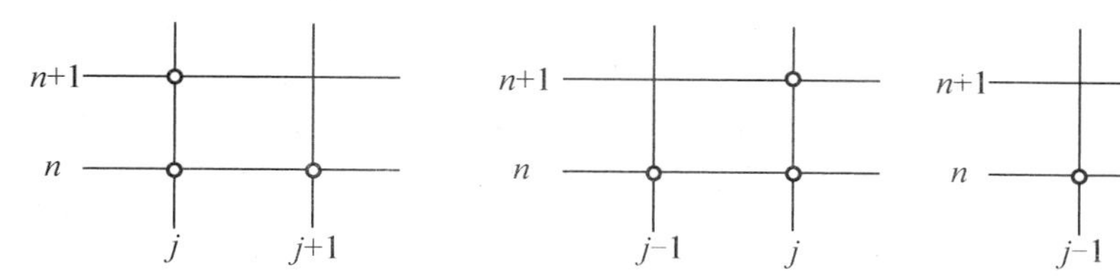

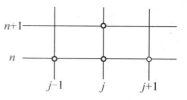

(a) 向前差分格式网格示意图 (b) 向后差分格式网格示意图 (c) 中心差分格式网格示意图

图 3.3 主要的差分格式网格示意图

3. 有限差分法的求解步骤及须满足的条件

使用有限差分法进行计算的主要步骤如下。

(1) 将一维、二维、三维计算空间划分为线段、四边形和六面体网格单元。

(2) 将偏微分方程写成计算坐标系形式，对其中的每项导数均通过泰勒展开方法构造差分。

(3) 将偏微分方程中的偏微分用有限差分代替，得到有限差分方程。

(4) 对差分方程进行求解。

为了使数值解具有一定的意义，必须满足以下三条原则。

(1) 相容性：离散方程必须以精确方程为出发点，它们能够任意逼近微分方程，即离散方程必须与精确方程相容。

(2) 稳定性：因为差分格式的计算过程是逐层推进的，在计算第 $n+1$ 层的近似值时要用到第 $n$ 层的近似值，直到与初始值有关。前面各层若有舍入误差，必然影响到后面各层的值，如果误差的影响越来越大，以致差分格式的精确解的面貌完全被掩盖，这种格式是不稳定的，相反如果误差的传播是可以控制的，就认为格式是稳定的。

(3) 收敛性：当时间步长与空间步长趋于零时，离散方程的解应收敛到原偏微分方程的精确解。

相容性和稳定性是收敛性的必要条件。

4. 差分格式的精度

因为差分方程是微分方程的近似，所以差分方程的数值解和微分方程的精确解之间存在着误差，通常用局部截断误差来衡量两个解之间的差异。设微分方程为 $L(u)=0$，其中微分方程的精确解为 $u_e$，对应的差分格式为 $L_\Delta(u_k^n)=0$，$u_k^n$ 为差分格式的数值解。定义差分格式的精度为

如果差分格式 $L_\Delta(u_k^n)=0$ 相对于微分方程 $L(u)=0$ 的局部截断误差为

$$L.T.E=o((\Delta t)^p)+o((\Delta x)^q) \tag{3-17}$$

则称差分格式时间方向是 $p$ 阶精度而空间方向是 $q$ 阶精度。

5. 差分格式的相容性

由偏微分方程建立差分方程时，总是要求 $\tau\to 0$，$h\to 0$ 时差分方程和微分方程充分“接近”，由此提出了差分方程的一个基本特征：差分格式的相容性。所谓的相容性是指，当网格间距趋向于零时，差分格式趋近于微分方程，亦即当 $\tau\to 0$，$h\to 0$ 时，差分格式和微分方程的局部截断误差 $L.T.E\to 0$。

6. 差分格式的收敛性和稳定性

差分格式的收敛性是指，当差分格式的解在网格无限缩小时趋向原微分方程精确解的特性。收敛性对于保证差分格式数值解的有效性非常重要，由收敛性可知当计算网格足够密时，数值解会相当接近精确解。

利用有限差分格式进行计算是按照时间层逐层推进的，而上一层的舍入误差会影响到下一层的值。从而需要对这种误差的传播进行研究，希望误差的影响不至于越来越大，以致掩盖差分格式的解的面貌，这就是所谓的稳定性问题。差分格式的稳定性不仅与差分格式本身有关，而且还和网格比的大小有关。

### 3.1.2 有限体积法

1. 有限体积法的基本概念

有限体积法(Finite Volume Method，FVM)是近年发展非常迅速的一种离散化方法，其特点是计算效率高。目前在 CFD 领域得到了广泛应用，大多数商用的 CFD 软件都采用这种方法，有限体积法又称为控制体积法(Control Volume Method，CVM)。其基本思路是：将计算区域划分为网格，并使每个网格点周围有一个互不重复的控制体积；将待解微分方程(控制方程)对每一个控制体积积分，从而得出一组离散方程。其中的未知数是网格点上的因变量$\boldsymbol{\Phi}$的数值。为了求出控制体积的积分，必须假定$\boldsymbol{\Phi}$值在网格点之间的变化规律。从积分区域的选取方法来看，有限体积法属于加权余量法的子域法，从未知解的近似方法来看，有限体积法属于采用局部近似的离散方法。简言之，子域法加离散，就是有限体积法的基本方法。有限体积法的基本思想易于理解，并能得出直接的物理解释。离散方程的物理意义，就是因变量$\boldsymbol{\Phi}$在有限大小的控制体积中的守恒原理，如同微分方程表示因变量在无限小的控制体积中的守恒原理一样。

2. 有限体积法的基本原理

考虑扩散方程的积分，首先要求选定积分区域。设在 $x$-$t$ 平面上积分区域为

$$D=\{(x,t)\,|\,x_j-\frac{h}{2}\leqslant x\leqslant x_j+\frac{h}{2},\ t_n\leqslant t\leqslant t_{n+1}\} \tag{3-18}$$

积分可得

$$\iint_D \frac{\partial u}{\partial t}\,\mathrm{d}x\mathrm{d}t=\iint_D a\frac{\partial^2 u}{\partial x^2}\,\mathrm{d}x\mathrm{d}t \tag{3-19}$$

直接求积可得

$$\int_{x_j-\frac{h}{2}}^{x_j+\frac{h}{2}}[u(t_n+\tau,x)-u(t_n,x)]\mathrm{d}x=a\int_{t_n}^{t_{n+1}}\left[\frac{\partial u}{\partial x}\left(t,x_j+\frac{h}{2}\right)-\frac{\partial u}{\partial x}\left(t,x_j-\frac{h}{2}\right)\right]\mathrm{d}t \tag{3-20}$$

应用数值积分可得

$$[u\left(t_n+\tau,x_j\right)-u(t_n,x_j)]h\approx a\left[\frac{\partial u}{\partial x}\left(t_n,x_j+\frac{h}{2}\right)-\frac{\partial u}{\partial x}\left(t_n,x_j-\frac{h}{2}\right)\right]\tau \tag{3-21}$$

注意到

$$\int_{x_j}^{x_{j+1}}\frac{\partial u}{\partial x}(t_n,x)\mathrm{d}x\approx u(t_n,x_{j+1})-u(t_n,x_j) \tag{3-22}$$

而

$$\int_{x_j}^{x_{j+1}} \frac{\partial u}{\partial x}(t_n, x)\mathrm{d}x = \frac{\partial u}{\partial x}(t_n, x_j + \frac{h}{2})h \tag{3-23}$$

由此可以得到

$$\frac{\partial u}{\partial x}\left(t_n, x_j + \frac{h}{2}\right)h \approx u\left(t_n, x_{j+1}\right) - u(t_n, x_j) \tag{3-24}$$

同理有

$$\frac{\partial u}{\partial x}\left(t_n, x_j - \frac{h}{2}\right)h \approx u\left(t_n, x_j\right) - u(t_n, x_{j-1}) \tag{3-25}$$

将式(3-24)与式(3-25)带入式(3-21)得

$$\left[u(t_n + \tau, x_j) - u(t_n, x_j)\right]h^2 \approx a\left[u(t_n, x_{j+1}) - 2u(t_n, x_j) + u(t_n, x_{j-1})\right]\tau \tag{3-26}$$

由此可得

$$\frac{u_j^{n+1} - u_j^n}{\tau} = a\frac{u_{j+1}^n - 2u_j^n + u_{j-1}^n}{h^2} \tag{3-27}$$

此积分方法也称有限体积法。

3. 有限体积法的特点

有限体积法最吸引人的优点在于：有限体积法得出的离散方程，要求因变量的积分守恒对任意一组控制体积都得到满足，对整个计算区域，自然也就得到满足。有一些离散方法，如有限差分法，仅当网格极其细密时，离散方程才满足积分守恒；而有限体积法即使在粗网格的情况下，也显示出准确的积分守恒。

就离散方法而言，有限体积法可视作有限元法和有限差分法的中间产物。有限元法必须假定$\boldsymbol{\Phi}$值在网格节点之间的变化规律(即插值函数)，并将其作为近似解。有限差分法只考虑网格上$\boldsymbol{\Phi}$的数值而不考虑$\boldsymbol{\Phi}$值在网格节点之间如何变化。有限体积法只寻求$\boldsymbol{\Phi}$的节点值，这与有限差分法相类似；但有限体积法在寻求控制体积的积分时，必须假定$\boldsymbol{\Phi}$值在网格点之间的分布，这又与有限元法相类似。在有限体积法中，插值函数只用于计算控制体积的积分，得出离散方程之后，便可忘掉插值函数。如果需要的话，可以对微分方程中不同的项采用不同的插值函数。

与其他离散方法一样，有限体积法的核心体现在区域离散方式上，区域离散化的实质就是用有限个离散点来代替原来的连续空间。有限体积法的区域离散实施过程是把所计算的区域划分成多个互不重叠的子区域，即计算网格(Grid)，然后确定每个子区域中的节点位置及该节点所代表的控制体积。区域离散化过程结束后，可以得到以下四种几何要素。

(1) 节点(Node)：需要求解的未知物理量的几何位置。

(2) 控制体积(Control Volume)：应用控制方程或守恒定律的最小几何单位。

(3) 界面(Face)：它规定了与各节点相对应的控制体积的分界面位置。

(4) 网格线(Grid Line)：连接相邻两节点而形成的曲线簇。

我们把节点看成是控制体积的代表，在离散过程中，将一个控制体积上的物理量定义并存储在该节点处。图 3.4 为一维问题的有限体积法计算网格。图中标出了节点、控制体积、边界面和网格线。图 3.5 是二维问题的有限体积法计算网格。

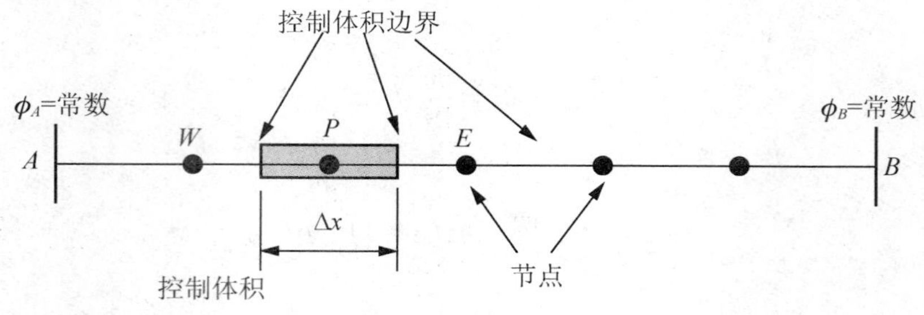


图 3.4　一维问题的有限体积法计算网格

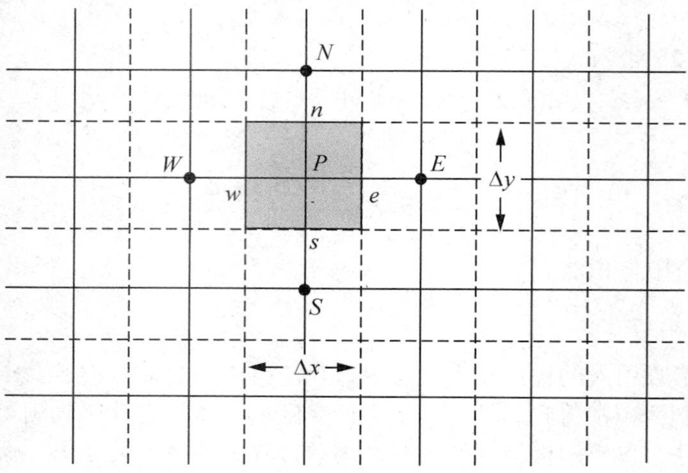


图 3.5　二维问题的有限体积法计算网格

在使用有限体积法建立离散方程时，很重要的一步是将控制体积界面上的物理量及其导数通过节点物理量插值求出。引入差值方式的目的是建立离散方程，不同的插值方式对应于不同的离散结果。因此，插值方式常称为离散格式(Discretization Scheme)。常用的离散格式主要有中心差分格式、一阶迎风格式、混合格式、指数格式、乘方格式等。空间离散的高阶离散格式包括二阶迎风格式、QUICK 格式等。

### 3.1.3　有限元法

1. 有限元法的基本概念

有限单元法(Finite Element Method，FEM)是 20 世纪 80 年代开始被广泛使用的一种数值解法，又称为有限元法，它吸收了有限差分法中离散处理的内核，又采用了变分计算中选择逼近函数对区域进行积分的合理方法，现已成为航空航天、机械、土木、交通等领域重要的仿真分析工具，广泛应用于复杂产品及工程结构的强度、刚度、稳定性、流体、磁场等的分析计算和优化设计，以获得满足工程要求的数值解。有限元法在实际中的应用一般也被称为有限元分析(Finite Element Analysis，FEA)。

有限元法的基本思想是：将形状复杂的连续体离散化为有限个数的单元组成的等效组合体，单元之间通过有限个数的节点相互连接；根据精度要求，用有限个数的参数来描述单元的力学或其他特性，连续体的特性就是全部单元体特性的叠加；根据单元之间的协调条件，可以建立方程组，联立求解就可以得到所求的参数特征。由于单元数目是有限的，节点数目也是有限的，因而称为有限元法。有限元法具有很大的灵活性，通过改变单元数目可以改变解的精确度，从而得到与真实情况相接近的解。

按照基本未知量和分析方法的不同，有限元法可分为两种基本方法：位移法和力法。以应力计算为例，位移法是以节点位移为基本未知量，选择适当的位移函数，进行单元的力学特征分析，在节点处建立单元的平衡方程，即单元刚度方程，由单元刚度方程组成整体刚度方程，求解节点位移，再由节点位移求解应力；而力法是以节点力为基本未知量，在节点上建立位移连续方程，在解出节点力后，再计算节点位移和应力。一般地，位移法比较简单，而用力法求解的应力精度高于位移法。用有限元法分析结构时，多采用位移法。

2. 有限元法的基本原理

有限元法的理论基础是变分原理，而构造有限元法的思想核心是分片差值。

变分原理是指：微分方程边值问题的解等价于相应泛函极值问题的解。利用此原理，就可以将边值问题的复杂求解转换为相对简单的泛函极值的求解。

变分法是在整个求解域用一个统一的试探函数逼近真实函数，当真实函数性态在求解域内趋向一致时，这种处理就是合理的。但如果真实函数的性态很复杂，再用统一的试探函数就很难得到较高的逼近精度，或者说要得到较高的精度就需要阶次较高的试探函数。同时由于不能在求解域的不同部位对试探函数提出不同的精度要求，往往由于局部精度的要求使问题的求解很困难。

分片差值的思想是针对每一个单元选择试探函数(也称为插值函数)，积分计算也是在单元内完成的。由于单元形状简单，所以比较容易满足边界条件，并且用低阶多项式就可以获得整个区域的适当精度。对于整个求解域而言，只要试探函数满足一定条件，当单元尺寸缩小时，有限元数值解就能收敛于实际的精确解。

3. 有限元法的特点

有限元法的特点在于：

(1) 把连续体划分成有限个数的单元，把单元的交界结点(节点)作为离散点。

(2) 不考虑微分方程，而从单元本身特点进行研究。

(3) 理论基础简明，物理概念清晰，且可在不同的水平上建立起对该法的理解。

(4) 具有灵活性和适用性，适应性强。它可以把形状不同、性质不同的单元组集起来求解，故特别适用于求解由不同构件组合的结构，应用范围极为广泛。它不仅能成功地处理如应力分析中的非均匀材料、各向异性材料、非线性应力、应变及复杂的边界条件等问题，且随着其理论基础和方法的逐步完善，还能成功地用来求解如热传导、流体力学及电磁场领域的许多问题。

(5) 在具体推导运算过程中，广泛采用了矩阵方法。

有限元法的优越性在于：

(1) 能够分析形状复杂的结构。由于单元不限于均匀的规则网格，单元形状有一定任意性，单元大小可以不同，且单元边界可以是曲线或曲面，因此分析结构可以具有非常复杂的形状。它不仅可以是复杂的平面或轴对称结构，也可以是三维曲面或实体结构。

(2) 能够处理复杂的边界条件。在有限元法中，边界条件不需引入每个单元的特性方程，而是在求得整个结构的代数方程后，对有关特性矩阵进行必要的处理，所以对内部和边界上的单元都采用相同的场变量函数。而当边界条件改变时，场变量函数不需要改变，因此边界条件的处理和程序编制非常简单。

(3) 能够保证规定的工程精度。当单元尺寸减小或者插值函数的阶次增加时，有限元解收敛于实际问题的精确解。因此，可通过网格加密或采用高阶插值函数来提高解的精度，从而使分析解具有一定的实用价值。

(4) 能够处理不同类型的材料。有限元法可用于各向同性、正交各向同性、各向异性及复合材料等多种类型材料的分析，也可以分析由不同材料组成的组合结构。此外，有限元法还可以处理随时间或温度变化的材料及非均匀分布的材料。

4. 有限元法的求解步骤

如前所述，有限元法的基本思想是将问题的求解域划分为一系列单元，单元之间仅靠节点连接。下面以平面问题为例，简要介绍有限元分析的基本步骤。

1) 结构离散

结构离散就是将求解区域分割成具有某种几何形状的单元，也称为划分网格。平面问题的有限元分析中，常用的单元形式有三节点三角形单元、四节点矩形单元、四节点四边形单元、六节点三角形单元及八节点曲边四边形单元等(图 3.6)。其中，三节点三角形单元最为简单，应用也最广泛。

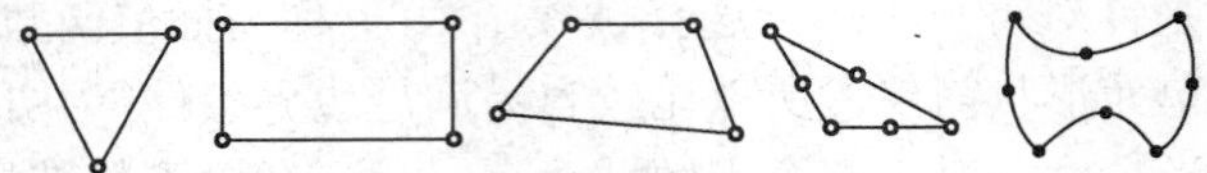

图 3.6　平面单元的基本形式

结构离散的结果就是形成一系列单元。离散时，需要考虑连续体的结构及分析要求，合理确定单元形状、数目及单元分割方案，并计算出各节点的坐标，对节点和单元编号。图 3.7 为采用三节点三角形单元对一七边形区域的离散和编号。

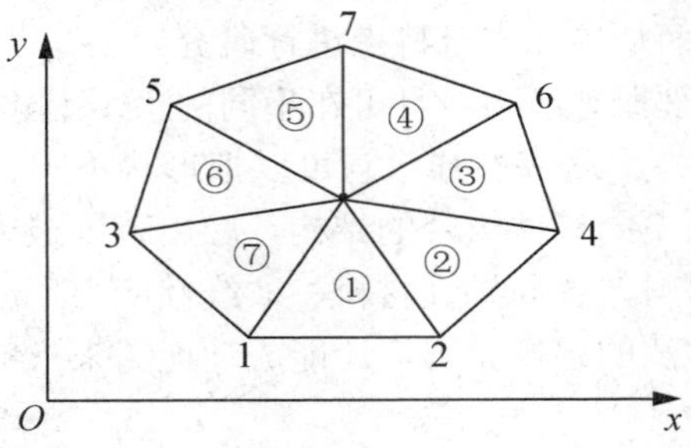


图 3.7　单元离散及节点、单元编号

在划分有限元网格时，要注意：①任一单元的节点必须同时是相邻单元的节点，而不能是相邻三角形单元的内点，即网格划分后应没有孤立的点、孤立的边。②单元的各边长相差不宜太大，以免计算中出现较大误差。在三节点三角形单元中，也将三角形的最长边与垂直于最长边的三角形的高度之比称为长细比(Ratio of Slenderness 或 Aspect Ratio)。③网格划分应考虑分析对象的结构特点。例如，对于对称性结构，可以取其中的一部分进行分析；对于可能存在应力急剧变化的区域，网格可以划分得密集一些，或先按较粗网格统一划分，再对局部进行网格加密，以提高解算精度等。④单元编号一般按右手规则进行，并尽量遵循单元的节点编号最大，差值最小的原则，以减少刚度矩阵的规模，减少对计算机内存的占用。

2) 单元分析

如图3.8所示，对任意一个三角形单元，设节点编号为$l,m,n$。为描述单元内任一点$(x,y)$的位移$u(x,y),v(x,y)$，可先把$u,v$假设为坐标$x,y$的某种函数，也就是选用适当的位移模型。该三角形单元有 3 个节点，共有 6 个自由度，即 6 个位移分量，用阵列可以表示为$\{q\}^e=[u_l\ v_l\ u_m\ v_m\ u_n\ v_n]^{\mathrm{T}}$，$\{q\}^e$称为单元节点位移。单元内部任一点的位移$u,v$都可以根据单元节点的位移完全确定。因此，位移模型应包含 6 个奠定系数$a_1,a_2,\cdots,a_6$。假设单元内的位移$u,v$是$x,y$的线性函数，可以表示为

$$\begin{Bmatrix} u(x,y)=a_1+a_2x+a_3y \\ v(x,y)=a_4+a_5x+a_6y \end{Bmatrix} \tag{3-28}$$

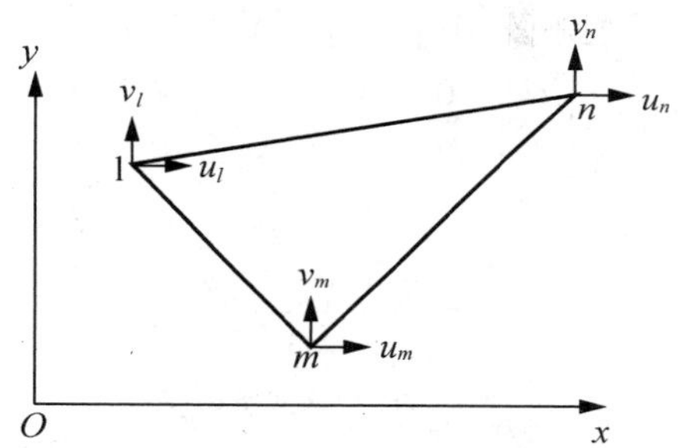


图 3.8 平面三角形单元

式(3-28)还可写成矩阵形式

$$\begin{Bmatrix} u(x,y) \\ v(x,y) \end{Bmatrix}=\begin{pmatrix} 1 & x & y & 0 . 0 & 0 \\ 0 & 0 & 0 & 1 & x & y \end{pmatrix}\begin{pmatrix} a_1 \\ a_2 \\ a_3 \\ a_4 \\ a_5 \\ a_6 \end{pmatrix} \tag{3-29}$$

可简记为

$$\begin{Bmatrix} u \\ v \end{Bmatrix}=[M]\{a\} \tag{3-30}$$

式中，

$$[M]=\begin{bmatrix} 1 & x & y & 0 & 0 & 0 \\ 0 & 0 & 0 & 1 & x & y \end{bmatrix};\quad \{a\}=[a_1\quad a_2\quad a_3\quad a_4\quad a_5\quad a_6]^{\mathrm{T}} \tag{3-31}$$

将$l,m,n$的节点坐标分别代入式(3-29)，可以得到 6 个方程。这些方程用矩阵表示为

$$\begin{Bmatrix} u_l \\ v_l \\ u_m \\ v_m \\ u_n \\ v_n \end{Bmatrix} = \begin{bmatrix} 1 & x_l & y_l & 0 & 0 & 0 \\ 0 & 0 & 0 & 1 & x_l & y_l \\ 1 & x_m & y_m & 0 & 0 & 0 \\ 0 & 0 & 0 & 1 & x_m & y_m \\ 1 & x_n & y_n & 0 & 0 & 0 \\ 0 & 0 & 0 & 1 & x_n & y_n \end{bmatrix} \begin{bmatrix} a_1 \\ a_2 \\ a_3 \\ a_4 \\ a_5 \\ a_6 \end{bmatrix} \tag{3-32}$$

可以简记为

$$\{q\}^e = [A]\{a\} \tag{3-33}$$

由式(3-33)可以解出 $\{a\} = [A]^{-1}\{q\}^e$

或写成

$$\begin{Bmatrix} u \\ v \end{Bmatrix} = [N]\{q\}^e \tag{3-34}$$

式中，$[N]$称为单元位移的形状函数矩阵，$[N]=[M][A]^{-1}$。对于这种简单的三角形单元，将式(3-33)中的$[A]$求逆，再后乘矩阵$[M]$，将结果整理为

$$[N] = \begin{bmatrix} N_l & 0 & N_m & 0 & N_n & 0 \\ 0 & N_l & 0 & N_m & 0 & N_n \end{bmatrix} \tag{3-35}$$

其中，各形状函数为

$$\begin{cases} N_l = \dfrac{a_l + b_l x + c_l y}{2\varDelta} \\ N_m = \dfrac{a_m + b_m x + c_m y}{2\varDelta} \\ N_n = \dfrac{a_n + b_n x + c_n y}{2\varDelta} \end{cases} \tag{3-36}$$

$\varDelta = \frac{1}{2}(x_l y_m + x_m y_n + x_n y_l) - \frac{1}{2}(x_m y_l + x_l y_n + x_n y_m)$，为三角形单元的面积。

$$\left.\begin{aligned} \boldsymbol{a}_l &= \begin{vmatrix} x_m & y_m \\ x_n & y_n \end{vmatrix} & \boldsymbol{b}_l &= -\begin{vmatrix} 1 & y_m \\ 1 & y_n \end{vmatrix} & \boldsymbol{c}_l &= \begin{vmatrix} 1 & x_m \\ 1 & x_n \end{vmatrix} \\ \boldsymbol{a}_m &= -\begin{vmatrix} x_l & y_l \\ x_n & y_n \end{vmatrix} & \boldsymbol{b}_m &= \begin{vmatrix} 1 & y_l \\ 1 & y_n \end{vmatrix} & \boldsymbol{c}_m &= -\begin{vmatrix} 1 & x_l \\ 1 & x_n \end{vmatrix} \\ \boldsymbol{a}_n &= \begin{vmatrix} x_l & y_l \\ x_m & y_m \end{vmatrix} & \boldsymbol{b}_n &= -\begin{vmatrix} 1 & y_l \\ 1 & y_m \end{vmatrix} & \boldsymbol{c}_n &= \begin{vmatrix} 1 & x_l \\ 1 & x_m \end{vmatrix} \end{aligned}\right\} \tag{3-37}$$

在右手坐标系 $xOy$(由 $x$ 轴到 $y$ 轴为逆时针)中，按式(3-37)计算时，三角形节点顺序应按逆时针方向排列(如图 3.8 中的$l,m,n$顺序)，可以计算得到的三角形面积总是正值。

3) 单元应变及力分析

当结构从承受载荷到静止的变形位置时，各单元在单元节点力的作用下产生内部应力，处在平衡状态。根据虚功原理，当结构受到载荷作用而处于平衡状态时，在任意给出的节点虚位移下，外力$F$及内力$\sigma$所做的虚功之和等于零，即$\delta W_F + \delta W_\sigma = 0$。

若单元节点产生任意虚位移$\delta q^e = \begin{bmatrix} \delta u_i & \delta v_i & \delta u_j & \delta v_j & \delta u_k & \delta v_k \end{bmatrix}^{\mathrm{T}}$，则单元内将产生相

应的虚位移$\delta u,\delta v$和虚应变$\delta\varepsilon_x,\delta\varepsilon_y,\delta\varepsilon_z$，它们都是$x,y$的坐标函数。

单元节点力的虚功为

$$\delta W_F=\delta u_i F_{xi}+\delta v_i F_{yi}+\delta u_j F_{xj}+\delta v_j F_{yj}+\delta u_k F_{xk}+\delta v_k F_{yk} \tag{3-38}$$

记为$\delta W_F=\delta q^e f^e$。

内力所做的虚功为

$$\begin{aligned}\delta W_\sigma&=-\int_V(\delta\varepsilon_x\sigma_x+\delta\varepsilon_y\sigma_y+\delta\gamma_{xy}\tau_{xy})\mathrm{d}V\\&=-\int_V\delta\varepsilon^{\mathrm{T}}\sigma\mathrm{d}V=-\int_V\delta(q^e)^{\mathrm{T}}B^{\mathrm{T}}DBq^e\mathrm{d}V\end{aligned} \tag{3-39}$$

式中，$V$为单元体积。

根据虚功方程，得

$$\delta(q^e)^{\mathrm{T}}f^e=\delta(q^e)^{\mathrm{T}}\Rightarrow f^e=\int_V B^{\mathrm{T}}DB\mathrm{d}q^e \tag{3-40}$$

记$[k]^e=\int_V B^{\mathrm{T}}DB\mathrm{d}V$，称为$e$单元的刚度矩阵，则有

$$\{f\}^e=[k]^e\{q\}^e \tag{3-41}$$

4) 整体刚度矩阵叠加

由于各单位刚度矩阵是在统一的直角坐标系下建立的，可直接叠加，将各单元刚度矩阵中的字块按其统一编号的下标加入到整体刚度矩阵相应的字块中。

5) 基本方程和边界条件

刚度矩阵叠加后，可以得到结构的基本方程：$[k]\{q\}=\{F\}$。其中，成对的节点内力将消掉，再考虑边界条件约束，可求解出各节点的未知位移。

6) 位移和应力的求解

当得到全部的节点位移后，利用几何方程和物理方程即可求得单元的应变和应力。由弹性力学理论知，平面内的应变为

$$\{\varepsilon\}=\begin{Bmatrix}\varepsilon_x\\\varepsilon_y\\\varepsilon_z\end{Bmatrix}=\begin{Bmatrix}\dfrac{\partial u}{\partial x}\\\dfrac{\partial v}{\partial y}\\\dfrac{\partial u}{\partial y}+\dfrac{\partial v}{\partial x}\end{Bmatrix}=\begin{pmatrix}\dfrac{\partial}{\partial x}&0\\0&\dfrac{\partial}{\partial y}\\\dfrac{\partial}{\partial y}&\dfrac{\partial}{\partial x}\end{pmatrix}\begin{Bmatrix}u\\v\end{Bmatrix} \tag{3-42}$$

在平面应力状态下，平面内应力分量与应变的关系可表示为

$$\{\sigma\}=\begin{Bmatrix}\sigma_x\\\sigma_y\\\sigma_z\end{Bmatrix}=\frac{E}{1-\mu^2}\begin{bmatrix}1&\mu&0\\\mu&1&0\\0&0&\dfrac{1-\mu}{2}\end{bmatrix}\begin{Bmatrix}\varepsilon_x\\\varepsilon_y\\\varepsilon_z\end{Bmatrix} \tag{3-43}$$

数值计算方法为CAE的可用性和可靠性提供了理论基础，从而诞生了众多基于数值计算方法的新学科。上述三种最经典的数值计算方法在这些新学科中得到了大量应用，下面就介绍其中的两个典型：计算流体力学和计算结构力学。

# 3.2 计算流体力学基础

## 3.2.1 计算流体力学简介

计算流体力学(Computational Fluid Dynamics，CFD)是建立在经典流体动力学与数值计算方法基础之上的一门新型独立学科，它是数值数学和计算机科学结合的产物，它以电子计算机为工具，应用各种离散化的数学方法，通过计算机数值计算和图像显示的方法，在时间和空间上定量描述流场的数值解，从而达到对物理问题研究的目的。它兼有理论性和实践性的双重特点，建立了许多理论和方法，为现代科学中的许多复杂流动与传热问题提供了有效的计算技术。CFD 的应用与计算机技术的发展密切相关。CFD 软件最早于 20 世纪 70 年代诞生在美国，但真正得到较广泛的应用是近几年的事。CFD 从基本物理定理出发，在很大程度上替代了耗资巨大的流体动力学实验设备，在科学研究和工程技术中产生巨大的影响。CFD 软件现已成为解决各种流体流动与传热问题的强有力工具，成功应用于水利、航运、海洋、环境、食品、流体机械与流体工程等各种技术科学领域。过去只能靠实验手段才能得到的某些结果，现在已完全可以借助 CFD 模拟来准确获取。

CFD 的基本思想可以归结为：把原来在时间域及空间域上连续的物理量的场，如速度场和压力场，用一系列有限个离散点上变量值的集合来代替，通过一定的原则和方式建立起关于这些离散点上场变量之间关系的代数方程组，然后求解代数方程组获得场变量的近似值。CFD 可以看作是在流动基本方程(质量守恒方程、动量守恒方程、能量守恒方程)控制下对流动的数值模拟。通过这种数值模拟，我们可以得到极其复杂问题的流场内各个位置上的基本物理量(如速度、压力、温度、浓度等)的分布，以及这些物理量随时间的变化情况，确定旋涡分布特性、空化特性及脱流区等。还可以据此算出相关的其他物理量，如旋转式流体机械的转矩、水力损失和效率等。此外，与 CAD 联合，还可以进行结构优化设计等。

### 1. 计算流体力学方法

CFD 方法与传统的理论分析方法、实验测量方法组成了研究流体流动问题的完整体系，图 3.9 给出了表征三者之间关系的“三维”流体力学示意图。

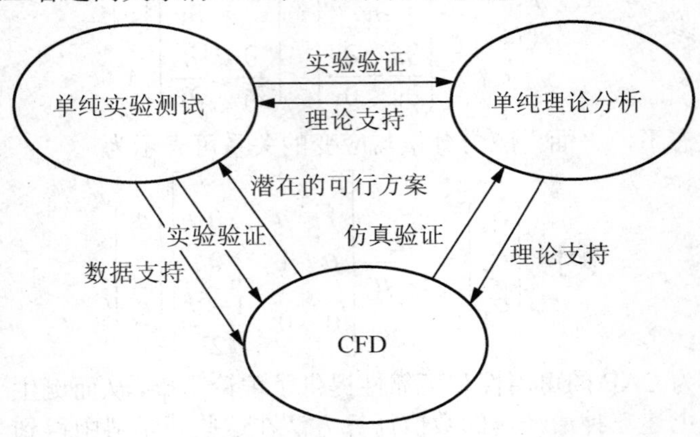


图 3.9 “CFD-理论分析-实验测试”关系“三维”示意图

理论分析方法的优点在于所得结果具有普遍性，各种影响因素清晰可见，是指导实验研究和验证新的数值计算方法的理论基础。但是，它往往要求对计算对象进行抽象和简化，才有可能得出理论解。对于非线性情况，只有少数流动才能给出解析结果。

实验测量方法所得到的实验结果真实可信，它是理论分析和数值方法的基础，其重要性不容低估。然而，实验往往受到模型尺寸、流场扰动、人身安全和测量精度的限制，有时可能很难通过试验方法得到结果。此外，实验还会遇到经费投入、人力和物力的巨大耗费及周期长等许多困难。

而 CFD 方法恰好克服了前两种方法的弱点，在计算机上实现一个特定的计算，就好像在计算机上做一次物理实验。例如，机翼的绕流，通过计算并将其结果在屏幕上显示，就可以看到流场的各种细节，如激波的运动和强度、涡的生成与传播、流动的分离、表面的压力分布、受力大小及其随时间的变化等。数值模拟可以形象地再现流动情景，与做实验没什么区别。

2. 计算流体力学的特点和适用范围

CFD 的长处是适应性强、应用面广。①流动问题的控制方程一般是非线性的，自变量多，计算域的几何形状和边界条件复杂，很难求得解析解，而用 CFD 方法则有可能找出满足工程需要的数值解；②可利用计算机进行各种数值试验，如选择不同流动参数进行物理方程中各项有效性和敏感性试验，从而进行方案比较；③它不受物理模型和实验模型的限制，省钱省时，有较多的灵活性，能给出详细和完整的资料，很容易模拟。

近十多年来，CFD 有了很大的发展，替代了经典流体力学中的一些近似计算法和图解法，过去的一些典型教学实验，如 Reynolds 实验，现在完全可以借助 CFD 手段在计算机上实现。所有涉及流体流动、热交换、分子运输等现象的问题，几乎都可以通过计算流体力学的方法进行分析和模拟。CFD 不仅作为一个研究工具，而且还作为设计工具在水利工程、土木工程、环境工程、食品工程、海洋结构工程、工业制造等领域发挥作用。典型的应用场合及相关的工程问题包括：

(1) 水轮机、风机和泵等流体机械内部的流体流动。
(2) 飞机和航天飞机等飞行器的设计。
(3) 汽车流线外型对性能的影响。
(4) 洪水波及河口潮流计算。
(5) 风载荷对高层建筑物稳定性及结构性能的影响。
(6) 温室及室内的空气流动及环境分析。
(7) 电子元器件的冷却。
(8) 换热器性能分析及换热器片形状的选取。
(9) 河流中污染物的扩散。
(10) 汽车尾气对街道环境的污染。
(11) 食品中细菌的运移。

对于这些问题的处理，过去主要借助于基本的理论分析和大量的物理模拟实验，而现在大多采用 CFD 的方式加以分析和解决，CFD 技术现已完全可以分析三维黏性湍流及旋涡运动等复杂问题的程度，如图 3.10 所示(ANSYS 官网：http://www.ansys.com.)。CFD 软件的一般结构由前处理、求解器、后处理三部分组成。目前比较好的 CFD 软件有：CFX、Fluent、Phoenics、Star-CD，除了 Fluent 是美国公司的软件外，其他三个都是英国公司的产品。

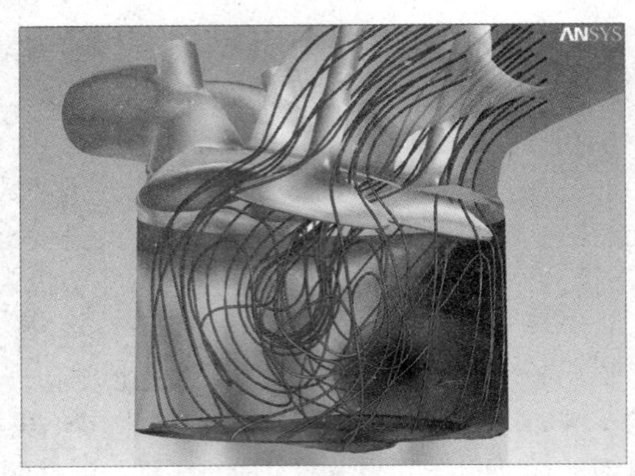


图 3.10　ANSYS FLUENT 模拟的内燃机缸内流动示意图

### 3.2.2　计算流体力学的基本概念

1. 理想流体与黏性流体

黏性是流体内部发生相对运动而引起的内部相互作用。理想流体是一种没有黏性的流体，是一种理想模型，但是实际中流体在运动中都将表现出黏性。

(1) 理想流体：理想流体没有黏滞性，流体在流动中机械能不会转化为内能，理想流体一般也不存在热传导和扩散效应。研究液体时，在不太精确的研究中可以认为“不容易被压缩的液体”是理想流体。研究气体时，如果气体的密度没有明显变化，也可以认为是理想流体。

(2) 黏性流体：自然界中的实际流体都是具有黏性的，所以实际流体又称黏性流体。通常情况下水的黏性很小，一般计算中忽略不计。

流体由大量分子所组成，相邻两层流体做相对滑动或剪切变形时，由于流体分子间的相互作用，会在相反方向上产生阻止流体相对滑动或剪切变形的剪应力，称为黏性应力。实验证明，黏性应力同黏性系数(即黏度)和相对滑动速度有关。由于流体中存在着黏性，流体的一部分机械能将不可逆地转化为热能，并使流体流动出现许多复杂现象，如边界层效应、摩阻效应、非牛顿流动效应等。自然界中各种真实流体都是黏性流体，有些流体黏性很小(如水、空气)，有些则很大(如甘油、油漆、蜂蜜)。当流体黏度很小而相对滑动速度又不大时，黏性应力是很小的，可将其视为理想流体。

实际上，理想流体在自然界中是不存在的，它只是真实流体的一种近似。但是，在分析和研究许多流体流动时，采用理想流体模型能使流动问题简化，又不会失去流动的主要特性并能相当准确地反映客观实际流动，所以这种模型具有重要的使用价值。

2. 牛顿流体和非牛顿流体

按照流体力学的观点，流体可分为理想流体和实际流体两大类。理想流体在流动时无阻力，故称为非黏性流体。实际流体流动时有阻力即内摩擦力(或称剪切力)，故又称为黏性流体。根据作用于流体上的剪切应力与产生的剪切速率之间的关系，黏性流体又可分为牛顿流体和非牛顿流体。牛顿流体特性的基本方程为

$$\tau = \mu \frac{\mathrm{d}u}{\mathrm{d}y} \tag{3-44}$$

式中，$\tau$ 是流体所受到的剪应力(Pa)；$\mu$ 是流体的黏度(Pa・s)；$\frac{\mathrm{d}u}{\mathrm{d}y}$ 是应变速率在垂直剪应力方向的梯度($s^{-1}$)。

这意味着不论流体所受的力如何，流体都能继续流动。例如，水就是一种牛顿流体，因为不管它搅拌得多快，它都能继续表现出流体的性质。这与非牛顿流体不一样，在非牛顿流体中，只要一搅拌，后面就会出现一个“洞”，或导致流体变得稀薄，黏度的下降使它流动得更多。对于牛顿流体来说，黏度只与温度和压强有关，与流体所受的力无关。如果流体是不可压缩的，且黏度总是不变的，则决定剪应力的方程为

$$\tau_{ij}=\mu(\frac{\partial u_i}{\partial x_j}+\frac{\partial u_j}{\partial x_i}) \tag{3-45}$$

随动应力张量 $P$(也可写为 $\sigma$)为

$$P_{ij}=-p\delta_{ij}+\mu(\frac{\partial u_i}{\partial x_j}+\frac{\partial u_j}{\partial x_i}) \tag{3-46}$$

式中，$\tau_{ij}$ 是第 $j$ 个方向上的流体元素的第 $i$ 个面所受到的剪应力；$u_i$ 是第 $i$ 个方向上的速度；$x_j$ 是第 $j$ 个方向坐标。

简单地说，牛顿流体是指在受力后极易变形，且切应力与变形速率成正比的低黏性流体，水、酒精等大多数纯液体、轻质油、低分子化合物溶液及低速流动的气体等均为牛顿流体。而流体的剪切应力和剪切速率之间呈现非线性的曲线关系，不服从牛顿黏性定律式(3-43)的流体称为非牛顿流体，高分子聚合物的浓溶液和悬浮液等一般为非牛顿流体。非牛顿流体的流动称为非牛顿型流动。

非牛顿流体可以分为三类，即非时变性非牛顿流体、时变性非牛顿流体和黏弹性流体。

(1) 非时变性非牛顿流体：流体的表观黏度只与剪应变率(或剪应力)有关，与剪切作用持续时间无关。

(2) 时变性非牛顿流体：流体的表观黏度不仅与剪应变率(或剪应力)有关，而且与剪切作用持续时间有关。

(3) 黏弹性流体：兼有黏性和弹性双重性质。

### 3. 流体热传导及热扩散

热量从系统的一部分传到另一部分或由一个系统传到另一个系统的现象称为热传导。热传导是介质内无宏观运动时的传热现象，其在固体、液体和气体中均可发生。在液体扩散中，除了因浓度差而出现的扩散外，还存在另一类因温度差而引起的扩散，这种扩散称为热扩散。

流体中的传热现象主要以三种方式进行：热辐射、热对流和热传导。热传导是流体固有的物理特性，它是由于流体分子的热运动所产生的热能的输运现象。无论流体运动与否，当流体中的温度分布不均匀时，由于分子的热运动，流体的热能从温度高的一层流体向温度低的一层流体输运，这种热能的输运性质称为流体的导热性。表征流体导热性的物理定律就是傅里叶热传导定律，其数学表达式为 $q=-k\nabla T$。式中，$q$ 是单位时间内通过单位面积流体的流量(又称为热流密度矢量)；$\nabla T$ (或称为 grad$T$)称为温度梯度，它是一个矢量；$k$ 称为流体的导热系数，或热导率，一般流体的导热性是各向同性的，因而它是一个标量；式中负号表

示热量的流向与温度的梯度的方向相反。热流的密度的单位是 $\mathrm{W/m^2=J/(s\cdot m^2)}$，温度梯度的单位是 K/m，因而导热系数的单位是 W/(m·K)。当流体中的温度分布为一维时，如 $T=T(y)$，则 $q=-k\nabla T$ 简化为一维的热传导定律

$$q_y=-k\frac{\mathrm{d}T}{\mathrm{d}y} \tag{3-47}$$

不同的流体，导热系数 $k$ 值也不同，同一种流体的 $k$ 值一般随压力和温度的不同而变化，它的值通过实验来测定。一般情况下，液体的导热性要比气体好，但在大多数流动问题中，由于流动中的温度梯度较小，或者是由于流动速度较快、流体来不及进行热传导等原因，常常可以忽略导热性，此时简单地令导热系数 $k=0$，忽略导热性的流体称为绝热流体，无黏性的绝热流体的流动必定是等熵流体。

4. 可压流体与不可压流体

流体在外力(主要是压力)作用下，其体积或密度发生变化的性质称为可压缩性，亦称为体积弹性，压缩性是流体的基本属性。任何流体都是可以压缩的，只不过可压缩的程度不同而已。液体的压缩性都很小，随着压强和温度的变化，液体的密度仅有微小的变化，在一般情况下，可以忽略压缩性的影响，认为液体的密度是一个常数。$\mathrm{d}P/\mathrm{d}T=0$ 的流体称为不可压缩流体，而密度为常数的流体称为不可压均质流体。因压强或温度变化而改变其密度或体积的流体，称为可压流体。

定义 $B$ 为等温压缩系数，$B$ 表示在一定的温度下压强增加一个单位时，流体密度的相对增加率或体积的相对缩小率，$B$ 的倒数就是流体的弹性体积模量(或体积弹性模量)，用 $K$ 表示：$K=1/B$。显然，$K$ 表示流体体积或密度产生相对变化所需要的压强增量，$K$ 与压强 $P$ 的单位相同，均为 $\mathrm{N/m^2(Pa)}$。$K$ 是用来表征流体可压缩性最为方便的物理量，不同流体的 $K$ 值不同，$K$ 越大则可压缩性越小。同一流体的 $K$ 值随压强和温度的变化而变化，对液体而言，$K$ 值可通过实验确定，实验表明液体的 $K$ 值越大，且受压强和温度变化的影响很小，几乎为定值，可见液体很难压缩。严格地说，任何流体都是可压缩的，只是程度不同而已，但是，考虑可压缩性意味着密度 $\rho$ 是一个变量，这增加了处理问题的复杂性。因此，在流体力学中，特别是在工程流体力学问题的处理中，为了抓住主要矛盾，使问题简化，常常将压缩性很小的流体近似为不可压缩流体，简单地记作 $\rho$=常数，这就是不可压缩流体的假设。

气体的压缩性都很大，从热力学中可知，当温度不变时，完全气体的体积与压强成反比，压强增加一倍，体积减小为原来的一半；当压强不变时，温度升高 1℃体积就比 0℃时的体积膨胀 1/273。所以，通常把气体看成是可压缩流体，即它的密度不能作为常数，而是随压强和温度的变化而变化的。

在实际工程中，要不要考虑流体的压缩性，要视具体情况而定。例如，研究管道中水击和水下爆炸时，水的压强变化较大，而且变化过程非常迅速，这时水的密度变化就不可忽略，即要考虑水的压缩性，把水当作可压缩流体来处理。又如，在锅炉尾部烟道和通风管道中，气体在整个流动过程中，压强和温度的变化都很小，其密度变化很小，可作为不可压缩流体处理。再如，当气体对物体流动的相对速度比声速要小得多时，气体的密度变化也很小，可以近似地看成是常数，也可当作不可压缩流体处理。

### 5. 定常流动与非定常流动

流体(气体、液体)流动时，若流体中任何一点的压力、速度和密度等物理量都不随时间变化，则这种流动就称为定常流动，也可称之为“稳态流动”或者“恒定流动”；反之，只要压力、速度和密度中任意一个物理量随时间而变化，液体就是做非定常流动或者说液体做时变流动。按流动随时间变化的速率，非定常流动可分为三类。

(1) 流场变化速率极慢的流动：流场中任意一点的平均速度随时间逐渐增加或减小，在这种情况下可以忽略加速度效应，这种流动又称为准定常流动。水库的排灌过程就属于准定常流动。可认为准定常流动在每一瞬间都服从定常流动的方程，时间效应只是以参量形式表现出来。

(2) 流场变化速率很快的流动：在这种情况下须考虑加速度效应。活塞式水泵或真空泵所造成的流动，飞行器和船舶操纵问题中所考虑的流动都属这一类。这类流动和定常流动有本质上的差别。

(3) 流场变化速率极快的流动：在这种情况下流体的弹性力显得十分重要，如瞬间关闭水管的阀门。阀门突然关闭时，整个流场中流体不可能立即完全静止下来，速度和压强的变化以压力波(或激波)的形式从阀门向上游传播，产生很大的振动和声响，即所谓水击现象。这种现象不仅发生在水流中，也发生在其他任何流体中。在空气中的核爆炸也会发生类似现象。

除上述三类流动外，某些状态反复出现的流动也被认为是一种非定常流动。典型的例子是流场各点的平均速度和压强随时间做周期性波动的流动，即所谓脉动流，这种流动存在于汽轮机、活塞泵和压气机的进出口管道中。直升飞机旋叶的转动，飞机和导弹在飞行时的颤振，高大建筑物、桥墩及水下电缆绕流中的卡门涡街等也都会形成这种非定常流动。流体运动稳定性问题中所涉及的流动也属于这种非定常流动。但是一般并不把湍流的脉动归入这种流动。两者之间的差别在于：湍流脉动参量偏离其平均值要比非定常流动小得多，变化的时间尺度也短得多。

### 6. 层流与湍流

层流是流体的一种流动状态。流体在管内流动时，其质点沿着与管轴平行的方向做平滑直线运动，此种流动称为层流或滞流，亦有称为直线流动的。流体的流速在管中心处最大，其近壁处最小。管内流体的平均流速与最大流速之比等于0.5，根据雷诺实验，当雷诺数 $Re<2320$ 时，流体的流动状态为层流。在这种流动中，流体微团的轨迹没有明显的不规则脉动。相邻流体层间只有分子热运动造成的动量交换。常见的层流有毛细管或多孔介质中的流动、轴承润滑膜中的流动、绕流物体表面边界层中的流动等。

层流只出现在雷诺数 $Re(Re=\rho UL/\mu)$ 较小的情况中，即流体密度 $\rho$、特征速度 $U$ 和物体特征长度 $L$ 都很小，或流体黏度 $\mu$ 很大的情况中。当 $Re$ 超过某一临界雷诺数 $Re_{cr}$ 时，层流因受扰动开始向不规则的湍流过渡，同时运动阻力急剧增大。临界雷诺数主要取决于流动形式。对于圆管，$Re_{cr}\approx2000$，这里特征速度是圆管横截面上的平均速度，特征长度是圆管内径。层流远比湍流简单，其流动方程大多有精确解、近似解和数值解。层流一般比湍流的摩擦阻力小，因而在飞行器或船舶设计中，应尽量使边界层流动保持层流状态。

湍流，也称为紊流，是流体的一种流动状态。当流速很小时，流体分层流动，互不混合，称为层流，或称为片流；逐渐增加流速，流体的流线开始出现波浪状的摆动，摆动的频率及振幅随流速的增加而增加，此种流况称为过渡流；当流速增加到很大时，流线不再清楚可辨，流场中有许多小旋涡，称为湍流，又称为乱流、扰流或紊流。这种变化可以用雷诺数来量化。

著名的雷诺实验给出了湍流直观的描述。雷诺实验如下：清水从一个有恒定水位的水箱流入等截面直圆管，在圆管入口的中心处，通过一细针注入有色液体，以观察管内的流动状态。在圆管的出口端有一节门可调节流量，以改变流动的雷诺数。为减小入口扰动，入口制成钟罩形。实验时可用容积法测量流过圆管的体积流量 $Q$，圆管内的平均流速 $U_m$ 和雷诺数 $Re$ 分别定义为

$$U_m = \frac{4Q}{\pi d} \tag{3-48}$$

$$Re = \frac{U_m d}{\nu} \tag{3-49}$$

式中，$d$ 是圆管直径；$\nu$ 为水的运动黏度系数。实验过程中，逐渐开大节门，这时管内流速逐渐增大。当管内流速较小时，圆管中心的染色线保持直线状态。当流速增大，$Re$ 达到某一数值时，染色线开始变成紊乱状态，出现波动。当继续增大流量时，染色线由剧烈震荡到破碎，并很快和清水剧烈掺混以至不能区分染色液线。实验演示，如图 3.11 所示。

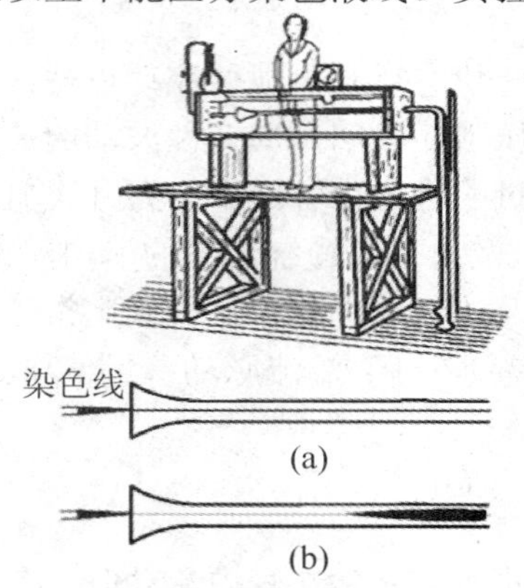


图 3.11　雷诺实验示意图

7. Navier-Stokes 方程组(粘性流体运动方程组)

1) 质量守恒方程

在对流体进行研究时质量守恒定律可以描述为：单位时间内流体微元体中质量的增加，等于同一时间间隔内流入该微元体的净质量。按照这一定律，可以得出质量守恒方程(Mass Conservation Equation)：

$$\frac{\partial \rho}{\partial t} + \frac{\partial (\rho u)}{\partial x} + \frac{\partial (\rho v)}{\partial y} + \frac{\partial (\rho w)}{\partial z} = 0 \tag{3-50}$$

引入矢量符号 $\tau_{xz} = \tau_{zx} = \mu(\frac{\partial u}{\partial z} + \frac{\partial w}{\partial x})$，式(3-50)可写成

$$\frac{\partial \rho}{\partial t} + \mathrm{div}(\rho \mathbf{u}) = 0 \tag{3-51}$$

有的文献使用符号∇表示散度，即$\nabla \cdot \mathbf{a} = \mathrm{div}(\mathbf{a}) = \partial a_x/\partial x + \partial a_y/\partial y + \partial a_z/\partial z$，这样，式(3-50)可写成：

$$\frac{\partial \rho}{\partial t} + \nabla(\rho \mathbf{u}) = 0 \tag{3-52}$$

在式(3-50)～式(3-52)中，$\rho$是密度，$t$是时间，$\boldsymbol{u}$是速度矢量。$u$、$v$和$w$是$\boldsymbol{u}$在$x$、$y$和$z$方向的分量。上面给出的是瞬态三维可压缩流体的质量守恒方程。若流体不可压，密度$\rho$为常数，式(3-50)变为：

$$\frac{\partial u}{\partial x} + \frac{\partial v}{\partial y} + \frac{\partial w}{\partial z} = 0 \tag{3-53}$$

若流动处于稳态，则密度$\rho$不随时间变化，式(3-50)变为

$$\frac{\partial(\rho u)}{\partial x} + \frac{\partial(\rho v)}{\partial y} + \frac{\partial(\rho w)}{\partial z} = 0 \tag{3-54}$$

质量守恒方程式(3-50)或式(3-51)常被称为连续方程(Continuity Equation)，本书后续章节均使用连续方程。

2) 动量守恒方程

在对流体进行研究时动量守恒定律可以描述为：微元体中流体的动量对时间的变化率等于外界作用在该微元体的各种力之和。该定律实际上是牛顿第二定律。按照这一定律，可导出$x$、$y$和$z$三个方向的动量守恒方程(Momentum Conservation Equation)

$$\frac{\partial(\rho u)}{\partial t} + \mathrm{div}(\rho u \boldsymbol{u}) = -\frac{\partial P}{\partial x} + \frac{\partial \tau_{xx}}{\partial x} + \frac{\partial \tau_{yx}}{\partial y} + \frac{\partial \tau_{zx}}{\partial z} + F_x \tag{3-55a}$$

$$\frac{\partial(\rho v)}{\partial t} + \mathrm{div}(\rho v \boldsymbol{u}) = -\frac{\partial P}{\partial y} + \frac{\partial \tau_{xy}}{\partial x} + \frac{\partial \tau_{yy}}{\partial y} + \frac{\partial \tau_{zy}}{\partial z} + F_y \tag{3-55b}$$

$$\frac{\partial(\rho w)}{\partial t} + \mathrm{div}(\rho w \boldsymbol{u}) = -\frac{\partial P}{\partial z} + \frac{\partial \tau_{xz}}{\partial x} + \frac{\partial \tau_{yz}}{\partial y} + \frac{\partial \tau_{zz}}{\partial z} + F_z \tag{3-55c}$$

式中，$P$是流体微元体上的压力；$\tau_{xy}$、$\tau_{xy}$、$\tau_{xz}$等是因分子黏性作用而产生的作用在微元体表面上的黏性应力$\boldsymbol{\tau}$的分量；$F_x$、$F_y$、$F_z$是微元体上的体力，若体力只有重力，且z轴竖直向上，则$F_x = 0$，$F_y = 0$，$F_z = -\rho g$，其中：

$$\begin{aligned}
&\tau_{xx} = 2\mu\frac{\partial u}{\partial x} + \lambda \mathrm{div}(u) \quad \tau_{xy} = \tau_{yx} = \mu\left(\frac{\partial u}{\partial y} + \frac{\partial v}{\partial x}\right)\\
&\tau_{yy} = 2\mu\frac{\partial v}{\partial y} + \lambda \mathrm{div}(u) \quad \tau_{xz} = \tau_{zx} = \mu\left(\frac{\partial u}{\partial z} + \frac{\partial w}{\partial x}\right)\\
&\tau_{zz} = 2\mu\frac{\partial w}{\partial z} + \lambda \mathrm{div}(u) \quad \tau_{yz} = \tau_{zy} = \mu\left(\frac{\partial v}{\partial z} + \frac{\partial w}{\partial y}\right)
\end{aligned} \tag{3-56}$$

$$\begin{aligned}
&\frac{\partial(\rho u)}{\partial t} + \mathrm{div}(\rho u \boldsymbol{u}) = \mathrm{div}(\mu \mathrm{grad} u) - \frac{\partial P}{\partial x} + S_u\\
&\frac{\partial(\rho v)}{\partial t} + \mathrm{div}(\rho v \boldsymbol{u}) = \mathrm{div}(\mu \mathrm{grad} v) - \frac{\partial P}{\partial y} + S_v\\
&\frac{\partial(\rho w)}{\partial t} + \mathrm{div}(\rho w \boldsymbol{u}) = \mathrm{div}(\mu \mathrm{grad} w) - \frac{\partial P}{\partial z} + S_w
\end{aligned} \tag{3-57}$$

式中，$\mathrm{grad}() = \partial()/\partial x + \partial()/\partial y + \partial()/\partial z$，符号$S_u$、$S_v$、$S_w$是动量守恒方程的广义源项，

$S_u = F_x + s_x$，$S_v = F_y + s_y$，$S_v = F_y + s_y$，而其中的$s_x$、$s_y$、$s_z$的表达式如下：

$$\begin{aligned} s_x &= \frac{\partial}{\partial x}\left(\mu\frac{\partial u}{\partial x}\right) + \frac{\partial}{\partial y}\left(\mu\frac{\partial v}{\partial x}\right) + \frac{\partial}{\partial z}\left(\mu\frac{\partial w}{\partial x}\right) + \frac{\partial}{\partial x}(\lambda \mathrm{div}\boldsymbol{u}) \\ s_y &= \frac{\partial}{\partial x}\left(\mu\frac{\partial u}{\partial y}\right) + \frac{\partial}{\partial y}\left(\mu\frac{\partial v}{\partial y}\right) + \frac{\partial}{\partial z}\left(\mu\frac{\partial w}{\partial y}\right) + \frac{\partial}{\partial y}(\lambda \mathrm{div}\boldsymbol{u}) \\ s_z &= \frac{\partial}{\partial x}\left(\mu\frac{\partial u}{\partial z}\right) + \frac{\partial}{\partial y}\left(\mu\frac{\partial v}{\partial z}\right)z + \frac{\partial}{\partial z}\left(\mu\frac{\partial w}{\partial z}\right) + \frac{\partial}{\partial z}(\lambda \mathrm{div}\boldsymbol{u}) \end{aligned} \tag{3-58}$$

一般$s_x$、$s_y$、$s_z$是小量，对于黏性为常数的不可压流体，$s_x = s_y = s_z = 0$。

最后，推出动量守恒方程为

$$\begin{aligned} \frac{\partial(\rho u)}{\partial t} + \frac{\partial(\rho uu)}{\partial x} + \frac{\partial(\rho uv)}{\partial y} + \frac{\partial(\rho uw)}{\partial z} &= \frac{\partial}{\partial x}\left(\mu\frac{\partial u}{\partial x}\right) + \frac{\partial}{\partial y}\left(\mu\frac{\partial u}{\partial y}\right) + \frac{\partial}{\partial z}\left(\mu\frac{\partial u}{\partial z}\right) - \frac{\partial P}{\partial x} + S_u \\ \frac{\partial(\rho v)}{\partial t} + \frac{\partial(\rho vu)}{\partial x} + \frac{\partial(\rho vv)}{\partial y} + \frac{\partial(\rho vw)}{\partial z} &= \frac{\partial}{\partial x}\left(\mu\frac{\partial v}{\partial x}\right) + \frac{\partial}{\partial y}\left(\mu\frac{\partial v}{\partial y}\right) + \frac{\partial}{\partial z}\left(\mu\frac{\partial v}{\partial z}\right) - \frac{\partial P}{\partial y} + S_v \\ \frac{\partial(\rho w)}{\partial t} + \frac{\partial(\rho wu)}{\partial x} + \frac{\partial(\rho wv)}{\partial y} + \frac{\partial(\rho ww)}{\partial z} &= \frac{\partial}{\partial x}\left(\mu\frac{\partial w}{\partial x}\right) + \frac{\partial}{\partial y}\left(\mu\frac{\partial w}{\partial y}\right) + \frac{\partial}{\partial z}\left(\mu\frac{\partial w}{\partial z}\right) - \frac{\partial P}{\partial z} + S_w \end{aligned} \tag{3-59}$$

3) 能量守恒方程

在对流体进行研究时能量守恒定律可以描述为：对于确定的流体，其总能量的时间变化率应等于单位时间内外力对它所做的功和传给它的热量之和，即

$$\frac{\mathrm{d}E}{\mathrm{d}t} = \sum Q_h + \sum N \tag{3-60}$$

考虑流体内部的一个微元体：设微元体$\mathrm{d}\tau$内单位质量流体所具有的能量为$e+(v^2/2)$，其中$e$为热力学内能，$v^2/2$为动能，则在$t$时刻，$\tau$内的流体所具有的总能量$E$为

$$E = \int_{\tau(t)} \rho\left(e + \frac{v^2}{2}\right)\mathrm{d}\tau \tag{3-61}$$

8. *亚声速与超声速流动*

当把流体看作可压缩流体时，扰动波在流体中的传播速度是一个特征值，称为声速。声速的微分方程式如下所示：

$$c = \sqrt{\frac{\mathrm{d}p}{\mathrm{d}\rho}} \tag{3-62}$$

声速在气体中的传播过程是一个等熵过程。将等熵方程式$p = c\rho^k$带入式(3-62)，并由理想气体状态方程$p = \rho RT$得到音速方程为

$$c = 20.1\sqrt{T}\ (\mathrm{m/s}) \tag{3-63}$$

流速是流体流动的速度，而声速是扰动波的传播速度，两者之间的关系为$v = Ma \cdot c$。

流体流动速度$v$与当地声速之比称为马赫数，用$Ma$表示：

$$Ma = \frac{v}{c} \tag{3-64}$$

$Ma<1$的流动称为亚声速流动，$Ma>1$的流动称为超声速流动，$Ma>3$的流动称为

高超声速流动。对于超声速流动，扰动波传播范围只能充满在一个锥形的空间内，这就是马赫锥，其半锥角$\theta$称为马赫角，马赫锥的母线也称为马赫波。公式如下：

$$\sin\theta = \frac{1}{Ma} \tag{3-65}$$

流场中速度达到当地声速的点上的各物理量称为临界参数，速度系数的定义为

$$\Lambda = \frac{v}{c^*} \tag{3-66}$$

式中，$c^*$为临界声速。

9. 正激波与斜激波

气流主要参数发生显著、突跃的变化处，称为激波。激波通常在超声速气流的特定条件下产生。激波的厚度非常小，约为$10^{-4}$ mm，因此一般不对激波内部情况进行研究。所关心的是气流经过激波前后的参数的变化。气流经过激波时受到激烈的压缩，其压缩过程非常迅速，可以看作是绝热的压缩过程。激波面与气流方向垂直，气流经过激波后方向不变，这称为正激波，反之，则称为斜激波。

正激波的波阻要比斜激波大，因为在正激波下，空气被压缩得很厉害，激波后的空气压强和密度上升得最高，激波的强度最大，当超声速气流通过时，空气微团受到的阻滞最强烈，速度大大降低，动能消耗很大，这表明产生的波阻很大；相反的，斜激波对气流的阻滞较小，气流速度降低不多，动能的消耗也较小，因而波阻也较小。斜激波倾斜得越厉害，波阻就越小。

### 3.2.3 计算流体力学的求解过程

采用CFD方法对流体流动进行数值模拟的步骤通常如下：

(1) 理解问题。在分析或计算问题之前需要对问题进行深入的思考，要仔细考虑这个流动的本质并尽可能多地理解它，这可能包括与工程技术人员的大量交流，获取相关的背景知识、方法、信息，并尽量弄清楚相关信息的来源和适用范围等。

(2) 建立反映工程/物理问题本质的数学模拟。具体地说就是反映问题各个量之间关系的微分方程及相应的定解条件。流体的基本控制方程通常包括质量守恒方程、动量守恒方程、能量守恒方程，以及这些方程相应的定解条件。

(3) 网格生成。在这个阶段分析者必须估计计算点或流动区域，再划分和设计网格。必须计算一系列的网格中点的坐标，有时这些点还必须与规定体积单元和元素相联系。流动区域内点的个数限定了计算流动变量的数量和位置。

(4) 流动说明。一旦有了网格，就可得到计算区域的边界和最初阶段决定的边界条件。这些条件连同初始条件和某些流动参数，规定了被求解的实际流动问题。

(5) 数值解的计算。现在可以启动CFD软件来计算流动问题的数值解，但首先使用者要提供控制数值解的信息。

(6) 显示计算结果。计算结果一般通过图表等方式显示，这对检查和分析结果有重要参考意义。

(7) 结果分析。对得到的结果一定要进行分析，首先检验结果是否满意，然后确定需要从模拟中获取的真实流动数据。

一个典型的 CFD 分析流程如图 3.12 所示。

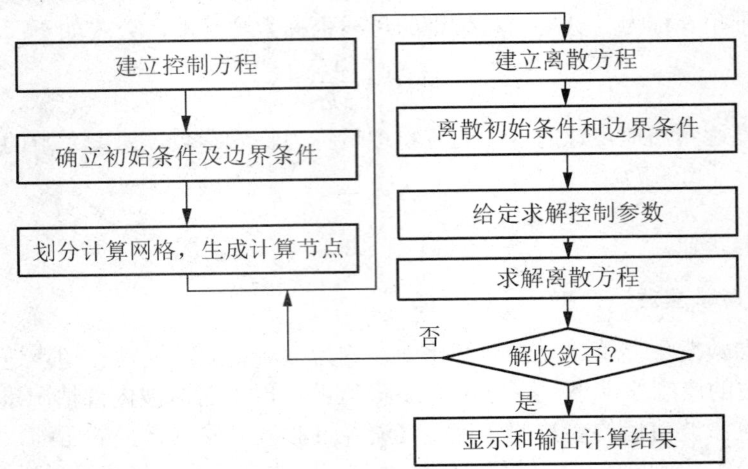


图 3.12　CFD 分析流程图

按上述的流程对工程问题进行分析仅仅是“有可能”得到需要的结果，因为流动模拟问题可能是非常困难的。例如，控制方程组可能非常复杂，因为它们是非线性且相互紧密耦合的，还可能与时间有关，这意味着在求解的步骤中存在一些误差的可能性很大，致使结果不理想或计算不收敛。这些问题可以依靠使用者的经验和在分析中的实践来解决。

### 3.2.4　计算流体力学问题的边界条件

利用 CFD 软件进行计算的过程中，边界条件的正确设置是关键的一步，设置边界条件的方法一般是在建模过程中设定的，也可以在求解器中对边界条件重新设定。以经典的 CFD 软件 Fluent 为例，软件提供了十余种类型的进、出口边界条件，分别介绍如下。

1. 速度入口

速度入口(Velocity-Inlet)边界条件给定入口边界上的速度及其他相关标量值，该边界条件适用于不可压缩流动问题，对可压缩问题不适合，否则该入口边界条件会使入口处的总温或总压有一定的波动。

2. 压力入口

压力入口(Pressure-Inlet)边界条件通常用于流体在入口处的压力为已知的情况，对计算可压缩和不可压缩问题都适合。压力入口条件还可用于处理自由边界问题。压力入口边界条件需要设置表压强、绝对压强、操作压强。其关系如下：

$$p_{\text{absolute}} = p_{\text{gauge}} + p_{\text{operating}} \tag{3-67}$$

对于不可压缩流动

$$p_{\text{total}} = p_{\text{static}} + \frac{1}{2}\rho v^2 \tag{3-68}$$

对于可压缩流动

$$p_{\text{total}} = p_{\text{static}}(1 + \frac{k-1}{2}Ma^2)^{k/(k-1)} \tag{3-69}$$

3. 质量入口

质量入口(Mess-Flow-Inlet)边界条件主要用于可压缩流动。对于不可压缩流动，由于密度是常数，可以用速度入口条件。质量入口条件也包括两种：质量流量和质量通量。质量流量是单位时间内通过进口总面积的质量。质量通量是单位时间单位面积内通过的质量。如果是二维轴对称问题，质量流量是单位时间内通过2π rad 的质量，而质量通量是单位时间内通过 1rad 的质量。给定入口边界上的质量流量，此时局部进口总压是变化的，用以调节速度，从而达到给定的流量，这使得计算的收敛速度变慢。所以如果压力边界条件和质量边界条件都适用时，应优先选用压力入口边界条件。对于不可压缩流动，由于密度是常数，可以选择使用速度进口边界条件。

4. 压力出口

对于有回流的边界，压力出口(Pressure-Outlet)边界条件比自由出流(Outflow)边界条件更容易收敛。给定出口边界上的静压强(表压强)。该边界条件只能用于模拟亚声速流动。如果当地速度已经超过声速，该压力在计算过程中就不能被采用了。该边界条件可以处理出口有回流问题，合理地给定出口回流条件，有利于解决有回流出口问题的收敛困难问题。出口回流边界条件需要给定回流总温(如果有能量方程)、湍流参数(湍流计算)、回流组分方程(有限速率模型模拟组分运输)、混合物质量分数及其方差(PDF 计算燃烧)。如果有回流出现，给定的表压将视为总压，所以不必给出回流压力。回流流动方向与出口边界垂直。在出口压力边界条件给定中，需要给定出口静压(表压)。该压力只用于亚声速计算，如果局部变成超声速，则根据前面回流条件推断出出口边界条件。

5. 无穷远压力边界

无穷远压力边界(Pressure-Far-Field)条件用于可压缩流体。该边界条件用于理想气体定律计算密度的问题。为了满足无穷远压力边界条件，需要把边界放到我们关心区域足够远的地方。无穷远压力边界条件需要给定边界静压、温度和马赫数。无穷远压力边界条件是一种不反射边界条件。

6. 自由出流

对于出流边界条件上的压力或速度均为未知的情况，可以选择自由出流(Outflow)边界条件。该类边界条件不需要给定出口条件(除非是计算分离质量流、辐射换热或者颗粒稀疏相等问题)。出口条件都是通过 FLUENT 内部得到的，但是包含压力进口条件、可压缩流动问题、有密度变化的非稳定流动问题不适合自由出流边界条件。

7. 进口通风

进口通风(Inlet Vent)边界条件需要给定入口损失系数、流动方向和进口环境总压和总温。对于进口通风模型，假定进口风扇无限薄，通风压降正比于流体动压头和用户提供的损失系数。假定$\rho$是流动密度，$K_L$是无量纲损失系数，则压降为

$$\Delta p = K_L \cdot \frac{1}{2} \cdot \rho v^2 \tag{3-70}$$

式中，$v$是与通风方向垂直的速度分量；$\Delta p$是流动方向上的压降。

8. 进口风扇

进口风扇(Intake Fan)边界条件需要给定压降、流动方向、环境总压和总温。假定进口风扇无限薄，并且有不连续的压力升高，压力升高量是进口风扇速度的函数。如果是反方向流动，风扇可以看成是通风出口，并且损失系数为 1。压力阶跃可以是常数，或者是流动方向垂直方向上速度分量的函数形式。

9. 出口通风

出口通风(Outlet Vent)边界条件用于模拟出口通风情况，并给定一个损失系数及环境出口压力和温度。排出风扇给定损失系数、环境静压和静温。出口通风边界条件需要给定静压、回流条件、离散边界条件和损失系数。

10. 排气扇

排气扇(Exhaust fan)给定压降和环境静压。排气扇边界条件用于模拟外部排气扇给定一个压升和环境压力。

11. 对称边界

对称边界(Symmetry)条件适用于流动及传热场是对称的情况。在对称轴或者平面上，既无质量的交换，也无热量等其他物理量的交换，因此垂直于对称轴或者对称平面的速度分量为零，任何量的梯度也为零。计算中不需要给定任何参数，只需要确定合理的对称位置。该边界条件可以用于黏性流体中的运动边界处理。

12. 周期性边界

如果流动几何边界、流动和换热是周期性重复的，那么可以采用周期性边界(Periodic)条件。FLUENT 提供了两种类型，一类是流体经过周期性重复后没有压降(Cycle)，另外一类有压降(Periodic)。

13. 固壁边界

对于黏性流动问题，FLUENT 默认设置是壁面无滑移条件，对于壁面有平移运动或者旋转运动时，可以指定壁面切向速度分量，也可以给出壁面切应力从而模拟壁面滑移。根据流动情况，可以计算壁面切应力与利益体热交换情况。壁面热边界条件包括固定热通量、固定温度、对流交换系数、外部辐射换热、外部辐射换热与对流换热。如果给定壁面温度，则

(1) 壁面向流体换热量为

$$q'' = h_{\mathrm{f}}(T_{\mathrm{w}} - T_{\mathrm{f}}) + q''_{\mathrm{rad}} \tag{3-71}$$

(2) 固体壁面的传热方程为

$$q'' = \frac{K_{\mathrm{s}}}{\Delta n}(T_{\mathrm{w}} - T_{\mathrm{s}}) + q''_{\mathrm{rad}} \tag{3-72}$$

(3) 如果给定热通量，则根据流体换热和固体换热计算出的壁面温度分别为

$$T_{\mathrm{w}} = \frac{q'' - q''_{\mathrm{rad}}}{h_{\mathrm{f}}} + T_{\mathrm{f}} \tag{3-73}$$

$$T_{\rm w}=\frac{(q''-q''_{\rm rad})\Delta n}{K_{\rm s}}+T_{\rm s} \tag{3-74}$$

(4) 对流换热边界条件(给定对流换热系数 $h_{\rm ext}$ )

$$q''=h_{\rm f}(T_{\rm w}-T_{\rm f})+q''_{\rm rad}=h_{\rm ext}(T_{\rm ext}-T_{\rm w}) \tag{3-75}$$

(5) 辐射换热边界条件，给定辐射系数 $\varepsilon_{\rm ext}$

$$q''=h_{\rm f}(T_{\rm w}-T_{\rm f})+q''_{\rm rad}=\varepsilon_{\rm ext}\sigma(T_{\infty}^{4}-T_{\rm w}^{4}) \tag{3-76}$$

(6) 考虑对流和辐射

$$q''=h_{\rm f}(T_{\rm w}-T_{\rm f})+q''_{\rm rad}=h_{\rm ext}(T_{\rm ext}-T_{\rm w})+\varepsilon_{\rm ext}\sigma(T_{\infty}^{4}-T_{\rm w}^{4}) \tag{3-77}$$

(7) 流体侧的换热系数如下：

$$q''=k_{\rm f}\frac{\partial T}{\partial n}|_{\rm wall} \tag{3-78}$$

## 3.3 计算结构力学基础

### 3.3.1 计算结构力学简介

计算结构力学是计算力学的一个分支，它以数值计算的方法，用电子计算机求解结构力学中的各类问题，所以又称为计算机化的结构力学。20 世纪 50 年代以来，计算结构力学的发展，使人们求解结构力学问题的能力提高了几个数量级。以静力学问题为例，20 世纪 50 年代求解结构力学问题的规模，只是几十个未知数，到 20 世纪 80 年代初，已达到数以万计的未知数。以前求解整个结构的应力分布，不得不做很多甚至是过分的简化，所得结果往往不能令人满意；现在则可以对整架飞机、整艘轮船、整个建筑物作详细的应力分析，并得到令人满意的结果。

结构力学中的结构不是真实的结构，而是将真实结构经忽略次要因素、保留主要特性简化出的受力模型。由于简化的方式不同，得到的受力模型也不同。例如，杆板结构受力模型是将实际飞行器结构简化为由受剪板和变轴力杆构成的平(曲)面壁板和空间盒段。工程受力模型将飞行器结构简化为一个工程梁来进行研究。又如，将机翼视为支撑在机身上的梁，将机身视为支撑在机翼上的梁，也可以将机身视为支撑在机翼与尾翼上的梁。

结构力学的内容随着科学技术的发展变得越来越丰富。结构力学主要包括位移法和力法两大主要原理方法。位移法的理论基础包括虚功原理、最小势能原理，Castigliano 第一定理，单位位移法和力的互等定律等。位移法的研究内容主要包括一般位移法、直接刚度法、元件的刚度矩阵、坐标变换、总体刚度矩阵的形成等。力法的主要理论基础包括余虚功原理、最小余能定理，Castigliano 第二定理，单位载荷法，位移互等定理等。力法的典型研究对象是板杆结构(包括桁架和刚架结构)，研究内容主要包括结构的组成、静不定度的判定、静定结构的内力和位移计算、元件的柔度特性、力法原理、矩阵力法和秩力法。

计算结构力学所研究的内容十分广泛，广义而言，凡以计算机为工具，寻求结构一切力学问题解法的内容，都是计算结构力学的范围，但概括起来，其研究内容主要解决以下三方面的问题。

(1) 离散化方法问题。客观力学量都是空间和时间的连续量，为了能被计算机处理，必须变为离散量，即把描述力学过程的微分方程化为代数方程组。20 世纪 50 年代出现的，随后被广泛应用的有限元法是离散化最优秀的例子之一。

(2) 算法。对于同一个结构力学问题，有不同的算法，采用好的算法不仅省时、省存储，问题算得大而且还准确。一个好的算法的产生和推广，往往使解题效率成倍地提高。例如，稀疏矩阵的消去法、波前算法、QR 方法及超矩阵算法和对非线性问题的同伦算法等，都是适用于计算机的行之有效的算法。

(3) 软件，即程序编制工作。从 20 世纪 60 年代开始，人们逐渐开发用于求解结构力学问题的通用程序。从事这种工作的人很多，也形成了一个重要的研究方向，它包括有限元分析软件及前、后处理，图形显示及各种人机对话的计算机辅助设计软件等。

计算结构力学的这些研究内容说明它是三个学科杂交的产物，即计算机科学、数学和结构力学。计算机仍在不断发展，新一代计算机的产生，新的通用软件的产生，必将为计算结构力学发展的新飞跃准备好物质基础，力学领域的新的发展，必将导致随之而来的新的数值方法的产生，新的力学模型的建立，立即要求得到数值结果。而计算软件、离散化技术和高效算法的发展，则和应用数学、计算数学乃至纯粹数学有着不可分割的联系。

### 3.3.2 计算结构力学的基本原理和方法

1. *虚功原理*

虚功原理又称为虚位移原理，是 J.-L.拉格朗日于 1764 年建立的。虚位移是一种假想加到结构上的可能的、任意的、微小的位移。其中，所谓“可能的”是指结构允许的，即满足结构的约束条件和变形连续条件的位移；所谓“任意的”是指位移类型(平移、转动)和方向不受限制，但必须是结构所允许的位移；所谓“微小的”就是在发生位移过程中，各力的作用线保持不变。它的发生与时间无关，与弹性体所受的外载荷无关，而在发生虚位移过程中外力在虚位移上所做的功称为虚功。与此同时，在发生虚位移的过程中，弹性体内将产生虚应变。若把弹性体上外力在虚位移发生过程中所做的虚功记为 $\delta W$，将弹性体内的应力在应变上所做的虚功，即存储在弹性体内的虚应变能，记为 $\delta U$，则虚位移原理可表达如下：在外力作用下，处于平衡状态的弹性体，当发生约束允许的任意微小的虚位移时，则外力在虚位移上所做的总虚功等于弹性体内总的虚应变能(整个体积内应力在虚应变上所做的功)，即

$$\delta W = \delta U \tag{3-79}$$

设弹性体在外力 $F_1, F_2, F_3$ 等作用力下处于平衡状态，外力记为 $\boldsymbol{F} = [F_1, F_2, F_3]^{\mathrm{T}}$，弹性体内的应力为 $\boldsymbol{\sigma} = \left[\sigma_x, \sigma_y, \sigma_z, \tau_{xy}, \tau_{yz}, \tau_{zx}\right]^{\mathrm{T}}$，并假设满足约束条件所产生的虚位移为 $\boldsymbol{\delta}^* = \left[\delta_1^*, \delta_2^*, \delta_3^*, \cdots\right]^{\mathrm{T}}$，相应的虚应变为 $\boldsymbol{\varepsilon}^* = \left[\varepsilon_x^*, \varepsilon_y^*, \varepsilon_z^*, \gamma_{xy}^*, \gamma_{yz}^*, \gamma_{zx}^*\right]^{\mathrm{T}}$。那么外力在虚位移上所做的总虚功为

$$\delta W = F_1\delta_1^* + F_2\delta_2^* + F_3\delta_3^* + \cdots = \boldsymbol{\delta}^{*\mathrm{T}}\boldsymbol{F} \tag{3-80}$$

在物体的单位体积内，应力在虚应变上的虚应变能为

$$\sigma_x\varepsilon_x^* + \sigma_y\varepsilon_y^* + \sigma_z\varepsilon_z^* + \tau_{xy}\gamma_{xy}^* + \tau_{yz}\gamma_{yz}^* + \tau_{zx}\gamma_{zx}^* = \boldsymbol{\varepsilon}^{*\mathrm{T}}\boldsymbol{\sigma} \tag{3-81}$$

整个物体的虚应变能是

$$\delta U = \iiint \boldsymbol{\varepsilon}^{*\mathrm{T}} \boldsymbol{\sigma} \mathrm{d}x\mathrm{d}y\mathrm{d}z \tag{3-82}$$

则其虚功方程为

$$\delta^{*\mathrm{T}} F = \iiint \boldsymbol{\varepsilon}^{*\mathrm{T}} \boldsymbol{\sigma} \mathrm{d}x\mathrm{d}y\mathrm{d}z \tag{3-83}$$

2. 变分原理

变分原理就是求泛函的变分问题。所谓泛函，简单地讲，若把自变量的函数称为自变函数，则泛函就是自变函数的函数。如应力和应变是坐标的函数，是自变函数，而应变能是应力和应变的函数，应变能就是泛函。假设$u$是一组坐标的连续函数，以$u$函数为自变函数，构造新的函数，则得到泛函。

$$\Pi = \int_{\Omega} F\left(u, \frac{\partial u}{\partial x}, \cdots\right) \mathrm{d}\Omega + \int_{\Gamma} E\left(u, \frac{\partial u}{\partial x}, \cdots\right) \mathrm{d}\Gamma \tag{3-84}$$

式中，$\Pi$是自变函数$u$及其导数的函数，$F$、$E$是特定的微分算子，区域$\Omega$可以是体积域、面积域等，$\Gamma$是域的边界。如果$u$是所求问题的真实解，则$u$是泛函$\Pi$对于自变函数任意微小的变化$\delta u$取驻值，即泛函的变分(变分运算法则类似微分运算法则)等于零，即

$$\delta \Pi = 0 \tag{3-85}$$

这就是变分原理。相对于问题的微分方程提法，变分原理也称为问题的泛函变分提法。问题的泛函可通过微分方程等效积分的弱形式或其他方式得到，如弹性问题的势能就是一种泛函，它可由平衡微分方程和边界条件的等效积分的弱形式得到。而问题的求解就是基于变分原理寻求使泛函取驻值的函数。显然，问题的微分方程表达与泛函变分表达具有等价性。但是，必须注意并不是所有问题都能建立起相应的泛函，即使问题的微分方程表达式存在。

3. 伽辽金法

伽辽金法作为一种数值分析方法，可以将求解微分方程问题(通过方程所对应泛函的变分原理)简化成为线性方程组的求解问题。而一个高维(多变量)的线性方程组又可以通过线性代数方法简化，从而达到求解微分方程的目的。伽辽金法采用微分方程对应的弱形式，其原理为通过选取有限多项式函数(又称为基函数或形函数)，将它们叠加，再要求结果在求解域内及边界上的加权积分(权函数为势函数本身)满足原方程，便可以得到一组易于求解的线性代数方程，且自然边界条件能够自动满足。必须强调指出的是，作为加权余量法的一种势函数选取形式，伽辽金法所得到的只是在原求解域内的一个近似解(仅仅是加权平均满足原方程，并非在每个点上都满足)。伽辽金法直接针对原控制方程采用积分的形式进行处理，它通常被认为是加权余量法的一种。这里先介绍加权余量法的一般性方程。考虑定义域为V的控制方程，其一般表达式为

$$Lu = P \tag{3-86}$$

精确解集$u$上的每一点都满足上述方程，如果我们寻找到一个近似解$\bar{u}$，它必然带来一个误差$\varepsilon(x)$，把它称为残差，即

$$\varepsilon(x) = L\bar{u} - P \tag{3-87}$$

近似方法要求残差经加权后在整个区域中之和应为0，即

$$\int_v w_i(L\bar{u}-P)\mathrm{d}v=0,\ (i=1,\ 2,\ \cdots,\ n) \tag{3-88}$$

选取不同的加权函数 $w_i$ 会得到不同的近似方法。对于伽辽金法来说，加权函数 $w_i$ 一般称为形函数(或试函数)，记作 $\boldsymbol{\Phi}$，其形式为

$$\boldsymbol{\Phi}=\sum \boldsymbol{\Phi}_i\cdot G_i \tag{3-89}$$

式中，$G_i(i=1,\ 2,\ \cdots,\ n)$ 为基底函数(通常取为关于 $x,y,z$ 的多项式)；$\boldsymbol{\Phi}_i$ 为待求系数，这里将加权函数取为基底为 $G_i$ 的线性组合。另外，一般近似解 $\bar{u}$ 的构造也是选取 $G_i$ 为基底函数，即

$$\bar{u}=\sum Q_i\cdot G_i \tag{3-90}$$

式中，$Q_i$ 为待定系数。综上可得伽辽金法的表达形式如下：

选择基底函数 $G_i$，确定 $\bar{u}=\sum Q_i\cdot G_i$ 中的系数 $G_i$ 使得

$$\int v[\boldsymbol{\Phi}(L\bar{u}-P)]\mathrm{d}v=0 \tag{3-91}$$

对于 $\boldsymbol{\Phi}=\sum \boldsymbol{\Phi}_i\cdot G_i$ 类型的每一个函数 $\boldsymbol{\Phi}$ 都成立，其中系数 $\boldsymbol{\Phi}_i$ 为待定的，但需要满足 $\boldsymbol{\Phi}$ 齐次边界条件。求解出 $Q_i$ 之后，就能得到近似解 $\bar{u}$。

4. 李兹法

李兹法是直接解变分的积分方程的一种近似求解法。这种方法开创了弹性力学问题的近似解法。其基本思想如下：

假定泛函

$$\Pi=\int F(x,y,x',y'',\cdots)\mathrm{d}x \tag{3-92}$$

的未知函数 $y(x)$，近似地由下式给出：

$$y(x)=\sum_{i=1}^{n}a_i\varphi_i(x) \tag{3-93}$$

式中，$\varphi_i(x)$ 为基函数或形状函数(它表示变形形状)；$a_i$ 为待定系数。$\varphi_i(x)$ 应当满足函数连续性、可微性、线性独立性及基本边界条件(又称固定边界条件，但自然边界条件不一定必须满足)。基函数 $\varphi_i(x)$ 是选择函数，一般采用指数函数或三角函数表示，此时函数的连续性、可微性、线性独立性容易被满足，所以选择 $\varphi_i(x)$ 时只要注意满足边界条件就可以了。$a_i$ 是未知参数，又称为广义参数，由泛函极值条件确定。因为未知参数为 $a_i$，泛函 $\Pi$ 的极值问题就成为参数 $a_i$ 的极值问题，即泛函为

$$\Pi=(a_1,\ a_2,\ \cdots,\ a_n) \tag{3-94}$$

其极值条件为

$$\frac{\partial\Pi}{\partial a_1}=0,\frac{\partial\Pi}{\partial a_2}=0,\cdots\frac{\partial\Pi}{\partial a_n}=0 \tag{3-95}$$

式(3-95)是 $n$ 组代数方程。解此方程，便可得到未知的 $a_i$，代入公式 $y(x)=\sum\limits_{i=1}^{n}a_i\varphi_i(x)$ 就可得到问题的解。

5. 加权残值法

加权残值法(Method Weighted Residual)是一种应用广泛的求解微分方程的方法。该方法先假定一组带有待定参数的定义在全域上的近似函数，该近似解不能精确满足微分方程和边界条件，即存在残差。在加权平均的意义下消除残差，就得到加权残值法的方程。由于试函数定义在全域上，所得方程的系数矩阵一般为满阵。选取不同的权函数，可得到不同的加权参量法。加权残值法为定解问题的近似求解方法。其优点有原理统一、简便、工作量少、计算精度较高。其基本思想如下。

设问题的控制微分方程如下：在 $V$ 域内

$$L(u)-f=0 \tag{3-96}$$

在 $S$ 边界上

$$B(u)-g=0 \tag{3-97}$$

式中，$L$、$B$ 分别为微分方程和边界条件中的微分算子；$f$、$g$ 为与未知函数 $u$ 无关的已知函数域值；$u$ 为问题待求的未知函数。当利用加权残值法求近似解时，首先在求解域上建立一个试函数，一般具有如下形式：

$$\tilde{u}=\sum_{i=1}^{n} C_i N_i = NC \tag{3-98}$$

式中，$C_i$ 为待定系数，也可称为广义坐标；$N_i$ 取自完备函数集的线性无关的基函数。由于 $\tilde{u}$ 一般只是待求函数 $u$ 的近似解，若记

$$\begin{cases} R_I = L(\tilde{u})-f \\ R_B = B(\tilde{u})-g \end{cases} \tag{3-99}$$

显然 $R_I, R_{\mathrm{B}}$ 反映了试函数与真实解之间的偏差，它们分别称为内部残值和边界残值(Residuals)。若在域 $V$ 内引入内部权函数 $W_B$，在边界 $S$ 上引入边界权函数 $W_I$，则可建立 $n$ 个消除余量的条件，一般可表示为

$$\int_V W_{Ii} R_I \mathrm{d}V + \int_S W_{Bi} R_B \mathrm{d}S = 0 \quad (i=1,2,\cdots,n) \tag{3-100}$$

不同的权函数 $W_{Ii}$ 和 $W_{Bi}$ 反映了不同的消除余量的准则。从式(3-100)可以得到求解待定系数矩阵 $C$ 的代数方程组。一经解得待定系数，即可得所需求解边值问题的近似解。

### 3.3.3 计算结构力学的基本概念

1. 杆单元和梁单元

在杆件系统中，根据单元受力的特点可以把它们分为杆和梁两大类。其中两端铰接，只受轴向力的基本结构称为杆单元，而受轴向力和弯矩、转矩、剪力共同作用的基本结构称为梁单元。

2. 板壳单元

板和壳是指厚度比其他尺寸要小得多的平面或曲面构件。板和壳在工程中应用广泛，由它们的这种几何特点，仿照根据梁理论建立梁单元的思路，自然可得到根据板理论建立板单元的思路。这里主要有两种理论，一种是薄板理论，也被称为Kirchhoff板理论，该理论忽略板的横向剪切变形；另一种是 Mindlin 板理论，该理论考虑板的横向剪切变形的影响，适合于板的理论。根据这两种理论可建立不同的板单元。

3. 实体单元

实体结构也称为三维连续体结构，它的几何特征是结构的长、宽、高三个方向的尺寸大小相仿。根据此类结构的特征，在计算结构力学研究中采用具有相似特征的实体单元。

4. 薄壁杆单元

薄壁杆件是指横截面上壁的厚度较薄的杆件，其三个尺寸通常满足$b/t \geqslant 10$，$l/t \geqslant 10$(其中：$t$代表壁厚，$b$代表截面最大宽度，$l$代表杆长)。薄壁杆件结构可根据器壁厚中心线是否封闭分为两类，即开口薄壁杆件、闭口薄壁杆件，而闭口薄壁杆件又分为单闭室和多闭室两种。由于这类结构的特殊性，所以有薄壁杆单元这类特殊计算方法。

5. 等参数单元

等参数单元采用线性位移模式和非线性位移模式的混合计算方法，使计算结果在采用较粗网格条件下达到预期精度的等参数单元。这类单元同时包含结构的直线和曲线边界，避免用折线代替曲线边界。

6. 静定结构

几何特征为无多余约束，几何不变，是实际结构的基础。因为静定结构撤销约束或不适当的更改约束配置可以使其变成可变体系，而增加约束又可以使其成为有多余约束的不变体系(即超静定结构)。因此，熟练掌握静定结构的组成规则，不仅可以正确地确定超静定结构中的多余约束数，而且可以正确地通过减少约束使超静定结构变成静定结构(而不是可变体系)。

7. 超静定结构

几何特征为几何不变但存在多余约束的结构体系，是实际工程经常采用的结构体系。由于多余约束的存在，使得该类结构在部分约束或连接失效后仍可以承担外载荷，但需要注意的是，此时的超静定结构的受力状态与以前是大不一样的，如果需要的话，要重新核算。

8. 结构力学常用计算模型

桁架——由杆件铰接而成的结构。为了简化计算，认为在桁架上只在节点处承受载荷，即节点载荷，而把非节点载荷也转化为节点载荷，称为等效节点载荷。因此，桁架上的杆件就只承受轴向内力，这就给桁架计算带来了极大的方便。

刚架——由杆件刚接而成的结构。为了简化计算，认为刚架在承载变形过程中，各杆之间在连接处的夹角保持不变。

空间网格结构——由多根杆件按照某种有规律的几何图形通过节点连接起来的空间结构。空间网格结构通常可分为双层(也可为多层的)平板型网格结构(简称网架结构)，单层和双层的曲面型网格结构(简称网壳)。双层网架和双层网壳可假设为铰接杆系计算模型，即节点为铰接，杆件只承受轴向力，按小挠度、弹性理论计算，而单层网格节点应假设为刚接。

薄壁结构——有杆和板组成的结构。为了简化计算，认为薄壁结构在承载时，杆只能承受轴力，板只能承受剪力。

### 3.3.4 计算结构力学分析的基本步骤

针对计算结构力学，可将有限元分析的基本流程归纳为三大步骤：结构离散化、单元分析和整体分析。

1. 结构离散化

结构离散化是有限元法分析的基础，是进行有限元分析的第一步。所谓结构离散化，就是用假想的线或面将连续物体分割成由有限个单元组成的集合体，且单元之间仅在节点处连接，单元之间的作用仅由节点传递。

单元和节点是有限元法中两个重要的概念。从理论上讲，单元形状是任意的，没有形状的限制，但在实际计算中，常用的单元形状都是一些简单的形状，如一维的线单元，二维的三角形单元、矩形单元、四边形单元，三维的四面体单元、五面体单元、六面体单元等。可见，不管单元取什么样的形状，在一般情况下，单元的离散边界总不可能与求解区域的真实边界完全吻合，这就带来了有限元法的一个基本近似性——几何近似。在一个具体的机械结构中，确定单元的类型和数目，以及哪些部位的单元可以取得大一些，哪些部位单元应该取得小一些，需要由经验来做出判断。单元划分越细则描述变形情况越精确，即越接近实际变形，但计算量越大。

所以有限元法中分析的结构已不是原有的物体或结构，而是同样材料的众多单元以一定方式连接成的离散物体。这样，用有限元分析计算所获得的结果只是近似的。如果划分单元数目足够多而又合理，则所获得的计算结果就越逼近实际情况。

2. 单元分析

单元分析包括以下三方面内容：

1) 选择位移函数

连续体被离散成单元后，每个单元上的物理量(如位移、应变等)的变化规律，可以用较简单的函数来近似表达。这种用于描述单元内位移的简单函数称为位移函数，又称为位移模式。通常的方法是以节点位移为未知量，通过插值来表示单元内任意一点的位移。根据数学理论，定义某一个闭区域内的函数总可用一个多项式来逼近，且多项式的数学运算比较容易，所以，位移函数常常取为多项式。多项式项数越多，则逼近真实位移的精度越高，项数的多少由单元的自由度数决定。由于所采用的函数是一种近似的试函数，这就带来了有限元法的另一种基本近似性。采用位移法时，物体或结构离散化之后，力等由节点位移来表示。一般不能精确地反映单元中真实的位移分布，就可把单元中的一些物理量如位移、应变和应力等由节点位移来表示。

2) 建立单元平衡方程

在选择了单元类型和相应的位移函数后，即可按弹性力学的几何方程、物理方程导出单元应变与应力的表达式，最后利用虚位移原理或最小势能原理建立单元的平衡方程，即单元节点力与节点位移间的关系。此方程也称为刚度方程，其系数矩阵称为单元刚度矩阵。

$$\boldsymbol{K}^e\boldsymbol{\delta}^e=\boldsymbol{F}^e \tag{3-101}$$

式中，角标$e$为单元编号；$\boldsymbol{\delta}^e$为单元的节点位移向量；$\boldsymbol{F}^e$为单元的节点力向量；$\boldsymbol{K}^e$为单

元刚度矩阵。根据单元的材料性质、形状、尺寸、节点数目、位移等，找出单元节点力和节点位移的关系式，这是单元分析中的关键一步。

3) 计算等效节点力

物体离散化后，假定力是通过节点从一个单元传递到另一个单元的。但是，对于实际的连续体，力是从单元的公共边界传递到另一个单元中去的。因此，这种作用在单元边界的表面力、体积力或集中力都需要等效地移到节点上去，也就是用等效节点力来代替所有作用在单元上的力。

3. 整体分析

整体分析的基本任务包括建立整体平衡方程，形成整体刚度矩阵和节点载荷向量，完成整体方程求解。

1) 整体平衡方程建立

有限元法的分析过程是先分后合，即先进行单元分析，在建立了单元平衡方程以后，再进行整体分析。也就是把各个单元平衡方程集成起来，形成求解区域的平衡方程，此方程为有限元位移法基本方程。集成所遵循的原则是各相邻单元在共同节点处具有相同的位移。

形成整体平衡方程为

$$\boldsymbol{K}\boldsymbol{\delta} = \boldsymbol{F} \tag{3-102}$$

式中，$\boldsymbol{K}$ 为整体结构的刚度矩阵；$\boldsymbol{\delta}$ 为整体节点位移向量；$\boldsymbol{F}$ 为整体载荷向量。

2) 方程求解

在引入边界条件之前，整体平衡方程是奇异的，这意味着整体方程是不可解的。从物理上讲，当物体的几何位置没有被约束时，受力处于平衡状态的物体也会产生刚体位移，因而，不可能有唯一的位移解。只有在整体平衡方程中引入必要的边界约束条件，整体平衡方程才能求解。方程求解包括边界条件引入和数值计算，一旦利用适当的数值方法求出未知的节点位移以后，即可按弹性力学的应力、应变公式计算出各个单元的应变、应力等物理量。

### 3.3.5 典型的计算结构力学问题

1. 结构静力学

结构静力学分析主要用来分析由稳态外载荷所引起的系统或零部件的位移、应力、应变和作用力，很适合求解环形及阻尼的时间相关作用对结构的影响并不显著的问题，其中稳态载荷主要包括外部施加的力和压力、稳态的惯性力，如重力和旋转速度、施加位移、温度和热量等。静力分析可分为线性静力学分析和非线性静力学分析。要做好有限元的静力分析，必须注意以下几点：

(1) 单元类型必须指定为线性或非线性结构单元类型。

(2) 材料属性可为线性或非线性、各向同性或正交各向同性、常量或与温度相关的量等。

(3) 必须定义弹性模量和泊松比。

(4) 对于重力等惯性载荷，必须定义能计算出质量的参数，如密度等。

(5) 对热载荷，必须要定义热膨胀系数。

(6) 对应力、应变感兴趣的区域，网格划分比仅对位移感兴趣的区域要密。

(7) 如果分析中包含非线性因素，网格应划分到能捕捉到非线性因素影响的程度。

2. 结构动力学

结构动力学研究的结构是随时间变化载荷下的响应问题，它与静力分析的主要区别是动力分析需要考虑惯性力及运动阻力的影响。动力分析主要包括以下五个部分。

(1) 模态分析：用于计算结构的固有频率和模态。用模态分析可以确定一个结构的固有频率及振型，固有频率和振型是承受动态载荷结构设计中的重要参数。如果要进行模态叠加法谐响应分析或瞬态动力学分析，固有频率和振型也是必要的。可以对有预应力的结构进行模态分析，如旋转的涡轮叶片。另一个有用的分析功能是循环对称结构模态分析，该功能允许通过仅对循环对称结构的一部分进行建模，而分析产生整个结构的振型。

(2) 谐波分析(谐响应分析)：用于确定结构在随时间正弦变化的载荷作用下的响应。这种分析技术值计算结构的稳态受迫振动，发生在激励开始时的瞬态振动不在谐响应分析中考虑。作为一种线性分析，该分析忽略任何即使已定义的非线性特性，如塑形和接触(间隙)单元，但可以包含非对称矩阵，如分析流体结构相互作用问题。谐响应分析也用于分析有预应力的结构，如小提琴的弦(假定简谐应力比预加的拉伸应力小得多)。

(3) 瞬态动力分析：用户确定承受任意的随时间变化载荷结构的动力学响应的一种方法，可用其分析确定结构在静载荷、瞬态载荷和简谐载荷的随意组合作用下随时间变化的位移、应变、应力及力。载荷和时间的相关性使得惯性力和阻尼作用比较显著，如果惯性力和阻尼作用不重要，即可用静力学分析代替瞬态分析。

(4) 谱分析：是模态分析应用拓展，用于计算由于响应谱或 PSD 输入(随机振动)引起的应力和应变。

(5) 显式动力分析：ANSYS/LS-DYNA 可用于计算高度非线性动力学和复杂的接触问题。

3. 结构稳定性

结构稳定性分析，主要用于研究结构在特定载荷下的稳定性及确定结构失稳临界载荷。稳定性分析包括线弹性失稳分析与非线性失稳分析。线弹性失稳(初始稳定性)又称特征值屈曲或分支屈曲，非线性失稳包括几何非线性失稳、弹塑性失稳和非线性后屈曲。

所谓分支屈曲，是指结构在屈曲之前以某种变形状态转向另一种新的变形状态，并在这新的状态下与外载荷平衡。在这一特定的载荷下，结构原先的平衡状态不再是稳定的了，或者说分支点或分支屈曲的临界载荷使屈曲前的基本状态方程(平衡方程)成为奇异的了。分支屈曲是结构在没有初始缺陷和载荷偏离的理想情况下发生的，不过，即使理想的结构也有不发生分支屈曲的，如外受压扁壳，它所发生的现象是跳跃现象。

如果结构有初始缺陷和载荷偏离，所产生的是另一种屈曲载荷，这就是极限载荷。例如，偏心受压杆的纵横弯曲问题。极限屈曲是把初始缺陷作为初始变形，建立非线性大挠度方程，用增量载荷法求载荷位移曲线，曲线的顶点就是极限载荷。

屈曲前的结构非线性有限元分析，通常都采用牛顿荷载增量法(Incremental Newton-Raphson Method)，该方法通过线性逼近和反复迭代，使计算收敛于平衡路径。但由于在临界点附近结构刚度矩阵接近奇异，迭代不易收敛，因此，无法计算屈曲后的荷载反应。

关于屈曲后的反应分析，Sharifi 和 Popov 曾提出人工弹簧法(Artificial Spring Method)，即在结构中人为地加入一个线性弹簧，使结构强化，从而使结构刚度矩阵在整个加荷过程

中始终保持正定，这样，就可以用通常的荷载位移全过程分析。后来，Batoz 和 Dhatt 提出了用两个位移向量的同时求解技术，从而，可以在迭代过程中保持原来刚度矩阵的对称性。实践证明，这种方法对结构的荷载位移全过程分析是非常有效的，能够很顺利地通过极限点，但在计算中所选择的控制位移必须一直增大，如果出现减小的情况，则迭代不收敛，计算终止。对于某些复杂结构，要想选择好控制位移分量并不容易，因此，这种方法也有其局限性。Wempner 和 Riks 同时提出了一个非常新颖的非线性求解方法，叫做弧长法(Arc-Length Method)。该方法将荷载系数和未知位移同时作为变量，对于处理结构屈曲后的荷载反应分析更为有效。

对于结构屈曲后的路径跟踪问题，好的迭代方法和计算策略固然非常重要，但刚度矩阵的精确性也同样起到举足轻重的作用。刚度矩阵的精确性不仅影响到计算结果的准确性，而且还影响到临界点的收敛性。如果刚度矩阵的精确性很差，则在临界点附近的计算就很难收敛，甚至不收敛。

4. 接触问题

接触问题属于边界非线性问题，其特点是在接触问题中某些边界条件不是在计算开始给出，而是计算的结果，两接触体间的接触面积和压力分布随外载荷的变化而变化，接触体的变形和接触边界的摩擦作用使得部分边界条件随加载过程而变，且不可恢复。目前，在解决接触问题方面已广泛采用有限元法。以有限元为基础的接触问题数值解法，主要可以分为直接迭代法、接触约束算法和数学规划法。迭代法是解决非线性问题的基本方法。FAG 进口轴承在用有限元位移法求解接触问题时，首先假设初始接触状态形成系统刚度矩阵，求得位移和接触力后，根据接触条件不断修改接触相互状态，重新形成刚度矩阵求解，反复迭代直至收敛。另外，还有所谓虚力法，用沿边界的虚拟等效压力来模拟接触状态，这样在每次迭代中并不重新形成刚度矩阵，所做的只是回代工作。

有限元混合法在弹性接触问题的求解中也得到了广泛的应用。它以节点位移和接触力为未知量，并采用有限元形函数插值，将接触区域的位移约束条件和接触力约束条件均反映到刚度矩阵中去，构成有限元混合法控制方程。接触约束法(ANSYS 软件用于分析有限元接触问题选用的解法)。接触问题可以描述为求区域内位移场 $U$，使得系统的势能 $\Pi(U)$ 在接触边界条件的约束下达到最小。接触约束算法就是通过对接触边界约束条件的适当处理，将约束优化问题转化为无约束优化问题求解。德国 FAG 轴承根据优化方法的不同，主要可分为罚函数法和拉格朗日(Lagrange)乘子法。罚函数法实际上是将接触非线性问题转化为材料非线性问题，罚函数方法不增加系统的求解规模，但由于人为假设了很大的罚因子，可能会引起求解方阵奇异，要解决这个问题，我们只有通过实际反复计算来总结出一个合理的、易于收敛的罚因子。

5. 断裂力学

要确定结构能否(继续)安全使用最为重要的是要确定结构中存在的微观或宏观裂纹是否将继续扩展并导致结构破坏。这种扩展可以缓慢而稳定并仅在载荷增加时存在，或者裂纹扩展到一定程度突然变为不稳定扩展。发生在循环加载条件下的裂纹稳定扩展，通常称为疲劳裂纹扩展。此时重要的问题是在每个加载循环中裂纹扩展多少，以便确定经过多少次循环后裂纹扩展到临界尺寸。为了理解裂纹扩展的力学机理，需要在微观量级考虑裂纹尖端现象。在结构量级上，这样的方法不切实际，因为会将很大的注意力放在裂纹尖端。断裂力学理论从宏观上研究裂纹扩展问题，并从结构相应中试图建立一些参数来确定已存在的裂纹是否会扩展及以什么速度扩展。20世纪初用弹性力学方法得到了裂纹端部的应力解答，按此解答裂纹尖端的应力是无穷大，这样无论外力多大，只要存在尖裂纹，就会导致破坏。这个理论显然与事实不符。1920年格里菲斯(A.A.Griffith)研究了玻璃等材料的脆性断裂问题，首次提出了用能量观点建立的材料断裂准则。三种基本裂纹类型。

如果在线弹性结构上存在裂纹，裂纹尖端的应力场存在有三个参数表示的特殊形式，这些参数称为三种不同裂纹的应力强度因子 $K_{\mathrm{I}}$、$K_{\mathrm{II}}$ 和 $K_{\mathrm{III}}$。图3.13为受力方式与扩展方向示意图，模型Ⅰ为张开型，裂纹的张开是由于承受垂直于裂纹表面的拉伸载荷引起的；模型Ⅱ为滑开型，由平行于裂纹表面但垂直裂纹尖的切应力引起；模型Ⅲ为撕开型，此时剪载荷平行于裂纹表面和裂纹尖端(反平面剪模式)。通常条件下，三种不同裂纹加载类型同时出现在裂纹附近。然而在结构分析中，经常假设裂纹产生在一指定位置，利用对称条件认为其中一种或两种模式不发生。

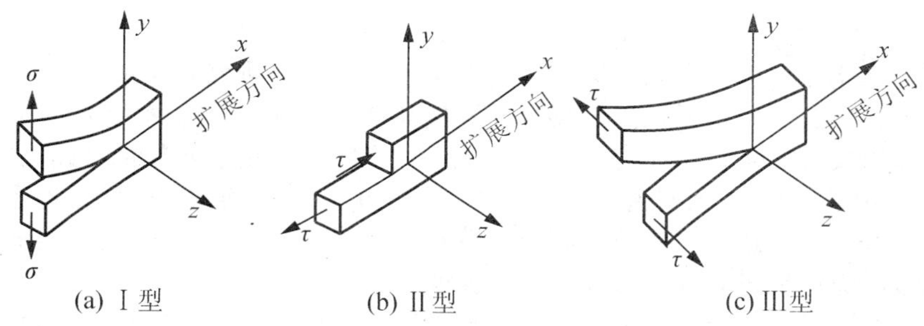


图3.13 受力方式与扩展方向示意图

三种基本类型裂纹中，Ⅰ型裂纹是引起低应力脆断的主要原因，是研究的重点类型。在实际的裂纹中，经常出现两种或两种以上裂纹的组合形式，以及在复合外力作用下，裂纹扩展不属于单一类型的裂纹，这种裂纹成为复合型裂纹。

断裂力学问题主要是计算合理的断裂力学参数应力强度因子 $K$、弹性能释放率 $G$、$J$ 积分，这些参数可用一系列方法解算，如采用MARC虚裂纹扩展法。虚裂纹扩展法称为Parks法或刚度导数法。该法认为由于裂纹长度改变而引起的势能变化可由下式计算得到：

$$\frac{\mathrm{d}U}{\mathrm{d}a}=G=-\frac{1}{2}\{u\}'\frac{\partial[K]}{\partial a}\{u\} \tag{3-103}$$

式中，$\partial a$ 为小虚裂纹扩展；$\{u\}$ 为有限元分析中计算的位移矢量；$[K]$ 为分析中的刚度矩阵。此方法的应用如图3.14所示。

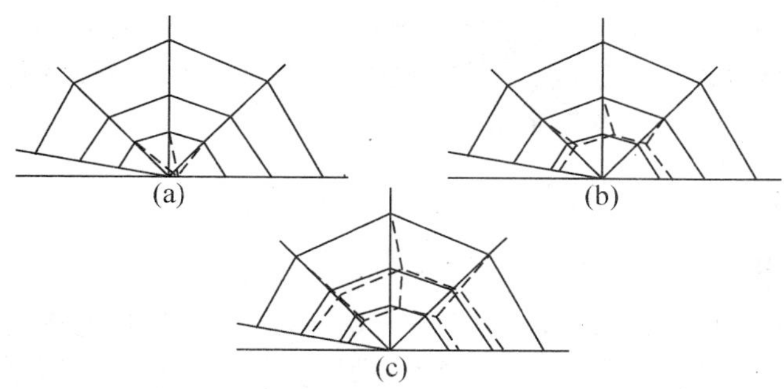


图3.14 刚度导数法应用示意图

在有限元模型中，小的裂纹扩展通过在裂纹前沿一点的移动来模拟。施加的裂纹扩展要小到只有包含移动节点的单元才受影响，即其他单元的刚度和位移为常数，在 $G$ 的计算中不需考虑。$G$ 的计算过程如下。

将受影响单元与结构其余部分断开，在当前外部节点上施加计算的位移；对自由结构计算应变能；将裂纹尖端节点移动微小量，如单元尺寸的 1/1000；对变形结构计算应变能。将应变能之差除以裂纹尖端位移(2D)或移动区域的面积(3D)即可得到 $G$。

推导过程中采用了以下条件：在裂纹表面上无外力作用；在体内无热应变；虚裂纹扩展小到只有包含移动节点的单元才受影响；最后一个条件必须经过反复试探，如果略有不同的虚裂纹扩展取得的 $G$ 值相同，即条件满足。

此法的主要优点在于对于长度更长的裂纹清空仅有少数单元必须重新计算。另外，$K$ 沿裂纹前沿的变化也可以重新计算，这对于三维结构是很重要的。

6. 流固耦合问题

流固耦合学是流体力学和固体力学的交叉学科，主要的研究对象是工程中常常遇到的流固耦合现象。从总体上来看，流固耦合问题按其耦合机理可分为两大类。第一类问题的特征是耦合作用仅仅发生在两相交界面上，在方程上的耦合是由两相耦合面上的平衡及协调来引入的，如气动弹性、水动弹性等。第二类问题的特征是两域部分或全部重叠在一起，难以明显地分开，使描述物理现象的方程，特别是本构方程需要针对具体的物理现象来建立，其耦合效应通过描述问题的微分方程来体现。

在流固耦合力学的分析中，流体计算关注与固体结构所接触表面周围的流动区域，而固体计算则关心作用在固体表面的载荷及载荷对结构内部所造成的影响。因此，进行网格划分时，固体结构和流体结构的网格密度将会不同，从而导致划分后的网格不能完全重合。此外，即使最初的网格划分一致，随着交互作用的不断变化，也不能保证相交界面上流体网格和固体网格完全重合，这就要求在计算中对流、固交界面上的参数进行转换。迄今为止，各国学者提出了不少计算流固耦合问题的方法，可归结为两类：一类是结构部分和流体部分都按有限元法进行离散，建立流体与固体耦合的振动方程式；另一类是结构部分仍按有限元法进行离散，而流体部分用边界元法离散，然后建立流固耦合振动方程式。

7. 温度场和热应力场

物质系统内各个点上温度的集合称为温度场。像重力场、速度场等一样，温度场是各时刻物体中各点温度分布的总称，温度场有两大类。一类是稳态工作下的温度场。这时，物体各点的温度不随时间变动，这种温度场称为稳态温度场(或称定常温度场)。另一类是变动工作条件下的温度场，这时，温度分布随时间改变，这种温度场称为非稳态温度场(或称非定常温度场)。研究流体的速度、压强、密度变化规律和黏滞流体的运动规律及黏滞流体中运动物体所受阻力及其他热力学性质。

### 3.3.6 边界条件与载荷

1. 实体模型负载

实体模型负载(Solid-Model Loads)独立于有限元网格，所以在修改网格时并不影响所施加的载荷，而且实体模型负载通常比有限元负载需要更少的实体，即采用实体模型负载在施加载荷时会更容易。但是实体模型与有限元模型采用的不同的坐标系和加载方向，所以实体模型在计算中会不方便，而且在关键点的约束会比较棘手。

2. 有限元负载

有限元负载(Finite-Element Loads)可以直接给特征点进行加载，也不用担心约束的扩展，可以简单地给期望的节点施加适当的约束，但是每次修改网格都要重新设定有限元负载。

3. 自由度约束

将给定的自由度用已知量表示，在结构等分析中，自由度约束(DOF Constraints)应用十分普遍。在常见的有限元分析学科中的自由度约束和 ANSYS 中的标记如表 3-1 所示，其中一些不是严格意义上的自由度约束，但可涉及平移和转动的自由度。

表 3-1 各学科自由度约束示意及 ANSYS 标记

| 学科 | 自由度 | ANSYS 标记 |
|---|---|---|
| 结构 | 平移<br>旋转<br>静压 | UX，UY，UZ<br>ROTX，ROTY，ROTZ<br>HDSP |
| 热 | 温度 | TEMP，TBOT，TE2，…，TTOP |
| 磁 | 向量势<br>标量势 | AX，AY，AZ<br>MAG |
| 电 | 电压 | VOLT |
| 流体 | 速度<br>压力<br>湍流动能<br>湍动能耗散率 | VX，VY，VZ<br>PRES<br>ENKE<br>ENDS |

4. 对称性、反对称性边界条件

对称性、反对称性边界条件(Symmetry or Antisymmetry Coundary Conditions)是针对某一平面上的节点进行设置的，对结构起到一定的自由度约束的功能。例如，在一个结构分析中，对称性边界条件意味着平面外平移和平面内旋转设置为 0，反对称边界条件意味着平面内平移和平面外旋转设置为 0。对称和反对称边界条件的说明可参见图 3.15。

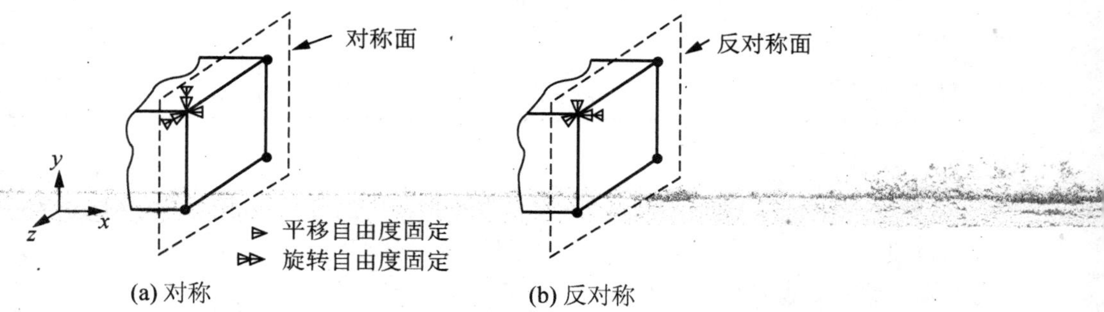


图 3.15 对称性、反对称性边界条件示意图

5. 集中力载荷

集中力载荷(Forces)是指施加于模型节点上的集中载荷或者施加于实体模型边界上的载荷。在不同的分析学科中有不同的表现形式，具体如表 3-2 所示。

表 3-2　各学科集中力载荷示意及 ANSYS 标记

| 学科 | 力 | ANSYS 标识 |
|---|---|---|
| 结构 | 力<br>力矩<br>流体质量流量 | FX，FY，FZ<br>MX，MY，MZ<br>DVOL |
| 热 | 热流量 | HEAT，HOBT，HE2，…，HTOP |
| 磁 | 电流段<br>磁通量<br>电荷 | CSGX，CSGY，CSGZ<br>FLUX<br>CHRG |
| 电 | 电流<br>电荷 | AMPS<br>CHRG |
| 流体 | 流体流量 | FLOW |

6. 面载荷

面载荷(Surface Loads)是施加于模型的某个平面或弧面上的分布载荷，在 ANSYS 中，面载荷可以设定在节点、单元、线条和区域中。针对不同的学科有不同的面载荷可以设定，详细说明如表 3-3 所示。

表 3-3　各学科面载荷示意及 ANSYS 标记

| 学科 | 面载荷 | ANSYS 标识 |
|---|---|---|
| 结构 | 压强 | PRES |
| 热 | 对流<br>热通量<br>无穷大平面 | CONV<br>HFLUX<br>INF |
| 磁 | 麦克斯韦面<br>无穷大平面 | MXWF<br>INF |
| 电 | 麦克斯韦面<br>表面电荷密度<br>无穷大平面 | MXWF<br>CHRGS<br>INF |
| 流体 | 壁面粗糙度<br>流固界面<br>阻抗 | PSI<br>IMPD |
| 所有 | 超单元载荷向量 | SELV |

7. 体载荷

体载荷(Body Loads)是指施加在仿真模型体内的分布式载荷。在 ANASYS 中，体载荷可以设定在节点、单元、关键点、区域及某一体积中。针对不同学科，可以设定不同的体载荷，详细说明如表 3-4 所示。

表 3-4　各学科体载荷示意及 ANSYS 标记

| 学科 | 力 | ANSYS 标识 |
|---|---|---|
| 结构 | 温度<br>频率<br>积分通量 | TEMP<br>FREQ<br>FLUE |

续表

| 学科 | 力 | ANSYS 标识 |
| --- | --- | --- |
| 热 | 生热率 | HGEN |
| 磁 | 温度<br>电流密度<br>虚位移<br>电压降 | TEMP<br>JS<br>MUDI<br>VLTG |
| 电 | 温度<br>体电荷密度 | TEMP<br>CHRGD |
| 流体 | 生热率<br>力密度 | HGEN<br>FORC |

8. 惯性载荷

惯性载荷(Inertia Loads)是指由物体的惯性而引起的载荷，是每个仿真模型体固有的。这个可以通过 ANSYS 中的一些特有命令进行设定，而且只有模型具有一定的质量后惯性载荷才发挥作用，因此惯性载荷与模型本身的密度关系比较密切。

9. 耦合场载荷

耦合场载荷(Coupled-Field Loads)是一种比较特殊的载荷，该载荷是先考虑到一种分析的结果，然后将该结果作为另外一个分析的载荷。例如，将磁场分析中计算得到的磁力作为结构分析中的力载荷。这种载荷需要根据不同仿真模型的耦合情况进行具体的设定。

10. 轴对称载荷

轴对称载荷(Axisymmetric Loads)是指施加的载荷相对于某一基准轴对称分布。轴对称周期单元需要在一个程序表单提供其载荷，这样可以将其载荷转换成为一个傅里叶级数进行运算。简单来说，轴对称载荷可以表示成图 3.16 所示的结构。

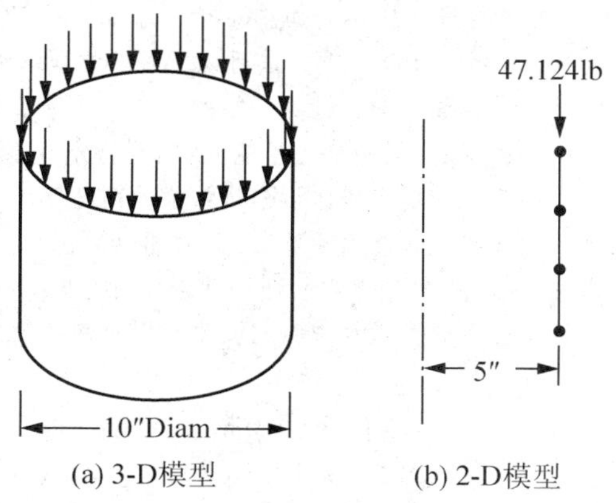


图 3.16 轴对称载荷示意图

11. 初始状态载荷

在 ANSYS 中可以设定一组状态参量作为结构分析的一组初始加载参数。初始状态加载有效期为静态或全瞬态分析(线性或非线性)、模态分析、屈曲和谐波分析。而且需要注意的是初始状态必须应用在分析过程中加载载荷的第一步。主要的初始状态载荷(Initial State Loading)包括初始应力、初始应变、初始塑形应变等。

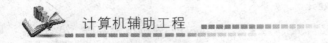

## 小　　结

本章介绍了数值计算方法的基础，包括有限差分法、有限体积法和有限单元法的原理及特点，并介绍了由这几个最典型的数值计算方法衍生出来的新学科——计算流体力学和计算结构力学的基本概念、理论、方法和流程。通过对本章的学习，读者应该对经典数值计算方法有一定的了解，形成基本的计算流体力学和计算结构力学的框架，能进行简单的计算分析。

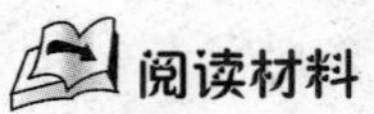

**阅读材料**

### 有限元的未来

随着 CAE 软件功能的不断发展，越来越多的工程问题可以通过计算机技术进行仿真和模拟。CAE 逐渐朝着融入了“知识工程”和“行业经验”的仿真平台的方向发展、完善，有限元分析(FEA)曾经是 CAE 的核心，但现在它已经不是 CAE 的代名词了。有限元分析也不再仅仅局限于单一的物理场，而是将多物理场耦合进行分析，这一趋势，是有限元发展的未来。

在科学研究和工程分析过程中，各种物理现象都存在着相互关联的作用，纯粹的单场问题是不存在的，但是，考虑多个物理场进行耦合分析比单独分析一个物理场要复杂得多。例如，只要运动就会产生热，而热反过来又影响一些材料属性，如电导率、化学反应速率、流体的黏性等。这种物理系统的耦合就称为多物理场耦合，分析起来比单独分析一个物理场要复杂得多，因为每增加一种耦合分析类型，必须推导出该耦合方程，其难度是巨大的。早期的有限元受限于计算机硬件的速度，往往将多物理场问题进行简化处理，主要关注于某个单一的专业领域，最常见的也就是对力学、传热、流体及电磁场的模拟，而对多物理场的模拟仅仅停留在理论阶段。

各种物理现象都可以用(偏)微分方程进行描述，如热、电、力等，而多物理场的本质就是(偏)微分方程组。科学家已经证明了采用偏微分方程组(PDEs)的方法可以求解多物理场现象，这些偏微分方程可以用来描述流动、电磁场及结构力学等各种物理过程。计算科学的发展，提供了更灵巧简洁而又快速的算法，更强劲的硬件配置，使得对多物理场的有限元模拟成为可能。多物理场分析不必考虑硬件速度带来的限制，使得数值建模能够更真实地还原各种工程问题，能保证分析结果的精确度。

多物理场的计算需要以强大的计算机计算能力为基础，计算机计算能力的提升使得有限元分析从单场分析到多场分析变成现实，未来的 FEA 必然是以多物理场耦合分析为核心的。而多物理场耦合分析所需要的巨大计算能力也会催生并行计算、大规模计算中心的诞生，以及网络的集成化和智能化。

## 习　　题

### 一、填空题

1．CFD 的基本思想可以归结为：把原来在时间域及空间域上________，如速度场和压力场，用一系列________的集合来代替，通过一定的原则和方式建立起关于这些离散点上场变量之间关系的代数方程组，然后求解代数方程组获得场变量的近似值。

2．根据作用于流体上的________与产生的________之间的关系，黏性流体又可分为牛顿流体和非牛顿流体。牛顿流体是指在受力后极易变形，且切应力与变形速率________的低黏性流体。在流体的流动曲线中，流体的剪切应力和剪切速率之间呈现________的曲线关系，不服从牛顿黏性定律的流体称为非牛顿流体。

3．根据离散原理的不同，CAE 分析中数值计算方法大体上可分为________、________和________三个分支。

4．有限元法的基本思想是：将形状复杂的连续体离散化为________组成的________，________之间通过________相互连接；根据精度要求，用________来描述________或其他特性，连续体的特性就是全部________；根据________，可以建立方程组，联立求解就可以得到所求的参数特征。

5．结构动力学主要包括五部分内容，这五部分是：________、________、________、________、________。

## 二、选择题

1．下列哪个方法不是组成研究流体流动问题的完整体系的方法？(　　)

A．CFD 方法　　B．有限元方法

C．理论分析方法　　D．实验测量方法

2．流体中的传热现象主要以三种方式进行：热辐射、热对流和(　　)。

A．热扩散　　B．热传导　　C．热蒸发　　D．热发散

3．区域离散化过程结束后，可以得到以下四种几何要素：(　　)、控制体积、界面和网格线。

A．点　　B．节点　　C．单元　　D．有限元

4．如果结构有初始缺陷和载荷偏离，所产生的屈曲载荷是(　　)。

A．分支屈曲　　B．偏离载荷　　C．极限载荷　　D．固有载荷

## 三、判断题

1．压缩性是流体的基本属性。任何流体都是可以压缩的，只不过可压缩的程度不同而已。(　　)

2．层流是流体的一种流动状态。流体在管内流动时，其质点沿着与管轴垂直的方向做平滑直线运动。(　　)

3．将某个工程结构离散为由各种单元组成的计算模型，这一步称为单元剖分。一般情况单元划分越细，则描述变形情况越精确，即越接近实际变形，但计算量越大。(　　)

4．虚位移是一种假想加到结构上的可能的、任意的、微小的位移。(　　)

5．模态分析可以确定一个结构的固有频率及振型，固有频率和振型是承受动态载荷结构设计中的重要参数，以及结构在随时间正弦变化的载荷作用下的响应。(　　)

## 四、简答题

1．简述计算流体力学的工作步骤。

2．简述计算流体力学的求解过程。

# 第 4 章 后处理技术基础

- 了解计算机图形图像的基础。
- 了解有关 CAE 软件中后处理模块的基本功能。

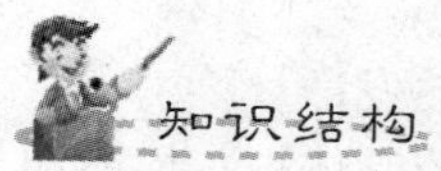


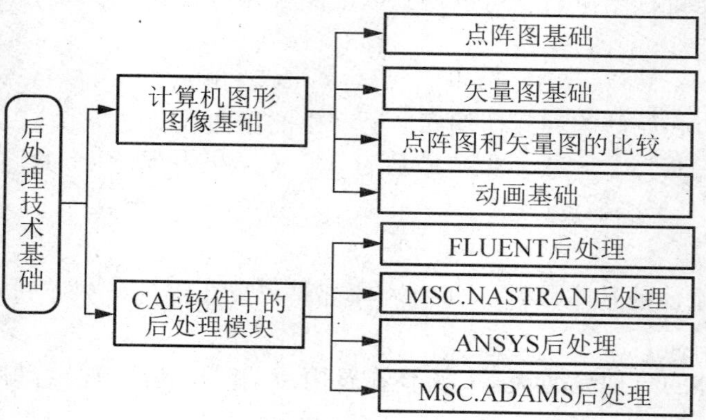


图 4.1 后处理技术基础知识结构图

## 导入案例

根据经验，在进行 CAE 仿真分析的过程中，50%～55%的时间用于分析结果的判读和评定，即进行后处理操作。CAE 的结果需要用 CAD 技术生成形象的图形输出，如生成位移图、应力、温度、压力分布的等值线图，表示应力、温度、压力分布的彩色明暗图，以及随机械载荷和温度载荷变化生成位移、应力、温度、压力等分布的动态显示图，这一过程被称为 CAE 的后处理。图 4.2 所示是室内通风流场仿真结束后获取的室内流场的速度梯度图和温度梯度图，通过速度梯度图可以获知在风扇送风的方向空气的流动速度是最快的，快速的空气流动导致了风扇的周围产生低温区。

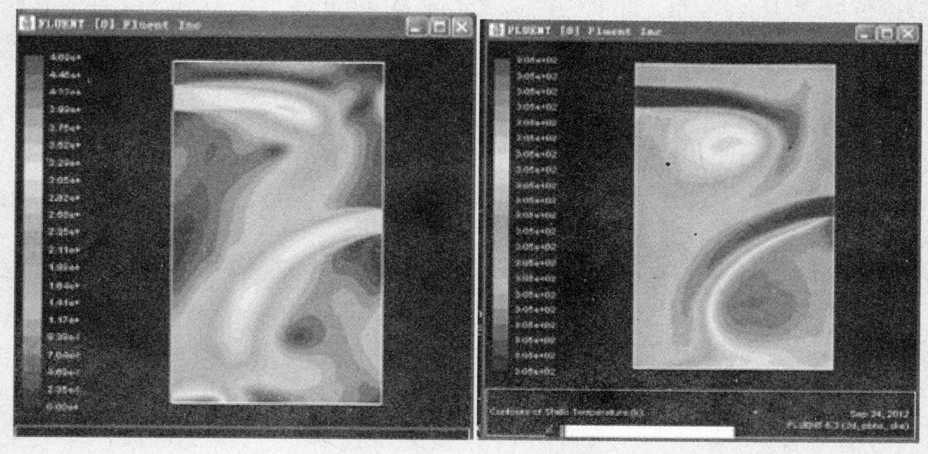

图 4.2 室内通风流场仿真后处理结果

CAE 的后处理主要完成对运算数据的可视化，为用户提供一种直观的观察形式，其技术基础主要是计算机图形学。本章将对计算机图形图像的基础进行讲解，并对 CAE 软件中的后处理模块进行简单的介绍，使读者能了解后处理相关的操作。

## 4.1 计算机图形图像基础

计算机图形通常由点、线、面、体等几何元素和灰度、色彩、线型、线宽等非几何属性组成。在计算机中表示图形的最常用方法是点阵法，即运用具有灰度或色彩的点阵来表示图形。例如，一个二维灰度图形可以用矩阵$(x_i, y_j, g_k)(i=1, 2, \cdots, M; j=1, 2, \cdots, N; k=1, 2, \cdots, L)$表示。其中$(x_i, y_j)$表示图形所占点阵的位置，$g_k$ 表示$(x_i, y_j)$该点像素的灰度等级，一般情况下，$L \leqslant 256$。具有灰度和色彩的点阵图实际上就是图像。图形和图像的关系是，图形一般指用计算机绘制的画面，如直线、圆、圆弧、矩形、任意曲线和图表等，而图像则是由输入设备捕捉的实际场景画面或以数字化形式存储的画面，但在实际应用中，一般不区分图形和图像，下文统称为图像。

计算机中的图像文件主要分为两类，一类是点阵图(又称位图)，它是由排列成行列的像素点组成的，其中每个像素点都可以是任意颜色，由各个像素点组成图像；另一类是矢量图(又称向量图)，这种格式的文件记录生成图的算法和图上的某些特征点，它的优点是容易进行移动、缩放、旋转和扭曲等变换，而且由于图像文件只保存算法和特征点，所以存储时比位图小得多，但是屏幕上每次显示时需要重新计算，所以显示速度比位图慢，但在打印和放大时，图形的质量较高，而位图会失真。常见的图像文件格式有 PCX、BMP、DIB、GIF、TIF、JPF、PIC、PCD、TGA 等。

### 4.1.1 点阵图基础

点阵图即位图(Bitmap)，又称栅格图(Raster Graphics)，是使用像素阵列来表示的图像，每个像素的颜色信息由(Red，Green，Blue，RGB)组合或者灰度值表示。根据颜色信息所需的数据位分为 1bit、4bit、8bit、16bit、24bit 及 32bit 等，位数越高颜色越丰富，相应的数据量越大。其中使用 1bit 表示一个像素颜色的位图，又称为二值位图(因为一个数据位只能表示两种颜色)。通常使用 24bit RGB 组合数据位表示的位图称为真彩色位图。

点阵图的一个最显著的特点是：放大后质量明显下降，而且可以看到图像是由一个一个单颜色的矩形拼凑而成的，如图 4.3 所示。点阵图在计算机中的保存方式就是将这些颜色块进行编码，并将其编码转化为二进制数据保存起来。最常见的编码方式有 RGB、HSI 和 CMYK 等。

RGB 是用红、绿、蓝三原色的光学强度来表示颜色的一种编码方法。这是最常见的位图编码方法，可以直接用于屏幕显示。

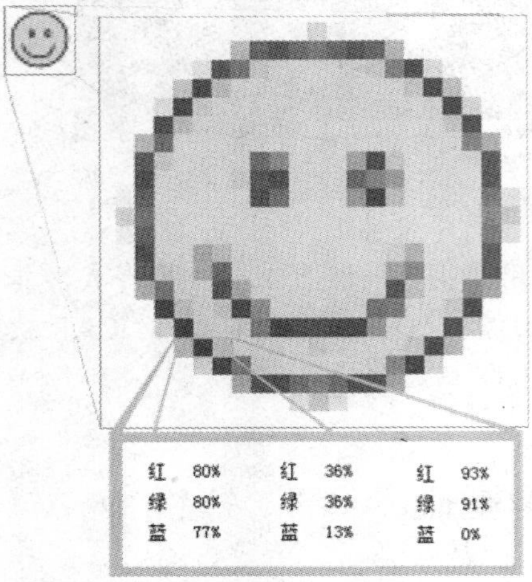

图 4.3 真彩色位图

最常见的 RGB 编码方式是“24bit 模式”，它使用三个 8bit 无符号整数(0～255)表示红色、绿色和蓝色的强度，这种编码方式可以产生 256×256×256=16777216 种颜色，对人眼来说其中很多已经分辨不开。在这种编码模式中，(0，0，0)表示黑色，(255，255，255)表示白色，(255，0，0)表示红色，(0，255，0)表示绿色，(0，0，255)表示蓝色，(255，255，0)表示黄色，(0，255，255)表示青色，(255，0，255)表示品红色。

其他的编码方式还有“16bit 模式”，其中红色 5bit，蓝色 5bit，而绿色 6bit，因为人眼对绿色分辨的色调更精确。“32bit 模式”，实际就是 24bit 模式，余下的 8bit 不分配到像素中，这种模式是为了提高数据输送的速度(32bit 为一个 DWORD，DWORD 全称为 Double Word，一般而言一个 Word 为 16bit 或 2B，处理器可直接对其运算而不需额外的转换)。在一些特殊情况下，如 DirectX、OpenGL 等环境，余下的 8bit 用来表示像素的透明度(Alpha)。

HSI 是 Hue、Saturation 和 Intensity 的首字母缩写，它们指代颜色的三个基本属性，分别是色调、饱和度和亮度，它反映了人的视觉系统观察颜色的方式，在艺术上经常使用 HIS 模型。H 代表色调，指的是不同波长的光谱，如红色和绿色属于不同的色调，色调的值一般由角度表示，它反映了该彩色最接近什么样的光谱波长，一般假定 0° 表示红色，120°

为绿色，240° 为蓝色。0～240° 的色相覆盖了所有可见光谱的彩色，而 240～360° 之间为人眼可见的非光谱色(紫色)。S 代表饱和度，指的是一个颜色的鲜明程度，饱和度越高则颜色越深，饱和度值一般以百分比表示，0%为灰色，100%为纯色。I 代表亮度，指的是颜色的明暗程度，亮度值一般也用百分比表示，0%为黑色，100%为白色。

CMYK 是用青色 C(Cyan)、品红色 M(Magenta)、黄色 Y(Yellow)、黑色 K(Black，为了避免与 RGB 的 Blue 蓝色混淆而改称 K)四种颜料含量来表示颜色的一种编码方法。这种方法和 RGB 类似，但是主要用于彩色印刷。其他颜色编码方法还包括 Lab、索引、灰度等。CAE 的后处理主要是对数值分析生成的结果进行可视化，其中最基础的是点、线、面的显示和生成。

点阵图中的“点”在一般情况下是用一个有颜色的正方形表示的(有时候也用长方形表示点，如某些点划线中的点)，不同的算法可以生成不同的点。如图 4.4 所示，图(a)和图(b)分别生成两个 1 像素和 2 像素宽的实心点，而图(c)和图(d)分别生成了两个 1 像素和 2 像素宽的“虚”点，从图中可以看出来，图(c)虽然是 1 像素的点，但是它实际却占用了 4 个像素的空间，图(d)虽然是 2 像素的点，但是它实际却占用了 9 像素的空间。图(a)和(b)生成的点锐利而清晰，图(c)和(d)生成的点柔和并富有立体感。各个 CAE 软件会用不同的方法来生成效果各异的点，从而为线和面的生成做好准备。

图 4.4　1 像素的点放大 16 倍之后效果图

点阵图的“线”是由多个不同的点拼接而成的，图 4.5 展示了四种不同类型的线放大 12 倍之后的效果。可以看出，在点阵图中，水平线经过放大也看不出颗粒感，因为其各个点拼接整齐，同样效果的还有竖线，但是所有的曲线经过放大都可以明显地看出来其是由多个“点”的颗粒拼接而成的。由多个独立的点拼接成一个曲线的方法，可以称之为“线”的生成算法。从图 4.5 中明显可以看出，右下角的椭圆在 1 倍大小下看起来圆滑，而中间的椭圆则看起来粗糙，从 12 倍大小的图中可以看出这两种“椭圆生成算法”所生成“点”的区别。如果在生成这些像素点的同时，为各个点附加上颜色信息，则会构成彩色的线条。

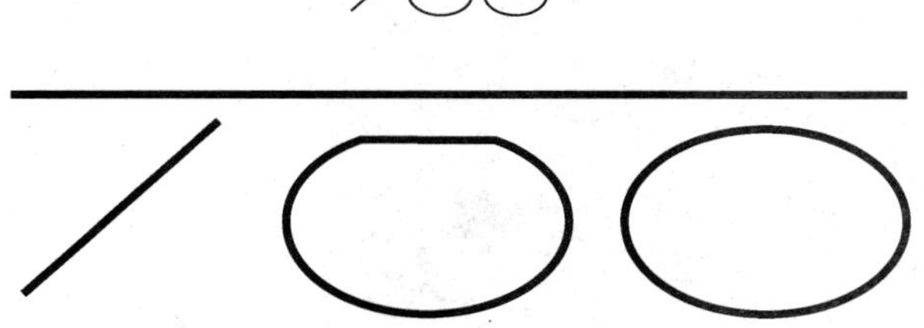

图 4.5　四种类型的线放大 12 倍之后的效果图

点阵图中的“面”也是由多个不同的点拼接而成的，图 4.6 显示了一个不规则五角星在放大 7 倍之后的效果，和放大 12 倍之后的拐角边缘效果。另外，图中的渐变效果是给不同的“点”按“规则”赋予了不同的颜色信息所形成的。

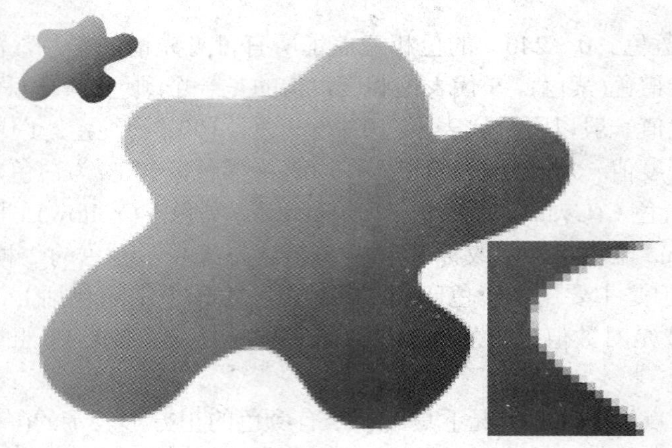

图 4.6　不规则五角星放大 7 倍和 12 倍之后的效果图

### 4.1.2　矢量图基础

矢量图，也称为向量图，简单地说，就是缩放不失真的图像格式。矢量图是通过多个对象的组合生成的，其中每一个对象的记录方式，都是以数学函数来实现的，即矢量图实际上并不是像点阵图那样记录画面上每一点的信息，而是记录了元素形状及颜色的算法。当打开一幅矢量图的时候，软件对图形所对应的函数进行运算，将运算结果(图形的形状和颜色)显示出来。无论显示画面是大还是小，画面上的对象对应的算法是不变的，所以，即使对画面进行倍数相当大的缩放，其显示效果仍然相同(不失真)。

矢量图所描述的图像通常以一组指令的形式存在，这些指令描述了图中所包含的直线、圆、弧线和封闭图形的大小和形状。如果检查一下矢量图的文件格式，会发现其很像程序，它们可以包含用 ASCII 码表示的接近英语的命令和数据，用字处理软件就能进行编辑。例如，一个半径为 100mm，圆心坐标为 $x$=2.5m，$y$=5m 的圆，就可以用命令 circle(100，2500，5000)来体现，并将其用 ASCII 码进行存储。

矢量图中是没有“点”的，矢量图中类似于“点”的概念都是由一些形状构成的，如圆或者矩形，图 4.7 显示了三个长宽为 2 像素，类似于“点”的形状在放大 10 倍之后的效果。

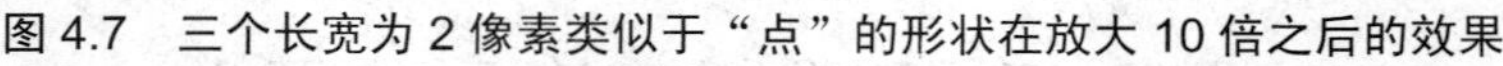

图 4.7　三个长宽为 2 像素类似于“点”的形状在放大 10 倍之后的效果

矢量图中的“线”是用数学函数描述的，因此在放大之后也不会失真，图 4.8 表现了一条宽度为 1 像素的复杂曲线在放大 5 倍和 8 倍的图形细节，从图中明显可以看出，此曲线的放大没有出现任何颗粒。

图 4.8　一条宽度为 1 像素的复杂曲线在放大 5 倍和 8 倍之后的效果

矢量图中的“面”是由某个封闭曲线所围起来的密闭空间，如图 4.9 奶牛身上的黑色色块，每个区域都对应了一条封闭的曲线，黑色色块只是在此封闭区域内填上黑色的颜色而已。

图 4.9　一头“矢量”牛和其放大的“头发”

### 4.1.3　点阵图和矢量图的比较

点阵图可以记录任何可见的图像，对于人眼来说，任何一副图像都能分解成一张栅格。但是由于点阵图详细记录了每个像素点的信息，随着分辨率的变大，图像大小也会变大。对于一个高分辨率的彩色位图，即使经过压缩处理，仍然需要几百千字节甚至几十兆字节的存储空间，现在某些高分辨率的照片甚至达到上百兆的大小。图像的大小直接导致了它需要更多的存储空间进行存储，需要更大的内存对其进行显示，需要更快的 CPU 对其进行运算，而且过大的数据不利于网络的传输。

点阵图的另外一个缺陷在于像素与像素之间没有内在的联系。例如，一棵大树上栖息着一个小鸟，表示小鸟的像素点和表示树叶的像素点是没有任何区别的，因此如果想要对此图像进行处理，将表示小鸟的像素点抽取出来，那么程序就需要做大量的复杂工作，如选择相似的像素点来确认小鸟的范围，这样不止可能会造成多选(把部分相近的树叶像素点选进来)，更可能造成少选(把小鸟的一部分身体排除)，这无疑就增加了对图像处理的难度，事实上对复杂点阵图的处理大部分是靠人眼辅助识别来进行操作的。

点阵图的第三个缺陷在于改变分辨率会造成像素的丢失。例如，一个 1024×768 分辨率的点阵图，横向划分为 1024 个像素，纵向被划分 768 个像素，总计有 786432 个像素点，如果将此图像缩小为 800×600 分辨率，则需要按照一定的算法将横向减少为 800 像素，将纵向减少为 600 像素，这样最终会有 480000 个像素点，所以总共就丢失了 306432 个像素点。而当把此 800×600 分辨率的图像再改回 1024×768 分辨率的时候，就需要在中间填补 306432 个像素点的空缺，这么多像素点只能靠某种算法从邻近像素点近似生成，因此其画质会大幅度下降。图 4.10 就展示了一个 400×300 像素的点阵图在缩小 1/4 之后重新放大为 400×300 像素后的结果。可以清晰地从图中看出，经缩小又放大后的图片画质大幅降低。

(a) 原图

(b) 缩小件

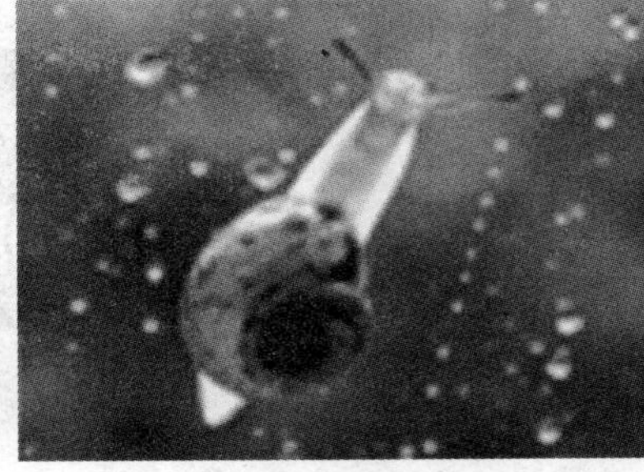
(c) 放大至原大小

**图 4.10 一幅点阵图缩小 1/4 后又放大至原大小的示意图**

对于矢量图来说，其优点是显而易见的，它有着较高的效率和灵活性。例如，一条线段仅用其两个端点就能描述，一条曲线可以用一系列前后相连的线段去逼近。如果不同的造型使用的是不同的代码，矢量图就变得更为有效，如用圆、半径、两个端点的代码就能描述一段圆弧。用这种方法，前面提到的小鸟就可以用一组带名字的多边形集合体来存储，每个多边形填充以不同的阴影或色彩。由于这一集合体有统一的识别标志，对它加以处理就很容易，而且任意缩放图像也不影响分辨率。

矢量图的缺点也是显而易见的，它无法表现过于细腻的颜色变化，无法对复杂图形进行精细地表示，所以矢量图适用于对规则图形进行造型等工作。

下面介绍了几种常见的图形格式及其特点。

1) *.gif(Graphics Interchange Format)文件

*.gif 是 20 世纪 80 年代初，Compuserve 公司针对网络传输带宽的限制，采用无损压缩方法中效率较高的 LZW 算法推出的一种高压缩比的彩色图像格式，主要用于图像文件的网络传输。考虑到网络传输中的实际情况，*.gif 除了一般的逐行显示方式外，还增加了渐

显方式，即在图像传输过程中，用户可以先看到图像的大致轮廓，随着传输过程的继续而逐渐看清图像的细节部分，从而适应了用户的观赏心理，这种方式以后也被其他图像格式所采用，如*.jpg 等。最初，GIF 格式只是为了存储单幅静止图像，称为 GIF87a，后来进一步发展成为 GIF89a，可以同时存储若干静止图像进而形成动画。目前，网络上许多动画文件就采用了 GIF89a。*.gif 的应用范围很广，是可在 Macintosh、Amiga、Atati、IBM 机器间进行移植的一种标准图像格式。

2) *.bmp(Bitmap)文件

*.bmp 是 Windows 中的标准图像文件格式，事实上，其已成为 PC Windows 系统中的工业标准，有压缩和不压缩两种形式。*.bmp 以独立于设备的方法描述点阵图，可以有黑白、16 色、256 色、真彩色几种形式，能够被多种 Windows 应用程序所支持。

3) *.tif/*.tiff(Tag Image File Format)文件

*.tif/*.tiff 由 Aldus 和微软联合开发，最早是为了存储扫描仪图像而设计的，因而它现在也是微机上使用最广泛的图像文件格式，在 Macintosh 和 PC 上移植*.tif/*.tiff 也十分便捷。该格式支持的颜色深度，最高可达 24 位，因此，存储质量高，细微层次的信息多，有利于原稿的复制。该格式有压缩和非压缩两种形式，其中压缩采用的是 LZW 无损压缩方案。不过，*.tif/*.tiff 格式包罗万象，造成了结构较为复杂，变体很多，兼容性较差，它需要大量的编程工作来全面译码。因此，有时软件能认识*.tif/*.tiff 文件，有时可能就不认识了。对此，不必大惊小怪。另外，使用过 Photoshop 的人都知道，在 Photoshop 中，*.tif 文件可以支持 24 个通道，是除了 Photoshop 自身格式以外，唯一能存储多于 4 个通道的文件格式。

4) *.tga(Tagged Graphics)文件

*.tga 是由美国 Truevision 公司为其显示卡开发的一种图像文件格式，已被国际上的图形、图像工业所接受，现在已成为数字化图像，以及运用光线跟踪算法所产生的高质量图像的常用格式。*.tga 的结构比较简单，属于一种图形、图像数据的通用格式，目前大部分文件为 24bit 或 32bit 真彩色，在多媒体领域有着很大影响。由于 Truevision 公司推出*.tga，目的是采集、输出电视图像，所以*.tga 文件总是按行存储、按行压缩的，这使得它同时也成为计算机生成图像向电视转换的一种首选格式。

5) *.jpg/*.jpeg 文件

JPEG 是 the Joint Photographic Experts Group(联合图像专家组)的缩写，是用于连续色调静态图像压缩的一种标准。其主要方法是采用预测编码(DPCM)、离散余弦变换(DCT)及熵编码，以去除冗余的图像和彩色数据，属于有损压缩方式。*.jpg/*.jpeg 是一种高效率的 24bit 图像文件压缩格式，同样一幅图像，用*.jpg/*.jpeg 格式存储的文件是其他类型文件的 1/20～1/10，通常只有几十 KB，而颜色深度仍然是 24bit，其质量损失非常小，基本上无法看出。*.jpg/*.jpeg 的应用也十分广泛，特别是在网络和光盘读物上，肯定都有它的影子。

6) *.png(Portable Network Graphics)文件

*.png 是一种可以存储 32bit 信息的图像文件格式，采用无损压缩方式来减少文件的大小。目前越来越多的软件开始支持这一格式，而且在网络上也开始流行。*.png 使用的是高速交替显示方案，显示速度快，只需下载 1/64 的图像信息就可以显示出低分辨率的预览图像，遗憾的是它不支持动画。

7) *.wmf(Windows Metafile Format)文件

*.wmf 是 Windows 中常见的一种图元文件格式，是矢量文件格式。它具有文件短小、图案造型化的特点，整个图形常由各个独立的组成部分拼接而成，但其图形往往较粗糙。

8) *.emf(Enhanced Metafile)文件

*.emf 是微软公司开发的一种 Windows 32bit 扩展图元文件格式，是矢量文件格式。其总体目标是要弥补使用*.wmf 的不足，使得图元文件更加易于接受。

9) *.eps(Encapsulated PostScript)文件

*.eps 是用 PostScript 语言描述的一种 ASCII 文件格式，既可以存储矢量图，也可以存储位图，最高能表示 32bit 颜色深度，特别适合 PostScript 打印机。该格式分为 Photoshop EPS 格式(Adobe Illustrator EPS)和标准 EPS 格式，其中标准 EPS 格式又可分为矢量格式和位图格式。*.eps 一般包含两部分：第一部分是屏幕的低解析度影像，方便处理时的预览和定位；第二部分包含各个分色的单独资料。

10) *.dxf(Autodesk Drawing Exchange Format)文件

*.dxf 是 AutoCAD 中的矢量文件格式，它以 ASCII 方式存储文件，在表现图形的大小方面十分精确。*.dxf 可以被许多软件调用或输出。

### 4.1.4 动画基础

计算机动画(Computer Animation)是使用计算机产生图像运动的技术。为了制造运动的图像，画面显示在计算机屏幕上，然后很快被一幅和前面的画面相似但移动了一些的新画面所代替。这个技术和电视、电影制造移动的假象的原理一样。

动画的本质是一幅幅的静态图像，按照一定的速率播放，让人的眼睛和大脑产生错觉以为是连续的。要成功欺骗眼和脑，使它们觉得看到了平滑运动的物体，图片更换的速度必须达到大约 12 帧/s(一帧就是一幅完整的图像)。到 70 帧/s 的时候，真实感和平滑度不能再有改善了，因为眼和脑的处理图像的方式使得这个速度成为极限。12 帧/s 以下的速度，多数人能够觉察到绘制新图片所引起的跳跃性，这使得真实运动的假象受到干扰。传统手工卡通经常使用 15 帧/s 的速度以节约所需的画数，由于卡通的风格这通常是可接受的。由于更多的帧数能提高真实感，通常计算机动画要求有更高的帧率。

图像高速转换的时候没有跳跃感的原因在于“视觉暂留”。视觉暂留的原因是因为眼和脑一起工作时会把所看到的景象存储几分之一秒，然后自动将小跳跃“平滑掉”。电影院里播放的电影通常以 24 帧/s 运行，这足以产生连续运动的假象。

计算机动画主要可以分为两类，一类称为计算机辅助动画，可以简单地理解为利用计算机软件辅助动画制作人员制作动画，另一类称为计算机生成动画，可以理解为完全由计算机生成的动画。CAE 中的动画基本是后者，后处理中的动画模块负责根据仿真计算生成的数据来实时生成能体现数据变化规律的动画，如随时间变化的应力应变曲线、物体断裂过程、爆炸过程等。

计算机动画中最主要的一个技术称为关键帧技术。关键帧一般是连续动画中对动作变化影响较大的动作转折点，它们对这段连续动作起着关键的控制作用，根据关键帧可以较快地生成中间的过程动作。

# 4.2 CAE 软件中的后处理模块

## 4.2.1 FLUENT 后处理

FLUENT 本身自带后处理模块 Postprocessing & Data Export，它主要对计算结果进行处理，生成可视化的图形及给出相应的曲线、报表等。且该后处理模块还可以生成有实际意义的图片、动画、报告，这使得 CFD 的结果非常容易地被转换成工程师和其他人员可以理解的图形，表面渲染、迹线追踪仅是该工具的几个特征，却使 FLUENT 的后处理功能独树一帜。FLUENT 的数据结果还可以导入到第三方的图形处理软件或者 CAE 软件进行进一步的分析。FLUENT 主要的后处理功能如下。

1. 生成网格图

FLUENT 的后处理模块可以生成网格或轮廓图。在网格列表中选取表面。单击表面列表下的“Option”按钮来选择所有“外”表面，如果所有外表面已经处于选中状态，单击该按钮使所有外表面处于未选中状态。单击表面列表中“Interior”按钮来选择所有“内”表面。如果所有内表面已经处于选中状态，单击该按钮使所有内表面处于未选中状态。根据需要显示的内容可以显示所选表面的轮廓线、网格线，并且可以绘制一个网格填充图形，如图 4.11 所示。

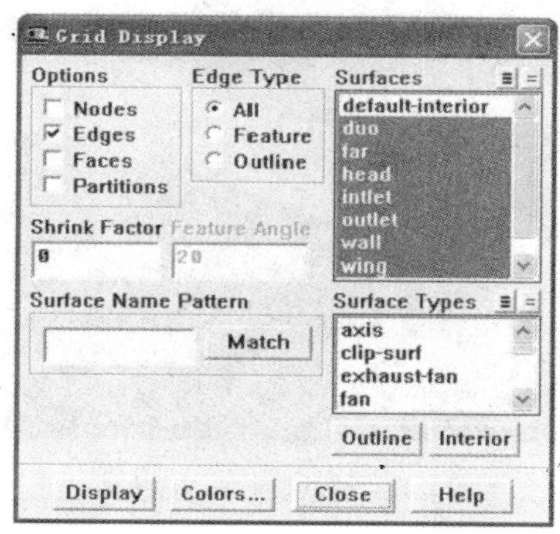


图 4.11 “Grid Display”对话框

2. 生成等值线和轮廓

单击“Display”→“Contour”命令，打开“Vectors”对话框。在“Contours Of”下拉列表中选择一个变量或函数作为绘制的对象。然后在“Surfaces”列表中选择待绘制等值线或轮廓的平面。在 Levels 编辑框中指定轮廓线或等值线的数目，在 Reference Value 轮廓中设置高度、比例系数(Scale Factor)、投影方向(Projection Dir.)等设置参数，单击“Display”按钮，生成等值线图或轮廓，如图 4.12 和图 4.13 所示。

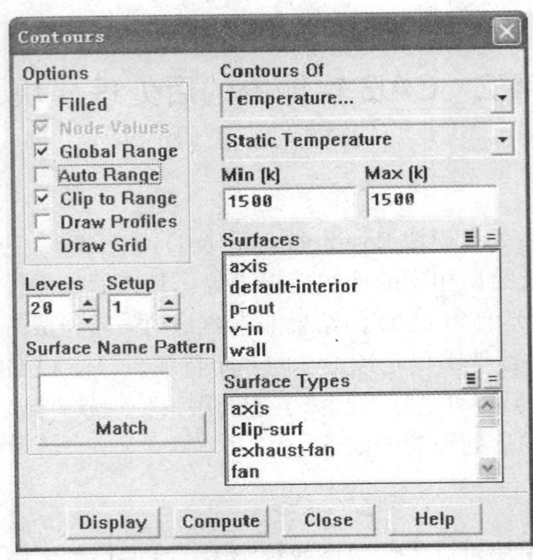

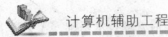

图 4.12　等值线对话框

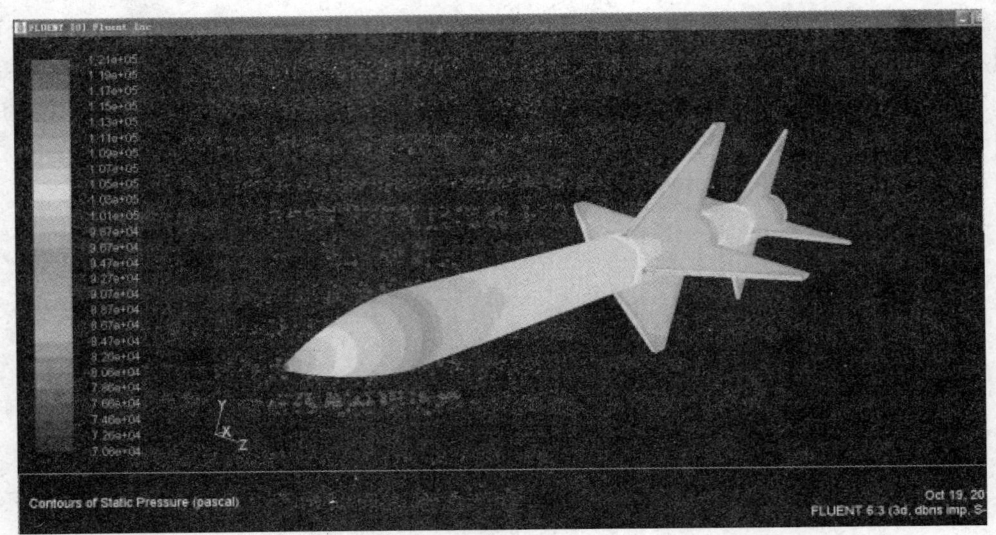


图 4.13　弹体表面压强梯度图

3. 速度矢量图

除了等值线图与轮廓图，另一种经常用到的结果处理图为在选中的表面上绘制速度向量图。默认情况下，速度向量被绘制在每个单元的中心(或在每个选中表面的中心)，用长度和箭头的颜色代表其梯度，包括几个向量绘制设置参数，可以用来修改箭头的间隔、尺寸和颜色。注意在绘制速度向量时总是采用单元节点中心值，不能采用节点平均值进行绘制。单击“Display”→“Velocity Vector”命令，打开速度矢量面板 Vectors，如图 4.14 所示。在“Surfaces”列表中选择需要绘制速度向量的面，设置速度向量的其他参数，单击“Display”按钮生成速度向量图。

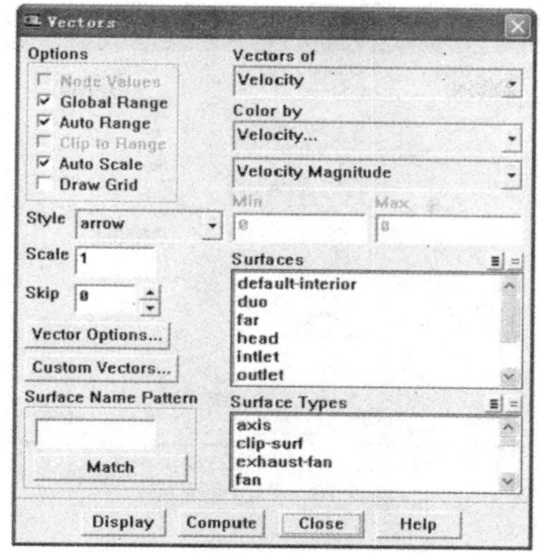


图 4.14 速度矢量对话框

4. 显示轨迹

轨迹主要用于显示求解对象的质量微粒流。粒子是由在“Surfaces”列表中定义的一个或多个表面中释放出来的，线形或楔形面经常被使用。单击“Display”→“Path lines...”命令，弹出“Pathlines”对话框，在“Release From Surfaces”列表中选择相关平面，设置“Step Size”和“Steps”的最大数目等参数，显示轨迹，如图 4.15 所示。

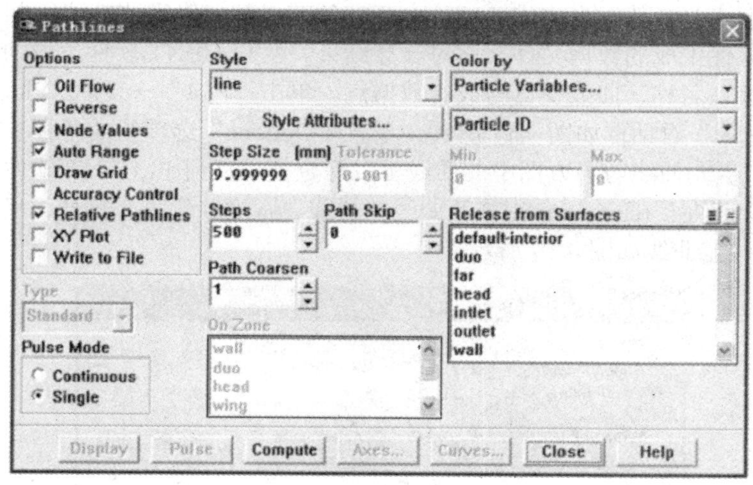


图 4.15 “Pathlines”对话框

5. 生成扫过面

单击“Sweep Surface”命令，弹出“Sweep Surface”对话框，如图 4.16 所示。指定扫过面的基准轴，用来选择方向(X，Y，Z)，单击“Compute”按钮更新最大最小值，在“Display Type”选项组指定显示方式：网格、等值线或者向量。拖动滑动条，观察数据。单击“Create”按钮，生成面。

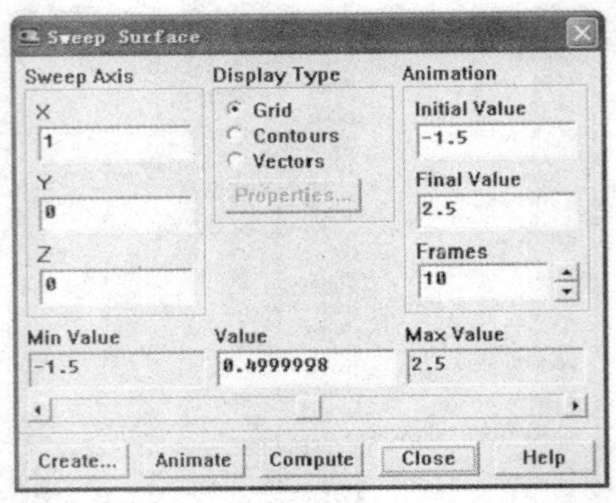


图 4.16　扫过面面板

6. 创建动画

仿真结束后可以通过创建动画观察流场中的流体运动情况。首先输入动画的帧数，最多为 3000 帧。然后选择需要的关键帧，可以包括不同视角的观察。选择关键帧的时间，并利用关键帧构成动画，最后回放检查效果，满意后选择包括文件。FLUENT 支持四种动画格式：动画文件(FLUENT 专用)、硬拷贝文件(保持动画的每一帧)、MPEG 文件、Video 文件。

7. 绘图类型和格式

1) XY 曲线

XY 曲线由线或者数据点构成。理论上所有的变量都可以用该功能绘制曲线。另外，可以读入其他软件生成的数据文件来比对计算结果。由 FLUENT 软件生成的 XY 曲线包括曲线名称、坐标系名称、曲线变量与成对数据点。单击“Plot”→“XY Plot”命令，弹出“Solution XY Plot”对话框如图 4.17 所示，设置“Options”选项组的各种参数，然后可以生成 XY 曲线。XY 曲线与直方图中的曲线可以综合使用任何 FLUENT 软件提供的线形和符号。可以用曲线面板(curve panel)修改曲线的样式、宽度、颜色、符号、尺寸等属性，如图 4.18 所示。残差曲线如图 4.19 所示。

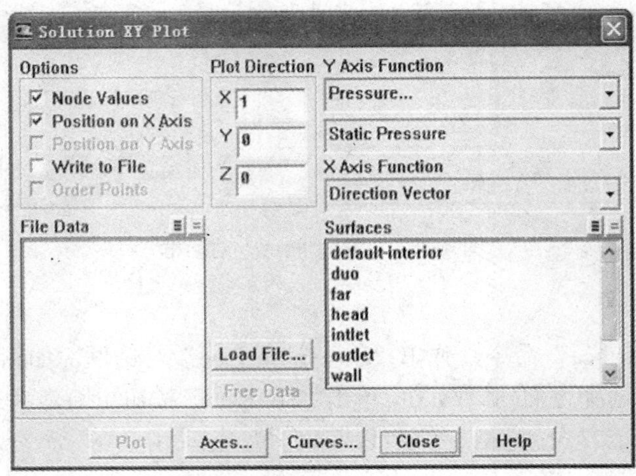


图 4.17　计算结果 XY 曲线面板

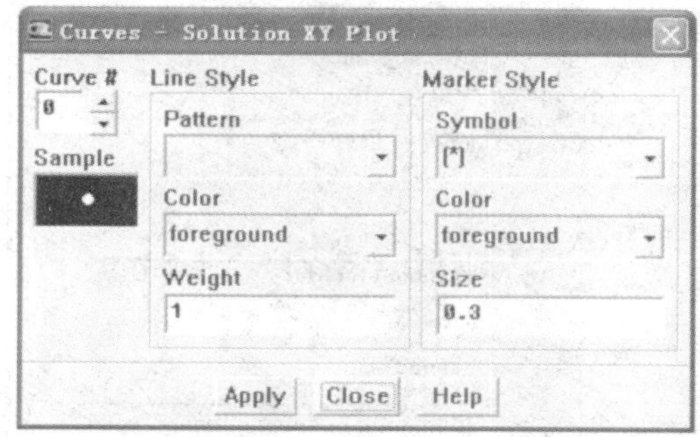


图 4.18 曲线面板

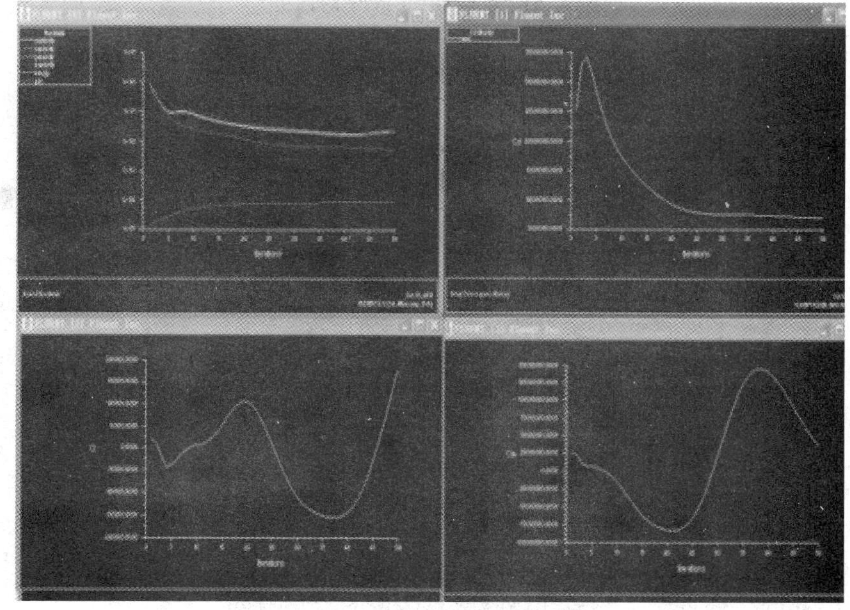

图 4.19 残差曲线

2) 柱状图

柱状图由柱状图的高低代表数据的频率。可以对柱状图添加注释、可以在图形窗口中显示或者在对话窗口中显示。柱状图的横坐标为变量的值，纵坐标为占总网格数的百分比。单击“Plot”→“Histogram”命令，弹出“Histogram”对话框。选定标量，设置数据间隔点，默认情况下为 10 个间隔，设定曲线格式后，单击“Plot”按钮生成柱状图。除了轴线和曲线属性，柱状图中还可以调整的参数是柱状图的绘制范围，如图 4.20 所示。

8. 计算求解参数和输出结果报告

在后处理过程中，可以利用 FLUENT 提供的工具计算边界上或内部面上各种变量的积分值，可以计算的项目包括边界上的质量流量、边界上的作用力和力矩、流场变量的平均值和质量平均值，并可以设置无量纲系数的参考量、计算几何体的投影面积、绘制几何数据和计算数据的柱状图，最后可以打印或者以文件形式保存一个包括模型参数、边界条件和求解参数设置等信息在内的简要报告，如图 4.21 所示。

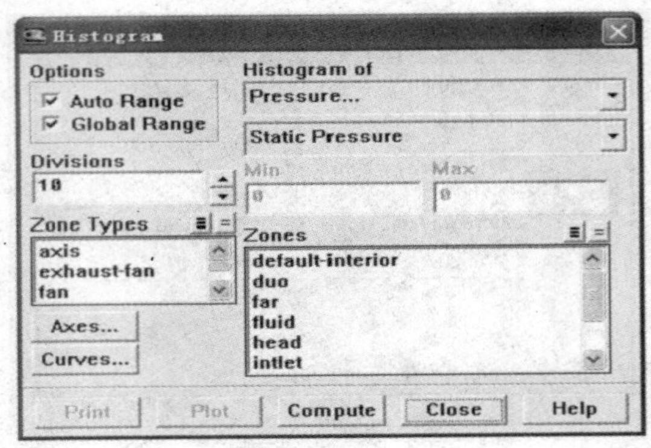


图 4.20 “Histogram”对话框

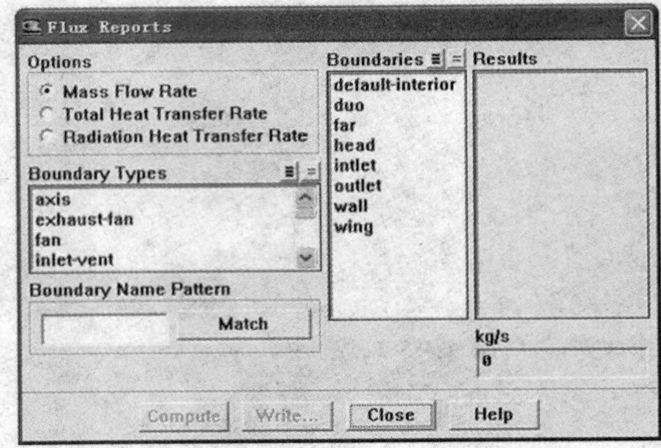


图 4.21 Flux Reports(通量报告)

从“Options”选项组中选择计算变量：“Mass Flow Rate”、“Total Heat Transfer Rate”或“Radiation Heat Transfer Rate”。在“Boundaries”列表中选择目标边界。单击“Compute”按钮，在“Results”列表显示参与计算的所有区域的流量总和。

(1) 边界上作用力的计算。在 FLUENT 中可以计算和报告指定方向上的作用力和指定参考点的力矩。该功能可以计算升力系数、阻力系数和力矩系数等。使用 Force Report(作用力)报告板可以算出某个边界在指定方向上受到的作用力，或绕指定点的力矩，如图 4.22 所示。

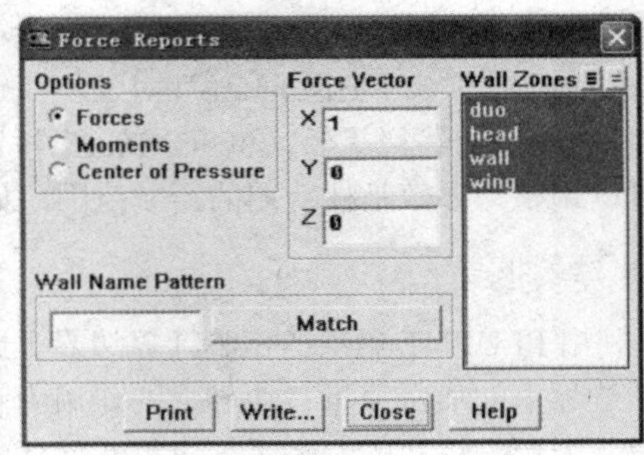


图 4.22 “Force Reports”对话框

(2) 计算投影面积。可以用“Projectied Surface Areas”对话框计算指定的面沿 X、Y 或 Z 轴方向的投影面积，如图 4.23 所示。

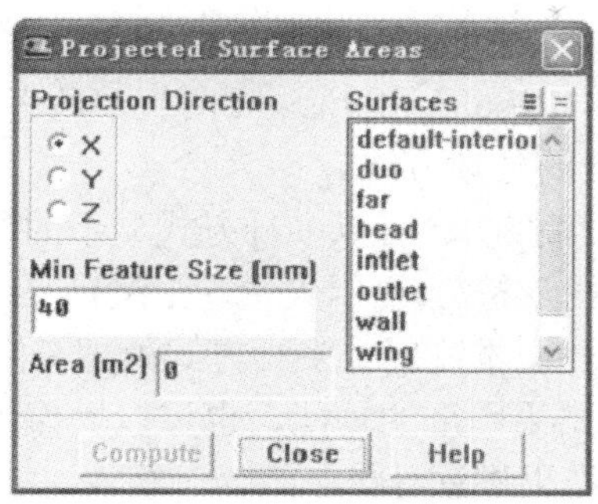


图 4.23 “Projecti Surface Areas”对话框

(3) 表面积分。使用“Surface Integrals”(面积分)面板可以获得一份含有表面面积、质量流量、变量积分、变量流量、加法和、面最大值、面最小值、节点最大值、节点最小值、质量加权平均、面积加权平均、单元面平均和顶点平均等变量的平均值等数据在内的计算报告。

(4) 体积分。使用“Volume Integrals”(体积分)面板，可以获得区域的体积或者指定变量的加法和、体积积分、体积加权平均、质量加权平均。

(5) 生成算例的摘要报告。在计算过程中有时需要查阅算例设置，包括物理模型、边界条件、材料属性和求解控制参数等。在 FLUENT 中可以将所有这些设置放在一份报告中，这样大大地减少了在大量面板中逐个检查算例的设置情况的工作量。

(6) 生成结果文件如图 4.24 所示。

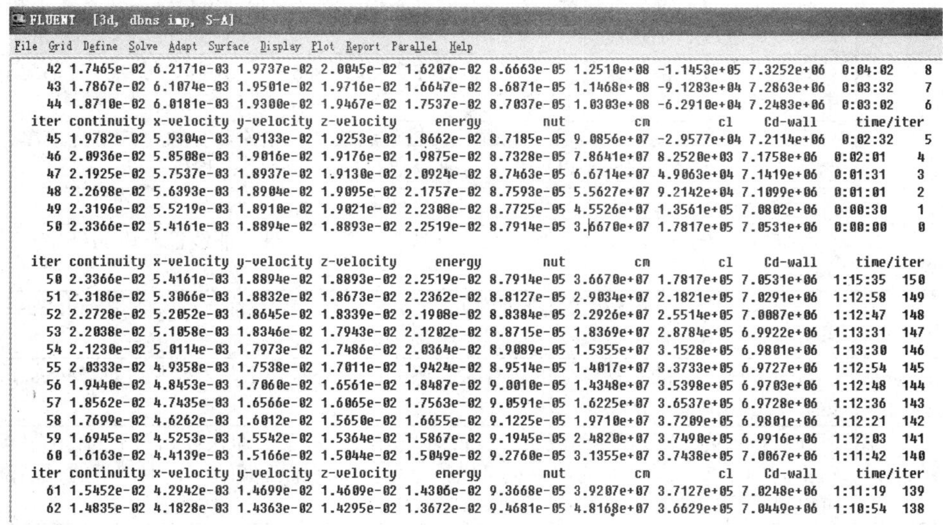

```
FLUENT  [3d, dbns imp, S-A]
File Grid Define Solve Adapt Surface Display Plot Report Parallel Help
   42 1.7465e-02 6.2171e-03 1.9737e-02 2.0045e-02 1.6207e-02 8.6663e-05 1.2510e+08 -1.1453e+05 7.3252e+06  0:04:02    8
   43 1.7867e-02 6.1074e-03 1.9501e-02 1.9716e-02 1.6647e-02 8.6871e-05 1.1468e+08 -9.1283e+04 7.2863e+06  0:03:32    7
   44 1.8710e-02 6.0181e-03 1.9300e-02 1.9467e-02 1.7537e-02 8.7037e-05 1.0303e+08 -6.2910e+04 7.2483e+06  0:03:02    6
 iter continuity x-velocity y-velocity z-velocity     energy        nut         cm          cl    Cd-wall     time/iter
   45 1.9782e-02 5.9304e-03 1.9133e-02 1.9253e-02 1.8662e-02 8.7185e-05 9.0856e+07 -2.9577e+04 7.2114e+06  0:02:32    5
   46 2.0936e-02 5.8508e-03 1.9016e-02 1.9176e-02 1.9875e-02 8.7328e-05 7.8641e+07 8.2520e+03 7.1758e+06  0:02:01    4
   47 2.1925e-02 5.7537e-03 1.8937e-02 1.9130e-02 2.0924e-02 8.7463e-05 6.6714e+07 4.9063e+04 7.1419e+06  0:01:31    3
   48 2.2698e-02 5.6393e-03 1.8904e-02 1.9095e-02 2.1757e-02 8.7593e-05 5.5627e+07 9.2142e+04 7.1099e+06  0:01:01    2
   49 2.3196e-02 5.5219e-03 1.8910e-02 1.9021e-02 2.2308e-02 8.7725e-05 4.5526e+07 1.3561e+05 7.0802e+06  0:00:30    1
   50 2.3366e-02 5.4161e-03 1.8894e-02 1.8893e-02 2.2519e-02 8.7914e-05 3.6670e+07 1.7817e+05 7.0531e+06  0:00:00    0

 iter continuity x-velocity y-velocity z-velocity     energy        nut         cm          cl    Cd-wall     time/iter
   50 2.3366e-02 5.4161e-03 1.8894e-02 1.8893e-02 2.2519e-02 8.7914e-05 3.6670e+07 1.7817e+05 7.0531e+06  1:15:35  150
   51 2.3186e-02 5.3066e-03 1.8832e-02 1.8673e-02 2.2362e-02 8.8127e-05 2.9034e+07 2.1821e+05 7.0291e+06  1:12:58  149
   52 2.2728e-02 5.2052e-03 1.8645e-02 1.8339e-02 2.1908e-02 8.8384e-05 2.2926e+07 2.5514e+05 7.0087e+06  1:12:47  148
   53 2.2038e-02 5.1058e-03 1.8346e-02 1.7943e-02 2.1202e-02 8.8715e-05 1.8369e+07 2.8784e+05 6.9922e+06  1:13:31  147
   54 2.1230e-02 5.0114e-03 1.7973e-02 1.7486e-02 2.0364e-02 8.9089e-05 1.5355e+07 3.1528e+05 6.9801e+06  1:13:30  146
   55 2.0333e-02 4.9358e-03 1.7538e-02 1.7011e-02 1.9424e-02 8.9514e-05 1.4017e+07 3.3733e+05 6.9727e+06  1:12:54  145
   56 1.9440e-02 4.8453e-03 1.7060e-02 1.6561e-02 1.8487e-02 9.0010e-05 1.4348e+07 3.5398e+05 6.9703e+06  1:12:48  144
   57 1.8562e-02 4.7435e-03 1.6566e-02 1.6065e-02 1.7563e-02 9.0591e-05 1.6225e+07 3.6537e+05 6.9728e+06  1:12:36  143
   58 1.7699e-02 4.6262e-03 1.6012e-02 1.5650e-02 1.6655e-02 9.1225e-05 1.9710e+07 3.7209e+05 6.9801e+06  1:12:21  142
   59 1.6945e-02 4.5253e-03 1.5542e-02 1.5364e-02 1.5867e-02 9.1945e-05 2.4820e+07 3.7490e+05 6.9916e+06  1:12:03  141
   60 1.6163e-02 4.4139e-03 1.5166e-02 1.5044e-02 1.5049e-02 9.2760e-05 3.1355e+07 3.7438e+05 7.0067e+06  1:11:42  140
 iter continuity x-velocity y-velocity z-velocity     energy        nut         cm          cl    Cd-wall     time/iter
   61 1.5452e-02 4.2942e-03 1.4699e-02 1.4609e-02 1.4306e-02 9.3668e-05 3.9207e+07 3.7127e+05 7.0248e+06  1:11:19  139
   62 1.4835e-02 4.1828e-03 1.4363e-02 1.4295e-02 1.3672e-02 9.4681e-05 4.8168e+07 3.6629e+05 7.0449e+06  1:10:54  138
```

图 4.24 仿真结果数据图

### 4.2.2 MSC.NASTRAN 后处理

MSC.PATRAN 是世界上使用最广泛的有限元分析(FEA)预/后处理软件，能够提供实体建模，网格划分，以及为 MSC.NASTRAN、Marc、ABAQUS、LS-DYNA、ANSYS 和 Pam-Crash

提供分析设置。MSC.PATRAN 提供了丰富的后处理工具，能够简化线性、非线性、显式动态方法、热求解器，以及其他有限元求解器的分析。MSC.PATRAN 的综合性和行业测试功能可以确保仿真模型可以快速提供结果，以便根据需求进行产品性能评估和优化设计。MSC.PATRAN 中的后置处理分 Results 和 Insight 两类。两者在后置处理方面有类似之处，但 Insight 可以提供一些更高级的处理方法。

Results 是一个强有力的、可控的、可以多种方式显示的分析结果处理工具。其可以以结构变形图、彩色的云纹图、图形符号(显示矢量、张量)、自由体图、XY 平面曲线图，以及以上大多数图形的动画方式、文本输出等多种方式处理有限元分析结果。Results 模块提供了创建、显示、修改、删除结果图形的功能，也可以操作图形的显示，同时，可以看到有限元模型。另外，还可以对结果进行导出、组合、缩放、插入、外推、变换等多种操作，所有的过程都由用户自己控制，各种控制包括颜色/范围的操作，图形工具等其他属性，动画、静态、瞬态结果创建的控制。而图形处理的速度与硬件关系较大。这些定义包括结果类型、图形定义、图形属性、图形目标及其他一些定义。结果的类型主要有三种：标量、矢量、张量。除此之外，还有其他形式的结果数据存储在数据库中，结果类型总结如表 4-1 所示。

表 4-1　主要的后处理结果类型列表

| 项目 | 说明 |
|---|---|
| 节点/单元 | 与节点或单元相关的结果 |
| 标量结果 | 与节点或单元相关的单个结果值，它们只有大小而没有方向，例如应变能、温度、Mises 应力等 |
| 矢量结果 | 有三个分量、每个分量都是与节点或单元相关的结果值，矢量结果包括大小和方向，如位移、速度、加速度等 |
| 张量 | 具有六个分量的结果值，典型的是对称 3×3 矩阵的上三角阵，每个分量都与节点或单元相关，如应力、应变分量 |
| 实数/复数 | 作为实数存储的值仅有单一的值，其与节点或单元相关。复数有与节点或单元相关的两个值，其在数据库中以实部、虚部存储，或者以大小、相位存储 |
| 工况 | 一组载荷和边界条件，其可以产生一个或多个 Result Case |
| Result Case | 存储在数据库中的一个结果集合，如线性分析的结果、非线性分析的结果、正则模态分析的振型等 |
| 全局变量 | 与 Result Case 整体相关而不是与单个节点、单元相关的量，每个 Result Case 可以没有全局变量，也可以有一个或多个全局变量 |
| 基本结果 | 含有多个不同的二次结果的物理量。例如，应力是一个基本结果，而 Mises 应力就是一个导出的或二次结果 |
| 层的位置 | 计算板或壳(各向同性的或层合板)的单元结果的位置，即在单元的不同位置，可以显示不同的结果。梁单元的结果也可以被分层，如在梁截面的上、中、下的不同位置，可以有不同的结果 |
| 单元位置 | 单元内部的用于计算结果的位置(针对板、壳、梁单元)，这些位置是积分点、单元质心、节点等 |

Results 中提供的后置处理方法都是一般的常用方法，用户可以对仿真结果进行快速的分析。如图 4.25～图 4.28 所示，用户可在 Result 中显示几何模型、有限单元、矢量(力)的大小和方向、约束位置、应力、变形和模态等。

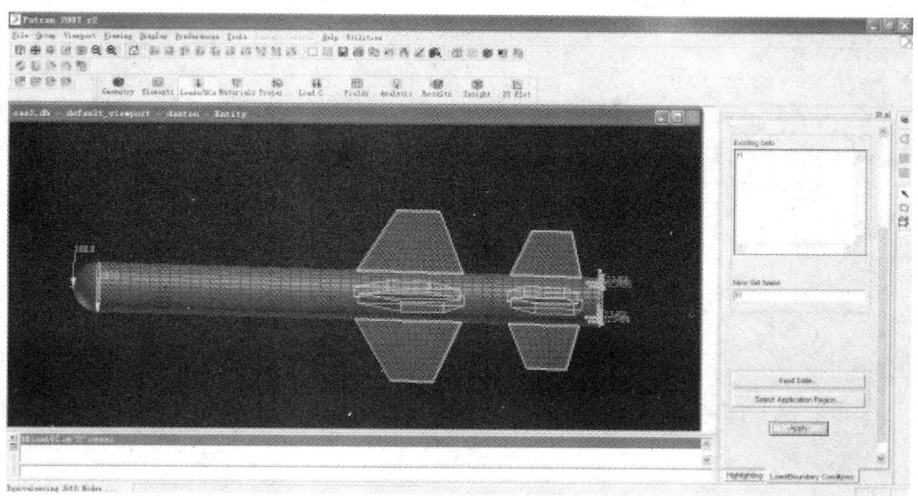

图 4.25 模型模态示意图 1

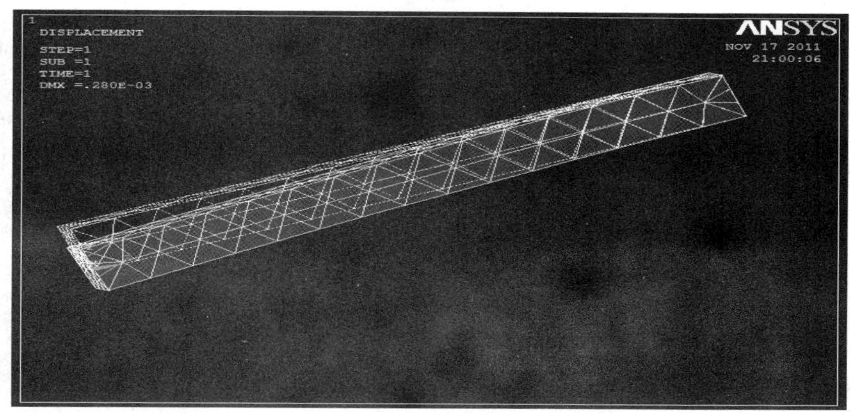


图 4.26 模型变形示意图

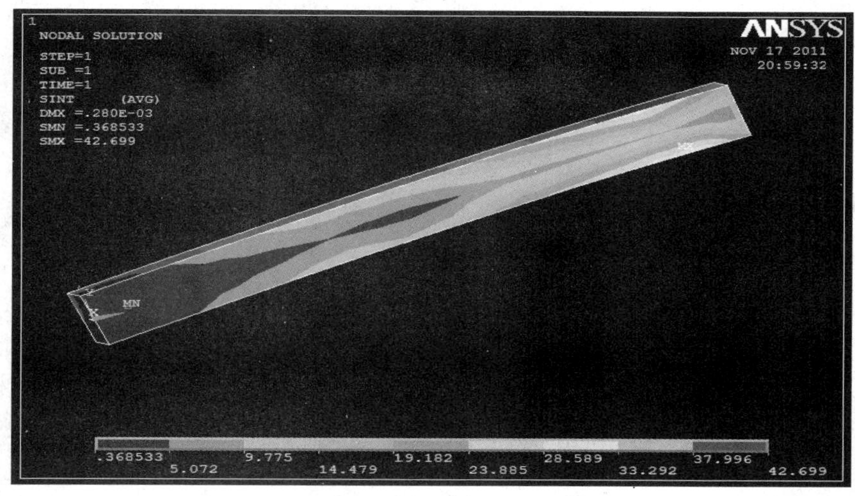


图 4.27 模型应力示意图

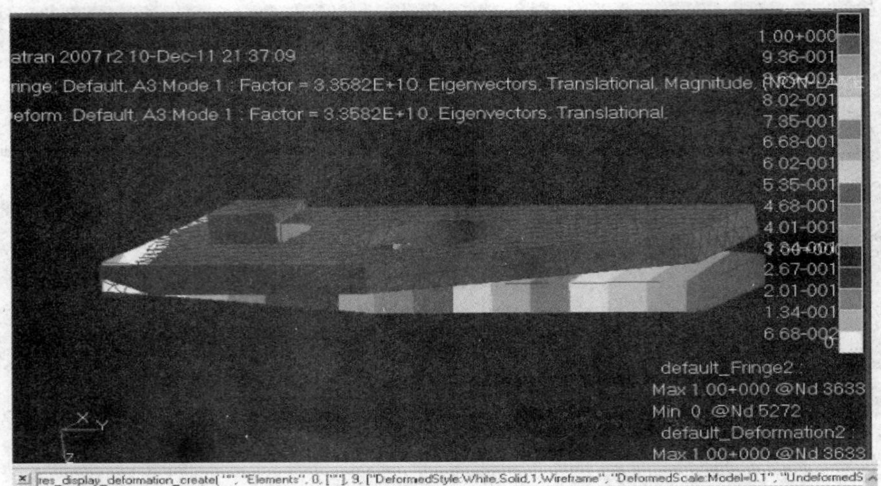


图 4.28　模型模态示意图 2

Insight 中提供的方法相对来说则属于高级方法，其提供了 13 种可混合使用的工具，通过高效的图形实时交互式操作，“动态”操纵显示图形，生成等值面图、流线/流面图、矢量场、张量场等多种图形。在 Insight 中，通过各种工具的创建，生成相应的图形，这些图形存储在数据库中，提供了对结果进行操作的多种途径，因为其存储在数据库中，所以在创建之后可以随时调用显示。这些工具包括“Isosurface”、“Streamline”、“Streamsurface”、“Fringe”、“Threshold”、“Contour”、“Element”、“Tensor　”、“Vector　”、“Marker”、“Value”、“Deformation”和“Cursor”。主要工具的结果后处理操作功能如下。

1. 等值面显示

等值面(Isosurface)的值可以基于计算结果的节点标量平均值，也可以基于等值的坐标值。基于坐标值的等值面既可以在全局笛卡儿坐标系(CID 0)中定义，也可以在其他的坐标系中定义(笛卡儿坐标系、柱坐标系、球坐标系)。“Isosurface”工具定义时，可以只指定一个常值作为该面所代表的值，也可以是介于最大值和最小值之间的等差分布的一个系列(最多 5 个)，其在“Insight Control”菜单的“Isosurface Controls”项中进行设置。“Isosurface”工具亦可用来切割显示模型，大于或小于设定值的模型部分将不显示或显示为透明、自由边、网格线、阴影或遮挡线。用这种方法可以过滤显示结果，从而只显示需要的部分。等值面显示面板，如图 4.29 所示。

2. 流线显示

流线(Streamline)是一个或一组轨迹，是在矢量场中对微粒运动路径的描述，用于表示矢量。它们与节点的矢量数据相关联，从指定的节点出发，这些节点由数据库中称为“Rake”的实体定义，“Rake”由用户指定名称定义并由该名称标识，一个“Rake”为流体定义了一系列节点或节点对。流线的颜色可以设置为定值，也可以设置为变值以表示在矢量场中沿流路径量的大小变化。其他工具可以与“Streamline”结合使用，被指定到流线上，用流线场来显示矢量的变化。流线显示面板，如图 4.30 所示。

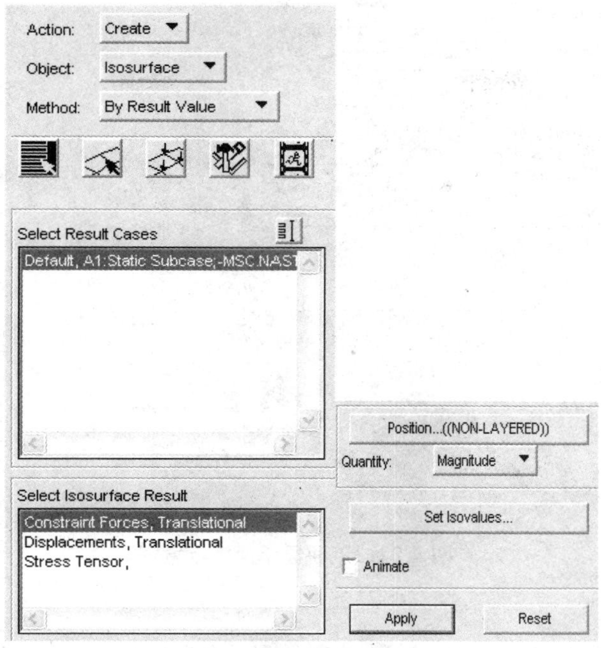


图 4.29　等值面显示面板示意图

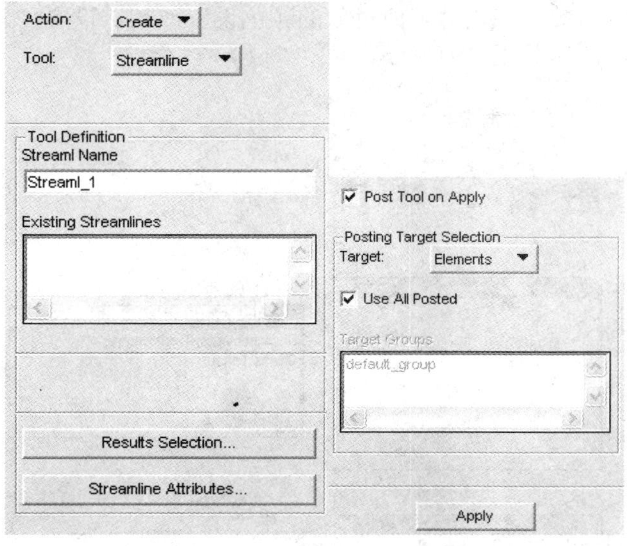


图 4.30　流线显示模板示意图

3. 流面显示

流面(Streamsurface)是一个沿流线生成的带状曲面，与节点的矢量数据相关联。可以将其他工具指定到流面上，以显示其他量。流面显示面板，如图 4.31 所示。

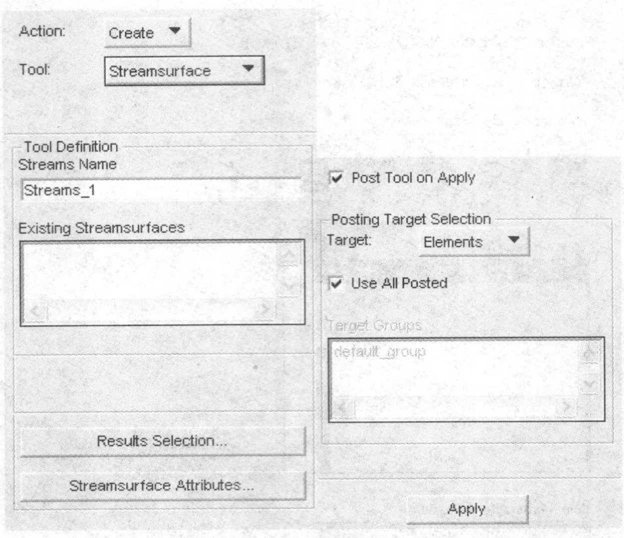


图 4.31 流面显示面板示意图

4. 云纹图显示

云纹图(Fringe)用来表示曲面、边的分析结果，其显示的值是节点标量平均值。云纹图可以指定到模型的单元面、自由边，或是前面提到的等值面、流线、流面。当云纹图被指定到其他工具时，它的颜色将代替其他对象的颜色设置或默认设置，云纹图也支持透明功能。云纹图显示面板，如图 4.32 所示。

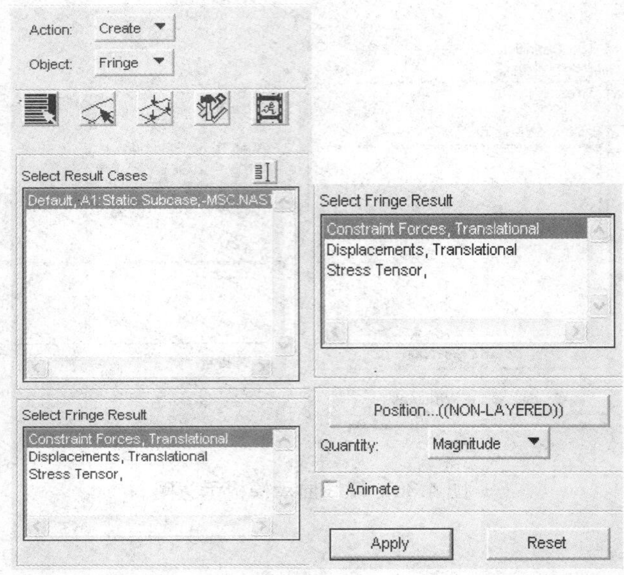


图 4.32 云纹图显示面板示意图

5. 等值线显示

等值线(Contour)用来显示曲面上具有相同值的曲线。类似于“Threshold”工具，等值线由参考彩色谱定义的颜色范围定义来控制等值线的数目、等值线的位置、等值线所代表的值等。等值线基于节点标量平均值。等值线显示的是值相等的曲线，而云文图的参考彩色谱显示的是一个范围值。等值线工具可以方便地创建当前图形的硬拷贝。等值线显示面板，如图 4.33 所示。

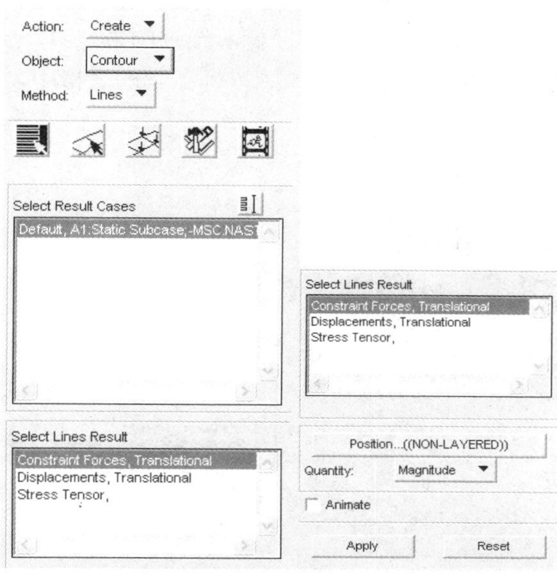


图 4.33 等值线显示面板示意图

6. 图形标号显示

图形符号(Marker)工具是用图标显示节点或单元的标量结果数据。这些图标可以根据所表示量的大小进行着色和缩放。这些图标的形状可以是三角形、正方形、菱形、沙漏形、十字形、圆、点、球形、立方体等。“Marker”工具能够被指定到模型的实体、等值面、流线等工具。图形标号显示面板，如图 4.34 所示。

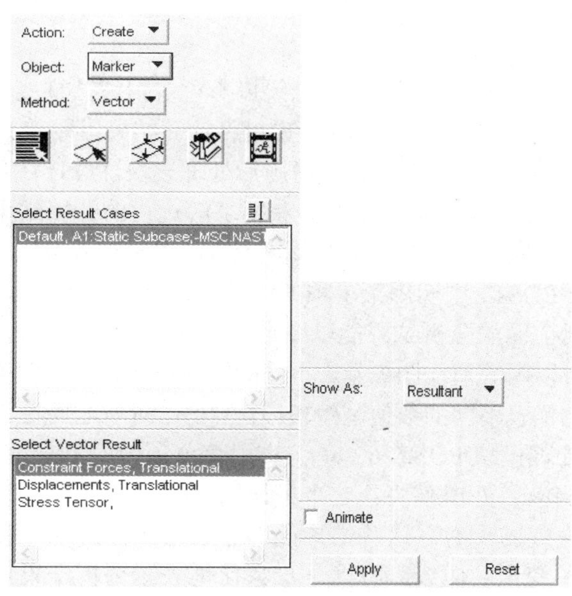


图 4.34 图形标号显示面板示意图

7. 光标显示

鼠标(Cursor)工具允许用鼠标左键选取节点或单元，用表格显示被选中节点、单元的指定数据。按住鼠标左键不放，移动鼠标，则鼠标所经过的节点/单元的相应数据都将显示出来。被选中对象的 ID 和相应的数据还将加入到鼠标工具的表格中，可以输出到文件。光标显示面板，如图 4.35 所示。

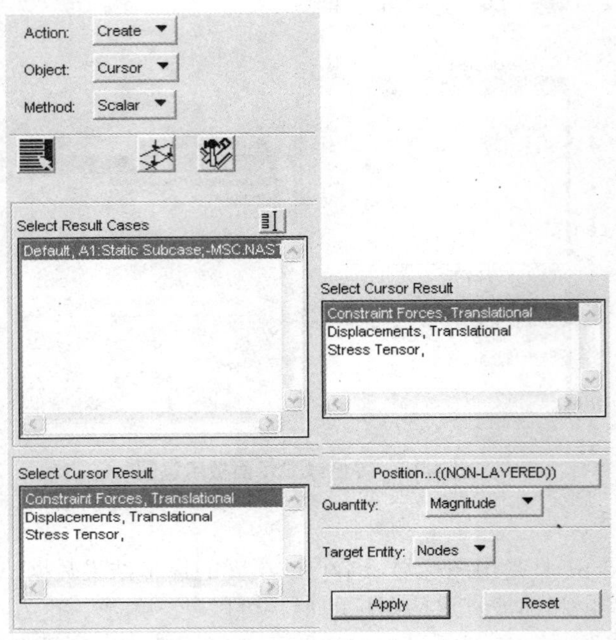


图 4.35　光标显示面板示意图

### 4.2.3　ANSYS 后处理

在 ANSYS 中，其后处理模块可将计算结果以彩色等值线、梯度、矢量、粒子流迹、立体切片、透明及半透明等图形方式显示出来，也可将计算结果以图表、曲线形式显示或输出。ANSYS 软件的后处理过程包括两个部分：通用后处理模块 POST1 和时间历程后处理模块 POST26。通过友好的用户界面，可以很容易获得求解过程的计算结果并对其进行显示。这些结果包括位移、温度、应力、应变、速度及热流等，输出形式可以有图形显示和数据列表两种。通用后处理模块 POST1 中实用菜单项的“General Postprocessor”选项即可进入通用后处理模块。这个模块对前面的分析结果能以图形形式显示和输出。例如，计算结果(如应力)在模型上的变化情况可以用等值线图表示，不同的等值线颜色，代表了不同的值(如应力值)；浓淡图则用不同的颜色代表不同的数值区(如应力范围)，清晰地反映了计算结果。

时间历程响应后处理模块 POST26。单击实用菜单项中的“TimeHist Postprocessor”选项即可进入时间历程响应后处理模块。这个模块用于检查在一个时间段或子步历程中的结果，如节点位移、应力或支反力。这些结果能够通过绘制曲线或列表查看。绘制一个或多个变量随频率或其他量变化的曲线，有助于形象化地表示分析结果。另外，POST26 还可以进行曲线的代数运算。

1. 应力显示

单击“Main Menu”→“General Postproc”→“Plot Result”→“Contour plot”→“Nodal Solu”命令，弹出“Contour Nodal Solution Data”对话框，在“Item to be contoured”栏中依次选择“Stress”和“von MisesStress”选项，单击“OK”按钮，弹出节点的 Von Mises 应力的结果图，如图 4.36 所示。

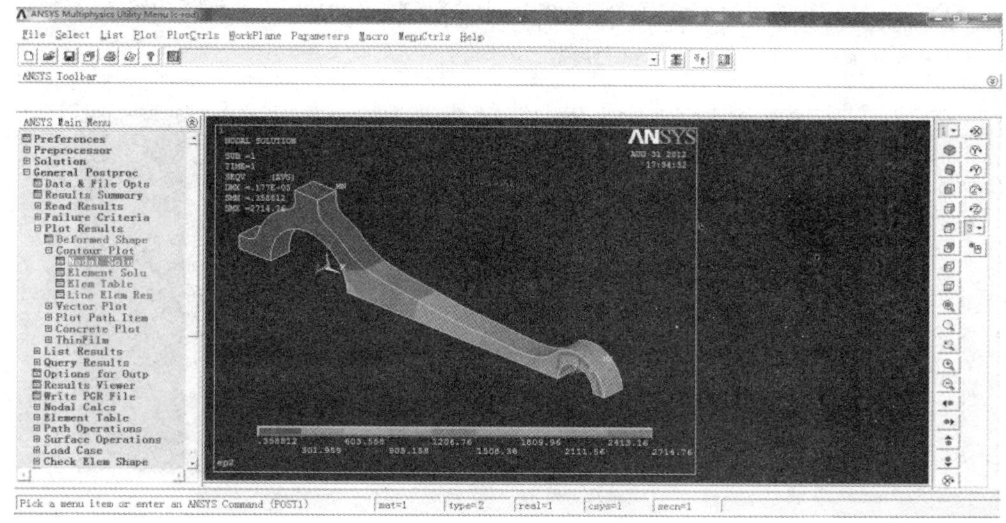


图 4.36 节点的 VonMises 应力结果图

2. 矢量显示

单击“Main Menu”→“General Postproc”→“Plot Result”→“Vector plot”→“Predefined”命令，弹出“Vector Plot of Predefined Vectors”对话框，在“Item Vector item”栏中依次选择“DOF solution”和“Translation U”选项，单击“OK”按钮，弹出节点的模型位移的矢量结果图，如图 4.37 所示。

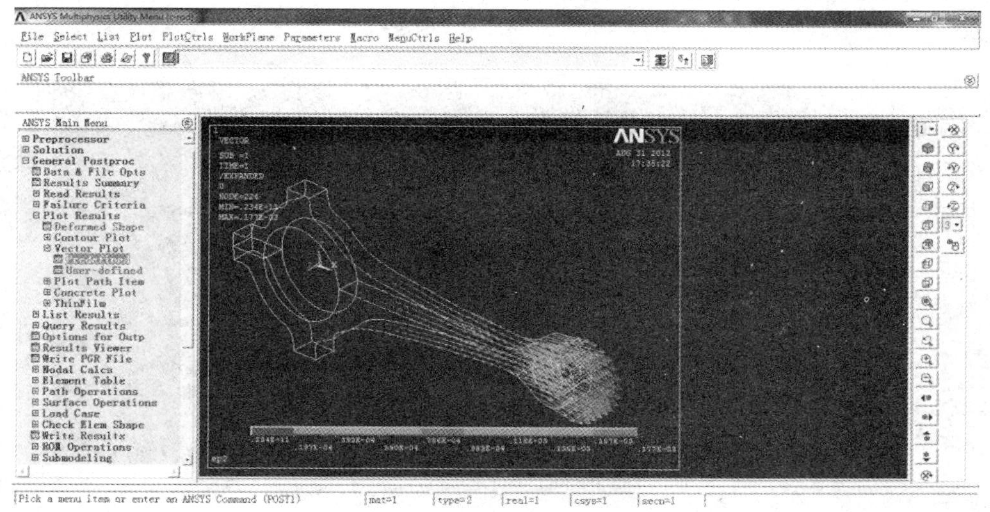


图 4.37 节点的模型位移的矢量结果图

3. 位移云图

单击“Main Menu”→“General Postproc”→“Plot Result”→“Contour plot”→“Nodal Solu”命令，弹出“Contour Nodal Solution Data”对话框，在“Item to be contoured”栏中依次选择“DOF Solution”和“Displacement vector sum”选项，单击“OK”按钮，弹出节点的模型的位移云图，如图 4.38 所示。

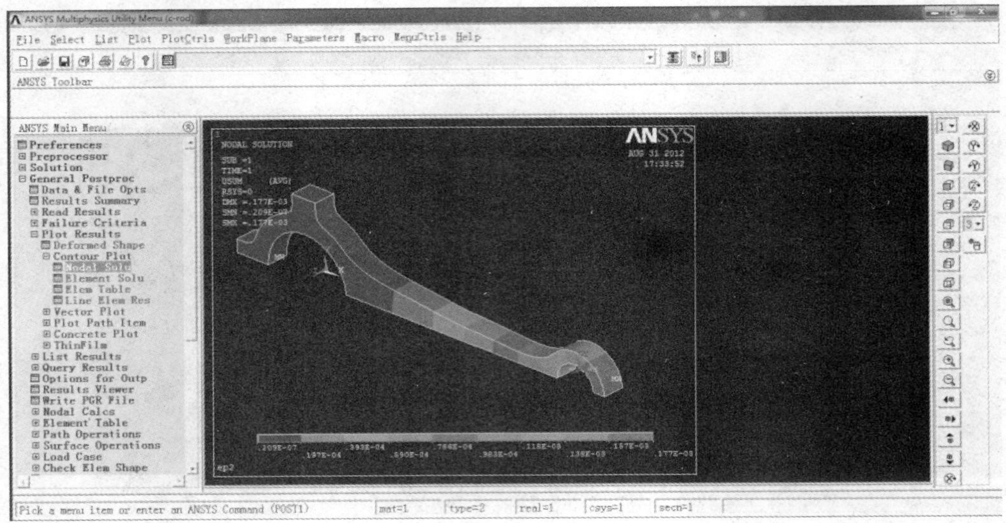

图 4.38 节点的模型的位移云图

4. 变形显示

单击“Main Menu”→“General Postproc”→“Plot Result”→“Deformed Shape”命令，弹出“Plot Deformed Shape”对话框。在“KUND Itens to be ploted”选项组中选择“Def+undeformed”，单击“OK”按钮，弹出变形形状的结果图，如图 4.39 所示。

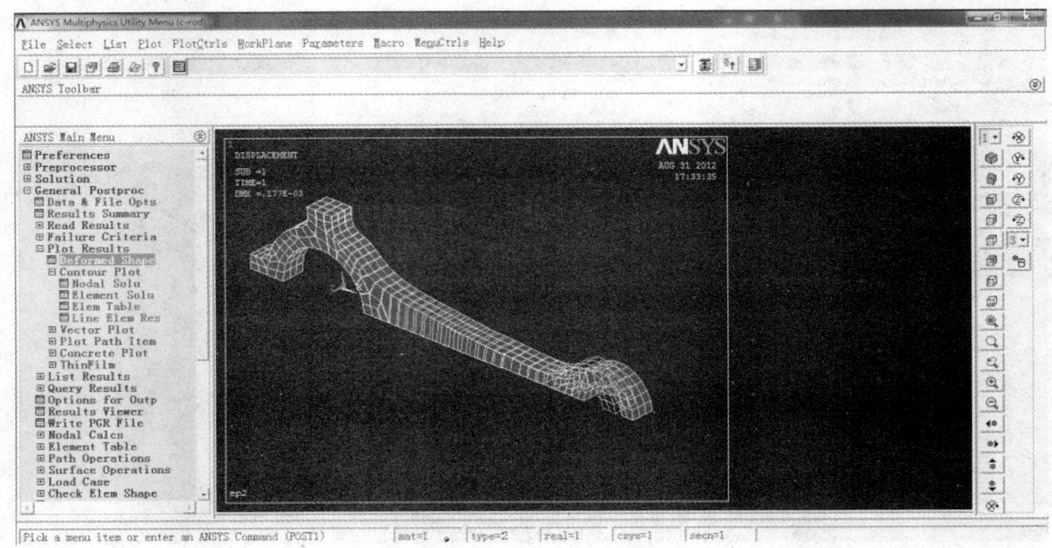

图 4.39 变形形状结果图

5. 映射节点应力

单击“Utility Menu”→“PlotsCtrls”→“Style”→“Symmetry Expansion”→“Periodic/Cyclic Symmetry Expansion”命令，弹出“Periodic/Cyclic Symmetry Expansion”对话框，选择“Reflect About XZ”，单击“OK”按钮，弹出映射后的节点应力结果图，如图4.40所示。

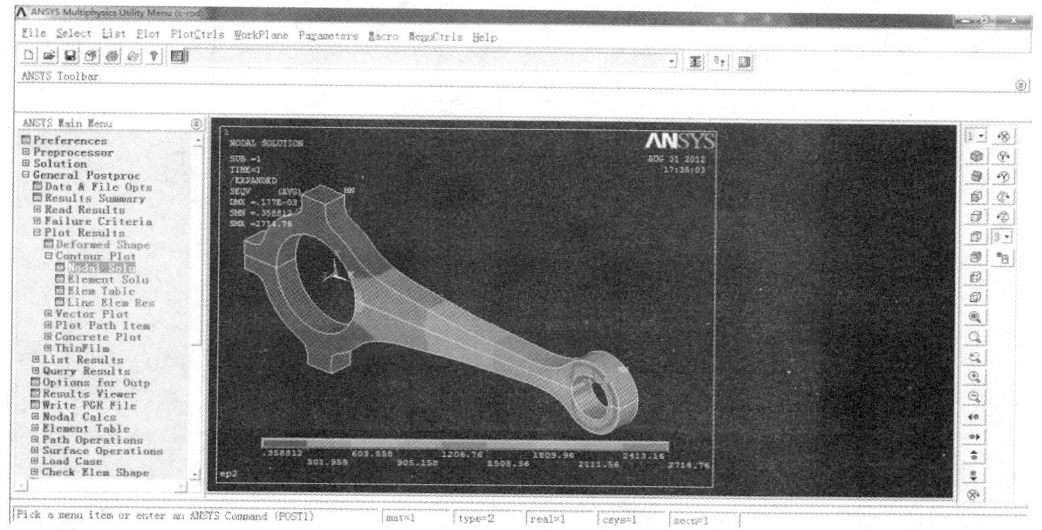

图4.40 映射后的节点应力结果图

6. 模态显示

(1) 单击“Main Menu”→“General Postproc”→“Results Summary”命令，将弹出模态计算结果窗口。

(2) 选择“Main Menu”→“General Postproc”→“Read Results”→“First Set”命令，读取二阶模态结果，然后单击“Utility Menu”→“PlotsCtrls”→“Animate”→“Mode Shape”命令，弹出动画显示模态结果选项对话框，保持默认设置，单击“OK”按钮，可显示二阶模态动画，如图4.41所示。

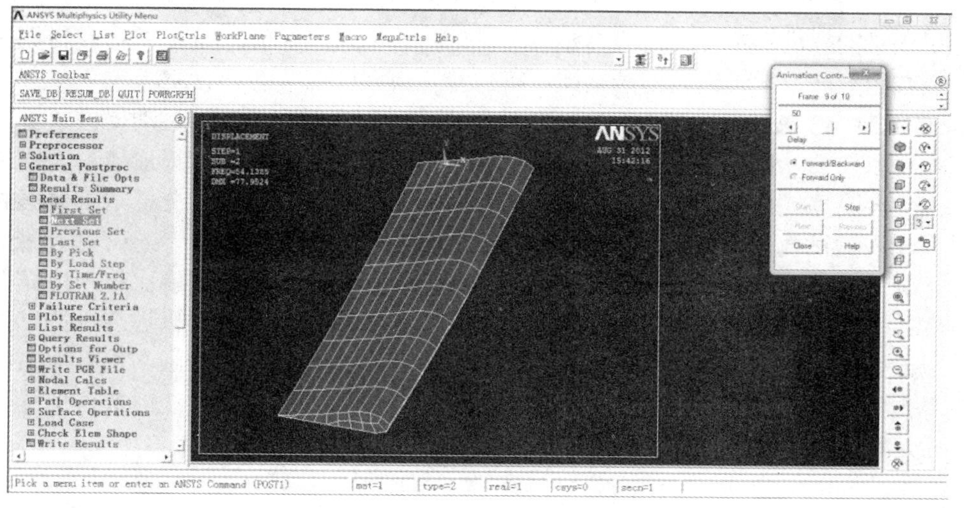

图4.41 二阶模态动画

(3) 显示其余 4 个模态的相应动画。接着单击“Main Menu”→“General Postproc”→“Read Results”→“Next Set”命令，读取下一阶模态数据，如图 4.42 所示。然后单击“Utility Menu”→“PlotsCtrls”→“Animate”→“Mode Shape”命令，保持默认设置，单击“OK”按钮。如此继续重复，可查看生成 5 个模态的响应动画。

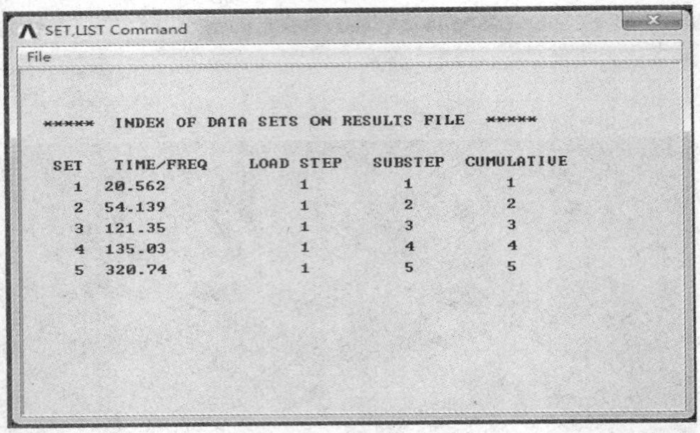

SET,LIST Command

File

```
***** INDEX OF DATA SETS ON RESULTS FILE *****

 SET   TIME/FREQ    LOAD STEP   SUBSTEP  CUMULATIVE
   1  20.562           1          1         1
   2  54.139           1          2         2
   3  121.35           1          3         3
   4  135.03           1          4         4
   5  320.74           1          5         5
```

图 4.42　模态计算结果

### 4.2.4　MSC.ADAMS 后处理

MDI 公司开发的后处理模块 MSC.ADAMS/Postprocessor，用来处理仿真结果数据，显示仿真动画等，既可以在 MSC.ADAMS/View 环境中运行，也可脱离该环境独立运行。MSC.ADAMS/Postprocessor 的主要特点是采用快速高质量的动画显示，便于从可视化角度深入理解设计方案的有效性；使用树状搜索结构，层次清晰，并可快速检索对象；具有丰富的数据作图、数据处理及文件输出功能；具有灵活多变的窗口风格，支持多窗口画面分割显示及多页面存储；多视窗动画与曲线结果同步显示，并可录制成电影文件；具有完备的曲线数据统计功能，如均值、方均根、极值、斜率等；具有丰富的数据处理功能，能够进行曲线的代数运算、反向、偏置、缩放、编辑和生成波特图等；为光滑消隐的柔体动画提供了更优的内存管理模式；强化了曲线编辑工具栏功能；能支持模态形状动画，模态形状动画可记录的标准图形文件格式有*.gif，*.jpg，*.bmp，*.xpm，*.avi 等。在日期、分析名称、页数等方面增加了图表动画功能；可进行几何属性细节的动态演示。

MSC.ADAMS/Postprocessor 的主要功能包括：为用户观察模型的运动提供了所需的环境，用户可以向前、向后播放动画，随时中断播放动画，而且可以选择最佳观察视角，从而使用户更容易地完成模型排错任务。为了验证 MSC.ADAMS 仿真分析结果数据的有效性，可以输入测试数据，并将测试数据与仿真结果数据进行绘图比较，还可对数据结果进行数学运算，对输出进行统计分析。用户可以对多个模拟结果进行图解比较，选择合理的设计方案；可以帮助用户再现 MSC.ADAMS 中的仿真分析结果数据，以提高设计报告的质量；可以改变图表的形式，也可以添加标题和注释；可以载入实体动画，从而加强仿真分析结果数据的表达效果；还可以实现在播放三维动画的同时，显示曲线的数据位置，从而可以观察运动与参数变化的对应关系。

1. 数据拟合曲线

单击“Results”工具栏中的“Opens Adams/Postprocessor”按钮，进入“Adams/Postprocessor”绘制曲线窗口，在“Fiter”列表中选择“body”，“Object”列表中选择“Part1(Part4)”，“Characteristic”列表中选择“CM_Position”，“Component”列表中选择“X(Y，Z)”，单击“Add Curves”按钮可分别添加炮弹和导弹的 X(Y，Z)方向上的位移曲线，如图 4.43 所示。

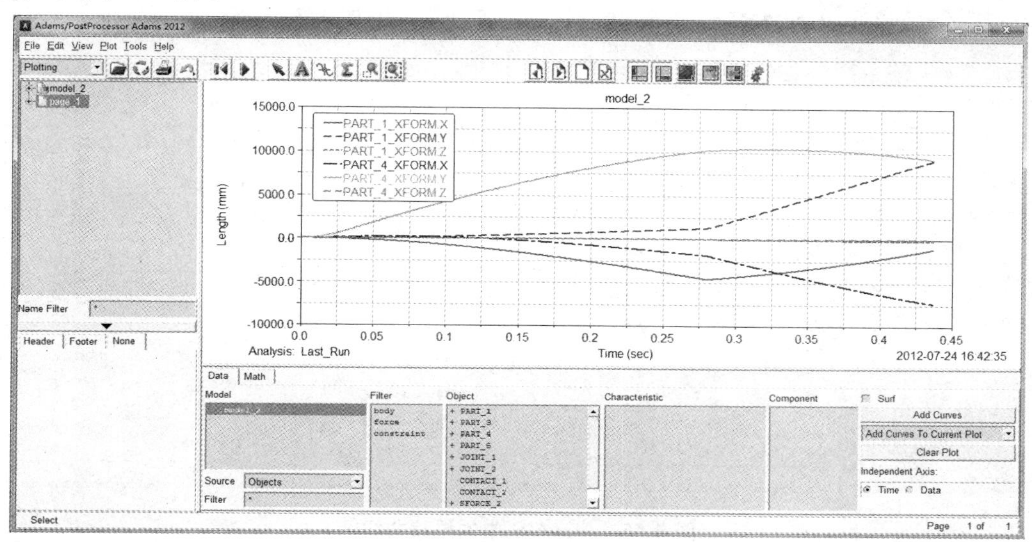


图 4.43　数据拟合曲线

2. 速度曲线

单击“Results”工具栏中的“Opens-Adams/Postprocessor”按钮，在“Result Set”列表中选择“PART_4_XFORM”，在“Component”列表中分别选择 VX，VY，VZ，并单击“Add Curves”按钮，可以查看导弹的 X，Y，Z 三个方向上的速度图，如图 4.44 所示。

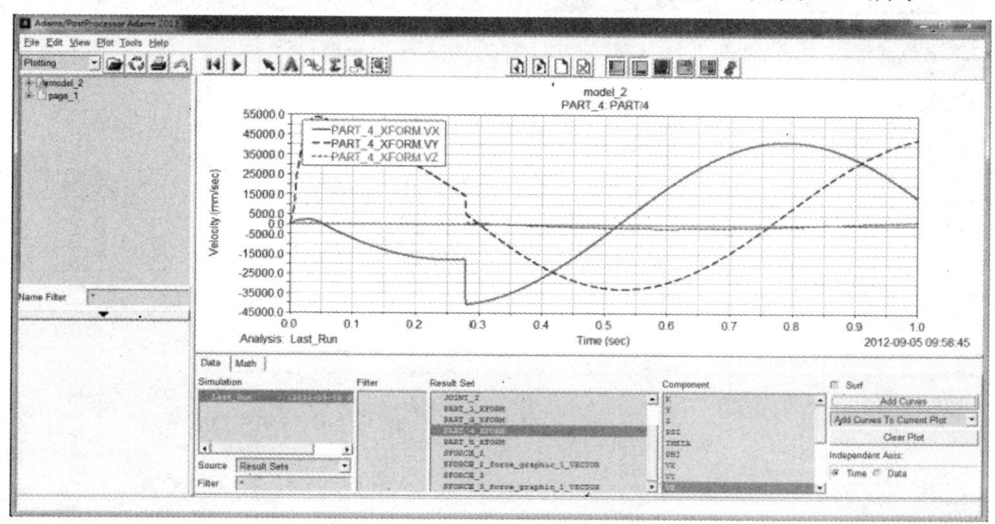


图 4.44　ADAMS 中的速度曲线图

3. 位移曲线

单击“Results”工具栏中的“Opens-Adams/Postprocessor”按钮，在“Result Set”列表中选择“PART_4_XFORM”，在“Component”列表中分别选择“X”，“Y”，“Z”，并单击“Add Curves”按钮，可以查看导弹的X，Y，Z三个方向上的位移图，如图4.45所示。

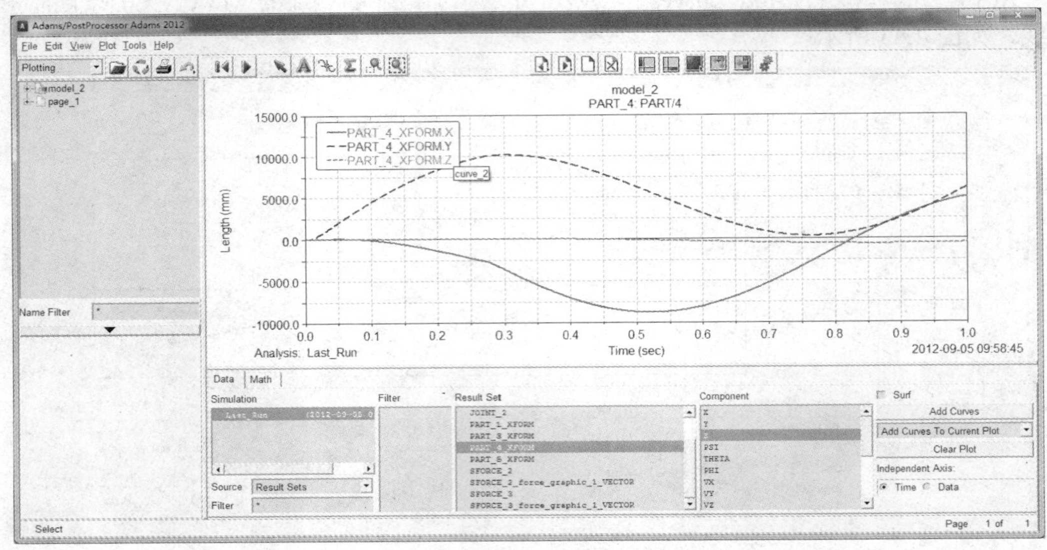


图 4.45　ADAMS 中的位移曲线图

4. 接触力曲线

单击“Results”工具栏中的“Opens-Adams/Postprocessor”按钮，在“Result Set”列表中选择“CONTACT_2”，在“Component”列表中分别选择“FX”，“FY”，“FZ”，并单击“Add Curves”按钮，可以查看导弹的X，Y，Z三个方向上的接触力图，如图4.46所示。

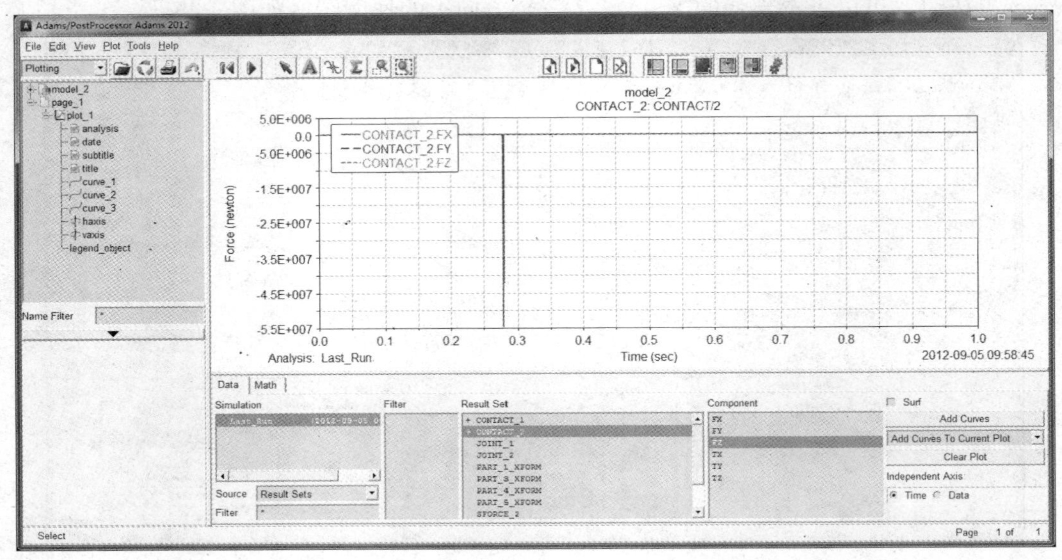


图 4.46　ADAMS 中的接触力图

5. 动画

单击“Results”工具栏中的“Animation Review”按钮，进入“Animation Control”动画回放窗口，在“Time Range”中设置需要回放的时间范围，单击“Animation：Forward”按钮可查看仿真动画，也可使用+Inc 和-Inc 进行逐帧查看，如图 4.47 所示。

(a)

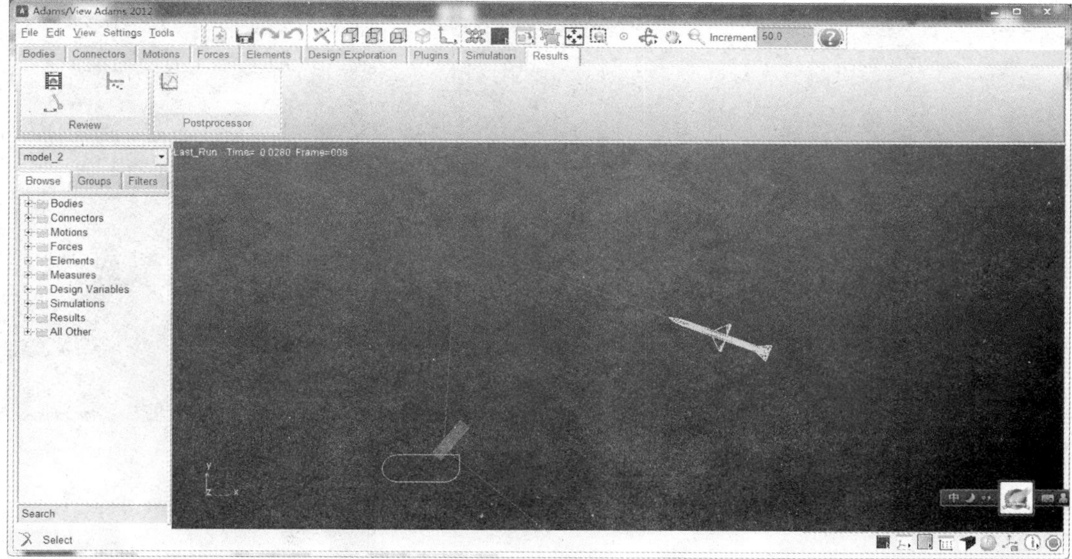

(b)

图 4.47 ADAMS 中的动画示意图

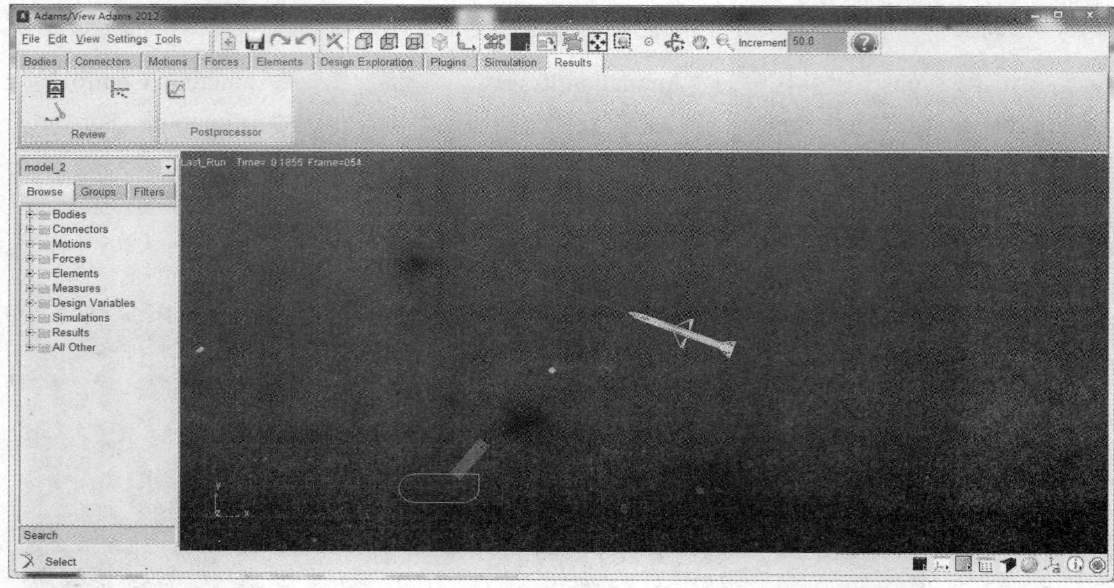


(c)

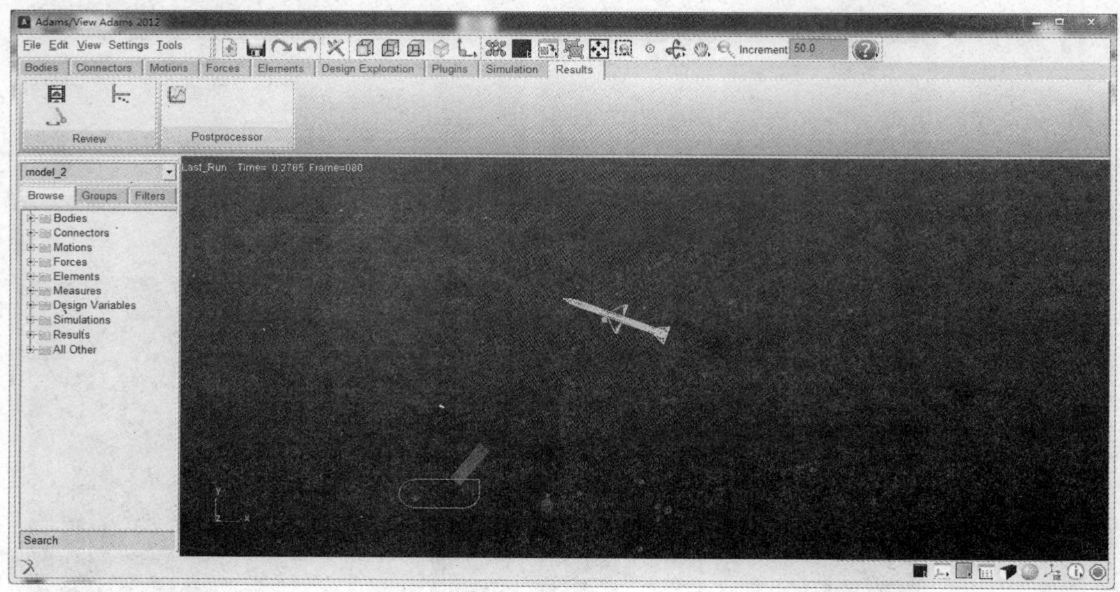


(d)

图 4.47　ADAMS 中的动画示意图(续)

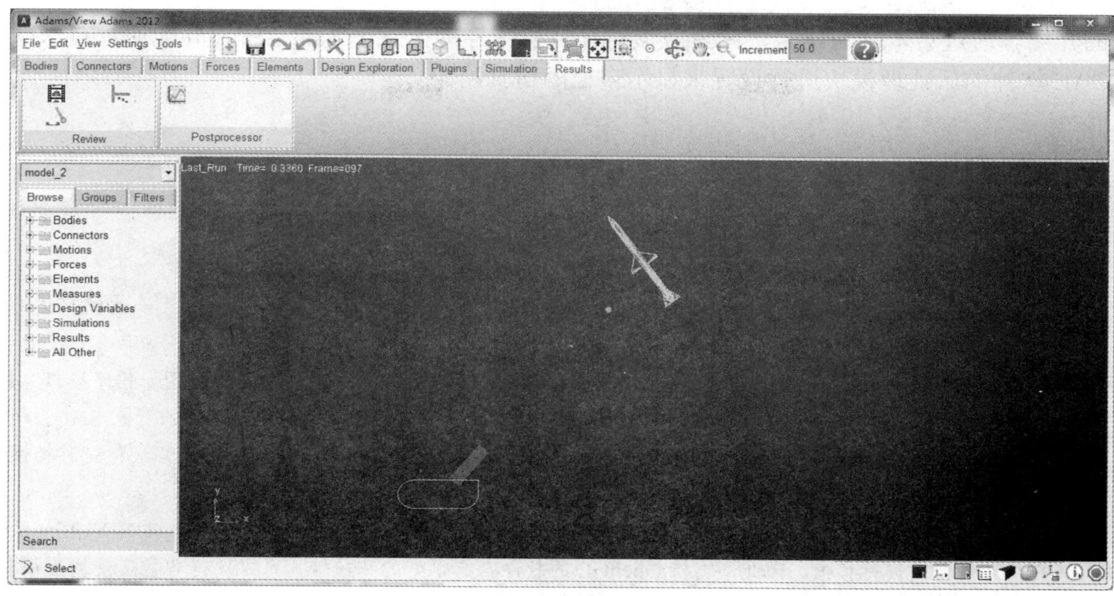

(e)

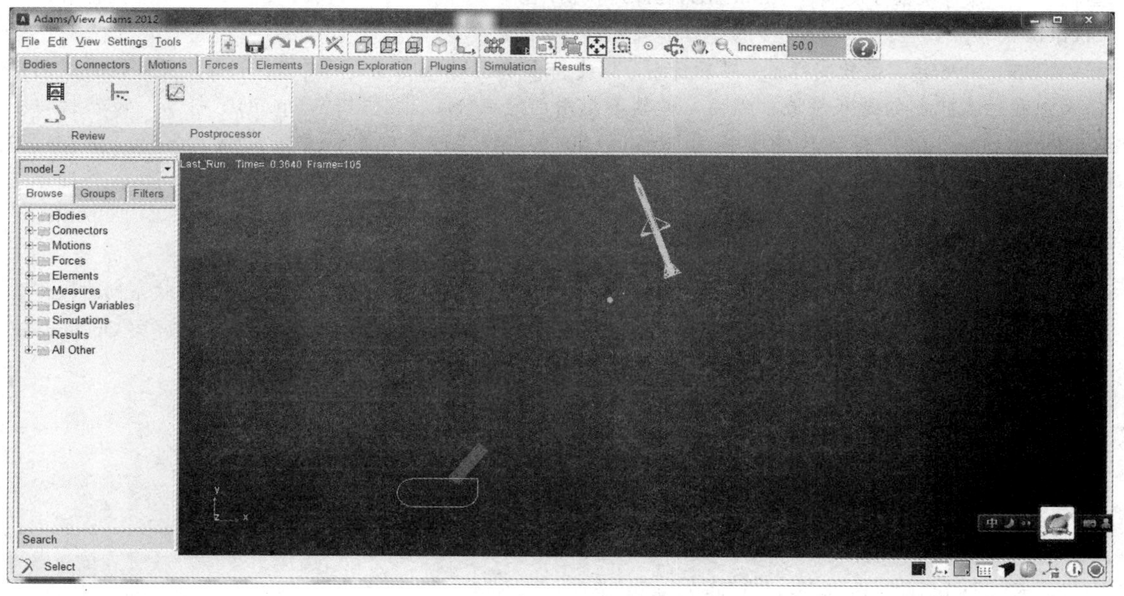

(f)

图 4.47　ADAMS 中的动画示意图(续)

## 小　　结

本章介绍了计算机图形图像的基础，包括点阵图和矢量图的概念，随后对两者的特点进行了对比，接着介绍了动画的基础知识，并对典型 CAE 软件中的后处理模块进行了简单的介绍。通过对本章的学习，读者应该对计算机图形图像有一定的了解，并能通过对一些CAE 软件的后处理模块进行设置来显示自己的仿真结果。

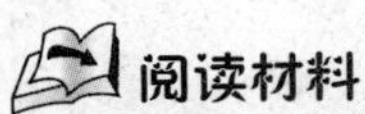

**阅读材料**

OpenGL 和 DirectX

在对计算机图形进行绘制和处理的时候，无可避免地会接触到 OpenGL 和 Direct3D 两个术语。这两者是做什么的，又有什么关系呢？

OpenGL 的英文全称是“Open Graphics Library”，顾名思义，OpenGL 便是“开放的图形程序接口”，它是个专业的 3D 程序接口，是一个功能强大、调用方便的底层 3D 图形库。OpenGL 的前身是 SGI 公司为其图形工作站开发的 IRIS GL。IRIS GL 是一个工业标准的 3D 图形软件接口，功能虽然强大但是移植性不好，于是 SGI 公司便在 IRIS GL 的基础上开发了 OpenGL。

OpenGL 是个与硬件无关的软件接口，可以在不同的平台如 Windows 95、Windows NT、UNIX、Linux、MacOS、OS/2 之间进行移植。因此，支持 OpenGL 的软件具有很好的移植性，可以获得非常广泛的应用。由于 OpenGL 是 3D 图形的底层图形库，没有提供几何实体图元，不能直接用以描述场景。但是，通过一些转换程序，可以很方便地将 AutoCAD、3DS 等 3D 图形设计软件制作的 DFX 和 3DS 模型文件转换成 OpenGL 的顶点数组。

1995—1996 年，微软实行了一项新计划，以支持在 Windows95 上运行游戏，目标是把市场扩展到被任天堂和世嘉控制的游戏领域。然而，微软不想用已经在 NT 上提供的 OpenGL 技术。微软收购了 Rendermorphics,Ltd.并得到他的被称为 RealityLab 的 3D API。经重新整理，微软发布了新的 3D API——Direct3D。Direct3D 和 DirectDraw、DirectMusic、DirectPaly、DirectInput、DirectSetup 等部分共同构成了 DirectX。Direct3D 也是一系列的图形库接口，它可以被简单地理解为 Windows 上的 OpenGL，它是微软基于市场考虑推出的产品。

OpenGL 是唯一能和 Direct3D 抗衡的图形库，它们最大的不同是 Direct3D 只支持微软系列的操作系统，而 OpenGL 可以在不同的平台下良好工作；Direct3D 仍不能支持高端图像和专业应用，而 OpenGL 主宰着这些领域。

## 习　题

### 一、填空题

1．计算机中的图像文件主要分为两类，一类是________，它是由排列成行列的像素点组成的，其中每个像素点都可以是任意颜色，由各个像素点组成图像；另一类是________，这种格式的文件记录生成图的算法和图上的某些特征点等。

2．矢量图所描述的图像通常以一组指令的形式存在，这些指令描述了图中所包含的________、________、________和________。

3．Fluent 本身自带后处理模块________，它主要对计算结果进行处理，生成________及给出相应的________、________等。

4．MSC.PATRAN 中的后置处理分________和________两类。两者在后置处理方面有类似之处，但________可以提供一些更高级的处理方法。

5. ANSYS 软件的后处理结果包括________、________、________、________、________及________等，输出形式可以有________和________两种。

## 二、选择题

1. 下列对 FLUENT 后处理模块 lPostprocessing & Data Export 的描述不正确的是(　　)。
   A. 主要对计算结果进行处理，生成可视化的图形及给出相应的曲线、报表等
   B. 可以生成有实际意义的图片、动画、报告
   C. 主要用于检查在一个时间段或子步历程中的结果，如节点位移、应力或支反力
   D. 将数据结果还可以导入到第三方的图形处理软件
2. MSC.PATRAN 中的后置处理分为哪两类？(　　)
   A. Postprocessing、Data Export　　B. Results、Insight
   C. Postprocessor、POST26　　D. POST1、POST26
3. MSC.ADAMS/PostProcessor 的主要功能不包括(　　)。
   A. 为用户观察模型的运动提供了所需的环境
   B. 用户可以向前、向后播放动画，随时中断播放动画
   C. 可以选择最佳观察视角，从而使用户更容易地完成模型排错任务
   D. 可以采用相应的有限元方法计算静力学、运动学和动力学问题
4. 下列对 Results 模块注意事项的描述正确的是(　　)。
   A. 当一个结果数据量被删除时，其他包含该量的 ResultCas 中仍然保留
   B. 在“Quick Plot”中可以产生瞬态动画
   C. 多个动画可以同时在单个的视窗中观看
   D. 一个视窗一次能与多个参考彩色谱和多个范围相关联
5. MSC.ADAMS/PostProcessor 的主要特点是采用(　　)显示。
   A. 快速高质量的动画　　B. 低速低质量的动画
   C. 快速大量的数据表　　D. 低速大量的数据表

## 三、判断题

1. FLUENT 的数据结果还可以导入到第三方的图形处理软件或者 CAE 软件进行进一步的分析。　　(　　)

2. MSC.PATRAN 是世界上使用最广泛的有限元分析(FEA)预/后处理软件，能够提供实体建模，但是不能进行网格划分。　　(　　)

3. Insight 中的工具可以被指定到选定的模型实体，这些模型实体可以通过显示的组列表来定义，但不能由显示的所有实体来定义。　　(　　)

4. MSC.ADAMS/PostProcessor 具有丰富的数据处理功能，能够进行曲线的代数运算、反向偏置、缩放、编辑和生成波特图等。　　(　　)

# 第5章 CAE相关主流软件系统简介

- 了解当前主流CAE软件的功能和特点。
- 了解CAE软件的界面和操作。

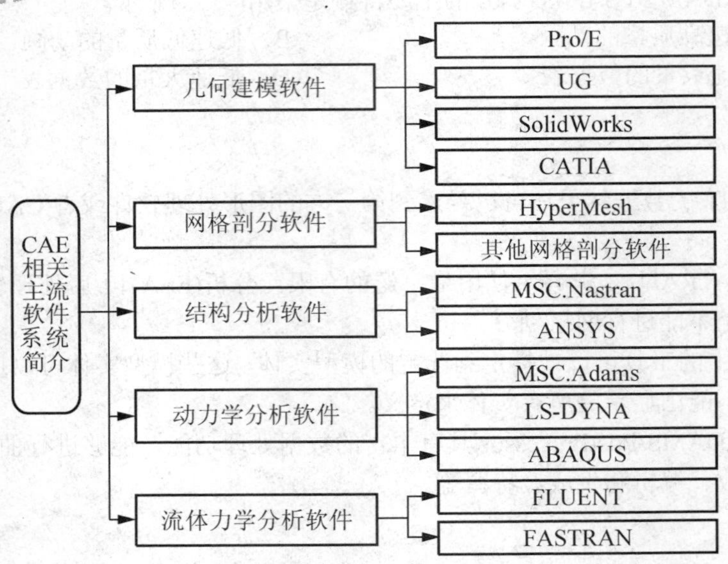


图5.1 CAE相关主流软件系统简介知识结构图

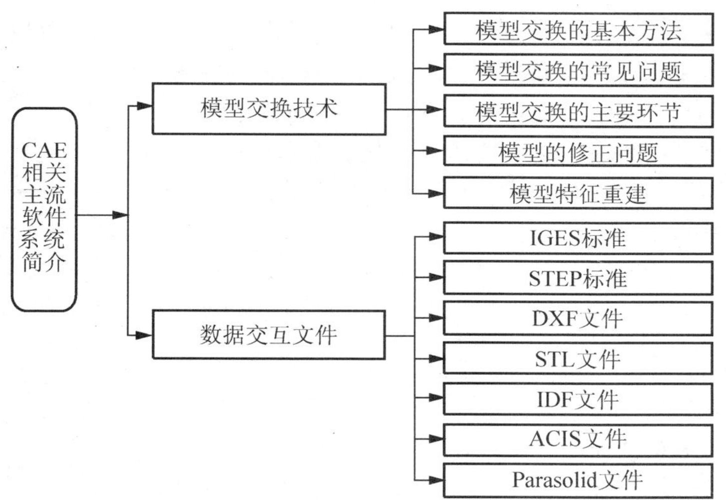


图 5.1 CAE 相关主流软件系统简介知识结构图(续)

在进行 CAE 分析的时候，林林总总的几十种 CAE 软件几乎总是会让初学者迷惑。例如，要对一个手机进行摔落的仿真分析，就需要先确定用什么软件建立手机的三维几何模型，然后再确定用什么软件对手机进行网格剖分，再确定用什么软件对它进行动力学分析。在众多的 CAE 软件中，虽然很多软件功能类似，但是却有着很大的差别，具体表现在对不同领域有不同的侧重。例如，CATIA 作为一个几何建模软件，几乎是为航空航天业量身定制的，它对这个行业的设计人员来说就格外的友好，而熟练掌握这个软件也成为了这个领域从业者的基本要求。本章对常见的 CAE 软件进行简单的分类，并对几何建模软件、网格剖分软件、结构分析软件、动力学分析软件、流体力学分析软件进行横向的对比，介绍各个软件的功能及特点。针对 CAE 软件之间的交互，介绍了模型交换技术和常用的数据交互规范和标准。

## 5.1 几何建模软件

### 5.1.1 Pro/E(Creo)

1. 软件简介

Pro/E 操作软件是美国参数技术公司(PTC)旗下的 CAD/CAM/CAE 一体化的三维软件。Pro/E 软件以参数化著称，是参数化技术的最早应用者，在目前的三维造型软件领域中占有着重要地位，Pro/E 曾经作为世界机械 CAD/CAE/CAM 领域的标准而得到业界的认可和推广。美国 PTC 公司于 2010 年 10 月推出了 CAD 设计软件套装 Creo，Creo 是整合了 PTC 公司的三个软件 Pro/E 的参数化技术、CoCreate 的直接建模技术和 ProductView 的三维可视化技术的新型 CAD 设计软件包，是 PTC 公司闪电计划所推出的第一个产品。Creo 的目的在于解决目前 CAD 系统难用及多 CAD 系统数据共用等问题。作为 PTC 闪电计划中的一员，Creo 具有以下功能特点。

(1) 解决机械 CAD 领域中基本的易用性、互操作性和装配管理等问题。

(2) 采用全新的方法实现解决方案(建立在 PTC 的特有技术和资源上)。

(3) 提供一组可伸缩、可互操作、开放且易于使用的机械设计应用程序。

(4) 为设计过程中的每一名参与者适时提供合适的解决方案。

通过整合已有的三大软件，PTC 在 Creo 中将分成 30 个左右的子应用，每一个应用都称之为 Creo Elements。Creo 的主要应用程序包括 Creo Parametric、Creo Direct、Creo Simulate、Creo Sketch、Creo Layout、Creo Schematics、Creo Illustrate、Creo View MCAD、Creo View ECAD，其中 Creo 软件包含 Parametric、Direct 和 Simulate，Creo View 包含 Creo View MCAD 和 ECAD，其余应用程序都是单独发布的。

### 2. 主要功能模块

(1) Pro/E。Pro/E 是软件包，并非模块。其功能包括参数化功能定义、实体零件及组装造型、三维上色实体或线框造型、完整工程图生成及不同视图查看(三维造型还可移动、放大或缩小和旋转)。Pro/E 还可输出二维和三维图形给予其他应用软件，如有限元分析及后置处理等，这都是通过标准数据交换格式来实现的，用户更可配上 Pro/E 软件的其他模块或自行利用 C 语言编程，以增强软件的功能。Pro/E 功能主要包括特征驱动(如凸台、槽、倒角、腔、壳等)、参数化(参数=尺寸、图样中的特征、载荷、边界条件等)、利用特征值/载荷/边界条件与特征参数进行零件设计、支持大型和复杂组合件的设计、贯穿所有应用的完全相关性(任何一个地方的变动都将引起与之有关的每个地方变动)等。

(2) Pro/ASSEMBLY。Pro/ASSEMBLY 是一个参数化组装管理系统，能提供用户自定义手段去生成一组组装系列及可自动地更换零件。它的主要功能包括件内自动零件替换、规则排列的组合、组装模式下的零件生成、参数化零件及组装的自动化程序的编写和组件特征编辑等。

(3) 其他模块。Pro/E 还包括其他一些选件和扩展模块，主要包括 Pro/CABLING、Pro/CAT、Pro/CDT、Pro/COMPOSITE、Pro/DEVELOP、Pro/DESIGN、Pro/DETAIL、Pro/DIAGRAM、Pro/DRAFT、Pro/ECAD、Pro/Feature、Pro/SHEETMETAL、Pro/SURFACE。它们是分别针对某些单一需求进行开发的，如 Pro/CABLING 可设计电缆布线功能；Pro/CAT 提供了与 CATIA 间双向数据交换接口；Pro/CDT 提供了与 CADAM 间双向数据交换接口；Pro/COMPOSITE 用于设计、复合夹层材料的部件；Pro/DEVELOP 用来结合并运行一些用户编写或第三家的应用软件；Pro/DESIGN 可加速设计大型及复杂的顺序组件；Pro/DETAIL 扩展了 Pro/E 生成工程图的能力；Pro/DIAGRAM 可以将图表上的图块信息制成图表记录及装备成说明图；Pro/DRAFT 是一个扩展的二维绘图系统；Pro/ECAD 提供了参数化印制电路板(PCB)的设计图的接口；Pro/Feature 扩展了在 Pro/E 内的一些有效特征；Pro/SHEETMETAL 扩展了 Pro/E 的设计功能；Pro/SURFACE 扩展了 Pro/E 的生成、输入和编辑复杂曲面和曲线的功能。

### 3. 软件特点

使用 Pro/E 可以创建零件和组建模型的实体模型表示。实体模型是设计的实际外观表示，包含如质量、体积和重心等属性，也可用于检测组件中是否存在干涉。这些虚拟设计模型可用于在花费成本制造原型之前，轻松地查看和评估设计方案。在模型中添加或移除特征时，模型属性也随之更新。例如，如果在模型中添加一个孔，则模型的质量会减少。

Pro/E 是一款基于特征的产品开发工具。模型是使用一系列易于理解的特征构建的，而不是使用杂乱的数学形状和图元构建的。因此，该工具具有参数化设计、可基于特征建模、单一数据库(全相关)等特点。

(1) 参数化设计。Pro/E 第一个提出了参数化设计的概念，并且采用了单一数据库来解决特征的相关性问题。

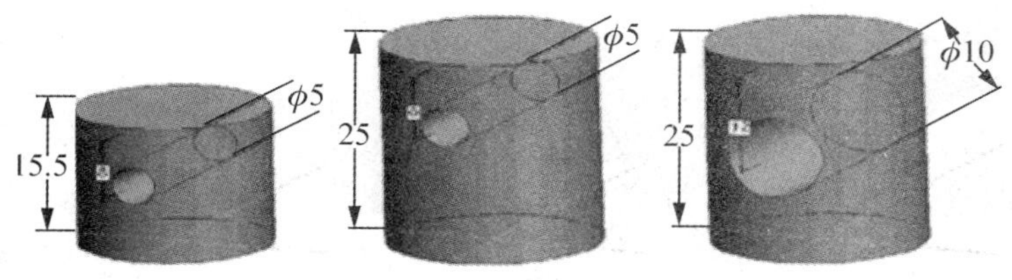


图 5.2 参数化设计示意图

(2) 基于特征建模。Pro/E 是基于特征的实体模型化系统，工程设计人员采用具有智能特性的基于特征的功能去生成模型，如腔、壳、倒角及圆角，可以随意勾画草图，轻易改变模型。这一功能特性给工程设计者提供了在设计上从未有过的简易和灵活。Pro/E 的基于特征方式，能够将设计至生产全过程集成到一起，实现并行工程设计。它不但可以应用于工作站，而且也可以应用到单机上。

(3) 单一数据库(全相关)。Pro/E 是建立在统一数据库上的，不像一些传统的 CAD/CAM 系统建立在多个数据库上。所谓单一数据库，就是工程中的资料全部来自一个库，使得每一个独立用户在为一件产品造型而工作，不管他是哪一个部门的。换言之，在整个设计过程的任何一处发生改动，亦可以前后反映在整个设计过程的相关环节上。例如，一旦工程详图有改变，NC(数控)工具路径也会自动更新；组装工程图如有任何变动，也完全同样反映在整个三维模型上。

### 4. 软件操作界面

图 5.3 所示为 Creo(Pro/E)主操作界面示意图。

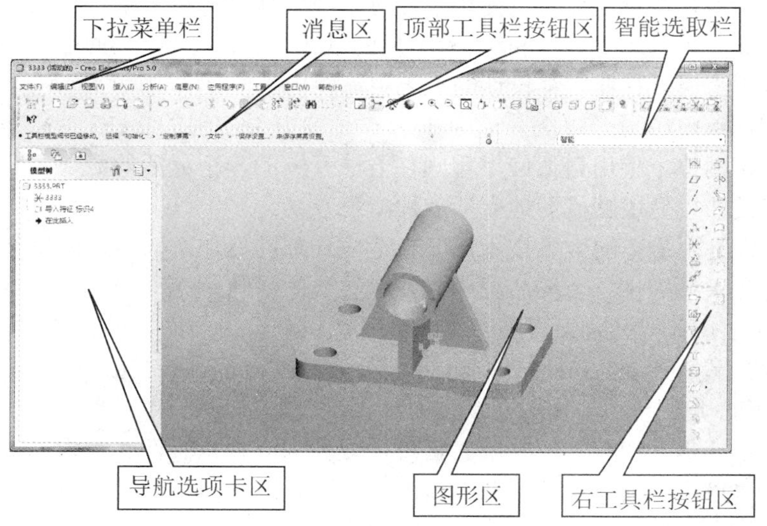


图 5.3 Creo(Pro/E)主操作界面示意图

1) 导航选项卡区

导航选项卡包含三个页面选项："模型树"或"层树"、"文件夹浏览器"、"收藏夹"。

"模型树"用来显示后动零件中的所有文件和特征，并以树的形式显示模型结构。

"层树"可以有效组织和管理模型中的层。

"文件夹浏览器"用于浏览文件，可以方便地进行工作文件管理。

"收藏夹"用于有效组织和管理个人资源。

2) 下拉菜单栏

下拉菜单中包含创建、保存、修改模型和设置 Creo 环境的一些命令。

3) 工具栏按钮区

工具栏中的命令按钮为快速执行命令及设置工作环境提供了极大的方便，用户可以根据具体情况定制工具栏。

4) 消息区

消息区会实时地显示与当前操作相关的提示信息等，以引导用户的操作。消息区有一个可见的边线，将其与图形区分开，若要增加或减少可见消息行的数量，可将鼠标指针置于边线上，按住鼠标左键，然后移动到期望的位置上。

5) 图形区

软件中各种模型图像的显示区，可进行交互操作。

6) 智能选取栏

智能选取栏也称过滤器，主要用于快速选取某种所需要的要素(如几何、基准等)。

### 5.1.2 UG

1. 软件简介

UG(Unigraphics NX)是 Siemens PLM Software 公司出品的一个产品工程解决方案，它为用户的产品设计及加工过程提供了数字化造型和验证手段。Unigraphics NX 针对用户的虚拟产品设计和工艺设计的需求，提供了经过实践验证的解决方案。它在诞生之初主要基于工作站，但随着 PC 硬件的发展和个人用户的迅速增长，在 PC 上的应用取得了迅猛的增长，目前已经成为模具行业三维设计的一个主流应用。

UG 的开发始于 1990 年 7 月，它是基于 C 语言开发实现的。UG NX 是一个在二维和三维空间无结构网格上使用自适应多重网格方法开发的一个灵活的数值求解偏微分方程的软件工具。其设计思想足够灵活地支持多种离散方案。

UG 的目标是用最新的数学技术，即自适应局部网格加密、多重网格和并行计算，为复杂应用问题的求解提供一个灵活的可再使用的软件基础。一个如 UG NX 这样的大型软件系统通常需要有不同层次抽象的描述。UG 具有三个设计层次，即结构设计(Architectural Design)、子系统设计(Subsystem Design)和组件设计(Component Design)。至少在结构和子系统层次上，UG 是用模块方法设计的并且广泛地使用信息隐藏原则。

NX 独特之处是其知识管理基础，它可以管理生产和系统性能知识，根据已知准则来确认每一设计决策，它使得工程专业人员能够推动革新以创造出更大的利润。

2. 主要功能模块

(1) NX 建模和产品设计。利用 NX 建模，工业设计师能够迅速地建立和改进复杂的产品形状，并且使用先进的渲染和可视化工具来最大限度地满足设计概念的审美要求。NX 具有高性能的机械设计和制图功能，为制造设计提供了高性能和灵活性，以满足用户设计任何复杂产品的需要。

(2) 仿真、确认和优化。NX 允许制造商以数字化的方式仿真、确认和优化产品及其开发过程。通过在开发周期中较早地运用数字化仿真性能，制造商可以改善产品质量，同时减少或消除对于物理样机的昂贵耗时的设计、构建，以及对变更周期的依赖。

(3) NC 加工模块。UG NX 加工基础模块提供连接 UG 所有加工模块的基础框架，它为 UG NX 所有加工模块提供一个相同的、界面友好的图形化窗口环境，用户可以在图形方式下观测刀具沿轨迹运动的情况并可对其进行图形化修改，如对刀具轨迹进行延伸、缩短或修改等。该模块同时提供通用的点位加工编程功能，可用于钻孔、攻螺纹和镗孔等加工编程。UG 软件所有模块都可在实体模型上直接生成加工程序，并保持与实体模型全相关。UG NX 的加工后置处理模块适用于目前世界上几乎所有主流 NC 机床和加工中心，该模块在多年的应用实践中已被证明适用于 2～5 轴或更多轴的铣削加工、2～4 轴的车削加工和电火花线切割。

(4) 开发解决方案。NX 产品开发解决方案完全支持制造商所需的各种工具，可用于管理过程并与扩展的企业共享产品信息。NX 与 UGS PLM 的其他解决方案的完整套件无缝结合。

(5) UG NX 二次开发模块。UG NX 具有强大的二次开发功能，用户使用二次开发模块可以深度定制自己的系统，并和 UG NX 获得良好的交互。下面介绍几个重要的二次开发工具。

① Open Grip，提供了最简单的解释性语言，类似于 AutoCAD 的 Lisp，可以完成绝大多数曲线、实体 CAD 操作功能，生成的文件可以被 UI Styler 二次开发的.men 文件调用，也可被 Open API(C 语言)或者 Open C++调用。

② UI Styler，用于二次开发扩展的菜单命令和对话框界面，生成的.men 和.dlg 可以调用上述二次开发语言编写的可执行代码。

③ Open API，也称 Open C，是最强大的二次开发工具，可以实现草图、三维实体曲面、产品装配、汽车模块、模具模块、知识工程、CAM 加工、有限元 FEM、数据库操作等所有 UG 功能的二次开发。它是 UG 的一个 C 语言函数库，将相似功能的函数放在同一个.h 头文件中，只要被.c 文件#include 一下就能使用，编译后生成.dll。这种.dll 文件可以直接由以下三种方式调用。

a) 通过.men 调用，需要写在.men 文件中。

b) 通过 UI Styler 二次开发的对话框.dlg 中的按钮响应函数来调用。

c) 通过 Open Grip 函数调用。

④ Open C++，与 Open C 类似，只是函数库为 C++类库的形式，可以用 C 面向过程或者 C++面向对象的方法来编写和调用，但是功能仅局限于 CAD。

⑤ Tooling Language，UG 自己提供的一套工具说明性语言，比较多地用在 Genius 设备刀具管理和 Postbuilder CAM 后置处理器上。在 Postbuilder 窗口中的任何可视化修改，都会自动修改这些工具语言。有经验的用户或第三方也可以自己修改这些工具。

在此补充的是，可以使用 VB、Java 等语言，通过对 UG 安装目录下各个 set，.template、.dat、.dlg、.men 文件和数据库进行操作来达到上述二次开发工具同样的效果。这也是 UG 二次开发工具强大之处。

3. 软件特点

Unigraphics CAD/CAM/CAE 系统提供了一个基于过程的产品设计环境，使产品开发从设计到加工真正实现了数据的无缝集成，从而优化了企业的产品设计与制造。UG 面向过程驱动的技术是虚拟产品开发的关键技术，在面向过程驱动技术的环境中，用户的全部产品以及精确的数据模型能够在产品开发全过程的各个环节保持相关，从而有效地实现了并行工程。

该软件不仅具有强大的实体造型、曲面造型、虚拟装配和产生工程图等设计功能，而且在设计过程中可进行有限元分析、机构运动分析、动力学分析和仿真模拟，提高设计的可靠性；同时，可用建立的三维模型直接生成数控代码，用于产品的加工，其后处理程序支持多种类型数控机床。另外它所提供的二次开发语言 UG/Open GRIP、UG/Open API 简单易学，实现功能多，便于用户开发专用 CAD 系统。具体来说，该软件具有以下特点：

(1) 具有统一的数据库，真正实现了 CAD/CAE/CAM 等各模块之间的无数据交换的自由切换，可实施并行工程。

(2) 采用复合建模技术，可将实体建模、曲面建模、线框建模、显示几何建模与参数化建模融为一体。

(3) 用基于特征(如孔、凸台、型胶、槽沟、倒角等)的建模和编辑方法作为实体造型基础，形象直观，类似于工程师传统的设计办法，并能用参数驱动。

(4) 曲面设计采用非均匀有理 B 样条作为基础，可用多种方法生成复杂的曲面，特别适合于汽车外形设计、汽轮机叶片设计等复杂曲面造型。

(5) 出图功能强，可十分方便地从三维实体模型直接生成二维工程图。能按 ISO 标准和国标标注尺寸、形位公差和汉字说明等，并能直接对实体做旋转剖、阶梯剖和轴测图挖切生成各种剖视图，增强了绘制工程图的实用性。

(6) 以 Parasolid 为实体建模核心，实体造型功能处于领先地位。目前著名 CAD/CAE/CAM 软件均以此作为实体造型基础。

(7) 提供了界面良好的二次开发工具 GRIP(GRAPHICAL INTERACTIVE PROGRAMING) 和 UFUNC(USER FUNCTION)，并能通过高级语言接口，使 UG 的图形功能与高级语言的计算功能紧密结合起来。

4. 软件操作界面

图 5.4 所示为 UG 主操作界面示意图。

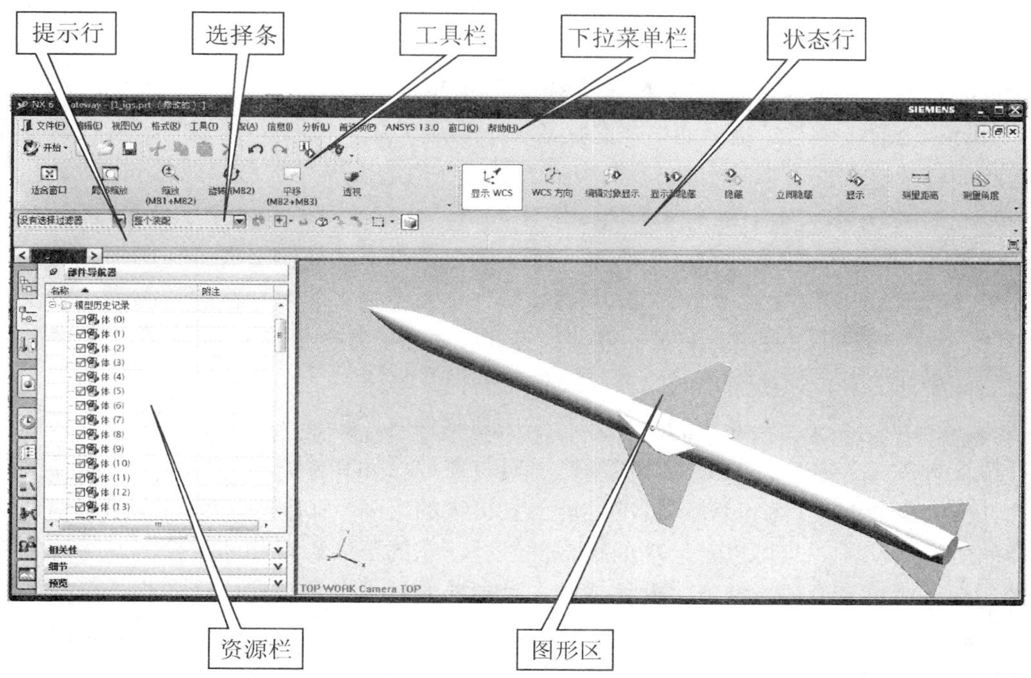


图 5.4 UG 主操作界面示意图

1) 下拉菜单栏

菜单栏选项被称为菜单标题，每一项对应一个 UG NX 的功能类别。它们分别是“文件”菜单、“编辑”菜单、“视图”菜单、“格式”菜单、“工具”菜单、“装配”菜单、“信息”菜单、“分析”菜单、“首选项”菜单、“窗口”菜单和“帮助”菜单。每个菜单标题提供一个下拉式选项菜单。

2) 工具栏

工具栏与下拉菜单中的菜单项相对应，执行相同的功能，但使用起来比较方便。UG 各功能模块提供了许多使用方便的工具栏，用户可根据自己的需要及显示屏的大小对工具栏及工具栏图标进行设置。

3) 状态行和提示行

状态行显示当前模型的创建状态，提示行用来提示用户在当前状态下可以进行的操作。

4) 图形窗口

软件中各种模型图像的显示区，可进行交互操作。

5) 资源栏

资源栏包含了多个功能选项卡，如装配导航器、部件导航器、重用库、历史记录等。

### 5.1.3 SolidWorks

1. 软件简介

SolidWorks 软件是世界上第一个基于 Windows 开发的三维 CAD 软件。1997 年法国达索公司将 SolidWorks 全资并购，并将购后的 SolidWorks 以原来的品牌和管理技术队伍继续独立运作，成为 CAD 行业一家高素质的专业化公司。SolidWorks 三维机械设计软件也成为达索企业中最具竞争力的 CAD 产品。

2. 主要功能模块

目前全球发放的 SolidWorks 软件使用许可约 28 万，涉及航空航天、机车、食品、机械、国防、交通、模具、电子通信、医疗器械、娱乐工业、日用品/消费品、离散制造等多个行业。包括麻省理工学院(MIT)、斯坦福大学等在内的著名大学已经把 SolidWorks 列为制造专业的必修课，国内的一些大学(如清华大学、北京航空航天大学、北京理工大学等)也在应用 SolidWorks 进行教学。SolidWorks 主要包括以下功能模块：

① 配置管理。配置管理是 SolidWorks 软件体系结构中非常独特的一部分，它涉及零件设计、装配设计和工程图。配置管理使得设计人员能够在一个 CAD 文档中，通过对不同参数的变换和组合，派生出不同的零件或装配体。

② 装配设计。在 SolidWorks 中，当生成新零件时，设计人员可以直接参考其他零件并保持这种参考关系。在装配的环境里，可以方便地设计和修改零部件。对于超过一万个零部件的大型装配体，SolidWorks 的性能得到极大的提高。SolidWorks 可以动态地查看装配体的所有运动，并且可以对运动的零部件进行动态的干涉检查和间隙检测。用智能零件技术自动完成重复设计。智能零件技术是一种崭新的技术，用来完成诸如将一个标准的螺栓装入螺孔中，而同时按照正确的顺序完成垫片和螺母的装配。镜像部件是 SolidWorks 技术的巨大突破。镜像部件能产生基于已有零部件(包括具有派生关系或与其他零件具有关联关系的零件)的新的零部件。

③ 零件建模。SolidWorks 提供了基于特征的实体建模功能。通过拉伸、旋转、薄壁特征、高级抽壳、特征阵列及打孔等操作来实现产品的设计。通过对特征和草图的动态修改，用拖拽的方式实现实时的设计修改。

④ 协同工作。SolidWorks 提供了技术先进的工具，使得不同的工作人员可以通过互联网进行协同工作。通过 eDrawings 可以方便地共享 CAD 文件。eDrawings 是一种极度压缩的、可通过电子邮件发送的、自行解压和浏览的特殊文件，通过三维托管网站展示生动的实体模型。三维托管网站是 SolidWorks 提供的一种服务，人们可以在任何时间、任何地点，快速地查看产品结构。SolidWorks 支持 Web 目录，将设计数据存放在互联网的文件夹中，就像存在本地硬盘一样方便。用 3D Meeting 通过互联网实时地协同工作。3D Meeting 是基于微软 NetMeeting 的技术而开发的专门为 SolidWorks 设计人员提供的协同工作环境。

⑤ 工程图。SolidWorks 提供了生成完整的、车间认可的详细工程图的工具。工程图是全相关的，当修改图纸时，三维模型、各个视图、装配体都会自动更新。从三维模型中自动产生工程图，包括视图、尺寸和标注。增强了的详图操作和剖视图，包括生成剖视图、部件的图层支持、熟悉的二维草图功能，以及详图中的属性管理员。使用 RapidDraft 技术，可以将工程图与三维零件和装配体脱离，进行单独操作，以加快工程图的操作，但保持与三维零件和装配体的全相关。用交替位置显示视图能够方便地显示零部件的不同位置，以便了解运动的顺序。交替位置显示视图是专门为具有运动关系的装配体而设计的独特的工程图功能。

⑥ 其他模块。此外，SolidWorks 还有三维草图功能、曲面建模、钣金设计、用户化、数据转换、PhotoWorks 高级渲染、FeatureWorks 特征识别等功能模块。

3. 软件特点

由于使用了 Windows OLE 技术、直观式设计技术、先进的 Parasolid 内核(由剑桥提供)及良好的与第三方软件的集成技术，SolidWorks 成为全球装机量最大、最好用的软件。SolidWorks 软件功能强大，组件繁多。

对于熟悉微软的 Windows 系统的用户，基本上就可以用 SolidWorks 来搞设计了。SolidWorks 独有的拖拽功能使用户能在比较短的时间内完成大型装配设计。SolidWorks 资源管理器是同 Windows 资源管理器一样的 CAD 文件管理器，用它可以方便地管理 CAD 文件。使用 SolidWorks，用户能在比较短的时间内完成更多的工作，能够更快地将高质量的产品投放市场。

在目前市场上所见到的三维 CAD 解决方案中，SolidWorks 是设计过程比较简便而方便的软件之一。美国著名咨询公司 Daratech 所评论：“在基于 Windows 平台的三维 CAD 软件中，SolidWorks 是最著名的品牌，是市场快速增长的领导者。在强大的设计功能和易学易用的操作(包括 Windows 风格的拖/放、点/击、剪切/粘贴)协同下，使用 SolidWorks，整个产品设计是百分之百可编辑的，零件设计、装配设计和工程图之间是全相关的。”

4. 软件操作界面

图 5.5 所示为 SolidWorks 主操作界面示意图。

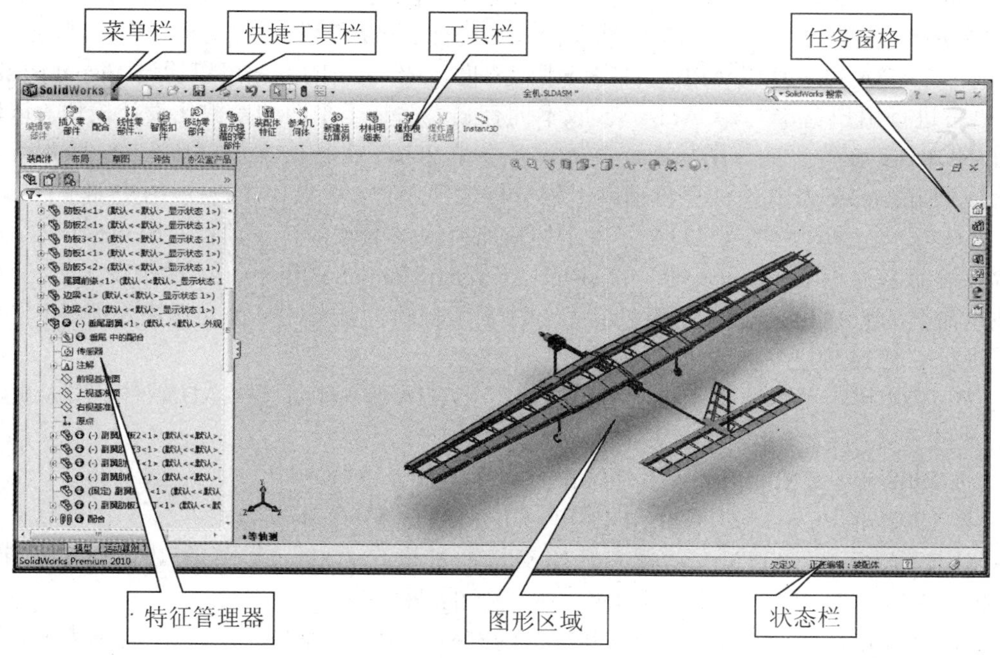


图 5.5 SolidWorks 主操作界面示意图

1) 菜单栏

不用时自动隐藏，承接传统下拉式菜单结构，包含各子菜单具有相应的多种功能。

2) 工具栏

分类操作命令，包括特征、草图、布局、评估等操作类。

3) 任务窗格

用于显示系统的资源。

4) 特征管理器

显示零件或装配体的所有特征及其属性等参数。

5) 状态栏

显示正在执行的功能和有关的信息。

6) 图形区域

设计结果显示窗口，可交互操作。

### 5.1.4 CATIA

1. 软件简介

CATIA 是由法国达索系统(Dassault Systemes S.A.)公司开发的，跨平台的商业三维 CAD 设计软件。CATIA 作为达索系统产品生命周期管理软件平台的核心，是其最重要的软件产品。CATIA V4 版本曾经只能运行在 UNIX 平台。到了 1999 年，达索系统推出了可以运行在 Windows、Solaris、AIX、HP-UX 和 IRIX 平台下的 CATIA V5 版本，并且在该版本下，用户可以通过 VB 或者 C++来实现自定义模块功能。现在流行的 CATIA V6 版本下，客户端运行的是 Windows 平台版本，尽管某些服务器组件依然运行在 UNIX 下。作为一个产品生命周期管理软件系列，CATIA 能辅助工程师进行从产品开发、制造到工程实现的所有设计工作。CATIA 可以通过 API 来自定义用户界面。V5 版本的界面可以通过 Visual Basic 和 C++语言进行用户自定义。CATIA V5 版本拥有强大的基于平面的参数化设计模块。该模块是用 NURBS 作为平面算法核心，并提供多个带 KBE 支持的工作模块。V5 版本可以和 Enovia、Smarteam 及其他计算机辅助工程分析软件兼容。CATIA 的发展历史如下：

(1) 20 世纪 70 年代，CATIA 诞生于达索航空内部的软件开发项目 CADAM1、2。起初该软件被命名为 CATI(Conception Assistée Tridimensionnelle Interactive)，但之后又于 1981 年被重命名为 CATIA。同年，达索创立了专注于工程软件开发的子公司达索系统，并与 IBM 合作进行 CATIA 的营销与推广。

(2) 1984 年，美国波音飞机制造公司启用 CATIA 作为其主要 CAD 软件，并从此成为 CATIA 的重要用户。

(3) 1988 年，CATIA V3 版本开始在 UNIX 平台下运行。

(4) 1992 年，CADAM 被 IBM 公司收购，CATIA V4 版本发布。

(5) 1996 年，CATIA V4 版本开始支持四种操作系统，分别是 IBM AIX、Silicon Graphics IRIX、Sun Microsystems SunOS 及惠普的 HP-UX。

(6) 1998 年，达索发布了一个重新编写的 CATIA 版本：V5 版本。这个版本为 Windows 编写，保留 CATIA 在 UNIX 版本的所有功能，主框架(Mainframe)操作模式被废除。

(7) 2008 年，新一代 V6 版本发布。V6 整合包括 Enovia、Simulia 等一系列软件。同年，达索停止了对 CATIA V4 UNIX 版本的支持。

2. 主要功能模块及应用领域

CATIA 拥有远远强于其竞争对手的曲面设计模块，主要功能模块如下：

(1) Generic Shape Design。简称 GSD，创成式造型，非常完整的曲线操作工具和最基础的曲面构造工具，除了可以完成所有曲线操作以外，可以完成拉伸、旋转、扫描、边界填补、桥接、修补碎片、拼接、凸点、裁剪、光顺、投影和高级投影、倒角等功能，连续性最高达到 G2，生成封闭片体 Volume，完全达到普通三维 CAD 软件曲面造型功能，如 Pro/E，完全参数化操作。

(2) Free Style Surface。简称 FSS，自由风格造型，几乎完全非参。除了包括 GSD 中的所有功能以外，还可完成如曲面控制点(可实现多曲面到整个产品外形同步调整控制点、变形)，自由约束边界，去除参数，达到汽车 A 面标准的曲面桥接、倒角、光顺等功能，所有命令都可以非常轻松地达到 G2。凭借 GSD 和 FSS，CATIA 曲面功能已经超越了所有 CAD 软件，甚至同为汽车行业竞争对手的 UG NX。

(3) Automotive Class A。简称 ACA，汽车 A 级曲面，完全非参，此模块提供了强大的曲线曲面编辑功能和无比强大的一键曲面光顺。而且不破坏原有光顺外形。可实现多曲面甚至整个产品外形的同步曲面操作(控制点拖动、光顺、倒角等)。对于丰田等对 A 级曲面要求近乎疯狂(全 G3 连续等)的要求，可应付自如。目前只有纯造型软件，如 Alias、Rhino 可以达到这个高度，却达不到 CATIA 的高精度。

(4) FreeStyle Sketch Tracer。简称 FST，自由风格草图绘制，可根据产品的三视图或照片描出基本外形曲线。

(5) Digitized Shape Editor。简称 DSE，数字曲面编辑器，根据输入的点云数据，进行采样、编辑、裁剪以达到最接近产品外形的要求，可生成高质量的 mesh 小三角片体，完全非参。

(6) Quick Surface Reconstruction。快速曲面重构，根据输入的点云数据或者 mesh 以后的小三角片体，提供各种方式生成曲线，以供曲面造型，完全非参。

(7) Shape Sculpter。小三角片体外形编辑，可以对小三角片体进行各种操作，功能几乎强大到与 CATIA 曲面操作相同，完全非参。

(8) Automotive BIW Fastening。汽车白车身紧固，设计汽车白车身各钣金件之间的焊接方式和焊接几何尺寸。

(9) Image & Shape。它可以像捏橡皮泥一样拖动、拉伸、扭转产品外形和增加“橡皮泥块”等方式以达到理想的设计外形，可以极其快速地完成产品外形概念设计。(1)～(9)包括在 Shape design & Styling 模块中。

(10) Healing Assistant。它是一个极其强大的曲面缝补工具，可以将各种破面缺陷自动找出并缝补。

CATIA 是一款机械设计软件。它是一种基于特征的参数实体模型设计工具，具有简单易学的 Windows 图形用户界面。设计人员可以使用或不使用约束来创建完全关联的 3D 实体模型，同时可通过自动关系或用户定义的关系来实现设计意图。装配由大量单个零件组成，同样，CATIA 文档也是由单个元素组成的。这些元素被称为“特征”。创建文档时，可以添加如凸台、凹槽、孔、肋、圆角、倒角及拔模等特征。创建后的特征可以直接应用到工件上。

CATIA 的应用领域非常广泛，在航空航天、汽车工业、造船工业、厂房设计、加工和装配、消费品均有所应用，且 CATIA 源于航空航天工业，是业界无可争辩的领袖。在航空航天业的多个项目中，CATIA 被应用于开发虚拟的原型机。波音飞机公司在波音 777 项目中，应用 CATIA 设计了除发动机以外的 100%的机械零件，并将包括发动机在内的 100%的零件进行了预装配。另外，CATIA 也是汽车工业的事实标准，是欧洲、北美和亚洲顶尖汽车制造商所用的核心系统。CATIA 在造型风格、车身及引擎设计等方面具有独特的长处，为各种车辆的设计和制造提供了端对端(End to End )的解决方案。现今 CATIA 已用于设计和制造多种产品，包括餐具、计算机、厨房设备、电视和收音机及庭院设备等生活用品。

3. 软件特点

(1) CATIA 先进的混合建模技术。设计对象的混合建模使 CATIA 设计环境中的实体和曲面做到了真正的互操作；变量和参数化混合建模允许设计者在设计时不必考虑如何参数化设计目标，CATIA 提供了变量驱动及后参数化能力；几何和智能工程混合建模可以将企业多年的经验积累到 CATIA 的知识库中，用于指导本企业新手，或指导新车型的开发，加速新型号推向市场的时间。

(2) CATIA 具有在整个产品周期内的方便的修改能力，尤其是后期修改性。无论是实体建模还是曲面造型，由于 CATIA 提供了智能化的树结构，用户可方便快捷地对产品进行重复修改，即使是在设计的最后阶段需要做重大的修改，或者是对原有方案的更新换代，对于 CATIA 来说，都是非常容易的事。

(3) CATIA 所有模块具有全相关性。CATIA 的各个模块基于统一的数据平台，因此 CATIA 的各个模块存在着真正的全相关性，三维模型的修改，能完全体现在二维，以及有限元分析、模具和数控加工的程序中。

(4) CATIA 提供的多模型链接的工作环境及混合建模方式，使得并行工程设计模式已不再是新鲜的概念，总体设计部门只要将基本的结构尺寸发放出去，各分系统的人员便可开始工作，既可协同工作，又不互相牵连；由于模型之间的互相联结性，使得上游设计结果可作为下游的参考，同时，上游对设计的修改能直接影响到下游工作的刷新，实现真正的并行工程设计环境。

(5) CATIA 覆盖了产品开发的整个过程。CATIA 提供了完备的设计能力：从产品的概念设计到最终产品的形成，以其精确可靠的解决方案提供了完整的 2D、3D、参数化混合建模及数据管理手段，从单个零件的设计到最终电子样机的建立；同时，作为一个完全集成化的软件系统，CATIA 将机械设计，工程分析及仿真，数控加工和 CATweb 网络应用解决方案有机地结合在一起，为用户提供严密的无纸工作环境，特别是 CATIA 中的针对汽车、摩托车业的专用模块，使 CATIA 拥有了最宽广的专业覆盖面，从而帮助客户达到缩短设计生产周期、提高产品质量及降低费用的目的。

4. 软件操作界面

图 5.6 所示为 CATIA V5 主操作界面示意图。

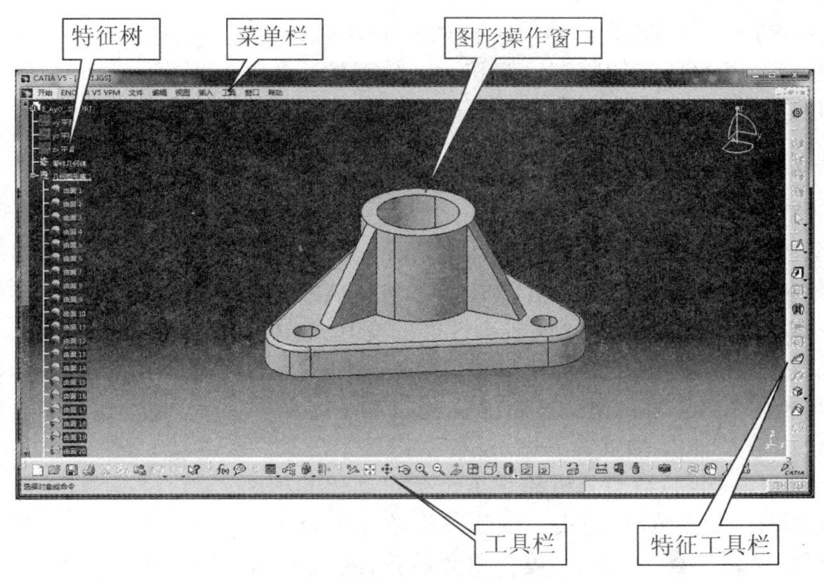


图 5.6 CATIA V5 主操作界面示意图

1) 菜单栏

应用菜单为下拉式菜单，用户可以通过此菜单完成 Catia 软件的多种功能。主要菜单项有“开始”、“ENOVIA V5 VPM”、“文件”、“编辑”、“视图”、“插入”、“工具”、“窗口”、“帮助”。

2) 特征树

显示用户已经完成的模型的特征的创建，并可以通过特征树进行编辑调整。

3) 工具栏

可以快速进行文件、函数、视图等操作，使一些常用的菜单栏中的功能更方便，用户可以自己定制此工具栏。

4) 特征工具栏

用来进行创建模型和特征的工具，如拉伸、旋转、曲面建立等。

5) 图形操作窗口

软件中各种模型图像的显示区，可进行交互操作。

## 5.2 网格剖分软件

### 5.2.1 HyperMesh

1. 软件简介

HyperMesh 是一个功能强大的前后处理平台。它的优点体现在：具有各种不同的 CAD 软件接口，如 UG、Pro/E、CATIA、IGES、STEP 等，读入 CAD 几何模型的速率与效率较高；配有与各种有限元计算软件(求解器)的接口，为各种有限元求解器写出数据文件及读取不同求解器的结果文件；可实现不同有限元计算软件之间的模型转换功能，这在很大程度上提高了工作效率。应用最广泛的前后处理软件应首推 HyperMesh，它是一款高效率的有限元前后处理软件，可与大多数的有限元分析软件搭配使用，如 MSC.NASTRAN、

ABAQUS、ANSYS、LS-DYNA 等。HyperMesh 主要用于汽车行业，它已经成为全球汽车行业的标准配置，几乎所有的整车厂商和大多数配件厂商都在采用 HyperMesh 软件。同时 HyperMesh 也广泛进入各行各业，如航空航天、通用机械与日用品等行业。

2. 主要功能模块

(1) 几何建模与前后处理。MotionView 是一个具备领先工业界弹性体功能的前后处理及可视化工具，适用于机械系统仿真。MotionView 前处理提供一个有效率的中性多体动力学语言分析功能，可输出给 MSC.ADAMS 及 SIMPACK 使用。MotionView 后处理包含了 HyperView 的功能，并结合数据绘图及高性能的交互式 3D 动画，适用于包含刚体或弹性体组件的模型。经过对处理速度的优化操作，MotionView 的后处理具备了同步及多图形动画的能力，并可绘出 MSC.ADAMS、SIMPACK 及 DADS 格式的动画。MotionView 的前处理为快速建构、修改及分析 MSC.ADAMS 模型提供了一个广泛的模型库。MotionView 的后处理工具为同步且标准的结果分析建立了一个自动化的程序。

(2) 网格划分。完善的互动式二维和三维单元划分工具。用户在划分过程中能够对每个面进行网格参数调节，如单元密度、单元偏置梯度、网格划分算法等。HyperMesh 提供了多种三维单元生成方式用于构建高质量的四面体网格、六面体网格和 CFD 网格。Macro 菜单和快捷键编辑网格更为迅速灵活，大大提高了工作效率。多种形式的网格质量检查菜单，用户可以实时控制单元质量，另外还提供了多种网格质量修改工具。HyperMesh 提供了一套完善而易用的网格划分和编辑工具。利用包括 automeshing 模块在内的一整套强大的网格划分功能，HyperMesh 帮助用户以更快的速度创建出高质量的二维和三维网格。

HyperMesh 的曲面网格自动划分模块是一个强大的工具。允许用户交互式地调整曲面网格参数，如单元密度、单元偏置和网格算法等。还可以根据用户指定的质量标准进行网格自动优化。对实体几何，HyperMesh 支持进行布尔操作，从而快速而便捷地剖分模型使之易于生成四面体或六面体的网格。HyperMesh 的实体网格剖分模块可以在这些剖分实体上快速生成高质量的实体网格。HyperMesh 还能够对封闭实体快速地生成高质量的一阶或二阶四面体网格，该模块采用 AFLR 算法，用户可以根据结构或 CFD 仿真的不同需要控制网格的生长，并支持局部区域的网格重划。

(3) 模型装配。强大的几何输入功能，支持多种格式的复杂装配几何模型读入，如 CATIA、UG、Pro/E、STEP、IGES、PDGS、DXF、STL、VDAFS 等格式的输入，支持 UG 动态装配，并可设定几何容差，修复几何模型。支持 IGES 格式输出。Model browser 功能有效管理复杂几何和有限元装配模型。强大的模型装配功能帮助自动化地实现各类模型连接方式，如螺栓连接、点焊、缝焊和胶粘等。HyperMesh 中的装配，通常有如下几种方式：

① 直接在 CAD 软件中装配，并导入到 HM。

② 导入各个独立的零部件，然后在 HM 中装配逐个导入各个独立的零部件，然后在 HM 中进行装配。

③ 单元的装配。在很多场合，我们会得到一些没有任何几何形状，只有单元和节点的有限元模型，可以在 HM 中把这些有限元模型装配起来。

④ 单元和几何的混合装配。整个装配体，一部分有几何模型，另外一部分只有单元，没有几何信息，通过 HM 的 rotate、translate、position 命令也可以非常方便地把几何和单元装配到一起。

(4) 有限元分析模块与后处理。HyperMesh 工具同时搭载了几款用于有限元分析的模块，主要包括 HyperView、HyperGraph、HyperWeb、Process Manager 等。HyperView 是一个完整的后处理及可视化环境，使用于有限元分析、多媒体系统仿真、影像及工程数据方面。HyperGraph 为一款使用方便的工程分析工具，可处理任何格式的工程数据，轻松地解释相关信息，并能快速建立许多并关联的图形。HyperWeb 是一个基于网络的项目文档生成及管理工具，用于 CAE 项目从有限元建模到结果分析等各个阶段的文档生成管理器。Process Manager 是实现产品设计和 CAE 分析过程自动化的工具软件，通过它可以建立一类 CAE 问题分析流程标准模板，然后利用此模板为向导自动实现这类 CAE 分析过程。

(5) 结构优化设计模块。在 HyperMesh 中，OptiStruct 模块是专门为产品的概念设计和精细设计开发的结构分析和优化工具，是当行优化。OptiStruct 是一款以有限元方法为基础的最佳优化工具，凭借拓扑优化(topology)、形貌优化(topography)、形状优化(shape)和尺寸优化(size)，可产生精确的设计概念或布局。OptiStruct 拥有强大、高效地概念优化和细化优化能力，优化方法多种多样，可以应用在设计的各个阶段，可对静力、模态、屈曲分析进行优化。

(6) HyperStudy 是 HyperWorks 软件包中的一个新产品。它主要用于 CAE 环境下试验设计、优化及随机分析研究。HyperStudy 具有导向式结构，易于学习，适用于研究不同变化条件下设计变量的特性，包括非线性特性，还能应用在合并不同类型分析的跨学科领域中，且模型易于参数化——除了传统意义上定义输入数据为设计变量，有限元的形状也能够被参数化。HyperStudy 具有良好的集成性，可以从 HyperMesh、HyperForm 和 MotionView 软件中直接启动，同时获取设计参量等。HyperMorph 可用于形状参数的生成，同时可与多种外部求解器合并使用，进行线性和非线性的实验设计、优化和随机分析。

3. 软件特点

HyperMesh 软件与其他有限元分析前处理软件比较时所具有的鲜明的特点如下：

(1) 特殊的分析结果优势。HyperMesh 通过高性能的有限元建模和后处理大大缩短了工程分析的周期；直观的图形用户界面和先进的特性减少了学习的时间并提高效率；直接输入 CAD 几何模型及有限元模型，减少用于建模的重复工作和费用；高速度、高质量的自动网格划分极大地简化复杂几何的有限元建模过程；在一个集成的系统内支持范围广泛的求解器，确保在任何特定的情形下都能使用适用的求解器；极高的性价比使软件投资得到最好的回报；高度可定制性更进一步提高效率。

(2) 友好的操作界面和模块。用户可以通过创建宏以自动运行一系列操作；通过简便的步骤重新布置 HyperMesh 菜单系统；通过输出模板可以将 HyperMesh 数据输出为其他求解器和程序可读的格式；通过增加自己的输入转换器，可以扩展 HyperMesh 对其他分析软件数据的支持；HyperMesh 应用提供的工具可以创建专用的结果转换器，将特殊的分析结果转化成 HyperMesh 结果格式。

(3) 接口及几何模型整理。HyperMesh 具有工业界主要的 CAD 数据格式接口，可以直接把已经生成的三维实体模型导入到 HyperMesh 中，而且一般导入的模型的质量都很高，基本上不太需要对模型进行修复，这样就大大方便了 CAE 工程师对模型的处理。HyperMesh 与各种 CAD 软件具有良好的集成性。HyperMesh 还包含一系列工具，用于整理和改进输入的几何模型。输入的几何模型可能会有间隙、重叠和缺损，这些会妨碍高质量网格的自动划分。通过消除缺损和孔，以及压缩相邻曲面的边界等，设计人员可以在模型内更大、更合理的区域划分网格，从而提高网格划分的总体速度和质量。同时具有云图显示网格质量、单元质量跟踪检查等方便的工具，可以及时检查并改进网格质量。

(4) 建立和编辑模型。在建立和编辑模型方面，HyperMesh 提供用户一整套高度先进、完善的、易于使用的工具包。对于 2D 和 3D 建模，用户可以使用各种网格生成模板及强大的自动网格划分模块。HyperMesh 的自动网格划分模块提供用户一个智能的网格生成工具，同时可以交互调整每一个曲面或边界的网格参数，包括单元密度、单元长度变化趋势、网格划分算法等。HyperMesh 也可以快速地用高质量的一阶或二阶四面体单元自动划分封闭的区域。四面体自动网格划分模块应用强大的 AFLR 算法。用户可以根据结构和 CFD 建模需要来单元增长选项，选择浮动或固定边界三角形单元和重新划分局部区域。

(5) 提供完备后处理功能。HyperMesh 提供完备的后处理功能组件，让设计人员轻松、准确地理解并表达复杂的仿真结果。HyperMesh 具有完善的可视化功能，可以使用等值面、变形、云图、瞬变、矢量图和截面云图等表现结果。它也支持变形、线性、复合及瞬变动画显示。另外可以直接生成 BMP、JPG、EPS、TIFF 等格式的图形文件及通用的动画格式。这些特性结合友好的用户界面使设计人员迅速找到问题所在，同时有助于缩短评估结果的过程。

(6) 支持多种求解器接口。HyperMesh 支持很多不同的求解器输入输出格式，这样在利用 HyperMesh 划分好模型的有限元网格后，可以直接把计算模型转化成不同的求解器文件格式，从而利用相应的求解器进行计算。HyperMesh 所具有的良好的求解器接口功能，使得 HyperMesh 可以作为企业统一的 CAE 应用平台，即统一利用 HyperMesh 进行网格划分，然后对于不同的问题利用不同的求解器进行求解，这样 CAE 工程师也可以很方便地进行数据文件的管理，可以大大提高分析效率。HyperMesh 支持各种主流的有限元分析软件，可以支持的求解器如下(HyperMesh 的最新版本与这些有限元求解器的最新版本保持兼容)：ABAQUS、ANSYS、AutoDY、C-MOLD、DYTRAN、LS-DYNA3D、LS-NIKE3D、MADYMO、MARC、MOLDFLOW、MSC/MSC.NASTRAN、Ansoft、CSA/MSC.NASTRAN、OPTISTRUCT、PAM-CRASH、MSC.PATRAN、RADIOSS、Spotweld、VPG 等。

4. 软件操作界面

图 5.7 所示为 HyperMesh V10.0 的主操作界面示意图。

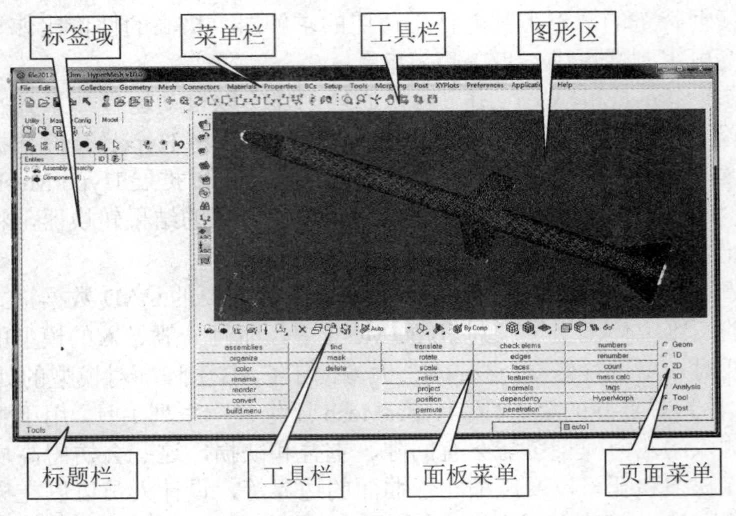


图 5.7　HyperMesh V10.0 的主操作界面示意图

1) 菜单栏

和其他软件一样，采用下拉式结构，可在此菜单中完成 HyperMesh 的多种不同功能。

2) 工具栏

位于图形区的上方，这些按钮为软件常用的功能提供了快捷通道，如改变图形显示效果等。

3) 图形区

图形区是显示已构建模型的区域，具有显示几何模型、有限元模型、XY 曲线图和结果图等功能。根据此区域的显示结果，用户可以实时地对二维、三维模型图进行操作。此外，图形区也是交互式操作的一部分，用户可在此区域内选取需要进行操作的模型。

4) 标题栏

标题栏位于软件界面的最下方，显示用户的当前位置或正在进行的操作。右侧的几个区域用户显示被激活的 User Profile、当前组件集(Component Collector)和当前载荷集(Load Collector)等。

5) 页面菜单

页面菜单也称为主菜单，包括多个子菜单(面板菜单)。主要有 Geom、1D、2D、3D、Analysis、Tool、Post 几个菜单项。

6) 面板菜单

面板菜单用来显示页面菜单中对应子菜单的功能项，用户可以单击与功能相对应的按钮来实现这些功能。

7) 标签域

标签域通常位于图形区的左侧，其中列出了一些有用的工具，可以通过 View 下拉菜单控制标签域的打开、关闭及放置位置，以及其每一选型条目的增加与删除。

8) 命令窗口

可将 HyperMesh 的命令直接输入文本框来执行相应的功能，主要适用于习惯使用命令流的用户。

### 5.2.2 其他网格剖分软件

MSC 公司的 MSC.PATRAN 软件是一个集成的并行框架式有限元前后处理及分析仿真系统，最早由美国宇航局(NASA)倡导开发，是工业领域最著名的并行框架式有限元前后处理及分析系统。其开放式、多功能的体系结构可集工程设计、工程分析、结果评估、用户化设计和交互图形界面于一身，构成一个完整的 CAE 集成环境。MSC.PATRAN 的用户主要集中在航空航天、汽车和通用机械等领域。

GAMBIT 是一个面向 CFD 的专业前处理器软件，它包含全面的几何建模能力，既可以在 GAMBIT 内直接建立点、线、面、体几何，也可以从主流的 CAD/CAE 系统，如 Pro/E、UGII、IDEAS、CATIA、SolidWorks、ANSYS、PATRAN 导入几何和网格，GAMBIT 强大的布尔运算能力为建立复杂的几何模型提供了极大的方便。GAMBIT 具有灵活方便的几何修正功能，当从接口中导入几何模型时会自动合并重合的点、线、面；GAMBIT 在保证原始几何精度的基础上通过虚拟几何自动的缝合小缝隙，这样既可以保证几何精度，又可以满足网格划分的需要。GAMBIT 功能强大的网格划分工具，可以划分出包含边界层等 CFD

特殊要求的高质量的网格。GAMBIT 中专有的网格划分算法可以保证在较为复杂的几何区域可直接划分出高质量的六面体网格。GAMBIT 中的 TGRID 方法可以在极其复杂的几何区域中划分出与相邻区域网格连续的完全非结构化的网格，GAMBIT 网格划分方法的选择完全是智能化的，当选择一个几何区域后 GAMBIT 会自动选择最合适的网格划分算法，使网格划分过程变得极为容易。GAMBIT 可以生成 FLUENT5、FLUENT4.5、FIDAP、POLYFLOW、NEKTON、ANSYS 等求解器所需要的网格。

FEMAP 是一个纯 Windows 风格的、非常易于使用的高性能有限元前后处理器软件。FEMAP 提供给工程师和分析人员一个容易、精确、有效地操控复杂模型的前后处理手段。FEMAP 从高级梁造型、中面提取和高级网格划分，到功能卓越的直接 CAD 访问工具和简化工具，都提供了有效的应用。FEMAP 是一个性价比很高的前后处理软件。

Samcef/Field Samcef 系列软件的前后处理工具是一个独立的图形环境，包含几何建模、读取主流 CAD 模型和驱动 Samcef 线性和非线性求解器的能力。

## 5.3 结构分析软件

### 5.3.1 MSC.Nastran

#### 1. 主要功能模块

MSC.Nastran 的主要动力学分析功能包括：特征模态分析、直接复特征值分析、直接瞬态响应分析、模态瞬态响应分析、响应谱分析、模态复特征值分析、直接频率响应分析、模态频率响应分析、非线性瞬态分析、模态综合、动力灵敏度分析等。

(1) 正则模态分析。用于求解结构的自然频率和相应的振动模态，计算广义质量，正则化模态节点位移约束力、单元力及应力，并可同时考虑刚体模态。具体包括：线性模态分析(又称实特征值分析)、考虑拉伸刚化效应的非线性特征模态分析(或称预应力状态下的模态分析)。

(2) 复特征值分析。复特征值分析主要用于求解具有阻尼效应的结构特征值和振型，分析过程与实特征值分析类似。此外 MSC.Nastran 的复特征值计算还可考虑阻尼、质量及刚度矩阵的非对称性。复特征值抽取方法包括直接复特征值抽取和模态复特征值抽取两种，即直接复特征值分析和模态复特征值分析。

(3) 瞬态响应分析(时间-历程分析)。瞬态响应分析在时域内计算结构在随时间变化的载荷作用下的动力响应，分为直接瞬态响应分析和模态瞬态响应分析。两种方法均可考虑刚体位移作用。

(4) 随机振动分析。该分析考虑结构在某种统计规律分布的载荷作用下的随机响应。MSC.Nastran 中的 PSD 可输入自身或交叉谱密度，分别表示单个或多个时间历程的交叉作用的频谱特性。计算出响应功率谱密度、自相关函数及响应的 RMS 值等。计算过程中，MSC.Nastran 不仅可以像其他有限元分析那样利用已知谱，而且还可自行生成用户所需的谱。

(5) 响应谱分析。响应谱分析(有时称为冲击谱分析)提供了一个有别于瞬态响应的分析功能，在分析中结构的激励用各个小的分量来表示，结构对于这些分量的响应则是这个结构每个模态的最大响应的组合。

(6) 频率响应分析。频率响应分析主要用于计算结构在周期振荡载荷作用下对每一个计算频率的动响应。计算结果分实部和虚部两部分。实部代表响应的幅度，虚部代表响应的相角。主要包括直接频率响应分析、模态频率响应分析两种方法。

(7) 声学分析。MSC.Nastran 中提供了完全的流体-结构耦合分析功能。这一理论主要应用在声学及噪声控制领域，如车辆或飞机客舱的内噪声的预测分析。进一步内容见文“流-固耦合分析”一节中的相关部分。

(8) 非线性分析。要想更精确地仿真实际问题，就必须考虑材料和几何、边界和单元等非线性因素。MSC.Nastran 强大的非线性分析功能为设计人员有效地设计产品、减少额外投资提供了一个十分有用的工具。很多材料在达到初始屈服极限时往往还有很大潜力可挖，通过非线性分析工程师可充分利用材料的塑性和韧性。主要的非线性方法包括几何非线性分析、材料非线性分析、非线性边界(接触问题)、非线性瞬态分析、非线性单元等。

(9) 热传导分析。热传导分析通常用来校验结构零件在热边界条件或热环境下的产品特性，利用 MSC.Nastran 可以计算出结构内的热分布状况，并直观地看到结构内潜热、热点位置及分布。MSC.Nastran 提供广泛的温度相关的热传导分析支持能力。基于一维、二维、三维热分析单元，MSC.Nastran 可以解决包括传导、对流、辐射、相变、热控系统在内所有的热传导现象，并真实地仿真各类边界条件，构造各种复杂的材料和几何模型，模拟热控系统，进行热-结构耦合分析。MSC.Nastran 提供了适于稳态或瞬态热传导分析的线性、非线性两种算法。

(10) 空气动力弹性及颤振分析。气动弹性问题是应用力学的分支，涉及气动、惯性及结构力间的相互作用，在 MSC.Nastran 中提供了多种有效的解决方法。人们所知的飞机、直升机、导弹、斜拉桥乃至高耸的电视发射塔、烟囱等都需要气动弹性方面的计算。MSC.Nastran 的气动弹性分析功能主要包括：静态和动态气弹响应分析、颤振分析及气弹优化。

(11) 流-固耦合分析。流-固耦合分析主要用于解决流体(含气体)与结构之间的相互作用效应。MSC.Nastran 中拥有多种方法求解完全的流-固耦合分析问题，包括：流-固耦合法、水弹性流体单元法和虚质量法。此外，MSC.Nastran 新增加的(噪)声学阻滞单元和吸收单元为这一问题的分析带来了极大方便。

(12) 多级超单元分析。超单元分析是求解大型问题的一种十分有效的手段，特别是当工程师打算对现有结构件做局部修改和重分析时。超单元分析主要是通过把整体结构分化成很多小的子部件来进行分析，即将结构的特征矩阵(刚度、传导率、质量、比热、阻尼等)压缩成一组主自由度类似于子结构方法，但较其相比具有更强的功能且更易于使用。多级超单元分析是 MSC.Nastran 的主要强项之一，适用于所有的分析类型，如线性静力分析、刚体静力分析、正则模态分析、几何和材料非线性分析、响应谱分析、直接特征值、频率响应、瞬态响应分析、模态特征值、频率响应、瞬态响应分析、模态综合分析(混合边界方法和自由边界方法)、设计灵敏度分析、稳态、非稳态、线性、非线性传热分析等。

(13) 高级对称分析。针对结构的对称、反对称、轴对称或循环对称等不同的特点，MSC.Nastran 提供了不同的算法。类似超单元分析，高级对称分析可大大压缩大型结构分析问题的规模，提高计算效率。其高级对称分析模块中主要包括对称分析、轴对称分析、高级循环对称分析。

(14) 拓扑优化。MSC.Nastran 拥有强大、高效的设计优化能力，其优化过程由设计灵敏度分析及优化两大部分组成，可对静力、模态、屈曲、瞬态响应、频率响应、气动弹性和颤振分析进行优化。有效的优化算法允许在大模型中存在上百个设计变量和响应。除了具有这种用于结构优化和零部件详细设计过程的形状和尺寸优化设计的能力外，MSC.Nastran 的新版本还集成了适于产品概念设计阶段的拓扑优化等功能，这里不做详细介绍。

2. 软件特点

MSC.Nastran 的主要特点如下：

(1) 极高的软件可靠性。MSC.Nastran 是一项具有高度可靠性的结构有限元分析软件，有着 36 年的开发和改进历史，并通过了 50000 多个最终用户的长期工程应用的验证。MSC.Nastran 的整个研制及测试过程是在 MSC 公司的 QA 部门、美国国防部、国家宇航局、联邦航空管理委员会(FAA)及核能委员会等有关机构的严格控制下完成的，每一版的发行都要经过 4 个级别、5000 个以上测试题目的检验。

(2) 优秀的软件品质。MSC.Nastran 的计算结果与其他质量规范相比已成为最高质量标准，得到有限元界的一致公认。通过无数考题和大量工程实践的比较，众多重视产品质量的大公司和工业行业都用 MSC.Nastran 的计算结果作为标准代替其他质量规范。

(3) 作为工业标准的输入/输出格式。MSC.Nastran 被人们如此推崇而广泛应用使其输入/输出格式及计算结果成为当今 CAE 工业标准，几乎所有的 CAD/CAM 系统都竞相开发了其与 MSC.Nastran 的直接接口，MSC.Nastran 的计算结果通常被视为评估其他有限元分析软件精度的参照标准，同时也是处理大型工程项目和国际招标的首选有限元分析工具。

(4) 强大的软件功能。MSC.Nastran 不但容易使用而且具有十分强大的软件功能。通过不断地完善，如增加新的单元类型和分析功能、提供更先进的用户界面和数据管理手段、进一步提高解题精度和矩阵运算效益等，使 MSC 公司以每年推出一个小版本、每两年推出一个大版本的速度为用户提供 MSC 新产品。

(5) 高度灵活的开放式结构。MSC.Nastran 全模块化的组织结构使其不但拥有很强的分析功能而又保证很好的灵活性，用户可根据自己的工程问题和系统需求通过模块选择、组合获取最佳的应用系统。此外，MSC.Nastran 的全开放式系统还为用户提供了其他同类程序所无法比拟的开发工具 DMAP 语言。

(6) 无限的解题能力。MSC.Nastran 对于解题的自由度数、带宽或波前没有任何限制，其不但适用于中小型项目，对于处理大型工程问题也同样非常有效，并已得到了世人的公认。MSC.Nastran 已成功地解决了超过 5 000 000 自由度以上的实际问题。

3. 软件操作界面

图 5.8 所示为 Nastran 2010 的主操作界面示意图。

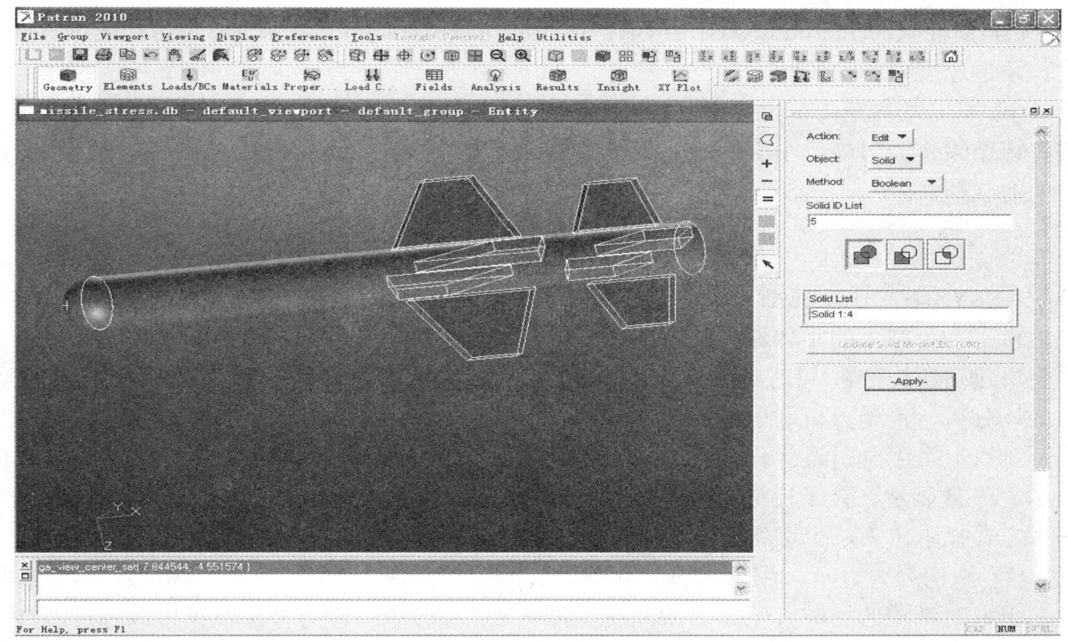


图 5.8 Nastran 的前后处理软件 PATRAN 2010 的主操作界面示意图

### 5.3.2 ANSYS

1. 软件简介

ANSYS 软件是融合结构、流体、电场、磁场、声场分析于一体的大型通用有限元分析软件。由世界上最大的有限元分析软件公司之一的美国 ANSYS 开发，它能与多数 CAD 软件接口，实现数据的共享和交换，如 Pro/E、MSC.Nastran、Alogor、I-DEAS、AutoCAD 等，是现代产品设计中的高级 CAE 工具之一。ANSYS 有限元软件包是一个多用途的有限元法计算机设计程序，可以用来求解结构、流体、电力、电磁场及碰撞等问题。因此它可应用于以下工业领域：航空航天、汽车工业、生物医学、桥梁、建筑、电子产品、重型机械、微机电系统、运动器械等。

在 ANSYS 中，载荷包括边界条件和外部或内部作用力函数，在不同的分析领域中有不同的表征，但基本上可以分为六大类：自由度约束、力(集中载荷)、面载荷、体载荷、惯性载荷及耦合场载荷。主要载荷类型的详细介绍如下。

(1) 自由度约束(DOF Constraints)，将给定的自由度用已知量表示。例如，在结构分析中约束是指位移和对称边界条件，而在热力学分析中则指的是温度和热通量平行的边界条件。

(2) 力(集中载荷)(Force)，指施加于模型节点上的集中载荷或者施加于实体模型边界上的载荷。例如，结构分析中的力和力矩、热力分析中的热流速度、磁场分析中的电流段。

(3) 面载荷(Surface Load)，指施加于某个面上的分布载荷。例如，结构分析中的压力，热力学分析中的对流和热通量。

(4) 体载荷(Body Load)，指体积或场载荷。例如，需要考虑的重力，热力分析中的热生成速度。

(5) 惯性载荷(Inertia Loads)，指由物体的惯性而引起的载荷。例如，重力加速度、角速度、角加速度引起的惯性力。

(6) 耦合场载荷(Coupled-field Loads)，是一种特殊的载荷，是考虑到一种分析的结果，并将该结果作为另外一个分析的载荷。例如，将磁场分析中计算得到的磁力作为结构分析中的力载荷。

### 2. 主要功能

ANSYS 软件主要包括三个部分：前处理模块、分析计算模块和后处理模块。前处理模块提供了一个强大的实体建模及网格划分工具，用户可以方便地构造有限元模型。分析计算模块包括结构分析(可进行线性分析、非线性分析和高度非线性分析)、流体动力学分析、电磁场分析、声场分析、压电分析及多物理场的耦合分析，可模拟多种物理介质的相互作用，具有灵敏度分析及优化分析能力。后处理模块可将计算结果以彩色等值线显示、梯度显示、矢量显示、粒子流迹显示、立体切片显示、透明及半透明显示(可看到结构内部)等图形方式显示出来，也可将计算结果以图表、曲线形式显示或输出。

(1) 结构静力分析。用来求解外载荷引起的位移、应力和力。静力分析很适合求解惯性和阻尼对结构的影响并不显著的问题。ANSYS 程序中的静力分析不仅可以进行线性分析，而且也可以进行非线性分析，如塑性、蠕变、膨胀、大变形、大应变及接触分析。

(2) 结构动力学分析。结构动力学分析用来求解随时间变化的载荷对结构或部件的影响。与静力分析不同，动力分析要考虑随时间变化的力载荷及它对阻尼和惯性的影响。ANSYS 可进行的结构动力学分析类型包括：瞬态动力学分析、模态分析、谐波响应分析及随机振动响应分析。

(3) 结构非线性分析。结构非线性导致结构或部件的响应随外载荷不成比例变化。ANSYS 程序可求解静态和瞬态非线性问题，包括材料非线性、几何非线性和单元非线性三种。

(4) 动力学分析。ANSYS 程序可以分析大型三维柔体运动。当运动的积累影响起主要作用时，可使用这些功能分析复杂结构在空间中的运动特性，并确定结构中由此产生的应力、应变和变形。

(5) 热分析。程序可处理热传递的三种基本类型：传导、对流和辐射。热传递的三种类型均可进行稳态和瞬态、线性和非线性分析。热分析还具有可以模拟材料固化和熔解过程的相变分析能力及模拟热与结构应力之间的热-结构耦合分析能力。

(6) 电磁场分析。主要用于电磁场问题的分析，如电感、电容、磁通量密度、涡流、电场分布、磁力线分布、力、运动效应、电路和能量损失等。还可用于螺线管、调节器、发电机、变换器、磁体、加速器、电解槽及无损检测装置等的设计和分析领域。

(7) 流体动力学分析。ANSYS 流体单元能进行流体动力学分析，分析类型可以为瞬态或稳态。分析结果可以是每个节点的压力和通过每个单元的流率，并且可以利用后处理功能产生压力、流率和温度分布的图形显示。另外，还可以使用三维表面效应单元和热-流管单元模拟结构的流体绕流并包括对流换热效应。

(8) 声场分析。程序的声学功能用来研究在含有流体的介质中声波的传播，或分析浸在流体中的固体结构的动态特性。这些功能可用来确定音响话筒的频率响应，研究音乐大厅的声场强度分布，或预测水对振动船体的阻尼效应。

(9) 压电分析。用于分析二维或三维结构对 AC(交流)、DC(直流)或任意随时间变化的电流或机械载荷的响应。这种分析类型可用于换热器、振荡器、谐振器、麦克风等部件及其他电子设备的结构动态性能分析。可进行四种类型的分析：静态分析、模态分析、谐波响应分析、瞬态响应分析。

3. 软件特点

ANSYS 主要技术特点体现在它可以实现多场及多场耦合分析、实现前后处理和求解，以及多场分析统一数据库的一体化，具有多物理场优化功能，并且具有中文界面和具有强大的非线性分析功能。ANSYS 的多种求解器适合于不同问题及不同的硬件配置。ANSYS 支持异种、异构平台的网络浮动，在异种、异构平台上用户界面统一、数据文件全部兼容，其强大的并行计算功能支持分布式并行及共享内存式并行。ANSYS 提供多种自动网格划分技术，具有良好的用户开发环境。ANSYS 软件的主要技术特点包括软件把前后处理与分析求解结合起来、能实现多场及多场耦合功能、实现前后处理、分析求解及多场分析统一数据库，是具有流场优化功能的 CFD 软件。从微机、工作站、大型机直至巨型机所有硬件平台上全部数据文件兼容，并支持智能网格划分。此外，ANSYS 还支持从微机、工作站到巨型机的所有硬件平台，可与大多数的 CAD 软件集成并有接口，有良好的用户开发环境。

4. 软件操作界面

图 5.9 所示为 ANSYS 的主操作界面示意图。

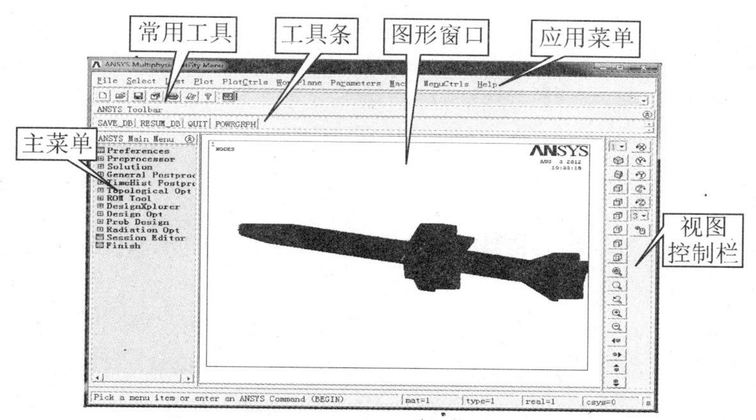


图 5.9 ANSYS 的主操作界面示意图

1) 应用菜单

应用菜单为下拉式菜单，包含如文件管理、选择、显示控制、参数设置等功能。主要命令有“File”、“Select”、“List”、“Plot”、“PlotCtrls”、“WorkPlane”、“Parameters”、“Macro”、“MenuCtrls” 和 “Help”。

2) 主菜单

主菜单中包括各种功能操作命令，包括前处理模块中使用的单元、材料、造型、网格划分等；求解模块中的载荷约束、求解参数和迭代求解等；后处理模块中的列表显示结果、图形显示结果等内容。

3) 工具条

工具条位于图形窗口上方，主要放置常用功能，用户单击“MenuCtrls”→“EditToolbar”可进行自定义工具条中的功能按钮。

4) 命令行窗口

命令行窗口是输入控制命令的窗口，若用户习惯命令流操作，可使用此窗口。

5) 图形窗口

图形窗口用于显示已处理和当前正在处理的数据，包括体、面、节点、单元，以及应力、应变等内容。ANSYS 最多可同时打开 5 个图形窗口，用户可通过“Plot Ctrls”→“Window Control”→“Window On or Off”进行调整。

## 5.4 动力学分析软件

### 5.4.1 MSC.ADAMS

1. 软件介绍

MSC.ADAMS(Automatic Dynamic Analysis of Mechanical System)软件是美国 MDI(Mechanical Dynamics Inc.)公司开发的机械系统动力学仿真分析软件，它使用交互式图形环境和零件库、约束库、力库，创建完全参数化的机械系统几何模型，其求解器采用多刚体系统动力学理论中的拉格朗日方程方法，建立系统动力学方程，对虚拟机械系统进行静力学、运动学和动力学分析，输出位移、速度、加速度和反作用力曲线。MSC.ADAMS 软件的仿真可用于预测机械系统的性能、运动范围、碰撞检测、峰值载荷及计算有限元的输入载荷等。

2. 功能模块

MSC.ADAMS 软件包括核心模块 ADMS/View 和 MSC.ADAMS/Solver，以及其他扩展模块，详细内容如下：

(1) MSC.ADAMS/View(界面模块)是以用户为中心的交互式图形环境，它提供丰富的零件几何图形库、约束库和力库，将便捷的图标操作、菜单操作、鼠标单击操作与交互式图形建模、仿真计算、动画显示、优化设计、X-Y 曲线图处理、结果分析和数据打印等功能集成在一起。

(2) MSC.ADAMS/Solver(求解器)是软件的仿真“发动机”，它自动形成机械系统模型的动力学方程，提供静力学、运动学和动力学的解算结果。MSC.ADAMS/ Solver 有各种建模和求解选项，以便精确有效地解决各种工程问题。

(3) MSC.ADAMS/Controls(控制模块)可以通过简单的继电器、逻辑与非门、阻尼线圈等建立简单的控制机构，或者利用在通用控制系统软件(如 MATLAB、MATRIX、EASY5)中建立的控制系统框图，建立包括控制系统、液压系统、气动系统和运动机械系统的仿真模型。

(4) MSC.ADAMS/Linear(系统模态分析模块)可以在进行系统仿真时将系统非线性的运动学或动力学方程进行线性化处理，以便快速计算系统的固有频率(特征值)、特征向量和状态空间矩阵，更快更全面地了解系统的固有特性。

(5) MSC.ADAMS/Flex(柔性分析模块)提供 MSC.ADAMS 软件与有限元分析软件之间的双向数据交换接口，可以方便地考虑零部件的弹性特性，建立多体动力学模型，以提高系统的仿真精度。

(6) MECHANISM/Pro(Pro/E 接口)。MECHANISM/Pro 是连接 Pro/E 与 MSC.ADAMS 之间的桥梁，二者采用无缝连接的方式。

(7) MSC.ADAMS/Car(轿车模块)。MSC.ADAMS/Car 是 MDI 公司与 Audi、BMW、Renault 和 Volvo 等公司合作开发的整车设计模块，它能够快速建造高精度的整车虚拟样机，并通过高速动画直观地再现在各种试验工况下(如天气、道路状况、驾驶员经验)整车的动力学响应，并输出标志操纵稳定性、制动性、乘车舒适性和安全性的特征参数。

(8) MSC.ADAMS/Driver(驾驶员模块)是在德国的 IPG-Driver 基础上，经过二次开发而形成的成熟产品，它可以确定汽车驾驶员的行为特征，确定各种操纵工况(如稳态转向、转弯制动、ISO 变线试验、侧向风试验等)，同时确定转向盘转角或转矩、加速踏板位置、作用在制动踏板上的力、离合器的位置、变速器挡位等，提高车辆动力学仿真的真实感。MSC.ADAMS/Driver 还可以通过调整驾驶员行为适应各种汽车特定的动力学特性，并具有记忆功能。

(9) MSC.ADAMS/Rail(铁道模块)是由美国 MDI 公司、荷兰铁道组织(NS)、Delft 工业大学及德国 ARGE CARE 公司合作开发的，专门用于研究铁路机车、车辆、列车和线路相互作用的动力学分析软件。利用 MSC.ADAMS/Rail 可以方便快速地建立完整的、参数化的机车车辆或列车模型及各种子系统模型和各种线路模型，并根据分析目的不同而定义相应的轮/轨接触模型，可以进行机车车辆稳定性临界速度、曲线通过性能、脱轨安全性、牵引/制动特性、轮轨相互作用力、随机响应性能和乘坐舒适性指标及纵向列车动力学等问题的研究。

(10) 弹性体通用的 MD 数据库 (MD DB)格式，允许在单个 MD MSC.Nastran 的结果文件(.MASTER)中存储多个弹性体模型。使用“白匣子(white box)”的输出方式，使得从 MSC.ADAMS 到 MSC.Nastran(MSC.ADAMS—MSC.Nastran)的输出发展到单元层次上，因而，对整个系统中单个部件的替换更容易实现。MSC.ADAMS/View 下新插件 MSC.ADAMS/Mechatronics，使得控制系统与多体系统的集成实现标准化。MD 版 MSC.ADAMS/Engine 的发布增加了新的功能，使 MD MSC.ADAMS 所提供的功能更趋完满。弹性体的动画显示及其分布载荷云图显示速度更快，有助于改善仿真结果的可视化效果。对 Windows 和 Linux 64 位操作系统的支持及使用 XML 格式导入结果文件的方式，有助于处理大模型及分析结果，改善了前后处理的速度。

### 3. 软件特点

MSC.ADAMS 是全球运用最为广泛的机械系统仿真软件，用户可以利用 MSC.ADAMS 在计算机上建立和测试虚拟样机，实现事实再现仿真，了解复杂机械系统设计的运动性能。MD MSC.ADAMS(MD 代表多学科)是在企业级 MSC SimEnterprise 仿真环境中与 MD MSC.NASTRAN 相互补充，提供了对于复杂的高级工程分析的完整的仿真环境，SimEnterprise 是当今最为完整的集成仿真和分析技术。主要的特点如下：

(1) MD MSC.ADAMS 的发布完全支持运动-结构耦合仿真，与 MD MSC.Nastran 的双向集成可以十分便利地将 MSC.ADAMS 的模型输出到 MSC.Nastran 进行更为详细的 NVH 分析或应力恢复，继而进行寿命/损伤计算。

(2) Multidiscipline Value 多学科价值。多学科的价值在于大大地拓广了数字分析的能力，MSC 的 MD 技术是优化的涵盖跨学科/多学科的集成，可以充分利用现有的高性能计算技术解决大量大规模的问题。多学科技术聚焦于提升仿真效率、保证设计初期设计的有效性、提升品质、加速产品投放市场。

(3) MSC.ADAMS/Solver(C++)SMP 支持 MSC.ADAMS/Tire 并行解算，在多 CPU 机器上的运行速度更快。MSC.ADAMS C++ Solver 3D 接触碰撞功能支持在弹性体和弹性体或弹性体和刚性体之间定义碰撞。Hiller-Anantharaman STIFF 积分器 (HASTIFF)的 SI1 和 SI2 方法，迭代过程需要更少的函数估值，同时提高了极小时间步长的收敛稳定性。在 MSC.ADAMS/Solver (C++)中新增延迟时变函数(DELAY run-time function)，可用于控制模型中信号或驱动的延迟。MSC.ADAMS/Tire 3D 轮胎模拟技术，可适用表面崎岖不平的道路。一个新的命令 MNFXFORM，可用于弹性体 MNF 文件的镜像，或变换/旋转弹性体坐标系。

(4) 引入了一套新的电子在线帮助系统，新增有关插件的帮助文档，并加强了帮助文档的易用性。新的在线帮助系统及 PDF 格式文件，更方便打印。

(5) 输出线性模型，可以将线性化后的 MSC.ADAMS 模型封装为 MSC.NASTRAN 的 DMIG 输入形式，用于在 MSC.NASTRAN 中进行进一步的振动性能分析。

(6) 在 3D 接触分析中，新的用于处理球体的分析方法，加强了接触计算的算法，即使用真实的几何来代表球体。同旧的将球体表面用小平面表示的方法相比，这种算法解算的速度明显加快。

(7) 仿真过程中时变累计质量的计算，可以自动地计算仿真过程中时变的系统累计质量，可以完成多体系统质量的计算。

(8) 对频响仿真节点的应力和应变结果的曲线绘制，可以让分析人员快速地进行“what-if”的研究，同时考虑系统多体动力学特性和结构的影响。

(9) 增加了 MD MSC.ADAMS/Car Mechatronics 汽车机电模块，该模块极大地加强了 MSC.ADAMS/Car 和 MSC.ADAMS/Controls 的集成。

(10) C++ Solver 支持 MSC.ADAMS/Car，且新的 C++ Solver 提供分析偏微分方程的功能，因而精度更高也更稳定。

(11) 更精确的动态悬架分析，能够将悬架运动的动态影响考虑在内，因而可以提高仿真的精度。

(12) 用于轮胎分析的新试验台，可以为不同的轮胎模型自动地生成轮胎特性比较需要的各种曲线图。这种高度自动化的分析功能界面有助于对各种轮胎模型的品质及轮胎数据库快速地分析比较。

4. 软件操作界面

图 5.10 所示为 MSC.ADAMS 的主操作界面示意图。

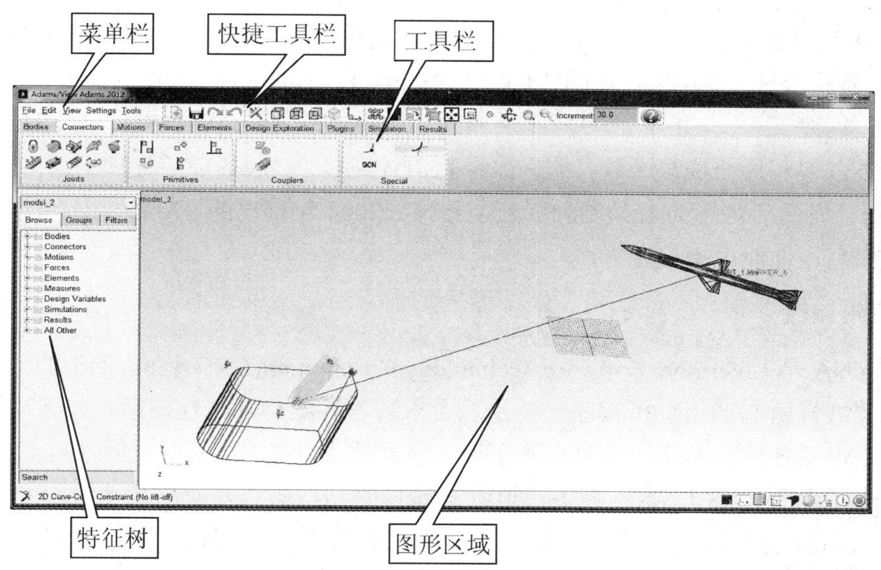


图 5.10　MSC.ADAMS 的主操作界面示意图

ADAMS 2012 采用了全新的用户界面，此界面使用更加简洁方便。新界面的布局介绍如下：

1) 菜单栏

同其他程序一样，菜单为下拉式结构，用户可在此菜单中完成软件中的多种不同功能。

2) 工具栏

分类操作命令，包括 Bodies、Connectors、Motions、Forces、Elements、Design Exploration、Plugins、Silulation、Results 等操作类。

3) 快捷工具栏

可以快速进行文件、视图等操作，使菜单栏中常用的一些功能更方便，用户可以自己定制此工具栏。

4) 特征树

显示已定义的模型、关系等模块的所有特征及其属性。

5) 图形区域

软件中各种模型和相关分析图像的显示区，可进行交互操作。

### 5.4.2　LS-DYNA

1. 软件简介

LS-DYNA 是世界上最著名的通用显式动力分析程序，能够模拟真实世界的各种复杂问题，特别适合求解各种二维、三维非线性结构的高速碰撞、爆炸和金属成型等非线性动力冲击问题，同时可以求解传热、流体及流-固耦合问题。在工程应用领域被广泛认可为最佳的分析软件包。与实验的无数次对比证实了其计算的可靠性。由 J.O.Hallquist 主持开发完成的 DYNA 程序系列被公认为是显式有限元程序的鼻祖和理论先导，是目前所有显式求解程序(包括显式板成型程序)的基础代码。1988 年 J.O.Hallquist 创建 LSTC 公司，推出 LS-DYNA 程序系列，并于 1997 年将 LS-DYNA2D、LS-DYNA3D、LS-TOPAZ2D、LS-TOPAZ3D 等程序合成一个软件包，称为 LS-DYNA。PC 版的前后处理采用 ETA 公司的 FEMB，新开发的后处理为 LS-POST。LS-DYNA 2004 年推出的 970 版，比 960 版在功能上有许多提高，性能也更趋完善。

2. 应用领域

LS-DYNA 是 Livermore Software Technology Corporation(LSTC)公司推出的世界著名的通用显式非线性瞬态动力分析程序。特别适合求解各种结构非线性问题，被成功地应用于汽车碰撞、电器跌落、航空发动机、水下爆炸和武器设计领域。

在汽车工业中，LS-DYNA 具备模拟汽车碰撞时结构破损和乘员安全性分析的全部功能，如假人系统进行碰撞仿真、气囊设计、乘客被动安全、部件加工、轮胎在积水路面排水性和动平衡分析。在铁路机车领域中，LS-DYNA 具备车辆防撞特性及乘员安全性分析、车辆零部件加工过程仿真及加工工艺优化设计等。在电子电器行业中，LS-DYNA 具备跌落冲击分析、包装设计、热分析和电子封装等。在国防与军工中，LS-DYNA 可以进行内弹道和终点弹道、装甲和反装甲系统、穿甲弹与破甲弹设计、战斗部结构设计、冲击波传播、侵彻与开坑、空气、水、土壤与容器中爆炸、爆炸成形、爆炸分离、爆炸容器的设计优化分析、爆炸对建筑物等设施结构的破坏分析、核废料容器设计等。在航空航天领域中，LS-DYNA 可以进行鸟撞模拟、叶片包容性分析、发动机异物损伤、飞机结构冲击、碰撞、冲击爆炸及动态载荷、火箭级间分离模拟、宇宙垃圾碰撞、星际探测、特种复合材料设计、航空航天器零部件制造工艺仿真及优化等。在土木建筑行业中，LS-DYNA 可以进行地震安全、公路桥梁设计、路防装置设计、混凝土结构、爆破拆除等仿真分析。在制造业中，LS-DYNA 可以进行冲压、锻造、铸造、切割、点焊、铆接、螺纹连接结构的分析等。在石油及海洋工程中，LS-DYNA 可以进行液体晃动、完井射孔、管道设计、爆炸切割、事故模拟、海上平台设计。LS-DYNA 有内建 160 多种材料的材料库，可方便地定义真实世界中的材料；20 多种非线性单元类型和多种单元划分方法，可以模拟真实世界中物质的行为；多达 50 多种接触方式，考虑各种非线性和耦合因素，是最强大的接触模拟器。

3. 功能模块及特点

LS-DYNA 程序 960 版是功能齐全的几何非线性(大位移、大转动和大应变)、材料非线性(140 多种材料动态模型)和接触非线性(50 多种)程序。它以 Lagrange(拉格朗日)算法为主，兼有 ALE 和 Euler 算法；以显式求解为主，兼有隐式求解功能；以结构分析为主，兼有热分析、流体-结构耦合功能；以非线性动力分析为主，兼有静力分析功能(如动力分析前的预应力计算和薄板冲压成型后的回弹计算)；军用和民用相结合的通用结构分析非线性有限元程序。

(1) LS-DYNA 分析能力。LS-DYNA 的分析能力包括非线性动力学分析、多刚体动力学分析、准静态分析(钣金成型等)、热分析、结构-热耦合分析、流体分析(欧拉方式和任意拉格郎日-欧拉(ALE))、流体-结构相互作用、不可压缩流体 CFD 分析、有限元-多刚体动力学耦合分析(MADYMO，CAL3D)、水下冲击、失效分析、裂纹扩展分析、实时声场分析、设计优化、隐式回弹和多物理场耦合分析、自适应网格重划和并行处理(SMP 和 MPP)。

(2) 材料模式库(140 多种)。材料模式库包括金属、塑料、玻璃、泡沫、编制品、橡胶(人造橡胶)、蜂窝材料、复合材料、混凝土和土壤、炸药、推进剂、黏性流体和用户自定义材料。

(3) 单元库。单元类型包括体单元、薄/厚壳单元、梁单元、焊接单元、离散单元、束和索单元、安全带单元、节点质量单元和 SPH 单元等。

(4) 接触方式(50 多种)。接触方式包括柔体对柔体接触、柔体对刚体接触、刚体对刚体接触、边-边接触、侵蚀接触、充气模型、约束面、刚墙面和拉延筋。

(5) 汽车行业的专门功能。功能包括安全带、滑环、预紧器、牵引器、传感器、加速计、气囊和混合 III 型假人模型。

(6) 初始条件、载荷和约束功能。主要包括初始速度、初应力、初应变、初始动量(模拟脉冲载荷)，高能炸药起爆，节点载荷、压力载荷、体力载荷、热载荷、重力载荷，循环约束、对称约束(带失效)、无反射边界，给定节点运动(速度、加速度或位移)、节点约束，铆接、焊接(点焊、对焊、角焊)，两个刚性体之间的连接——球形连接、旋转连接、柱形连接、平面连接、万向连接、平移连接，位移/转动之间的线性约束、壳单元边与固体单元之间的固连，带失效的节点固连。

(7) 自适应网格剖分功能。自动剖分网格技术通常用于薄板冲压变形模拟、薄壁结构受压屈曲、三维锻压问题等大变形情况，使弯曲变形严重的区域周围更加清晰准确。对于三维锻压问题，LS-DYNA 主要有两种方法：自适应网格剖分和任意拉格朗日-欧拉 (ALE) 网格进行重分)，三维自适应网格剖分采用的是四面体单元。

(8) ALE 和 Euler(欧拉)列式。ALE 列式和 Euler 列式可以克服单元严重畸变引起的数值计算困难，并实现流体-固体耦合的动态分析。在 LS-DYNA 程序中 ALE 和 Euler 列式的功能包括多物质的 Euler 单元(可达 20 种材料)、若干种 Smoothing 算法选项、一阶和二阶精度的输运算法、空白材料、Euler 边界条件——滑动或附着条件、声学压力算法及与 Lagrange 列式的薄壳单元、实体单元和梁单元的自动耦合。

(9) SPH 算法。SPH(Smoothed Particle Hydrodynamics)光顺质点流体动力算法是一种无网格 Lagrange 算法，最早用于模拟天体物理问题，后来发现也是解决其他物理问题非常有用的工具，如连续体结构的解体、碎裂、固体的层裂、.脆性断裂等。SPH 算法可以解决许多常用算法解决不了的问题，是一种非常简单方便的解决动力学问题的研究方法。由于它是无网格的，可以用于研究很大的不规则结构。SPH 算法适用于超高速碰撞、靶板贯穿等过程的计算模拟。

(10) 边界元法。LS-DYNA 程序采用边界元法 BEM(Boundary Element Method)求解流体绕刚体或变形体的稳态或瞬态流动，该算法限于非黏性和不可压缩的附着流动。

(11) 隐式求解。用于非线性结构静动力分析，包括结构固有频率和振型计算。LS-DYNA 中可以交替使用隐式求解和显式求解，进行薄板冲压成型的回弹计算、结构动力分析之前施加预应力等。

(12) 热分析。LS-DYNA 程序有二维和三维热分析模块，可以独立运算，也可以与结构分析耦合，可进行稳态热分析，也可进行瞬态热分析，用于非线性热传导、静电场分析和渗流计算。热传导单元包括 8 节点六面体单元(3D)和 4 节点四边形单元(2D)。材料类型包括各向同性、正交异性热传导材料、温度相关的材料和各向同性热传导材料，以及各向同性热传导材料的相变。边界条件包括给定热流 flux 边界、对流 convection 边界、辐射 radiation 边界及给定温度边界。它们可随时间变化、给定初始温度、可计算两个物体接触界面的热传导和热辐射及给定材料内部热生成(给定热源)。热分析采用隐式求解方法，过程控制包括稳态分析还是瞬态分析，线性问题还是非线性问题。时间积分法采用 Crank-Nicholson 法($a$=0.5)和向后差分法($a$=1)。求解器采用直接法或迭代法，并可以进行自动时步长控制。

(13) 不可压缩流场分析。LS-DYNA 不可压缩流求解器是 960 版新增加的功能，用于模拟分析瞬态、不可压、黏性流体动力学现象。求解器中采用了超级计算机的算法结构，在确保有限元算法优点的同时计算性能得到大幅度提高，从而在广泛的流体力学领域具有很强的适用性。

(14) 多功能控制选项。多种控制选项和用户子程序使得用户在定义和分析问题时有很大的灵活性。LS-DYNA 的输入文件可分成多个子文件；用户自定义子程序；二维问题可以人工控制交互式或自动重分网格(Rezone)；重启动；数据库输出控制；交互式实时图形显示；开关控制-可监视计算过程的状态；对 32 位计算机可进行双精度分析。

(15) 前后处理功能。LS-DYNA 利用 ANSYS、LS-INGRID、ETA/FEMB 及 LS-POST 强大的前后处理模块，具有多种自动网格划分选择，并可与大多数的 CAD/CAE 软件集成并有接口；后处理包括结果的彩色等值线显示、梯度显示、矢量显示、等值面、粒子流迹显示、立体切片、透明及半透明显示，变形显示及各种动画显示，图形的 PS、TIFF 及 HPGL 格式输出与转换等。

(16) 支持硬件平台。LS-DYNA 960 版的 SMP 版本和 MPP 版本是同时发行的。MPP 版本使一项任务可同时在多台分布计算机上进行计算，从而最大限度地利用已有计算设备，大幅度减少计算时间。计算效率随计算机数目增多而显著提高。LS-DYNA 960 版的 SMP 版本和 MPP 版本可在 PC(NT、Linux 环境)、UNIX 工作站、超级计算机上运行。

#### 4. 软件操作界面

图 5.11 所示为 LS-DYNA 的主操作界面示意图。

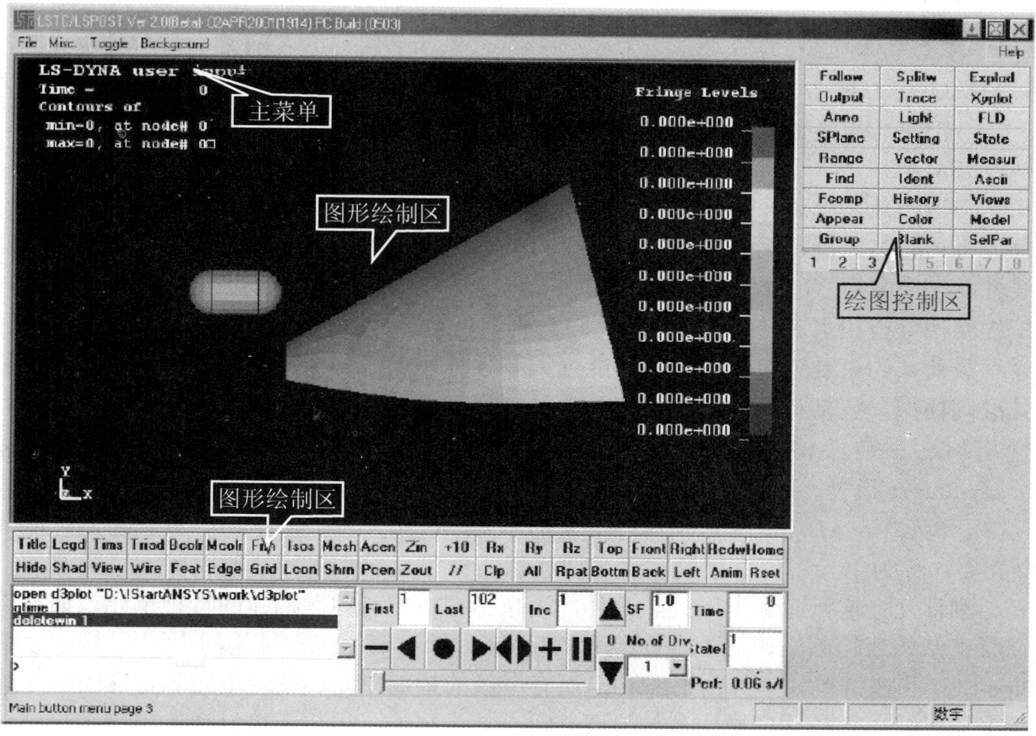


图 5.11 LS-DYNA 的主操作界面示意图

### 5.4.3 ABAQUS

1. 软件简介

ABAQUS 是一套功能强大的工程模拟的有限元软件，其解决问题的范围从相对简单的线性分析到许多复杂的非线性问题。达索并购 ABAQUS 后，将 SIMULIA 作为其分析产品的新品牌。它是一个协同、开放、集成的多物理场仿真平台。真实世界的仿真是非线性的，ABAQUS 包括一个丰富的、可模拟任意几何形状的单元库，并拥有各种类型的材料模型库，可以模拟典型工程材料的性能，其中包括金属、橡胶、高分子材料、复合材料、钢筋混凝土、可压缩超弹性泡沫材料及土壤和岩石等地质材料。作为通用的模拟工具，ABAQUS 除了能解决大量结构(应力/位移)问题，还可以模拟其他工程领域的许多问题，如热传导、质量扩散、热电耦合分析、振动与声学分析、岩土力学分析(流体渗透/应力耦合分析)及压电介质分析。

ABAQUS 为用户提供了广泛的功能，且使用起来又非常简单。大量的复杂问题可以通过选项块的不同组合很容易地模拟出来。例如，对于复杂多构件问题的模拟是通过把定义每一构件的几何尺寸的选项块与相应的材料性质选项块结合起来。在大部分模拟中，甚至高度非线性问题，用户只需提供一些工程数据，像结构的几何形状、材料性质、边界条件及载荷工况。在一个非线性分析中，ABAQUS 能自动选择相应载荷增量和收敛限度。它不仅能够选择合适参数，而且能连续调节参数以保证在分析过程中有效地得到精确解。用户通过准确的定义参数就能很好的控制数值计算结果。

2. 主要功能模块

ABAQUS 有两个主求解器模块 ABAQUS/Standard 和 ABAQUS/Explicit。

(1) ABAQUS 还包含一个全面支持求解器的图形用户界面，即人机交互前后处理模块 ABAQUS/CAE。

(2) ABAQUS 对某些特殊问题还提供了专用模块来加以解决。主要功能包括静态应力/位移分析、动态分析、黏弹性/黏塑性响应分析、热传导分析、质量扩散分析、耦合分析、非线性动态应力/位移分析、瞬态温度/位移耦合分析、准静态分析、退火成型过程分析、海洋工程结构分析和水下冲击分析。软件除具有上述常规和特殊的分析功能外，在材料模型，单元、载荷、约束及连接等方面也功能强大并各具特点。软件定义了多种材料本构关系及失效准则模型，包括弹性材料、正交各向异性材料、多孔结构弹性材料、亚弹性材料、超弹性材料、黏弹性材料、塑性材料、蠕变模型、扩展的 Druker-Prager 模型、Capped Drucker-Prager 模型、Cam-Clay 模型、Mohr-Coulomb 模型和泡沫材料模型等。

(3) 单元库。ABAQUS 包括内容丰富的单元库，单元种类多达 562 种。它们可以分为 8 个大类，称为单元族。常用的单元主要包括实体单元、壳单元、薄膜单元、梁单元、杆单元、刚体元、连接元和无限元。此外，还包括针对特殊问题构建的特种单元，如针对钢筋混凝土结构或轮胎结构的加强筋单元(*Rebar)、针对海洋工程结构的土壤/管柱连接单元(*Pipe-Soil)和锚链单元(*Drag Chain)，还有专门的垫圈单元和空气单元等特殊的单元等。这些单元对解决各行业领域的具体问题非常有效。另外，用户还可以通过用户子程序自定义单元种类。

(4) 载荷、约束及连接。载荷包括均匀体力、不均匀体力、均匀压力、不均匀压力、静水压力、旋转加速度、离心载荷、弹性基础、伴随力效应、集中力和弯矩、温度和其他场变量、速度和加速度等。约束除了常规的约束外，还提供线性和非线性的多点约束(MPC)，包括刚性链、刚性梁、壳体/固体连接、循环对称约束和运动耦合等。强大的“接触对定义与分析功能”为管接头接触密封分析、铰链连接分析、壳体密封分析等带来极大的便利。

3. 软件特点

ABAQUS/CAE 是 ABAQUS 公司新近开发的软件运行平台，它汲取了同类软件和 CAD 软件的优点，同时与 ABAQUS 求解器软件紧密结合。与其他有限元软件的界面程序比，ABAQUS/CAE 具有以下的特点：

(1) 采用 CAD 方式建模和可视化视窗系统，具有良好的人机交互特性。

(2) 强大的模型管理和载荷管理手段，为多任务、多工况实际工程问题的建模和仿真提供了方便。

(3) 鉴于接触问题在实际工程中的普遍性，单独设置了连接(interaction)模块，可以精确地模拟实际工程中存在的多种接触问题。

(4) 采用了参数化建模方法，为实际工程结构的参数设计与优化、结构修改提供了有力工具。

(5) 更多的单元种类，单元种类达 433 种，提供了更多的选择余地，并更能深入反映细微的结构现象及现象间的差别。除常规结构外，可以方便地模拟管道、接头及纤维加强结构等实际结构的力学行为。

(6) 更多的材料模型，包括材料的本构关系和失效准则等，仅橡胶材料模型就达 16 种。除常规的金属材料外，还可以有效地模拟复合材料、土壤、塑性材料和高温蠕变材料等特殊材料。

(7) 更多的接触和连接类型，可以是硬接触或软接触，也可以是 Hertz 接触(小滑动接触)或有限滑动接触，还可以双面接触或自接触。接触面还可以考虑摩擦和阻尼的情况。上述选择提供了方便地模拟密封、挤压、铰连接等工程实际结构的手段。

(8) ABAQUS 的疲劳和断裂分析功能，概括了多种断裂失效准则，对分析断裂力学和裂纹扩展问题非常有效。

4. 软件操作界面

图 5.12 所示为 ABAQUS 的主操作界面示意图。

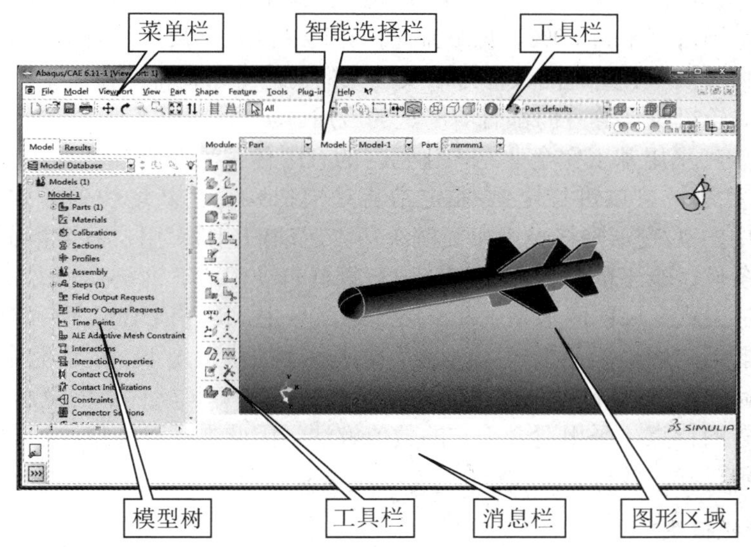


图 5.12 ABAQUS 的主操作界面示意图

1) 菜单栏

应用菜单为下拉式菜单，主要菜单项有“File”、“Model”、“Viewport”、“View”、“Part”、“Shape”、“Feature”、“Tools”、“Plug-ins”、“Help” 等。

2) 工具栏

工具栏位于菜单栏下方和图形区域的左侧，用来进行快捷操作及创建模型和相关分析等。

3) 模型树

在模型树中用户可以查看已对模型定义的特征和分析参量，也可以查找分析结果等内容。

4) 消息栏

在消息栏中，用户可以查看已进行过的所有操作。

5) 图形区域

软件中各种模型和分析图像的显示区，可进行交互操作。

# 5.5 流体力学分析软件

## 5.5.1 FLUENT

### 1. 软件简介

FLUENT 是通用 CFD 软件包，用来模拟从不可压缩到高度可压缩范围内的复杂流动。由于采用了多种求解方法和多重网格加速收敛技术，FLUENT 能达到最佳的收敛速度和求解精度。灵活的非结构化网格和基于解的自适应网格技术及成熟的物理模型，使 FLUENT 在转换与湍流、传热与相变、化学反应与燃烧、多相流、旋转机械、动/变形网格、噪声、材料加工、燃料电池等方面有广泛应用。FLUENT 是目前国际上比较流行的商用 CFD 软件包，在美国的市场占有率为 60%。凡跟流体、热传递及化学反应等有关的工业均可使用。它具有丰富的物理模型、先进的数值方法及强大的前后处理功能，在航空航天、汽车设计、石油天然气、涡轮机设计等方面都有着广泛的应用。

FLUENT 软件采用基于完全非结构化网格的有限体积法，而且具有基于网格节点和网格单元的梯度算法，可以进行定常/非定常流动模拟，而且新增快速非定常模拟功能。FLUENT 软件中的动/变形网格技术主要解决边界运动的问题，用户只需指定初始网格和运动壁面的边界条件，余下的网格变化完全由解算器自动生成。网格变形方式有三种：弹簧压缩式、动态铺层式及局部网格重生式。局部网格重生式是 FLUENT 所独有的，而且用途广泛，可用于非结构网格、变形较大问题及物体运动规律事先不知道而完全由流动所产生的力所决定的问题。FLUENT 的软件设计基于“CFD 计算机软件群的概念”，针对每一种流动的物理问题的特点，采用适合于它的数值解法，因此在计算速度、稳定性和精度等各方面均能够达到较好的效果。

### 2. 主要功能模块

FLUENT 的软件设计基于 CFD 软件群的思想，从用户需求角度出发，针对各种复杂流动的物理现象，FLUENT 软件采用不同的离散格式和数值方法，以期在特定的领域内使计算速度、稳定性和精度等方面达到最佳组合，从而高效率地解决各个领域的复杂流动计算问题。基于上述思想，FLUENT 开发了适用于各个领域的流动模拟软件，这些软件能够模拟流体流动、传热传质、化学反应和其他复杂的物理现象。软件之间采用了统一的网格生成技术及共同的图形界面，而各软件之间的区别仅在于应用的工业背景不同，因此大大方便了用户。其各软件模块如下：

(1) GAMBIT。专用的 CFD 前置处理器，FLUENT 系列产品皆采用 FLUENT 公司自行研发的 GAMBIT 前处理软件来建立几何形状及生成网格，是一个具有超强组合建构模型能力之前处理器，然后由 FLUENT 进行求解。

(2) FLUENT。基于非结构化网格的通用 CFD 求解器，针对非结构性网格模型设计，是用有限元法求解不可压缩流及中度可压缩流流场问题的 CFD 软件。可应用的范围有紊流、热传、化学反应、混合、旋转流(rotating flow)及震波(shocks)等。在涡轮机及推进系统分析都有相当优秀的结果，并且对模型的快速建立及 shocks 处的格点调适都有相当好的效果。

(3) FIDAP。基于有限元方法的通用 CFD 求解器，为一专门解决科学及工程上有关流体力学传质及传热等问题的分析软件，是全球第一套使用有限元法于 CFD 领域的软件，其应用的范围有一般流体的流场、自由表面的问题、紊流、非牛顿流流场、热传、化学反应等。FIDAP 本身含有完整的前后处理系统及流场数值分析系统。对问题整个研究的程序，数据输入与输出的协调及应用均极有效率。

(4) POLYFLOW。针对黏弹性流动的专用 CFD 求解器，用有限元法仿真聚合物加工的 CFD 软件，主要应用于塑料射出成型机、挤型机和吹瓶机的模具设计。

(5) Mixsim。针对搅拌混合问题的专用 CFD 软件，是一个专业化的前处理器，可建立搅拌槽及混合槽的几何模型，不需要一般计算流体力学软件的冗长学习过程。它的图形人机接口和组件数据库，让工程师直接设定或挑选搅拌槽大小、底部形状、折流板之配置，叶轮的型式等。MixSim 随即自动产生三维网格，并启动 FLUENT 做后续的模拟分析。

(6) Icepak。专用的热控分析 CFD 软件，专门仿真电子电机系统内部气流，温度分布的 CFD 分析软件，特别是针对系统的散热问题做仿真分析，借由模块化的设计快速建立模型。

3. 软件特点

FLUENT 软件具有强大的网格支持能力，支持界面不连续的网格、混合网格、动/变形网格及滑动网格等。值得强调的是，FLUENT 软件还拥有多种基于解的网格的自适应、动态自适应技术及动网格与网格动态自适应相结合的技术；FLUENT 软件包含三种算法：非耦合隐式算法、耦合显式算法、耦合隐式算法，是商用软件中算法最多的；FLUENT 软件包含丰富而先进的物理模型，使得用户能够精确地模拟无粘流、层流、湍流。湍流模型包含 Spalart-Allmaras 模型、k-ω 模型组、k-ε 模型组、雷诺应力模型(RSM)组、大涡模拟模型(LES)组及最新的分离涡模拟(DES)和 V2F 模型等。另外用户还可以定制或添加自己的湍流模型；适用于牛顿流体、非牛顿流体；含有强制/自然/混合对流的热传导，固体/流体的热传导、辐射；化学组分的混合/反应；自由表面流模型，欧拉多相流模型，混合多相流模型，颗粒相模型，空穴两相流模型，湿蒸汽模型；融化/溶化/凝固；蒸发/冷凝相变模型；离散相的拉格朗日跟踪计算；非均质渗透性、惯性阻抗、固体热传导，多孔介质模型(考虑多孔介质压力突变)；风扇，散热器，以热交换器为对象的集中参数模型；惯性或非惯性坐标系，复数基准坐标系及滑移网格；动静翼相互作用模型化后的接续界面；基于精细流场解算的预测流体噪声的声学模型；质量、动量、热、化学组分的体积源项；丰富的物性参数的数据库；磁流体模块主要模拟电磁场和导电流体之间的相互作用问题；连续纤维模块主要模拟纤维和气体流动之间的动量、质量及热的交换问题；高效率的并行计算功能，提供多种自动/手动分区算法；内置 MPI 并行机制大幅度提高并行效率。另外，FLUENT 特有动态负载平衡功能，确保全局高效并行计算；FLUENT 软件提供了友好的用户界面，并为用户提供了二次开发接口(UDF)；FLUENT 软件采用 C/C++语言编写，从而大大提高了对计算机内存的利用率。

(1) 功能强，适用面广。包括各种优化物理模型，如计算流体流动和热传导模型 (包括自然对流、定常和非定常流动，层流，湍流，紊流，不可压缩和可压缩流动，周期流，旋转流及时间相关流等)、辐射模型、相变模型、离散相变模型、多相流模型及化学组分输运和反应流模型等。对每一种物理问题的流动特点，有适合它的数值解法，用户可对显式或隐式差分格式进行选择，以期在计算速度、稳定性和精度等方面达到最佳。

(2) 高效、省时。FLUENT 将不同领域的计算软件组合起来，成为 CFD 计算机软件群，软件之间可以方便地进行数值交换，并采用统一的前、后处理工具，这就省却了科研工作者在计算方法、编程、前后处理等方面投入的重复、低效的劳动，而可以将主要精力和智慧用于物理问题本身的探索上。

(3) 建立了污染物生成模型。包括 NOX 和 ROX(烟尘)生成模型。其中 NOX 模型能够模拟热力型、快速型、燃料型及由于燃烧系统里回燃导致的 NOX 的消耗。而 ROX 的生成是通过使用两个经验模型进行近似模拟，且只适用于紊流。

(4) 精度提高，可达二阶精度。

4. 软件操作界面

图 5.13 所示为基本程序结构示意图。图 5.14 所示为 FLUENT 6.25 主界面示意图。

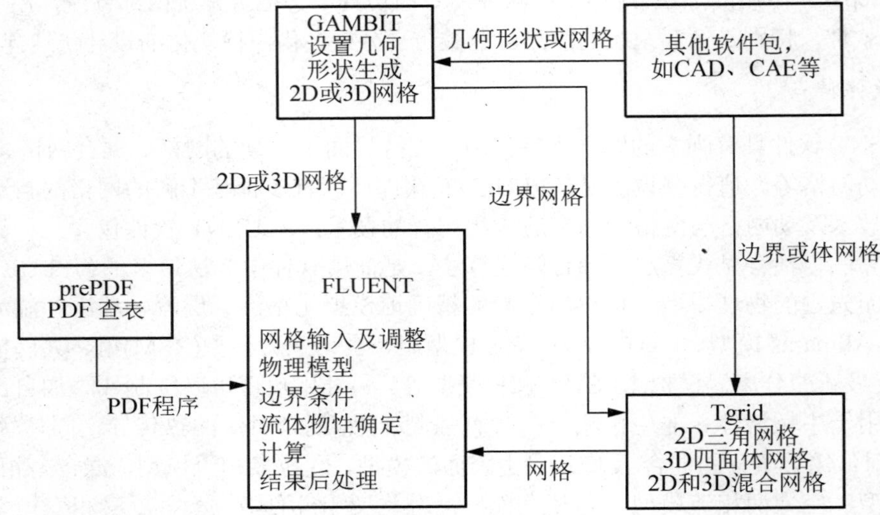


图 5.13 基本程序结构示意图

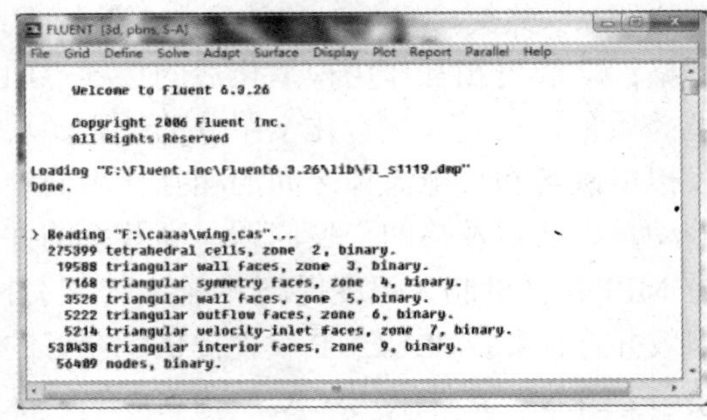


图 5.14 FLUENT 6.25 主界面示意图

### 5.5.2 FASTRAN

1. 软件简介

CFD-FASTRAN 软件是由 CFDRC 公司与美国 NASA 联合开发的专门用于航空航天领

域空气动力学计算的 CFD 软件，该软件可广泛应用于飞行器的亚、跨、超和高超声速的气动力学计算和一些特殊气体动力学问题如直升机旋翼、导弹发射、座舱弹射、投弹、机动和气动弹性等。CFD-FASTRAN 是应用在空气动力学和气体热力学领域的先进商业 CFD 软件，它特别适合在航空航天、兵器、船舶工业中应用。CFD-FASTRAN 采用先进的多体动力学模型模拟复杂的航空航天工业问题，包括发射、机动和级间分离，飞行器飞行动力学和外挂物投放。这些复杂应用通过耦合基于密度的可压缩 Euler(欧拉)方程、Navier-Stokes(纳维叶-斯托克期)方程和多体动力学模块、通用有限速率化学反应模块和热非平衡模块实现。

CFD-FASTRAN 是基于密度可压缩流动有限体积求解器。求解器包含高阶数值程序和高级物理模型来提供复杂工程流动问题准确和高效的解决方案。求解器包括网格类型、多块结构化网格、重叠结构化网格、通用的非结构网格(单元类型的任意组合，包括六面体、四面体、笛卡儿、棱柱和多面体)等特征。CFD-FASTRAN 可以解决 Euler 方程、层流和湍流问题、2D 流动问题、轴对称和 3D 流动问题、定常和非定常问题、亚声速、跨声速、超声速和高超声速流动问题。

2. 主要功能模块

CFD-FASTRAN 求解器采用最先进的数值程序和物理模型来提供航空航天工业气动和气动热力应用高效和高精度的解决方案。CFD-FASTRAN 求解器包括下列模块：流体动力学模块、湍流模型模块、热化学模块、自动嵌套网格模块、刚体动力学模块(6-DOF)、指定运动模块、推力和点火模块、力和力矩模块及流固耦合模块。

(1) CFD-FASTRAN 流体动力学模块。CFD-FASTRAN 采用基于密度的有限体积法和高阶差分格式求解 Navier-Stokes 方程，可精确预测亚声速、跨声速、超声速和高超声速流动。CFD-FASTRAN 求解器在许多标准算例得到广泛的验证，成功应用于复杂的航空航天应用。

(2) CFD-FASTRAN 湍流模型模块。CFD-FASTRAN 采用先进的湍流模型模拟边界层和分离区内湍流的影响。主要湍流模型包括高雷诺数 $k-\omega$ 湍流模型(包括壁面方程)、低雷诺数 $k-\omega$ 湍流模型、Balwin-Lomax 湍流模型、Spalart-Allmaras 湍流模型、Menter Shear Stress Transport(SST)湍流模型和模型仅适用于结构化网格。

(3) CFD-FASTRAN 热化学模块。CFD-FASTRAN 使用先进的有限速率的化学反应和热力学非平衡方程。该模块有两个热力学数据库，包括从 300～6000K 的曲线拟合数据库和热非平衡的光谱数据库；采用常用的有限速率反应处理任意组分和化学反应；具有多重能量模型，包括热平衡和两温度热非平衡模型；表面化学反应模型，考虑完全接触反应或者附着系数选项。CFD-FASTRAN 热化学模块已得到验证，广泛地用于复杂工程流动问题，包括高速导弹、进入式飞行器及可重复发射飞行器应用(航天飞机)。

(4) CFD-FASTRAN 自动嵌套网格模块。CFD-FASTRAN 采用嵌套网格模块处理孔切割和多块网格系统中块的数据交换。该模块的显著特点如下：

① 由分离的多块网格组成。

② 通过图形界面输入参数，求解器自动执行孔切割。

③ 允许用户设置数据交换层确定孔的尺寸。

④ 允许用户设置用于计算模板系数的边缘点的数目。

⑤ 接受 PEGASUS 孔切割数据。

CFD-FASTRAN 自动嵌套模块在大量的应用中得到验证，包括外挂物分离、飞行员救生系统、导弹级间分离、发射和机动。

(5) CFD-FASTRAN 刚体动力学模块(6-DOF)。CFD-FASTRAN 采用 6 自由度(6-DOF)模块求解刚体运动。6 自由度模块(6-DOF)与 N-S 流动求解器耦合进行相对运动物体间的气动力分析。6-DOF 模块的显著特点如下：

① 基于 Etkins 原理的刚体运动方程。

② 与流动求解器完全耦合。

③ 允许用户指定与时间或者距离相关的点力，用五阶多项式或函数表示。

④ 允许用户指定约束和模型的相关性。

⑤ 允许用户指定模型的先后顺序。

⑥ 对于多重区域和表面地广义推力积分。

⑦ 采用 6-DOF 模型计算外挂物刚体运动。嵌套网格模块用于网格相关运动，预测的轨迹和实验数据吻合得很好。

(6) CFD-FASTRAN 指定运动模块。CFD-FASTRAN 采用指定的运动模型来模拟已知或指定的运动。模块与 N-S 方程流动求解器耦合进行物体相对运动时的气动力特性分析。与流动求解器完全耦合，通过五阶多项式、正弦和余弦多项式或者时间函数指定位移、速度或者加速度的变化。可在惯性坐标系或者体坐标系上定义运动模型。运动模型可以具有相互关联和先后次序，通过图形界面定义输入和输出。在指定运动模型的应用案例中，襟翼的运动通过正弦函数来定义。襟翼和机翼的相对运动由 6-DOF Module 确定。

(7) CFD-FASTRAN 推力和点火模块。CFD-FASTRAN 采用推力和点火模块来定义推进系统时间相关的边界条件(如火箭喷嘴)。推力和点火模块主要包括下列显著特点：

① 与时间相关的温度、压力和速度边界条件可从用户的文件中读取。

② 在应用力和力矩、刚体动力学 6-DOF 模块中，自动计算推力。

③ 多个模块可同时使用或顺序使用。

④ 通过图形界面进行模块定义。

(8) CFD-FASTRAN 力和力矩模块。CFD-FASTRAN 用灵活的和易用的模块处理力和力矩数据的输出。力和力矩模块包括下列显著特征：

① 用户可以选择计算整个模型或者部分模型的力和力矩。

② 可在惯性坐标系、体坐标系或者用户定义的坐标系内计算力和力矩。

③ 根据用户提供的数据，进行有量纲输出和无量纲输出。

(9) CFD-FASTRAN 流-固耦合模块。CFD-FASTRAN 给出了流-固耦合(FSI)问题的解决方案，尤其是气动弹性问题，流-固耦合模块包括如下特点：

① 采用 N-S 方程进行流动求解。

② 结构动力学用三维有限元方法进行分析。

③ 结构控制的实现采用压电激励的有限元分析方法。

④ 流体和结构动力学界面始终一致。

⑤ 采用无限插值算法模拟由于结构弹性导致网格变形。

⑥ 通过 MDICE 实现各个分析模块之间的数据交换同步。

⑦ 通过图形界面进行模块定义。

该多学科分析工具已在战斗机气动弹性问题上得到验证，已解决了航空航天中的很多复杂的气弹问题。

3. 软件特点

CFD-FASTRAN 是应用在空气动力学和气体热力学领域的先进商业 CFD 软件。它特别适合应用于航空航天、兵器、船舶工业中。

CFD-FASTRAN 采用最新的数值和物理模型，先进的前处理和后处理模块。支持所有的网格技术，包括多块结构化网格、通常的多面体非结构化网格、嵌套/重叠网格和自适应笛卡儿网格，支持大多数常用的数据格式。而且，CFD-FASTRAN 支持几乎所有的软/硬件环境。在高性能工作站和 PC 机群上可以进行并行计算。

CFD-FASTRAN 是基于密度的可压缩流动有限体积法求解器。求解器采用高阶数值格式和先进物理模型，为复杂的工业流动问题提供了有效和精确的解决方法。求解器包括下列特征：

(1) 网格类型：

① 多块结构化网格。

② 重叠结构化网格。

③ 通用的非结构网格(单元类型的任意组合，包括六面体、四面体、笛卡儿、棱柱和多面体)。

(2) 问题类型：

① Euler 方程、层流和湍流求解器。

② 2D、轴对称和 3D。

③ 定常和非定常。

④ 亚声速、跨声速、超声速和高超声速流动。

(3) 数值方法：

① 基于密度的有限体积法。

② Roe 格式和 Van-Leer 迎风通量分裂格式。

③ 采用 MUSCL 方法、Min-Mod、Osher-Chakravarthy 和 Van Leer 通量限制器将格式扩展到二阶和三阶精度。

④ 显式多步龙格库塔法、点隐式和全隐式时间积分格式。

(4) 湍流模型：

① 高雷诺数 k-ε 湍流模型(包括壁面函数)。

② 低雷诺数 k-ω 湍流模型*。

③ Balwin-Lomax 湍流模型。

④ Spalart-Allmaras 湍流模型*。

⑤ Menter 剪切应力输运湍流模型(SST 模型)*。

* 这些模型仅适用于结构化网格。

(5) 化学模型：

① 对于任意组分和化学反应，采用通用的有限速率化学反应。

② 多重能量模型，包括热平衡和两温度热非平衡模型。

③ 两个热力学数据库，包括从 300～6000K 的曲线拟合数据库和分子数据库。

④ 表面化学反应模型，考虑完全接触反应或者附着系数选项。

(6) 移动体功能：

① 自动嵌套算法处理网格系统之间的相对运动。

② 空气动力学模型耦合 6 自由度(6-DOF)刚体动力模块，支持常规约束及模型间的从属关系。

③ 指定运动模型。

④ 推力和点火模块用于指定时间相关的边界条件。

(7) 输出&后处理：

① 可以在用户指定的坐标系、体轴系或者惯性坐标系下，给出有量纲或者无量纲的力、力矩，以及速度、加速度和物体位置和方向角。

② 全场求解变量，包括速度、压力、温度、密度和马赫数。如果指定，也可以将其他的变量，如湍流量和组分浓度输出。

③ 物体运动历程，包括线位移和角位移、线速度和角速度、线加速度和角加速度。

④ Plot3d 和 DTF 格式输出。

(8) 输入&问题设定：

① 通过直观、易用的图形界面设定。

② 支持 PEGASUS 孔切割和嵌套输入。

③ 集成了 MDICE，提供了与其他的 CAD 和 CFD 软件包的接口。

4. 软件操作界面

图 5.15 所示为 FASTRAN 主界面示意图。

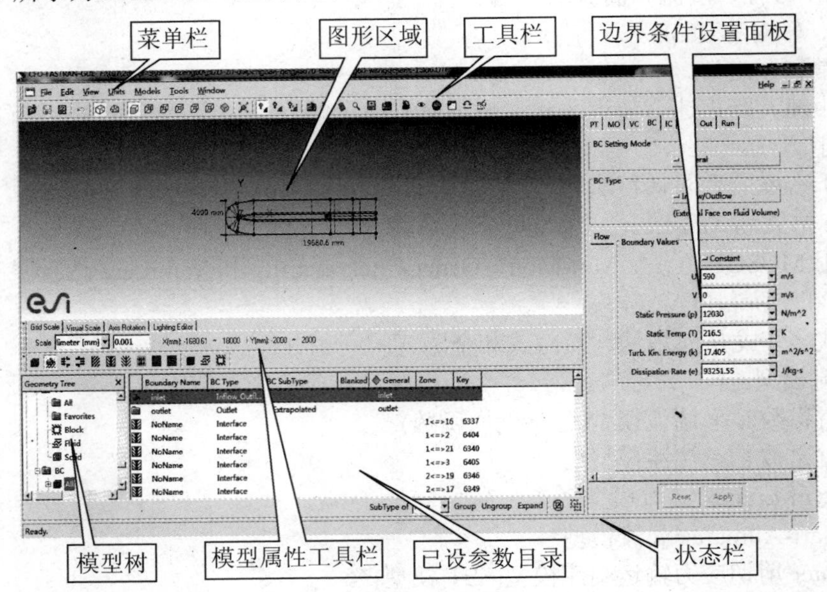


图 5.15 FASTRAN 主界面示意图

1) 菜单栏

应用菜单为下拉式菜单，主要菜单项有“File”、“Edit”、“View”、“Units”、“Models”、“Tools”、“Windows”。

2) 工具栏

工具栏位于菜单栏下方，用来进行快捷操作及创建模型和相关分析等，常用的快捷工具包括视图调整和分析选项等。

3) 图形区域

图形区域是软件中各种模型和分析图像的显示区，可进行交互操作。

4) 边界条件设置面板

边界条件设置面板位于图形区域右侧，该面板用于对分析模型的各项边界条件参数进行设定。

5) 模型树

模型树栏位于窗口左下方，在模型树中用户可以查看已对模型定义的特征和分析参量，也可以查找分析结果等内容。

6) 模型属性工具栏

模型属性工具栏位于图形区的下方，用于设置模型材料等方面的特性。

7) 已设参数目录栏

已设参数目录栏位于软件窗口正下方，用户可以在此目录栏中查看之前设置的所有参数，如边界条件等，并进行修改操作。

8) 状态栏

状态栏位于整个窗口的正下方，用户可以在状态栏中查看当前软件正在进行的操作，以及操作进行的状态。

## 5.6 模型交换技术

复杂产品研制的多学科性，决定了在研制过程中必然存在大量的模型和数据交换。以航天产品设计为例，20 世纪 90 年代以后，越来越多的航天产品设计部门采用各个学科的 CAE 软件进行产品设计和仿真验证。由于产品设计过程的复杂性和多学科性，设计部门间采用的软件多样性和版本多样性导致了模型和数据格式不统一。模型和数据格式的交互问题成为制约产品研发效率和研发成本的瓶颈。因此，模型交换和数据交换是复杂产品研制过程中必不可少的关键环节。根据复杂产品研制过程中的模型交换需求，模型交换主要分为以下四类：

(1) 不同 CAD 软件间的模型交换。各个产品研发部门间的学科领域和任务分工均不相同，所以不同的研发部门间大多采用不同类型或版本的 CAD 软件。因此，各个部门间存在着频繁的模型格式转换。

(2) CAD/CAE 软件间的模型交换。几何模型是工程分析建模的前提。通常，原始的 CAD 设计模型，经某种简化并赋予必要的属性就可以转变成为某一学科的分析模型。因此，CAD/CAE 软件间的模型交换是经常的，如把 SolidWorks 模型转化成 Patran 模型。

(3) CAD/CAM 软件间的模型交换。除了 CATIA\UG 等软件具有较全面的 CAD/CAM 功能外，其他的 CAD 软件存在不同的侧重点和薄弱环节。因此，CAD 软件与 CAM 软件间也存在着频繁的模型格式转换。

(4) 不同 CAE 软件间的模型交换。复杂产品的设计往往涉及多学科综合分析和综合优化问题，不同的学科之间要求能进行模型信息的共享。

为了加快复杂产品数据交换技术的发展和应用，国际标准化组织加速了数据交换标准的制定。世界上一些权威的研究机构也重视了 PDE(Product Data Exchange)技术的应用研究。NASA 于 1997 年 12 月在哥达摩中心召开了第一次 PDE 研讨会专门研究数据交换技术。下面详细地介绍几种主要的模型交换方法。

### 5.6.1 模型交换的基本方法

不同软件系统之间进行模型交换的基本方法有直接交换法、间接交换法和专用工具交换三大类。

#### 1. 直接交换法

直接交换法是在一个系统中直接打开或导入另一个系统的原始模型文件的交换方法。这种交换有的是双向的，但绝大多数是单向的。用户在使用直接法进行模型交换时操作相对简单和方便，并且在交换的过程中不容易产生信息丢失。但是直接交换法的接口程序开发工作量大，随着软件种类的增加，这种直接转换的接口程序会以平方关系增加。如果 $N$ 个软件间进行双向图形交换，就需要有 $N\times(N-1)$个接口程序。由于软件的不断发展和版本更新，实时保证软件间接口通畅的成本是巨大的。

#### 2. 间接交换法

间接交换法与直接交换法最大的区别在于两个系统间要通过第三方文件才能获取对方的模型。先通过导出接口，把系统 A 的模型文件改写为一个第三方文件，然后在系统 B 中通过导入接口，读入第三方文件，恢复为系统 B 的模型，反之亦然。根据性质的不同，第三方文件可分为“中性文件”、“中间文件”和“内核文件”。这些文件多数为文本文件，有的也支持二进制格式。针对不同的第三方文件，间接交换可以进一步细分为中性文件交换、中间文件交换和内核文件交换。下面详细介绍这三种文件的交换方法。

1) 中性文件交换法

中性文件(Neutral Format)主要指由国际标准化组织或某国的标准化组织所制定的各种图形交换的标准文件。其中最著名的几何模型交换标准文件是美国制定的 IGES 标准、国际标准化组织的 STEP 标准、德国的 VDE 文件和法国的 SET 文件。中性文件是一种与系统无关的标准数据格式文件，它可以实现不同 CAD 系统之间的数据交换，达到产品信息共享的目的。各系统只需构造前置处理器和后置处理器，将本系统产品数据格式转化为标准数据格式就可以完成数据格式转换。

下面比较一下普通点对点模型交换方法和采用中性文件的星形模形交换方法的特点。图 5.16(a)所示为普通点对点模型交换方法。该方式通过各个软件(系统)之间的专用接口，实现点对点的交换。图 5.16(b)所示为采用中性文件的星形模形交换方法。该方法通过一个与软件(系统)无关的中性格式数据接口，实现星形交换。两种数据交换的主要优缺点对比如下：

(1) 接口的数量。假设在 $N$ 个系统之间交换数据，若考虑双向转换，则点对点方式需

要开发 $N\times(N-1)$个专用接口，星形方式只需要开发 2$N$ 个接口。相比之下，采用中性文件进行交换的星形模型交换方法所需的接口数量更少。

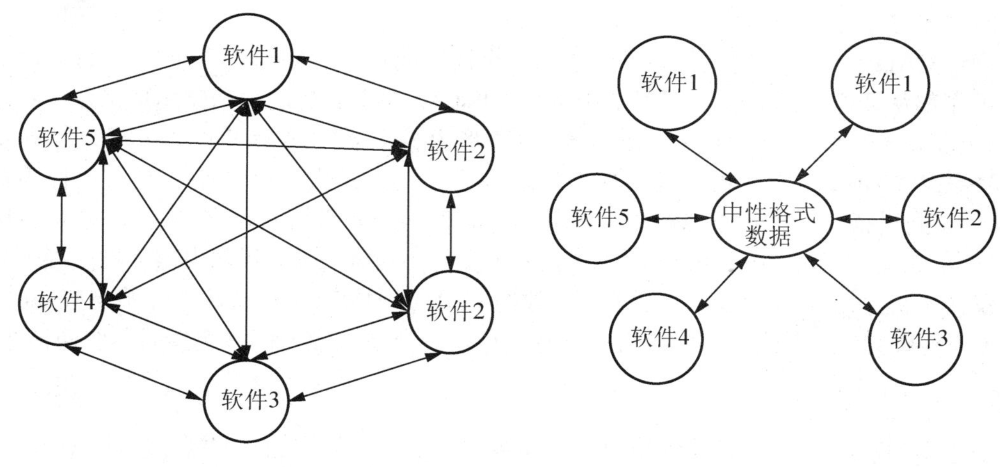


(a) 点对点交换(专用接口交换)　　(b) 星形交换(中性文件交换)

**图 5.16　数据交换方式**

(2) 接口对系统的依赖程度。当某个系统发生变化时，点对点方式需要改动与之相关的 $N-1$ 个接口，而星形交换方式仅需要改动 2 个接口。

(3) 信息遗失的可能性。星形交换方法增加了中性格式数据这一中间环节。采用星形交换方式需要参与交换的每一系统与中性交换格式数据之间开发双向转换接口，即前置处理器和后置处理器。前置处理器将本系统的模型转换成中性格式数据，后处理器将中性格式数据转换成本系统的模型数据，从而实现不同系统之间的数据交换。因此原理上该方式更容易出现信息遗失。

总体来说，通过中性文件进行产品模型交换的优点是 CAD 软件和 CAE 软件兼容性好和接口开发简单，并且对于硬件、软件平台不敏感。缺点是标准对应用对象很敏感，使用不当容易产生信息丢失。不同时期，针对不同应用对象而制定的标准往往受到当时技术水平和行业需求的限制，功能上存在局限性。有的适合二维交换，有的适合实体信息的交换，不能保证信息完全准确的交换。随着三维实体建模技术的发展，用 IGES 标准文件来完成三维实体模型的交换会遇到不少困难，用户必须根据工作对象选择不同的标准。

2) 中间文件交换法

中间文件与中性文件的最大区别是中间文件不属于标准文件，它的发布、修改不需要经过标准化组织的讨论。中间文件是软件公司为了自身的需求，或为了满足与某个软件间的模型交换而单独定制或经双方约定后制定的一种模型交换文件。常用的交换文件有 DXF、OBJ、STL、PAT 等文件。

中间文件格式还受制于它们能够描述的数据格式，在不同的发送、接收系统上其解释可能会有所不同。另外根据所用转换方法的不同，其在不同的 CAD 系统之间进行转换的能力也有所不同。因此，在不同的系统之间进行数据转换的时候首先要确定哪些需要进行转换。例如，自顶向下设计过程中只需要三维模型，那么就只需要转换模型的描述信息。

但是，无论需要转换什么样的信息，都需使图形的颜色、层面等属性及文件中的文本信息等保持不变。

3) 内核文件交换法

每个 CAD 系统在开发过程中都要依托一个商用或自用的基础图形开发平台，以避免所有的工作都从计算机图形学的底层工作做起。内核文件指的是这种基础图形平台中描述模型的原始格式文件。当前世界上商业化的图形内核平台主要有三个，它们是 ACIS、PARASOLID 和 CASCADE。用内核文件进行模型交换最大的好处是在具有同样内核的 CAD 系统间进行模型交换不会产生精度的损失。但是一些通用的 CAD 软件，如 CATIA、Pro/E 等都采用自己专用的图形内核，并且内核文件不对外公开，所以内核文件交换方式在早期反而不被广泛使用。由于近年来大多数的 CAD 软件和 CAE 软件都开始支持.sat 文件和.x_t 等内核文件，因此使用内核文件进行模型信息交换也成为模型交换的主要途径之一。

3. 专用工具交换

由于 CAD 软件和 CAE 软件用户对产品数据交换需求的增加，出现了不少以产品数据交换服务为主业的公司，如美国的 TransMagic 公司、英国的 Theorem solution 公司。这些公司在广泛的分析各种 CAD 模型的数据格式和适用标准的基础上，研究、测试和开发了商业化的专用数据交换工具和缺陷修补(Heal)软件。TransMagic 软件是目前市场上的商业化数据交换专用工具软件之一。它有多个功能不同的配置套件，其中最普遍应用的是标准版 TransMagic Standard。它能支持 Catia V.4 、Catia V.5、Unigraphics、Pro/ENGINEER、Autodesk Inventor 和 AutoCAD(via*.sat)、SolidWorks(via*.x_t)、ACIS、Parasolid、STL、STEP 和 IGES 类模型的交换。需要指出的是这些专用工具往往不支持中文路径和文件名，所以使用时要特别注意。

### 5.6.2 模型交换的常见问题

不同系统间的模型交换是一个非常复杂的工程问题，用户经常会遇到信息丢失和模型表面裂缝两个主要问题。信息丢失问题主要包括三维特征信息丢失、文字乱码、符号乱码和属性丢失。模型表面裂缝问题主要是实体经过转换后的曲面片之间存在间隙和裂缝，最终得到的是一个开口曲面。产生这些问题的原因大致有以下几个方面。

1. 系统内在差异

不同的软件系统，应用对象不同，对几何模型的描述方法和表示方法不同。在实体模型的描述上有的采用 B-Rep 描述法，有的则采用 CSG 描述法。在曲面、曲线的描述上有的采用 Beizer 曲线和 Beizer 曲面，有的则采用 NUBRS 曲线和 NUBRS 曲面。在字库和符号库上，除了 ASCII 码外，基于 UNIX 操作系统开发的软件和采用 Windows 操作系统开发的软件采用的当地字库与符号库是完全不同的。即使都是基于 UNIX 平台开发的软件，不同的 CAD 软件其矢量字库也不同。系统内在的差异是导致模型交换不成功的原因之一。

2. 缝合精度差异

不同的 CAD 软件对曲线的描述不完全相同，如 B-样条曲线有的系统采用 3 次样条，有的采用 4 次样条，显然一条 4 次高阶样条曲线导出成 3 次低阶样条曲线时，曲线形状必将改变，精度必然会丢失。不同 CAD 软件的缝合精度也不同，一个在原软件中光滑封闭的曲面，在另一个软件中就可能变成带有许多裂缝的开口曲面，导致模型交换的失败。

3. 兼容性

网络协议、读写命令和磁带规格的不统一等兼容性问题也会给不同系统的模型交换带来困难。此外，不同的操作系统对二进制数据文件也不完全兼容，Windows 系统的二进制数据从右向左进位，高位码在最右边，这就造成了二进制数据交换的困难。

总体来说，系统内在差异、精度差异和传输问题是导致模型交换失败的主要原因，在解决模型交换失败问题时，应该着重考虑这三方面因素对模型交换的影响。

### 5.6.3 模型交换的主要环节

为了减少模型交换中存在的问题，必须要把握好模型交换中的四个环节，即严格控制原始模型的品质、正确选择模型交换的方式、适当设置模型导出/导入参数和及时检查交换结果。

1. 控制模型品质

在模型交换的过程中，如果输入数据不正确，则输出结果一定是错误的。不管 DXF、IGES 或 STEP 交换程序编得多么完善，如果原始模型的结构有问题，则交换结果肯定不对。所以在执行模型交换前，必须先对原始模型的品质进行检查，确保原始模型的正确，无内在的隐性错误。每个 CAD 软件都提供了“模型检查(Check)”的功能来验证模型的正确性，如果发现有模型错误，必须予以更正，以确保模型交换过程中原始模型的正确性。

2. 选择交换方式

由于模型交换的用途和信息内容不同，用户选用的模型交换方式和文件格式也不相同。如果用来解决 CAD 系统与数控编程系统间的模型交换，则需要保证模型的外形信息是准确的。如果要进行二维工程图的交换，其结果不但要用作加工制造，而且要作为产品检验的依据，则需要保持所有的符号、标注信息的正确传递。因此，在进行模型交换前，必须根据交换的目的和需要传递的信息内容，正确的选择模型交换的方式。不合适的模型交换方式会导致交换后模型精度的降低和模型信息的缺失。一般来说，解决 CAD 与 RP(Rapid Prototyping)快速成型系统间的模型交换问题可选用 STL 文件，而用来解决不同 CAE 系统间的模型交换可以选用 STEP AP209 标准。

3. 设置工作参数

工作参数设置的正确与否也会影响模型交换的结果。用间接交换方式来转换模型时，把原始模型导出成第三方文件时，或把第三方文件导入系统恢复成模型时，都要适当地设置导出/导入参数，才能保证模型交换成功。这些参数主要涉及输出类型和曲线、曲面精度的选择。数据精度是模型交换中用户最关注的方面，导出参数和导入参数的设置，必须要兼顾应用的需求和输出/输入系统的情况，并不是精度越高越好，过高的精度会加大模型交换出错率和后续模型修正的工作量。

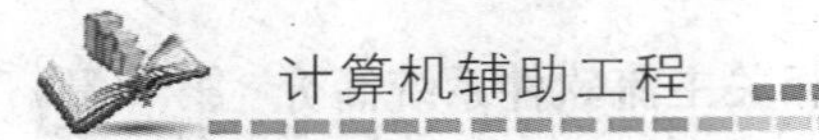

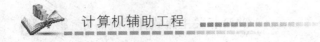

4. 校验交换后的模型

通过模型交换，在新的软件或系统中恢复后的模型必须进行模型正确性检查。这种检查包括模型的完整性、准确性两个方面。模型的完整性指完成模型转换后的模型是否存在信息的丢失。查看导入日志、计算转换后模型的特征属性(体积、表面积和质心)和分析模型偏差等都是比较通用的完整性检查方法。完整性检查可以确定在导入转换过程中是否存在部分信息转换失败等问题。模型的准确性则包括两个方面，一是模型的拓扑结构是否正确，通过检查是否有裂缝和是否存在超短距离边线问题来确定；二是模型形状精度的检查，包括点位和法矢量的检查。

### 5.6.4 模型的修正问题

在模型交换的过程中，会遇到一些模型的修正问题，包括模型裂缝的修正、文字交换问题、非几何属性问题等。为了保障后续仿真分析工作的顺利进行，用户需要对模型转换后存在的问题进行修正。下面将详细介绍这些主要问题及解决方法。

1. 模型裂缝修正问题

实体模型的各面(Facet)间或各曲面片(Patches)间存在裂缝是模型交换中经常发生的错误。模型裂缝问题是由两个软件系统的缝合精度不一致引起的。当一个低精度系统产生的模型转换到高精度系统中时，往往由于原系统精度不够而致使许多原来无缝合间隙的两个曲面片或小平面的公共边，在新的系统中存在模型变成了两条彼此有间隙的边界线。裂缝问题往往使一个实体或一个由封闭曲面围成的实体变成一个开口曲面。有的小裂缝在外形上不易察觉，但模型的质量特性已完全改变，后续的分析和加工作业难以进行。因此，此类缺陷必须及时进行修正。目前，模型裂缝问题的解决方法主要包括调整精度、局部修补和模型重建。

2. 文字交换问题

解决不同软件系统间文字符号交换出错问题的关键是实现字符库共享。基于 Windows 系统开发的软件都使用操作系统提供的字库，所以它们间可以自由地进行文字符号的交换。其他非 Windows 系统开发的软件，采用自身的矢量字库。因此，在与基于 Windows 系统开发的软件间进行文字符号交换时会有困难，如 Pro/E、UG 等软件。目前，解决该类文字交换问题可以在 Windows 系统下用程序改写中性文件或中间文件，或者建立一个与导出系统编码相同的文字、符号字库。

3. 非几何属性问题

模型的非几何属性是模型的重要组成部分，但是关于非几何属性的存储尚未有统一的标准。各个软件系统往往都是自己定义和描述模型的非几何属性。现有的标准交换文件中也没有模型的非几何属性描述等相关的内容。因此，在模型交换过程中，模型的非几何属性的丢失是普遍存在的问题。通常，解决此问题的方法是把模型非几何属性单独导出成一个文本文件，然后把此文本文件再关联或导入到接受系统恢复的新模型上。

### 5.6.5 模型特征重建

某些转换机制在完成模型交换后在新的系统中恢复得到的模型都只有原始模型的边界信息，即只是模型的 B-Rep 的几何表达。模型建立过程的特征信息和属性在交换过程中全部丢失，导致了模型难以在新的软件系统进行编辑修改，这给下游工作造成很大的困难。目前，国内外关于特征重建的研究尽管很多，但是商业化软件并不多。因此，部分 CAD 和 CAE 软件开发商开发了相应的特征重建模块以满足用户的此类需求。新版本的 SolidWorks 和 Pro/E 等软件均推出了特征识别模块，其作用是通过自动识别或人机交互方式来完成零件的特征识别。大多数零件都可以通过自动识别方式完成部分特征的自动识别，其他的特征需要设计人员通过交互的方式来完成。新版本的 SolidWorks 中提供的“Feature Works”模块提供了自动识别和人机交互两种特征识别模式。一般来说，用户可以先用自动识别模式完成一部分特征的识别，再通过人机交互模式识别剩余的特征。

## 5.7 数据交互文件

复杂产品研发涉及概念设计、详细设计、工艺规划、加工和装配等环节，各个环节的产品数据既有继承性，也存在差异。产品数据在产品生命周期中将不断进行交互和更新。由于不同研发部门的专业领域和研究侧重点不同，它们会选用不同公司或者不同版本的 CAD 软件和 CAE 软件。不同类型的软件或系统之间及同一软件之间的不同版本之间都需要交换产品数据。因此，工程师需要对 CAD 软件和 CAE 软件的数据交互文件有一定的了解，以便选用合适的数据交互文件进行数据交换和软件集成。目前，不同软件系统之间的数据交互文件类型主要包括中间文件、中性文件和内核文件。常用的数据交互文件有 IGES(初始图形转换规范)和 STEP(模型数据交换标准)；常用的中间文件有 DXF 文件、STL 文件和 IDF 文件；常用的内核文件有 ACIS 文件和 Parasolid 文件。下面将详细介绍各类数据交互文件。

### 5.7.1 IGES 标准

IGES(Initial Graphics Exchange Specification)是 1979 年由美国空军提出，由波音、通用电气公司和美国标准局参与制定的图形交换标准。1982 年美国国家标准化局(ANSI)提出了初始图形转换规范(IGES)美国国家标准。1988 年发布 IGES4.0 版本。IGES 发布比较早，得到工业界的广泛认可。我国也采用了 IGES 标准，相应的国家标准编号为 GB/T 14213—1993。IGES 可以对实体、修剪曲面、线框、文字、视图、图纸及层、颜色、屏蔽状态、批处理、命令行处理、跟踪和调试记录等进行数据交换。它的主要应用范围包括：

(1) 在传递集合数据的基础上产生加工图纸。

(2) 应用传递的几何数据实现运动模拟和动态实验。

(3) 把已有的零部件数据整理成图形文件。

(4) 实现 CAD 和 NC(Numerical Control)系统的连接。

(5) 实现 CAD 与有限元分析(FEM)系统的连接。

IGES(初始图形交换规范)是为了实现不同的 CAD / CAM 系统之间交换产品模型的定义数据而制定的美国标准。从 1981 年起 IGES 逐渐成熟，并覆盖了越来越多的应用领域，作为较早颁布的标准，IGES 被大多数 CAD 系统所接受。

1. IGES 中的产品模型

IGES 产品模型是指用于定义某产品的实体集合。定义 IGES 产品模型就是通过实体对产品的形状、尺寸及产品的特性信息进行描述。实体就是 IGES 的基本信息单位。它可能是单个的几何元素，也可能是若干个实体的集合。在 IGES 规范中，每个实体都被赋予一个特定的实体类型号。某些实体类型还包括一个作为属性的格式号，格式号用来说明该实体类型内的实体。IGES 中实体可以分为以下三类：①几何实体，用于定义与物体形状有关的信息，如点、直线段、圆弧、B 样条曲线、曲面等。②描述实体，如尺寸标注、绘图说明。③结构实体，如组合项、图组、特性等。但是，IGES 并没有包含数字化设计与制造系统中所有的图形和非图形实体。

2. IGES 的文件结构

IGES 文件采用 ASCII 格式及其两种替代格式，即压缩 ASCII 格式和二进制格式，记录长度为 80 个字符。IGES 文件包括五个或六个字段，它们必须依次出现，其结构如图 5.17 所示。IGES 的具体含义如下：

(1) 标志段。标志段表明 IGES 文件所采用的格式。对于传统的 ASCII 格式不设标志段，二进制格式用子母 B 标识，压缩 ASCII 格式用 C 段标识。

(2) 开始段。开始段用字母 S 标识，该段含描述处理器的信息及处理该文件的后处理器所需要的信息。

(3) 全局参数段。全局参数段用字母 G 标识，该段描述了处理器的信息及处理该文件的后处理器所需要的信息。

(4) 目录条目段。目录条目段用字母 D 标识。对于 IGES 文件中的每个实体在目录条目段中都有一个目标条目，为文件提供一个索引，并含有每个实体的属性信息。

(5) 参数数据段。参数数据段用字母 P 标识。该段包含与实体相连的参数数据，参数数据以自由格式存放，其第一个域存放实体类型号。

(6) 结束段。结束段用字母 T 标识，是文件的最后一行。结束段的各域含有前述各段的标识字母及其最末一行的序号。

总之，IGES 文件格式的定义遵循两条原则：

(1) IGES 的定义应能改变复杂的数据结构及其关系。

(2) IGES 文件格式要便于各种 CAD 软件、CAE 软件的处理。

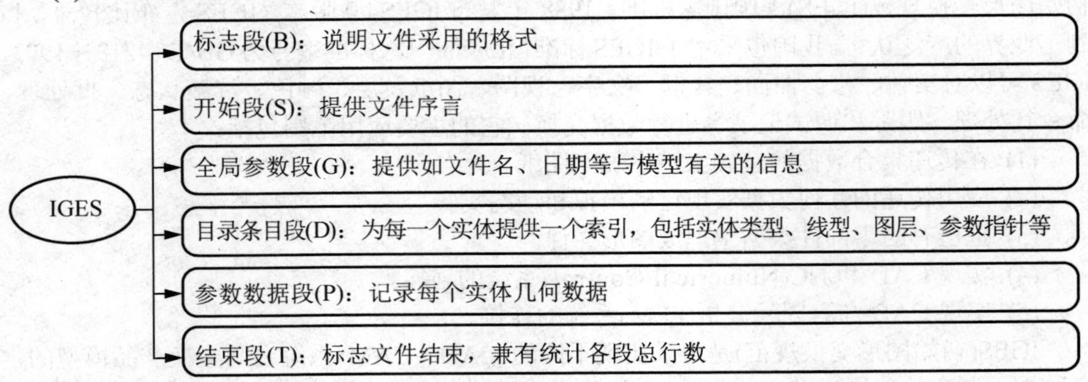


图 5.17　IGES 的文件结构示意图

3. IGES 的特点

IGES 支持产品造型中的边界表示和结构的实体几何表示，在很大的程度上解决了不同数字化设计与制造软件之间的数据传送问题。但是，IGES 的根本目的只是传输几何图形及相应的尺寸标注、说明，并在屏幕上显示或在仪器上绘制工程图。IGES 的主要缺点如下：

(1) 由于不同软件系统之间存在许多不一致的概念，使得 IGES 不能精确、完整地转换数据，某些数据(如表面定义数据)会丢失。

(2) 信息传递的范围有限。IGES 标准所定义与传递的主要是几何信息，而且是以图形描述数据为主的形状信息，无法描述产品的全部信息。因此，不能完全满足产品数字化集成开发的需要。

(3) 层的信息经常丢失。

(4) 不能将两个零部件的信息存放到一个文件。

(5) 数据格式过于复杂，造成 IGES 可读性差。IGES 产生的数据量较大，占用大量内存，使得许多 CAx 系统难以处理。

(6) 数据交换不稳定。由于 IGES 标准选择了固定的数据格式和存储长度，数据文件在结构上是松散的，容易出现语义二义性，转换数据过程中发生的错误难以确定，常需要人工处理 IGES 文件。

### 5.7.2 STEP 标准

STEP(Standard for the Exchange of Product Data)，简称 STEP 标准，是国际标准化组织(ISO)为了克服 IGES 存在的上述问题，扩大产品数字化开发软件中几何、拓扑数据的范围而提出来的产品模型数据交换标准，其正规的名称是 ISO19393-工业自动化系统和集成-产品数据的描述和交换。国际标准化组织工业自动化与集成技术委员会(TC184)下属的第四分委会(SC4)从 20 世纪 80 年代开始制定一系列标准。系列中的第一个标准发表于 1994 年，国际标准化组织计划用 STEP 代替现有的各种图形交换的标准。STEP 借鉴了 IGES 的优缺点，从一开始就对整个产品而不是仅对其几何形状进行描述，描述方法也是该标准内容的一部分。由于基于标准的产品数据管理战略上的重要性已广泛地为制造业所承认，STEP 被认为是保持企业竞争的重要工具，许多软件厂商纷纷宣布其产品支持 STEP 标准。

1. STEP 的组成结构

STEP 标准不是一项标准，而是一组标准的总称，STEP 模型信息分为三部分，分别是环境(Environment)、集成数据模型(Integrated Data Models)和顶层(Top Parts)。其中环境包括描述方法(Description Methods)、实现方法(Implementation Methods)和一致性测试方法论和框架(Conformance Testing Methodology and Framework)；集成数据模型包括集成资源(The Integrated Resources，IR)、应用集成结构(Application Integrated Constructs，AIC)和应用模块(Application Modules，AM)，其中集成资源又包括集成通用资源(Integrated Generic Resources)、集成应用资源(Integrated Application Resources)和逻辑表达模型(Logical Model of Expressions)；顶层包括应用协议(Application Protocols，AP)、抽象测试集(Abstract Test Suites for Aps，ATS)、实现模块(Implementation Modules for Aps)。STEP 标准的组成结构如图 5.18 所示。

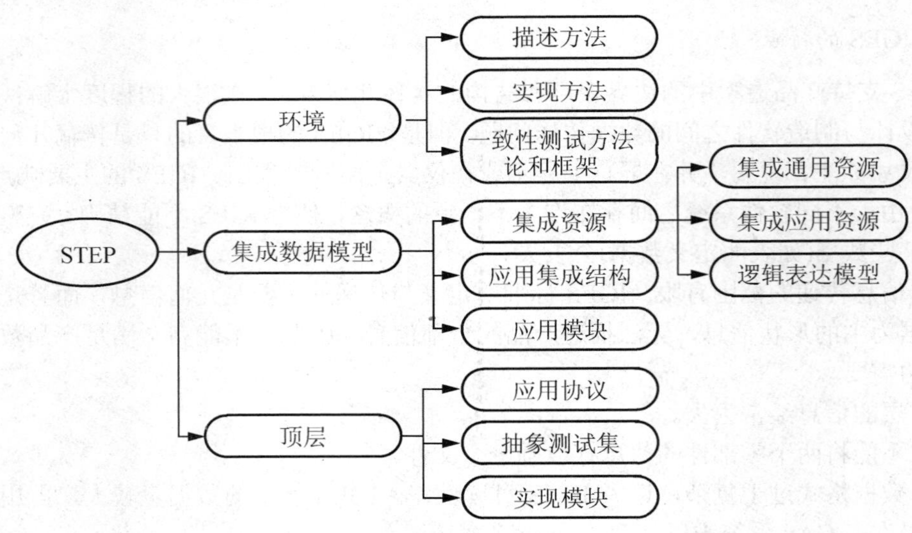


图 5.18 STEP 标准的结构

目前主流的 CAD/CAM 系统均包含一个由 STEP 应用协议定义的读写数据的模块，在美国最普遍实现的协议称为 AP-203。这个协议用来交换描述实体模型及实体模型装配体的数据。在欧洲，相似的协议称为 AP-214，完成的是相同的功能。

2. STEP 的产品数据模型

STEP 的产品数据模型覆盖了产品整个生命周期，提供了包括零部件或机构设计、分析、制造、测试、检测所需的几何、拓扑、公差、关系、属性和性能等数据。另外，STEP 还包括一些与零部件处理有关的数据，但不包括热处理等方面的数据。它为产品的设计、制造、质量控制、测试及新功能开发提供了全面信息。在 STEP 中采用了形状特征信息模型(FFIM)进行各种产品模型定义数据的转换。它强调建立能够存入数据库的产品模型的完整表示，而不是只是它的图形或可视的表示。STEP 标准使用规则的数据描述语言 EXPRESS 来定义描述对象的信息。采用规则的语言能保证描述的精度和一致性，也便于开发产品。

3. STEP 中的特征定义

STEP 中显示特征的几何形状信息必须要明确表述。特征可分为显式特征和隐式特征。显式特征只需要已有数据而不需要增加新的信息。隐式形状特征是参数化的信息而不是几何信息。一个特征可以显式表示，也可以隐式表示，还可以同时有多种隐式表示。在 STEP 中，隐式特征分为五类：①凹坑，从已有形体中减去一部分，只和形体的一个边界相交。②凸台，即加到形体一个边界上的一个体。③通孔，即从已有形体减去一个体，它和已有形体的两个边界相交。④变形，对已有形体相交部分进行光滑过渡。⑤区域特征，对已有形体指定二维特征，以便进一步做扫描变换。应用这些隐式特征，形体的定义和计算机辅助制造的集成比较方便。

4. STEP 的应用领域

STEP 标准从诞生以来经过多年发展，已经日趋成熟。为了适应协调工作的需求，NASA

经过专门的测试，于 1998 年制订了 NASA STD-2817 标准，要求 NASA 的每个研究中心采用 ISO 10303 标准中 AP-203、AP-209、AP-210、AP-225 和 AP-227 应用协议作为各应用软件间数据交换的标准，2817 标准从如下五个方面规定了 STEP 标准的应用优先。

(1) 产品数据管理系统：必须支持 STEP ISO 10303-203：1994。

(2) 机械 CAD/CAM 系统：推荐采用 1994 版 STEP ISO 10303-203 标准，1989 版 IGES ANSI/SAME Y14.26 还允许用，但要逐渐退出机制。

(3) 电子 CAD/CAM 系统：推荐采用工业自动化系统和集成-电子装配、连接和封装标准 STEPIS/DIS10303-21，原有的 1997 版 EDIFIEC61691-1 还可以用，但要逐渐退出机制，电子设计分析过程可使用 VHDLANSI/IEEE 1076：1993 标准。

(4) 建筑设计及设备设计 CAD 系统：标准规定 NASA 的建筑设计须执行 STEP ISO/DIS 10303-225 标准，厂房布置须执行 STEP ISO/DIS 10303-227；也可以使用 Autodesk 公司的 DXF AutoCAD 用户指南。

(5) 计算机辅助工程和分析：统一采用 STEP ISO/CD 10303-209 中复合材料和金属材料结构分析和相关设计标准。

(6) 欧洲空间局 ESA 的总体设计单位 ESTEC 专门对 AP-203 和 AP-214 的实用性进行了考核测试，确认了这两个子件在模型交换方面的成熟性。

### 5.7.3 DXF 文件

DXF 是 Autodesk 公司 AutoCAD 软件用于 AutoCAD 与其他软件之间进行 CAD 数据交换的中间文件格式。由于 AutoCAD 软件具有很高的市场占有率，虽然 DXF 文件格式未经国际标准组织认可，但 DXF 也被许多数字化设计软件所接受和使用，成为事实上的标准。DXF 是一种开放的矢量数据格式，可以分为 ASCII 格式和二进制格式。ASCII 可读性好，但占有空间较大；二进制格式则占有空间小，读取速度快。大多数 CAD 系统都能读入或输出 DXF 文件。

DXF 文件由很多的“代码”和“值”组成的“数据对”构造而成，这里的代码称为“组码”(Group Code)，指定其后的值的类型和用途。每个组码和值必须为单独的一行。DXF 文件被组织成为多个“段”(section)，每个段以组码“0”和字符串“SECTION”开头，紧接着是组码“2”和表示段名的字符串(如 HEADER)。段的中间，可以使用组码和值定义段中的元素。段的结尾使用组码“0”和字符串“ENDSEC”来定义。

AutoCAD 提供了 DXF 类型文件，其内部为 ASCII 码，这样不同类型的计算机可通过交换 DXF 文件来达到交换图形的目的，由于 DXF 文件可读性好，用户可方便地对它进行修改编程，达到从外部图形进行编辑、修改的目的。采用 ASCII 码格式的 DXF 文件由五个部分组成：

(1) 头部区。DXF 文件的头部区(Header Section)记录 AutoCAD 作图时所用到的系统变量。这些变量可由 AutoCAD 中 status 在屏幕上显示的各种命令来设置。

(2) 列表区。列表区(Table Section)包含了八个表，它们的含义分别是：appid—图名、dimstyle—尺寸标注的种类、ltype—线型名及其间隔、layer—层名及其设定状态、style—文字的种类及其应用名、UCS—用户坐标系、view—视图、vport—显示区上每个视区的表示方法。

(3) 实体区。实体区(EntitySection)用于定义 AutoCAD 所支持的图形元素，如表 5-1 所示。

表 5-1　DXF 文件定义的图形元素

| 图形元素 | | 图形元素 | |
|---|---|---|---|
| LINE | 直线 | DIMENSION | 尺寸标注 |
| POINT | 点 | INSERT | 插入 |
| CIRCLE | 圆 | VIEWPOINT | 视区 |
| ARC | 圆弧 | ATTDEF | 属性定义 |
| TRACE | 粗实线 | VERTEX | 顶点 |
| SOLID | 实体 | SEQEND | 折线终止 |
| TEXT | 文字 | 3DFACE | 三维面 |
| SHAPE | 形体 | ATTRIB | 属性值 |
| PLINE | 折线 | | |

(4) 复合图形区(Blocks Section)用于定义所有复合图形及其所构成的实体，此实体的含义与上述实体区中所列出的图形元素相同。用 Block 表示复合图形的开始，用 endblk 表示复合图形的终止。

(5) 文件结果。

### 5.7.4　STL 文件

STL(Stereo Lithography)文件是美国 Albert Consulting Group 根据与 3D Systems 公司的合同，于 1988 年提出的一种 CAD 模型与快速样件(Rapid Prototype，RP)成型设备之间的中间格式文件。STL 文件用一系列三角形来描述一个三维实体的表面形状，文件包含的是这些三角形各顶点的坐标和三角形面的外法线方向信息。它是一种为快速原型制造技术服务的三维图形文件格式。尽管开始时，STL 文件只是 3D Systems 公司的 STL CAD 软件的模型文件，至今也不属某个标准化组织发布的标准文件，但事实上它已经是 CAD 与 RP 设备间进行模型信息交换的工业应用标准，几乎所有的 CAD 软件都有 STL 的输出接口，而所有的 RP 设备都接受 STL 格式文件的输入。

1. STL 的产品模型

STL 文件只提取三维实体模型的表面信息，模型中的点、曲线和属性如层、颜色等完全被忽略。STL 所生成每个三角形方向和长短边比受模型表面曲率的控制。三角形的尺寸受三角形与曲面的距离偏差值的控制。偏差的取值决定于样件的使用要求，偏差值愈小，三角形数愈多。STL 文件的生成必须满足以下要求：

(1) 每个三角形用 12 个数来描述三角形的外法线方向和其顶点坐标值。

(2) 每个三角形都代表实体内外边界面的一部分，其方向须由两种方法来共同确定，它们必须完全一致。首先，法线方向必须指向实体的外部。其次，从外部观看三角形时，顶点的排序必须沿逆时针方向排列。

(3) 每个三角形必须有两个顶点与其相邻三角形共点，即满足所谓“顶点-顶点”原则。

(4) 所有的坐标值必须是正值，即实体必须置于第一挂限内，也有部分 CAD 软件允许出现负值。

(5) 此外，在点、线、面、体间必须满足欧拉准则，即 $F-E+V=2B$。其中 $F$ 为三角形数(Facet)，$E$ 为总的边数(Edge)，$V$ 为点数(Vertex)，$B$ 为实体数(Body)。

2. STL 的二进制格式文件

STL 文件由多个三角形面片的定义组成，每个三角形面片的定义包括三角形各个定点的三维坐标及三角形面片的法矢量。三角形顶点的排列顺序遵循右手法则。STL 文件可以保持为 ASCII 文本格式，也可以选用二进制保存格式。STL 文件用二进制代码储存时，每个三角形片占有 50B(Bytes)，其中法矢量信息占 12B，顶点坐标信息占 36B，分隔符占 2B，其格式如表 5-2 所示。

表 5-2 STL 的二进制格式文件结构

| Bytes | 数据类型 | 说明 |
| --- | --- | --- |
| 80 | 文本 | 头说明，无数据意义 |
| 4 | 长整数 | 文件中三角形数量 |
| 4 | 浮点 | 法矢量 X 分量 |
| 4 | 浮点 | 法矢量 Y 分量 |
| 4 | 浮点 | 法矢量 Z 分量 |
| 4 | 浮点 | 第一个顶点的 X 坐标 |
| 4 | 浮点 | 第一个顶点的 X 坐标 |
| 4 | 浮点 | 第一个顶点的 X 坐标 |
| 4 | 浮点 | 第二个顶点的 X 坐标 |
| 4 | 浮点 | 第二个顶点的 X 坐标 |
| 4 | 浮点 | 第二个顶点的 X 坐标 |
| 4 | 浮点 | 第三个顶点的 X 坐标 |
| 4 | 浮点 | 第三个顶点的 X 坐标 |
| 4 | 浮点 | 第三个顶点的 X 坐标 |
| 2 | 浮点 | 空格，表示该三角形面片信息结束 |

3. STL 的应用范围

STL 模型是以三角形集合来表示物体外轮廓形状的几何模型。在实际应用中对 STL 模型数据是有要求的，尤其是在 STL 模型广泛应用的 RP 领域，对 STL 模型数据均需要经过 STL 模型数据的有效性和 STL 模型封闭性检查才能使用。其中，有效性检查包括检查模型是否存在裂隙、孤立边等几何缺陷。封闭性检查则要求所有 STL 三角形围成一个内外封闭的几何体。由于 STL 模型仅仅记录了物体表面的几何位置信息，没有任何表达几何体之间关系的拓扑信息，所以在重建实体模型中凭借位置信息重建拓扑信息是十分关键的步骤。另一方面，实际应用中的产品零件(结构件)绝大多数由规则几何形体(如多面体、圆柱、过渡圆弧)经过拓扑运算得到，因此对于结构件模型的重构来讲拓扑关系重建显得尤为重要。实际上，目前 CAD/CAM 系统中常用的 B-rep 模型即是基于这种边界表示的基本几何体素布尔运算表达的。

### 5.7.5 IDF 文件

IDF(Intermediate Data Format)文件是 Mentor Graphics 公司和 SDRC 公司共同开发的一种在机械 CAD 系统与 EDA 系统间进行 PCB 模型交换的中间文件。两个公司的初衷是通过 Mentor 与 I-Deas 间的 PCB 信息交换，实现机-电一体化设计的功能。在机电产品的设计过程中往往需要经过多次在 CAD 软件和 EDA 软件进行模型迭代，IDF 文件是为了满足此种需要而产生的一种中间文件格式。虽然 IDF 源于两个公司的协议，但事实上已成为机械 CAD 软件与 EDA 软件进行信息交换的工业标准。得到几乎所有 CAD 软件和 EDA 软件的支持。自 1992 年 1 月 Mentor Graphics 公司发布了 IDF2.0 以后，Mentor Graphics 公司成为 IDF 的管理者。为满足应用的需求，1996 年 10 月 Mentor Graphics 发布了 3.0 版本。而德国电子茶农设计联合会 FED(FACHVERBAND ELEKTRONIK-DESIGN)根据其成员的意见提出 IDF3.0 的另一种建议草案。1997 年 Intermedius Design Integration 公司开始承担 IDF 的支持和开发工作，对 IDF 的格式进行了全面的清理和广泛的需求分析后，1998 年提出了 IDF4.0 版草案。

### 5.7.6 ACIS 文件

ACIS 是美国 Spatial Technology 公司推出的应用于 CAD 系统开发的三维几何造型引擎，它集线框、曲面和实体造型于一体，并允许这三种表示共存于统一的数据结构中，为各种 3D 造型应用的开发提供了几何造型平台。它提供从简单实体到复杂实体的造型功能，以及实体的布尔运算、曲面裁减、曲面过渡等多种编辑功能，还提供了实体的数据存储功能和 SAT 文件的输入、输出功能。Spatial Technology 公司在 1986 年成立，目前 ACIS 3D Toolkit 在世界上已有 380 多个基于它的开发商，并有 180 多个基于它的商业应用，最终用户已近一百万。许多著名的大型系统都是以 ACIS 作为造型内核，如 AutoCAD、CADKEY、Mechanical Desktop、Bravo、TriSpectives、TurboCAD，Solid Modeler、Vellum Solid 等。

ACIS 产品包括一系列的 ACIS 3D Toolkit 几何造型和多种可选择的软件包，一个软件包类似于一个或多个部件，提供一些高级专业函数，可以单独出售给需要特定功能的用户。ACIS 产品可向外出售接口源程序，同时鼓励各家软件公司在 ACIS 核心开发系统的基础上发展与 STEP 标准相兼容的集成制造系统。美国 AutoCAD、中国的 PANDA 等 CAD 软件，流体分析软件 FLUENT 的前置处理软件 GAMBIT 使用的都是此内核。

ACIS 是完全基于组件技术开发的，用户可使用所需的部件，其所有基础功能均通过动态链接库 DLL 实现。在 ACIS6.0 中大约有五十多个 DLL，所有这些 DLL 可划归为 ACIS 3D Toolkit(核心模块)和 Optional Husks(可选模块)。其中核心模块提供构造系统所需的基本功能，如基本几何和拓扑、内存管理、模型管理、显示管理、图形交互等。这部分是 ACIS 几何建模的核心，类似于飞机的发动机，其中包括许多开发商的必选构件；而另一部分可选模块则提供一些更专业化和更高级的功能，如高级过渡、高级渲染、可变形曲面、精确消影、拔模、抽壳、与 CATIA 和 Pro/E 等系统的数据接口等。这部分作为可选组件由用户根据实际开发的系统需要自由挑选、搭配和组合，当然用户也可用自己开发的组件取代 ACIS 的部分组件。

ACIS 的特点是采用面向对象的数据结构，用 C++编程，使得线架造型、曲面造型、实体造型任意灵活组合使用。线架造型仅用边和顶点定义物体；曲面造型类似线框造型，只不过多定义了物体的可视面；实体造型用物体的大小、形状、密度和属性(质量、容积、重心)来表示。用 C++构造的图形系统开发平台，包括一系列的 C++函数和类(包括数据成员和方法)。开发者可以利用这些功能开发面向终端用户的三维造型系统。

### 5.7.7 Parasolid 文件

Parasolid 是 Unigraphics Solution 公司的产品，它是 UG NX 软件、SolidWorks 和 Patran 的内核。Parasolid 有较强的造型功能，但只能支持正则实体模型。其主要功能包括自由曲面和解析曲面的混合表示、多种方式的实体操作、非拓扑和非几何数据的提供等。Parasolid 内核文件的扩展名有.x_t 和.x_b 两种，前者为文本文件，后者为二进制文件。

Parasolid 是世界上领先的、经过生产证明的三维几何建模组件软件。利用该软件提供的核心功能，基于 Parasolid 产品的用户能够快速、稳定地对行业最复杂的产品建模。由于基于高精度的边界表示技术，Parasolid 支持在一个集成框架中进行实体建模、广义单元建模及自由曲面建模/板建模。Parasolid 的完整功能涵盖 750 多种功能，包括丰富的模型创建与编辑实用程序，如功能强大的布尔建模运算符、特征建模支持、先进表面处理、增厚与弧刮、倒圆、板建模等。另外，Parasolid 还提供了广泛的直接建模工具，包括锥形、偏置、几何体替换及通过自动生成周围数据来去除特征细节。Parasolid 还提供广泛的图形与着色支持，包括精确的隐藏线、线框和草图、多用途细分功能及一套完整的模型数据查询。Parasolid 的功能性由可配置的机制支撑，这些机制有助于紧密、高效地把 Parasolid 集成到不同的应用软件中。

Parasolid 驱动的应用软件在全球广泛应用于多种行业，现在已经拥有 200 多万用户。所有这些用户都能够通过 Parasolid 的本地.x_t 文件格式无缝地共享几何模型并从中受益。不仅如此，Parasolid 还提供了固有、容错几何体处理功能，使 Parasolid 能够成功地使用准确性各不相同的导入数据，并且不会失去稳定性，并使用户从中受益。

## 小　　结

本章对 CAE 中的主流软件进行了简单的介绍，包括主流的几何建模软件 Pro/E、UG、SolidWorks、CATIA，主流的网格剖分软件 HyperMesh，主流的结构分析软件 MSC.Nastran 和 ANSYS，主流的动力学分析软件 MSC.ADAMS、LS-DYNA、ABAQUS，主流的流体分析软件 FLUENT 和 FASTRAN。随后，本章对不同 CAX 软件之间的模型交互技术和数据交互文件进行了介绍。通过对本章的学习，读者应该对这些软件有一定的了解，在遇到具体的工程问题的时候，应该能够选定用哪些软件来解决问题，并能在不同的 CAX 软件之间选择合适的模型格式进行互操作。

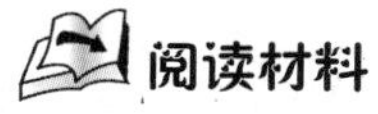
**阅读材料**

### Autodesk 公司和其产品

欧特克(Autodesk)是全球计算机辅助设计(CAD)领域的先驱，自成立至今已为整个行业做出了卓越的贡献。它的核心产品 AutoCAD 软件已经成为 CAD 技术的代名词，同时也是全球设计的必备产品。Autodesk 有三个重量级的产品，分别是 AutoCAD、3ds Max 和 Maya，这三个产品都能完成几何造型的功能，却又有很大的区别。

AutoCAD(Auto Computer Aided Design)是 Autodesk 公司首次于 1982 年生产的自动计算机辅助设计软件，用于二维绘图、详细绘制、设计文档和基本三维设计。现已经成为国际上广为流行的绘图工具。AutoCAD 具有良好的用户界面，通过交互菜单或命令行方式便可以进行各种操作。它的多文档设计环境让非计算机专业人员也能很快地学会使用。在不断实践的过程中更好地掌握它的各种应用和开发技巧，从而不断提高工作效率。AutoCAD 具有广泛的适应性，它可以在各种操作系统支持的微型计算机和工作站上运行。它广泛应用于土木建筑、装饰装潢、城市规划、园林设计、电子电路、机械设计、服装鞋帽、航空航天、轻工化工等诸多领域。

3D Studio Max，常简称为 3ds Max 或 MAX，是 Autodesk 公司开发的基于 PC 系统的三维动画渲染和制作软件。其前身是基于 DOS 操作系统的 3D Studio 系列软件。在 Windows NT 出现以前，工业级的 CG 制作被SGI图形工作站所垄断。3D Studio Max + Windows NT组合的出现一下子降低了CG制作的门槛，首先开始运用在计算机游戏中的动画制作，后更进一步开始参与影视片的特效制作，如X战警II、最后的武士等。它广泛应用于广告、影视、工业设计、建筑设计、多媒体制作、游戏、辅助教学及工程可视化等领域。

Maya是Autodesk公司出品的世界顶级的三维动画软件，应用对象是专业的影视广告、角色动画、电影特技等。Maya功能完善，工作灵活，易学易用，制作效率极高，渲染真实感极强，是电影级别的高端制作软件。Maya和3ds Max虽然都是三维动画软件，但是却有着很大的区别。Maya是高端3D软件，3ds Max是中端软件，易学易用，但在遇到一些高级要求时(如角色动画/运动学模拟)远不如Maya强大。Maya软件应用主要是动画片制作、电影制作、电视栏目包装、电视广告、游戏动画制作等。3ds Max软件应用主要是动画片制作、游戏动画制作、建筑效果图、建筑动画等。Maya的CG功能十分全面，建模、粒子系统、毛发生成、植物创建、衣料仿真等。可以说，当3ds Max用户匆忙地寻找第三方插件时，Maya用户已经可以早早地安心工作了。可以说，从建模到动画，到速度，Maya都更出色。另外，Maya的用户界面也比3ds Max要人性化点。

## 习　题

### 一、填空题

1．Pro/E的特点是________、________和________(全相关)。

2．HyperMesh是一个功能强大的前后处理平台。它的优点体现在：具有各种不同的CAD软件接口，如________、________、________、________、________等。

3．MSC.ADAMS软件使用________和________、________、________，创建完全参数化的机械系统几何模型，其求解器采用多刚体系统动力学理论中的拉格朗日方程方法，建立系统动力学方程，对虚拟机械系统进行________、________和________分析，输出________、________、________和________。

4．LS-DYNA是世界上最著名的通用________程序，能够模拟真实世界的各种复杂问题，特别适合求解各种________的高速碰撞、爆炸和金属成型等非线性动力冲击问题，同时可以求解________、________及________问题。

5. MSC.Nastran的主要动力学分析功能包括________、________、________、________、________、________、________、________、________、________、________等。

### 二、选择题

1．以下软件中，哪组软件全是几何建模软件？(　　)

A．Pro/E、MSC.ADAMS、CATIA、SoildWorks

B．Pro/E、UG、MSC.Nastran、SoildWorks

C．Pro/E、UG、CATIA、SoildWorks

D．CFD-FASTRAN、UG、CATIA、SoildWorks

2．配置管理是SolidWorks软件体系结构中非常独特的一部分，它涉及零件设计、装配设计和(　　)。

A．彩色打印　　B．工程图　　C．顺序组件　　D．参数化功能定义

3．MSC.Nastran复特征值分析主要用于(　　)。

A．用于求解结构的自然频率和相应的振动模态

B．在时域内计算结构在随时间变化的载荷作用下的动力响应

C．用于计算结构在周期振荡载荷作用下对每一个计算频率的动响应

D．求解具有阻尼效应的结构特征值和振型

4．MSC.ADAMS 软件包括核心模块(　　)，以及其他扩展模块。

A．MSC.ADAMS/Flex 和 MSC.ADAMS/Controls

B．MSC.ADAMS/Linear 和 MSC.ADAMS/Driver

C．ADMS/View 和 MSC.ADAMS/Solver

D．MSC.ADAMS/Rail 和 MSC.ADAMS/Linear

5．FLUENT 软件采用基于完全非结构化网格的有限体积法，它所采用的前置处理器是(　　)。

A．Patran　　B．FEMAP　　C．GAMBIT　　D．Samcef/Field

## 三、判断题

1．CFD-FASTRAN 基于压力可压缩流动有限体积求解器。求解器包含高阶数值程序和高级物理模型，来提供复杂工程流动问题准确和高效的解决方案。　　(　　)

2．瞬态响应分析在时域内计算结构在随时间变化的载荷作用下的动力响应，分为直接瞬态响应分析和模态瞬态响应分析。　　(　　)

3．ABAQUS 是一套功能强大的工程模拟的有限元软件，其解决问题的范围从相对简单的线性分析到许多复杂的非线性问题。　　(　　)

4．FLUENT 软件采用基于完全结构化网格的有限体积法，而且具有基于网格节点和网格单元的梯度算法，可以进行定常/非定常流动模拟，而且新增快速非定常模拟功能。　　(　　)

5．ANSYS 程序提供了自顶向下和自底向上两种实体建模方法。　　(　　)

## 四、操作题

使用 CAD 几何建模软件，完成图 5.19 中的模型建模。

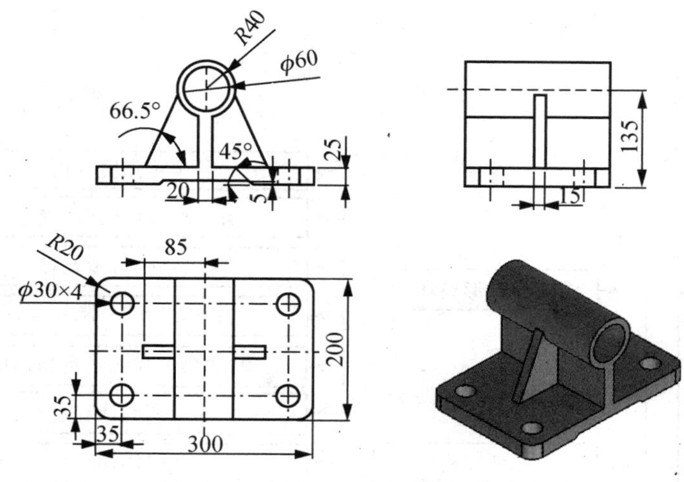


图 5.19　操作题图

# 第6章 面向轨道车辆设计的CAE技术应用

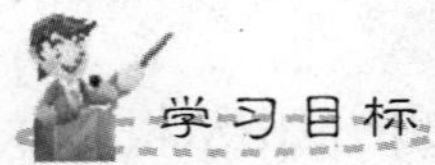


- 了解当前主流CAE软件在轨道车辆设计及仿真方面的应用。
- 了解使用Pro/E软件建立轮对模型的步骤和方法，可以参照实例进行几何建模。
- 了解使用HyperMesh软件进行轮对几何模型网格剖分的步骤和方法，可以参照实例进行几何建模的非结构网格剖分。
- 了解使用ANSYS软件进行轮对静力和模态分析的步骤和方法，可以参照实例进行静力和模态分析。
- 了解使用ANSYS软件进行轮对热-应力耦合分析的步骤和方法，可以参照实例进行热-应力耦合分析。

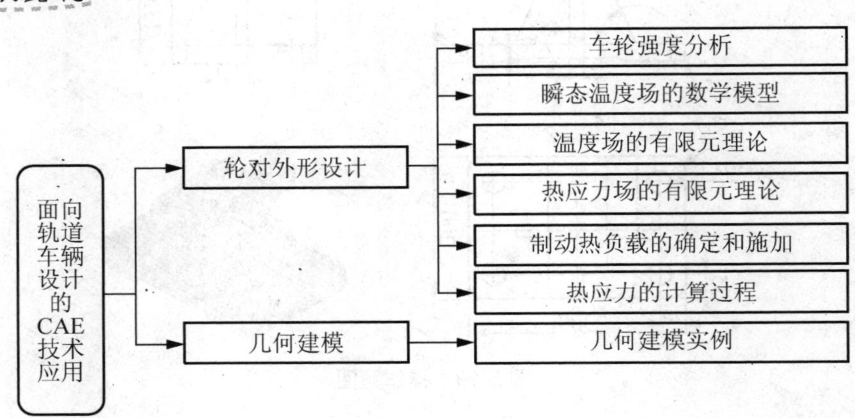


图6.1 面向轨道车辆设计的CAE技术应用知识结构图

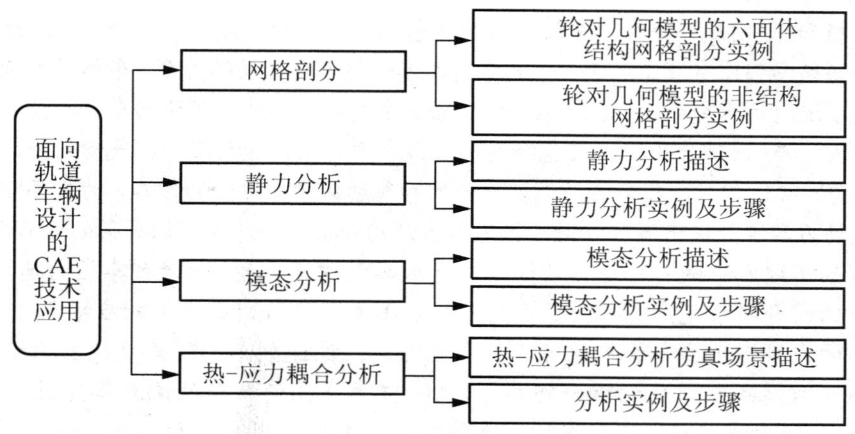


图 6.1 面向轨道车辆设计的 CAE 技术应用知识结构图(续)

## 导入案例

CAE 技术在复杂产品设计和研制过程中的广泛应用，给各个领域带来了巨大的经济效益。随着高速动车技术快速发展，CAE 技术的应用已经成为提高企业自主研发能力、缩短研发周期的主要手段。高速列车是高新科技的集成，需要解决高速轮轨关系、高速转向架、大功率牵引、制动控制、列车运行控制、空气动力学工程、环境噪声、乘坐舒适度、可靠性与安全性等一系列重大技术问题。CAE 技术在高速列车各个领域中具有广泛的应用。其中，以 CAE 技术在高速列车转向架研究、高速列车车体研究和隔声降噪研究最具有代表性。

高速列车转向架是列车高速运行最重要的基础条件之一。作为执行机构，高速转向架在保证列车稳定运行时承担列车的减振降噪作用；作为承载结构，高速转向架在各种振动工况下确保结构的强度安全可靠性。转向架主要由构架、轮对、一系悬挂、二系悬挂等零部件组成。针对转向架的功能和结构，高速列车转向架的研发工作主要包括确定高速列车在线路上各种运用工况的安全运行条件、研究列车悬挂装置(结构、参数、性能)对振动和动载荷传递的影响、为悬挂装置提供设计依据和确定动载荷等。CAE 技术在转向架研发工作中的应用主要分为转向架结构分析和转向架动力学分析。在转向架的设计初期主要对转向架进行系统设计，主要是转向架动力学性能设计，应用动力学软件 SIMPACK 中的 RALL 模块对转向架进行动力学仿真分析，根据设计参数(轴重、轴距、踏面形状、一系悬挂刚度、二系悬挂刚度、减振器性能参数等)建立转向架的虚拟模型，选择相应的运行线路谱进行转向架的动力学分析。在完成转向架的系统设计后，开始转向零部件的设计，转向架作为车辆的重要承载部件，其零部件的强度直接影响到车辆的运行安全性，在完成转向架零部件设计后，需要应用 CAE 强度分析软件对转向架的各个零部件进行静强度和疲劳强度分析，完成最终的设计。

高速列车车体的研发技术难点在于如何保证车体刚度、强度不变的前提下实现车体轻量化的目标。高速的行驶速度和车体的空气动力学性能是车体研发的两个关键，在进行高速列车车体研发时必须加以考虑。CAE 技术在高速轨道车辆车体研发中的应用主要包括车体结构分析和流-固耦合分析。车体结构分析包括对车体的强度、气密强度、刚度与模态及车体模态与转向架固有模态的关系、车体局部模态与车内振动的关系、车体局部模态与车内噪声的关系进行仿真分析。以上 CAE 仿真分析主要解决车体轻量化与车体刚度、强度提高之间的矛盾。流-固耦合分析主要包括列车表面压力分布、气动阻力、气动升力、交会压力波、侧向力、隧道效应、列车运行侧风平稳性和气动噪声等方面的仿真，为提高高速列车车体的空气动力学性能提出解决方案，并为车体结构分析提供外部流场载荷的分布情况。

高速列车研发中的另一个重要课题就是列车的噪声问题。随着列车运行速度的提高，列车噪声的问题越来越严重。一般来说，速度每提高 10km/h，噪声相应增加 1～2dB(A)。高速列车的噪声源主要包括轮轨噪声和气动噪声。高速列车的噪声直接影响旅客的乘坐舒适度，同时造成铁路线的噪声污染。CAE 技术在高速列车的隔声降噪设计中引入了 CAE 技术，CAE 技术在高速列车的隔声降噪设计中的应用分为两部分。一部分是应用结构分析软件和流体动力学仿真软件对高速列车进行结构分析，改变噪声源的结构。另一部分是应用 SYSNOISE、VAONE 等噪声仿真软件对噪声在车辆内及周围环境中的传播进行仿真，SYSNOISE 主要针对中低频噪声，而 VAONE 主要利用统计方法对高频噪声进行分析，高速列车的噪声既有中低频噪声，也有高频噪声，通过对车内噪声场的仿真，优化客舱内内装结构，达到改善隔音效果的目的。

下面就以轮对为例，简要介绍 CAE 在轨道车辆设计中的应用。

## 6.1 轮对外形设计

车轮是轨道车辆走行部转向架上的重要部件之一，是影响车辆运行安全性的关键部件。图 6.2 所示为轮对结构图，它包括踏面、轮缘、轮辋、辐板和轮毂等。车轮与钢轨接触的接触面称为踏面，突出的圆弧部分称为轮缘，是保持车辆沿钢轨运行，防止脱轨的重要部分。轮毂是轮与轴互相配合的部分。辐板是连接轮辋与轮毂的部分。

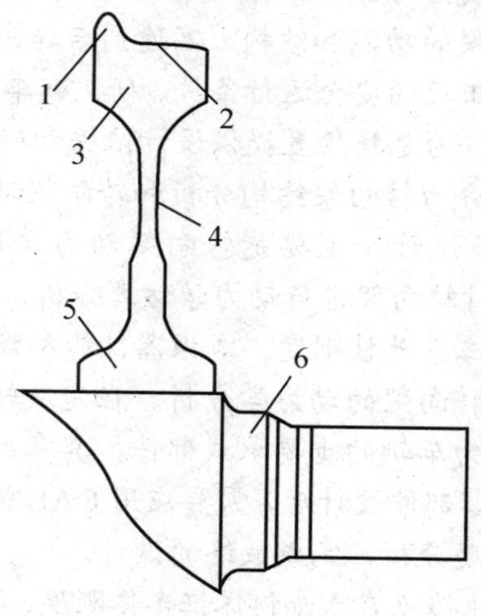


图 6.2 轮对结构图

1—轮缘；2—踏面；3—轮辋；4—辐板；5—轮毂；6—车轴

车轮的踏面需要做成一定的斜度，其作用如下：

(1) 便于通过曲线。车辆在曲线上运行，由于离心力的作用，轮对偏向外轨，于是在外轨上滚动的车轮与钢轨接触部分的直径较大，沿内轨上滚动的车轮与钢轨接触部分的直径较小，使滚动中的轮对大直径的车轮沿外轨行走的路程较长，小直径的车轮沿内轨行走的路程较短，这正好和曲线区间线路的外轨长内轨短的情况相适应，这样可以使轮对较为顺利地通过曲线，减少车轮在钢轨上的滑行。

(2) 可以自动调中。在直线线路上运行时，如果车辆中心与轨道中心不一致，则轮对在滚动过程中能自动纠正偏离的位置。

(3) 踏面磨耗沿宽度方向比较均匀。

目前我国车辆主要采用整体辗钢车轮。该种车轮强度高、韧性好、自重轻、安全可靠、适应载重大和运行速度高的要求，具有维修费用低、轮缘磨耗过限后可以堆焊、踏面磨耗可以多次维修使用等优点。

在车辆设计中一个重要的环节是对其进行强度和刚度的仿真分析和热负荷的仿真分析。

### 6.1.1 车轮强度分析

车轮强度计算和评定方法比较复杂，国际铁路联盟UIC510-5车轮设计规范(UIC510-5)规定了车轮强度计算的轮轨机械载荷工况和强度评定方法。该规范规定用以下三种运用工况考察车轮辐板应力：

直线运行工况：垂直载荷$P_1$。

曲线运行工况：垂直载荷$P_2$+横向载荷$H_2$。

道岔通过工况：垂直载荷$P_3$+横向载荷$H_3$。

其中，满轴重的静态轮载为$P_0$；$P_i$=1.25$P_0$($i=1$，2，3)；$H_2=0.7P_0$；$H_3=0.42P_0$。

不同载荷工况下，作用于轮轨作用点的载荷对车轮作用力的方向和位置如图6.3所示。直线运行工况下，$P_1$作用在离车轮内侧面70mm处；在曲线运行工况时，垂直动载荷$P_2$作用在离车轮内侧面38mm处；道岔通过工况时，垂直动载荷$P_3$作用在离车轮内侧面105mm处；横向载荷作用在离踏面水平线10mm处，$H_2$由轮缘外侧指向内侧，$H_3$由轮缘内侧指向外侧。

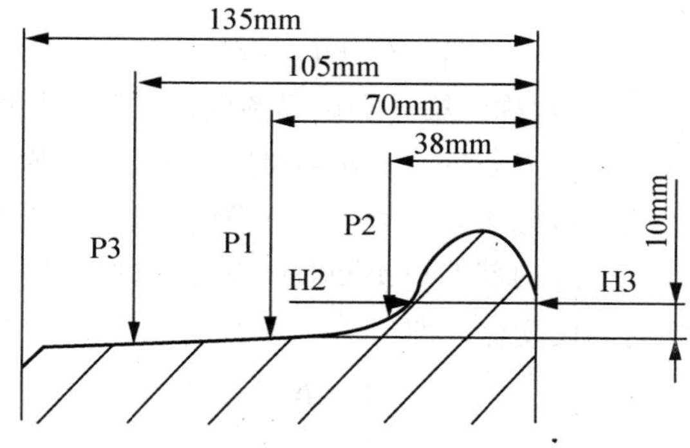


图6.3 车轮载荷加载示意图

车轮在踏面制动时，将通过闸瓦和车轮踏面将列车动能转换为摩擦热能，闸瓦和车轮因摩擦而生热，其中66%～90%的热量将经由踏面传入车轮，由于车轮内部会产生温度梯度以及轮辋对辐板的约束，造成轮辋相对辐板的膨胀和扭曲，易在车轮辐板上形成长时、稳态的高应力。

一般有三种常见的制动方式：停车制动、紧急制动及坡道制动(持续或间歇)。坡道制动热负荷产生的辐板应力可能远远大于机械载荷和其他制动方式产生的应力。

### 6.1.2 瞬态温度场的数学模型

车轮的瞬态温度分布可归结为求解无内热源的三维温度场问题。在三维问题中，瞬态温度场的场变量$T(x,y,z,t)$在直角坐标中应满足的微分方程是

$$\rho c\frac{\partial T}{\partial t}+k_y\frac{\partial^2 T}{\partial y^2}=k_x\frac{\partial^2 T}{\partial x^2}+k_z\frac{\partial^2 T}{\partial z^2}+\rho Q\ (\text{在}\ \Omega\ \text{域内}) \tag{6-1}$$

此方程即热量平衡方程。式中的第一项是微体升温需要的热量；第2，3，4项是由$x,y,z$方向传入微体的热量；最后一项是微体内热源产生的热量。微分方程表示：微体升温所需要的热量与传入微体的热量及微体内热源产生的热量相平衡。另外，求解域$\Omega$的温度场分布，边界条件为

$$\left.\begin{aligned}&T=\overline{T} && (\text{在}\ \Gamma_1\ \text{边界上})\\&k_x\frac{\partial T}{\partial x}n_x+k_y\frac{\partial T}{\partial y}n_y+k_z\frac{\partial T}{\partial z}n_z=q && (\text{在}\ \Gamma_2\ \text{边界上})\\&k_x\frac{\partial T}{\partial x}n_x+k_y\frac{\partial T}{\partial y}n_y+k_z\frac{\partial T}{\partial z}n_z=h(T_a-T) && (\text{在}\ \Gamma_3\ \text{边界上})\end{aligned}\right\} \tag{6-2}$$

式中，$\rho$为材料密度(kg/m$^3$)；$c$为材料比热容[J/(kg・K)]；$t$为时间(s)；$k_x,k_y,k_z$分别为材料沿$x,y,z$方向的热传导系数[w/(m・k)]；$Q=Q(x,y,z,t)$为物体内部的热源密度[w/kg]；$n_x,n_y,n_z$分别为边界外法线的方向余弦；$\overline{T}=\overline{T}(\Gamma,t)$为$\Gamma_1$边界上的给定温度；$q=q(\Gamma,t)$为$\Gamma_2$边界上的给定的热流量[w/m$^2$]；$h$为介质对物体边界的换热系数[w/(m$^2$・k)]；$T_a=T_a(\Gamma,t)$为在自然对流条件下，是外界环境温度；在强迫对流条件下，是边界层的绝热壁温度。

边界条件满足

$$\Gamma_1+\Gamma_2+\Gamma_3=\Gamma \tag{6-3}$$

在$\Gamma_1$边界上给定温度$\overline{T}(\Gamma,t)$称为第一类边界条件，它是强制边界条件。在$\Gamma_2$边界上给定热流量$q(\Gamma,t)$称为第二类边界条件，当$q=0$时就是绝热边界条件。在$\Gamma_3$边界上给定对流换热的条件，称为第三类边界条件。第二、三类边界条件是自然边界条件。

如果边界条件上$\overline{T}$，$q,T_a$及内部的$Q$不随时间变化，则经过一段时间的热交换后，物体内各点温度也将不再随时间而变化，即

$$\frac{\partial T}{\partial t}=0 \tag{6-4}$$

这时候瞬态热传导方程就退化为稳态热传导方程了。于是得到了三维稳态热传导方程：

$$k_x\frac{\partial^2 T}{\partial x^2}+k_y\frac{\partial^2 T}{\partial y^2}+k_z\frac{\partial^2 T}{\partial z^2}+\rho Q=0\ (\text{在}\ \Omega\ \text{域内}) \tag{6-5}$$

求解稳态温度场的问题就是求满足稳态热传导方程及热边界条件的场变量 $T$,$T$ 只是坐标的函数，与时间无关。

在数值模拟计算中，数学模型建立后，应结合实际问题确定初始条件和边界条件。热传导方程最自然的一个定解问题就是在已知的初始条件与边界条件下求问题的解，初始条件和边界条件是影响计算精度的主要因素之一。

初始条件是过程开始时物体整个区域中所具有的温度为已知值，即

$$T\big|_{t=0} = T(0) \tag{6-6}$$

式中，$T(0)$ 为温度初始值，本文取车轮和空气的温度初始值均为25℃。

热传导问题中常用的三类边界条件如下：

第一类边界条件指物体边界上的温度函数 $T_w$ 为已知。车轮内部的单元属于第一类边界条件，用公式表示为

$$T\big|_{\Gamma_1} = T_w \tag{6-7}$$

式中，$\Gamma_1$ 为物体的边界，其方向为逆时针方向。

第二类边界条件指物体边界上的热流密度 $q(t)$ 为已知。摩擦表面上的单元属于第二类边界条件，用公式表示为

$$-k_n \frac{\partial T}{\partial n}\bigg|_{\Gamma_2} = q(t) \tag{6-8}$$

式中，$k_n$ 为法线方向上的导热系数；$q(t)$ 为热流密度，随时间和位置变化。

第三类边界条件指与物体相接触的介质温度和换热系数为已知。位于车轮和空气接触界面上的单元均属于第三类边界条件，用公式表示为

$$-k_n \frac{\partial T}{\partial n}\bigg|_{\Gamma_3} = \alpha(T - T_f) \tag{6-9}$$

式中，$T$ 为物体的温度；$T_f$ 为介质温度；$\alpha$ 为介质对物体边界的换热系数。

### 6.1.3 温度场的有限元理论

稳态温度场的有限元法求解和弹性静力问题基本相同，在弹性静力学问题中所采用的单元和相应的插值函数在此都可以使用，主要的不同在于场变量。在弹性力学问题中，场变量是位移，是向量场。在热传导问题中，场变量是温度，是标量场。因此稳态温度场问题比弹性静力学问题要相对简单一些，稳态热传导问题也存在变分的泛函。

瞬态温度场与稳态温度场主要的差别是瞬态温度场的场函数温度不仅是空间域 $\Omega$ 的函数，而且还是时间域 $t$ 的函数。但是时间和空间两种域并不耦合，因此建立有限元格式时可以采取部分离散的方法。

### 6.1.4 热应力场的有限元理论

物体热膨胀只产生线应变，剪切应变为零。这样由于热变形产生的应变可以看作物体的初应变。计算热应力时只需算出热变形引起的初应变 $\varepsilon_0$，求得相应的初应变引起的等效节点载荷 $P_{\varepsilon 0}$，然后按通常求解应力一样解得由于热变形引起的节点位移 $a$，从而可以由 $a$ 求得热应力 $\sigma$。

$$\sigma = E\varepsilon_0 \tag{6-10}$$

式中，$\varepsilon_0$ 是温度变化引起的温度应变，它作为初应变出现在应力应变关系中，$E$ 为弹性模量。对于三维问题有

$$[\varepsilon_0]=\alpha([T]-[T_0])[1\,1\,1\,0\,0\,0]^{\mathrm{T}} \tag{6-11}$$

将式(6-10)代入虚位移原理，则可得求解热应力问题的最小位能原理，泛函表达式如下：

$$J=\iiint_D(\frac{1}{2}\{\varepsilon_0\}^{\mathrm{T}}E\{\varepsilon_0\}-\{u\}^{\mathrm{T}}\{f\})\mathrm{d}D-\iint_S\{u\}^{\mathrm{T}}\{\overline{F}\}\mathrm{d}S \tag{6-12}$$

式中，$\{u\}$ 为位移列向量；$\{\varepsilon_0\}$ 为温度应变列向量；$\{f\}$ 为体积力列向量；$\{\overline{F}\}$ 为外力列向量。将求解域 $D$ 进行有限元离散后，从 $\delta J=0$ 将得到有限元求解方程：

$$[K]^{\{a\}=\{P_{\varepsilon 0}\}} \tag{6-13}$$

式中，$P_{\varepsilon 0}$ 是温度引起的载荷。

### 6.1.5 制动热负载的确定和施加

制动过程中，一方面闸瓦与踏面之间的摩擦热通过踏面传给车轮，另一方面车轮中的热量通过对流和辐射等方式传给周围的介质。一般来说，制动过程中传给车轮的热量远远大于车轮传给周围介质的热量，热辐射和对流引起的热量损失可以忽略，热量主要以热传导方式传播，闸瓦和踏面摩擦面的边界条件以热流边界为主。因此，温度场分析的热载荷为热流密度 $q(t)$，作用于闸瓦和车轮踏面的摩擦表面上。

假设制动过程中，摩擦符合库仑定律，摩擦因数保持不变，可从摩擦功率的角度考虑摩擦表面上输入的热流密度 $q(t)$。

当闸瓦在踏面上滑动时，摩擦表面的摩擦功率 $W$ 为

$$W=\eta Fv(t)=\eta fNv(t) \tag{6-14}$$

式中，$\eta$ 是热流分配系数；$F$ 是滑动摩擦力；$f$ 是摩擦因数；$N$ 是闸瓦压力；$v(t)$是车轮和闸瓦的相对滑动速度。

假设踏面与闸瓦接触的各个部分各个点的热流密度相同，呈均匀分布，所以热流密度为

$$q(t)=\frac{W}{S_f}=\frac{\eta fNv(t)}{S_f} \tag{6-15}$$

式中，$S_f$ 为车轮旋转一周时闸瓦在踏面上扫过的面积($\mathrm{m}^2$)。

在热分析计算模型中，踏面为热输入边界，轴孔不参与散热，其余全部边界为散热边界，假设周围环境温度为25℃，对流系数不随温度变化。

模型中所施加的热载荷随时间而变化，为了描述随时间变化的热载荷，先定义热流密度随时间的变化函数，分若干个载荷步施加。对于每个载荷步，必须定义相应的载荷值和时间值，以及载荷的变化方式(渐变还是阶跃)。恒速坡道制动过程中热流密度是常量，定义为阶跃变化，其他制动情况热流密度都是时间的函数，定义为渐变的。

冷却阶段删掉热源，在踏面上施加对流边界条件，其他条件保持不变，定义载荷步及相应的载荷步长即可计算。

### 6.1.6 热应力的计算过程

首先将车轮的热分析单元类型 solid45 转化为结构分析单元类型 solid70，在对称面上施

加对称约束，约束轮毂孔上所有节点的自由度，输入随温度变化的材料参数(泊松比、弹性模量、热膨胀系数)，其次从热分析的结果文件中读取已求解的节点温度，将其作为载荷施加到结构分析模型上，最后进行热应力的瞬态计算。

结构应力场分析中的载荷步长与温度场分析中的步长一一对应，对于多个载荷步的计算可通过循环来实现。

## 6.2 几 何 建 模

本节进行几何建模的轮对尺寸标注，如图6.4所示。

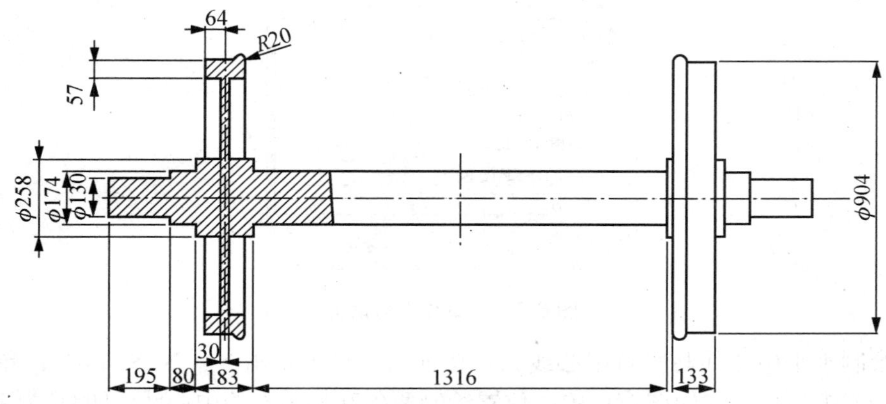


图6.4 轮对几何尺寸示意图

为了便于几何建模和后续的仿真分析，本文对轮对的几何外形采用较为简单的设计，轮对踏面由半圆与直线组成。

(1) 新建一个名称为 lundui 的实体零件文件，单击“文件”→“新建”→“零件”命令，模板选用 mmms_part_solid 公制模板，进入零件建立模式，如图6.5所示。

图6.5 Pro/E主界面示意图

(2) 在特征工具栏上单击按钮(旋转工具)，打开其操控面板，如图 6.6 所示。在操控面板中选择“放置”命令，单击其面板中的“定义”按钮，弹出“草绘”对话框，如图 6.7 所示。选择 FRONT 基准平面作为草绘平面，其余接受系统默认设置，单击“草绘”按钮进入草绘模式。

图 6.6　旋转操控面板

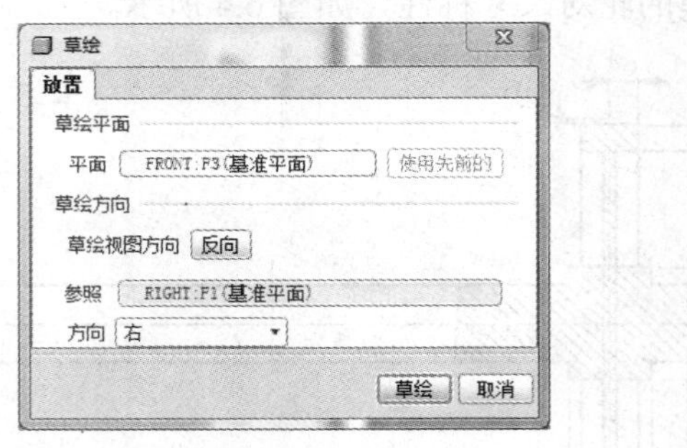


图 6.7　“草绘”对话框

(3) 绘制水平中心线与竖直中心线。在特征工具栏上单击，单击按钮(创建两点中心线)，在绘图窗口中心位置绘制两条互相垂直的中心线(目的是为下一步要创建的轴确定中心参照，作为镜像对称轴及旋转轴)。

(4) 绘制 1/4 轴剖面。在特征工具栏上单击按钮，在窗口中心向上绘制竖直线，双击尺寸调整长度为 87。接着向左面绘制水平线，长度为 658。同样的步骤绘制如图 6.8 所示剖面。

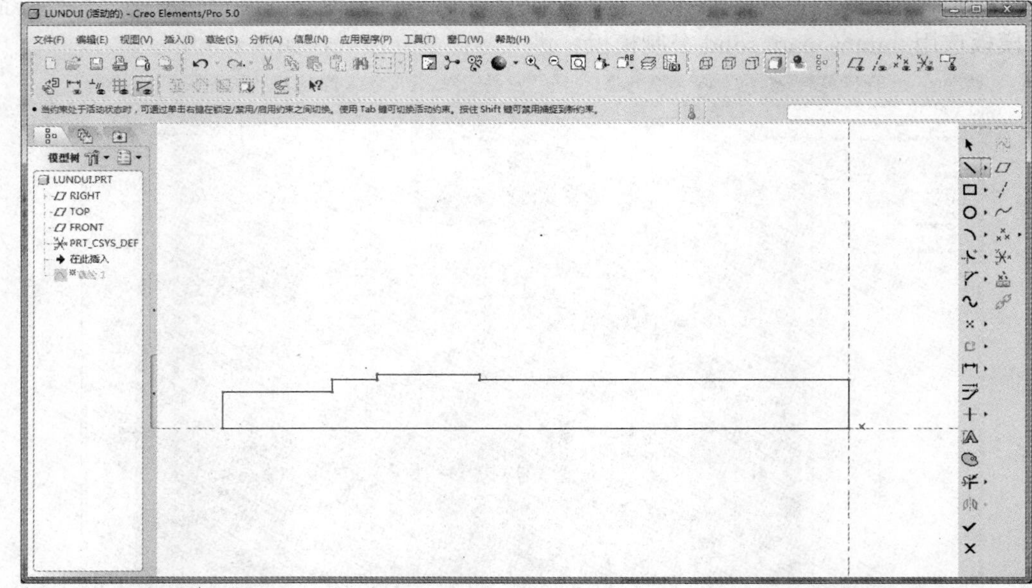


图 6.8　1/4 轮轴草绘示意图

(5) 完成草绘后在特征工具栏上单击按钮，退出草绘模式。选取水平中心线为旋转轴，保持旋转角度参数为，保持角度值为 360，单击操控面板右侧的按钮，完成选择特征的建立，结果如图 6.9 所示。

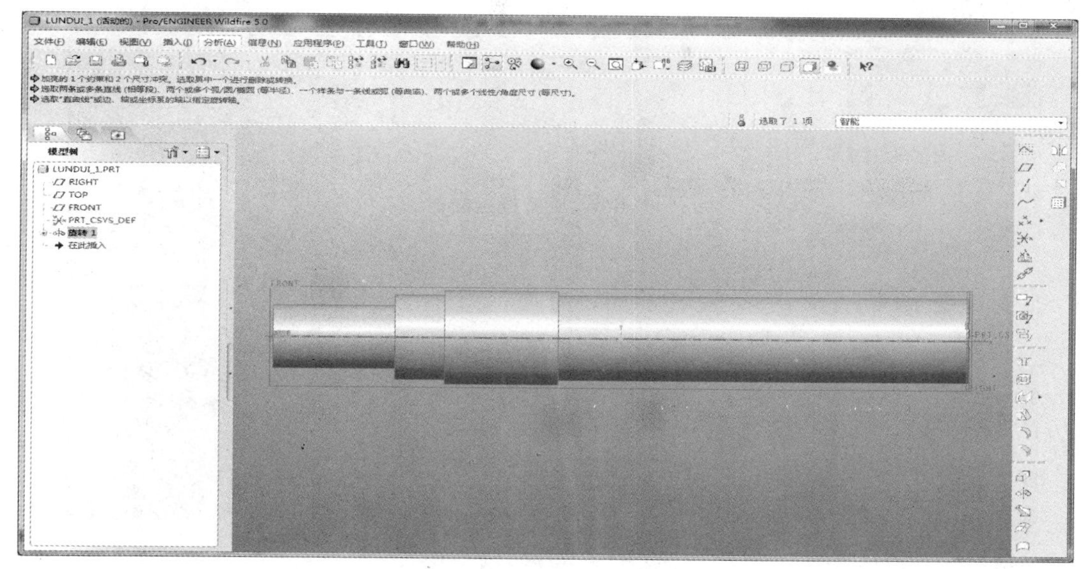


图 6.9　1/2 轮轴示意图

(6) 同操作(2)，在特征工具栏上单击按钮(旋转工具)，打开其操控面板。在操控面板中选择“放置”命令，单击其下滑面板中的“定义”按钮，弹出“草绘”对话框，同样选择 FRONT 基准平面作为草绘平面，其余接受系统默认设置，单击“草绘”按钮进入草绘模式。按照尺寸绘制如图 6.10 所示剖面图形。

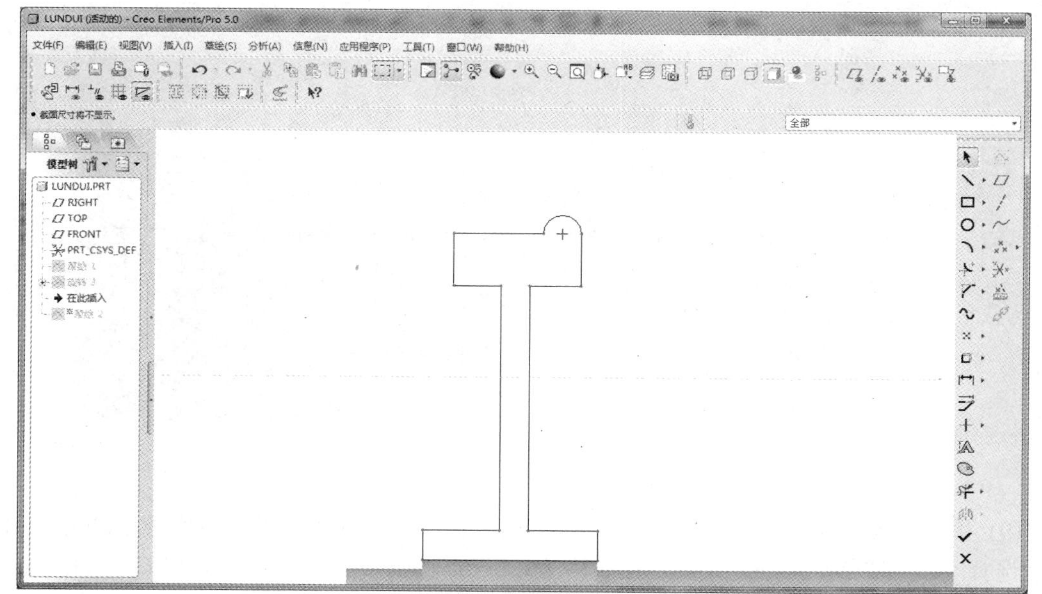


图 6.10　轮盘剖面示意图

(7) 完成草绘后在特征工具栏上单击按钮，退出草绘模式。选取水平中心线为旋转轴，保持旋转角度参数为，保持角度值为 360，单击操控面板右侧的按钮，完成选择特征的建立，结果如图 6.11 所示。

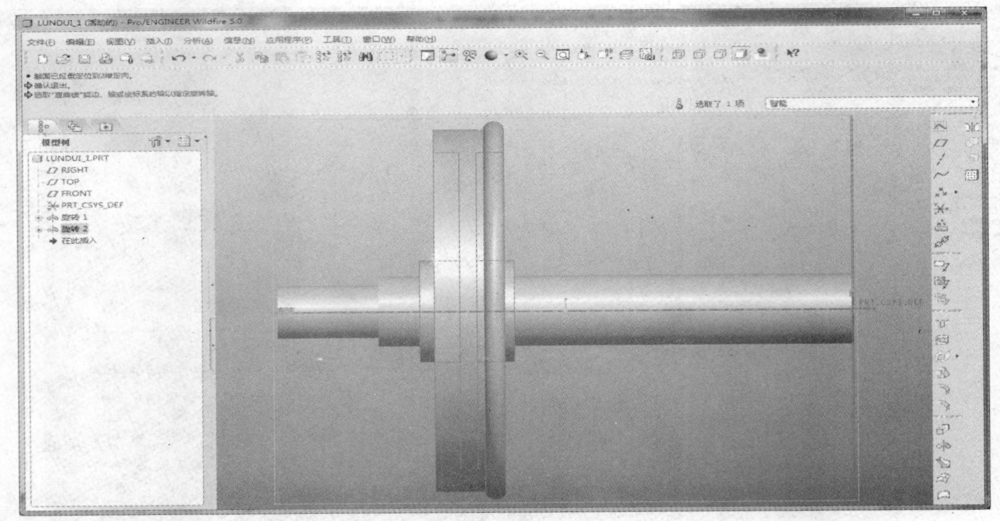


图 6.11　1/2 轮对示意图

(8) 镜像绘制轮对另一半。按住 Ctrl 键，在模型树中选择“旋转 1”、“旋转 2”特征。在特征工具栏上单击按钮(镜像工具)，打开其操控面板。选择 RIGHT 基准平面作为参照平面。单击操控面板右侧的按钮，完成镜像操作，结果如图 6.12 所示。

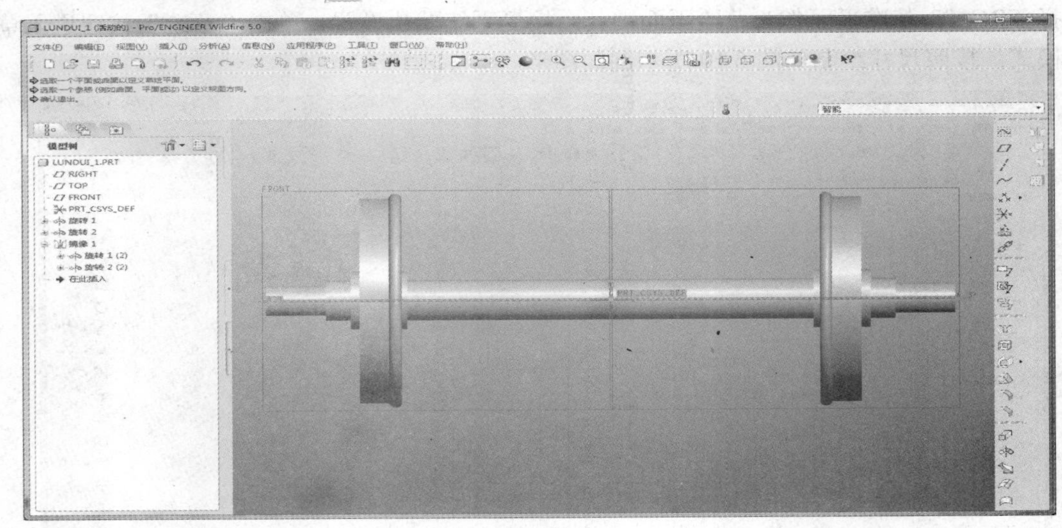


图 6.12　轮对示意图

(9) 单击“文件”→“保存副本”命令，然后在文件名对话框输入文件名称 lundui_1，然后选择“类型”为“.iges”(或“.xt”格式)，保存曲面就行，其他选项默认，如图 6.13 所示。

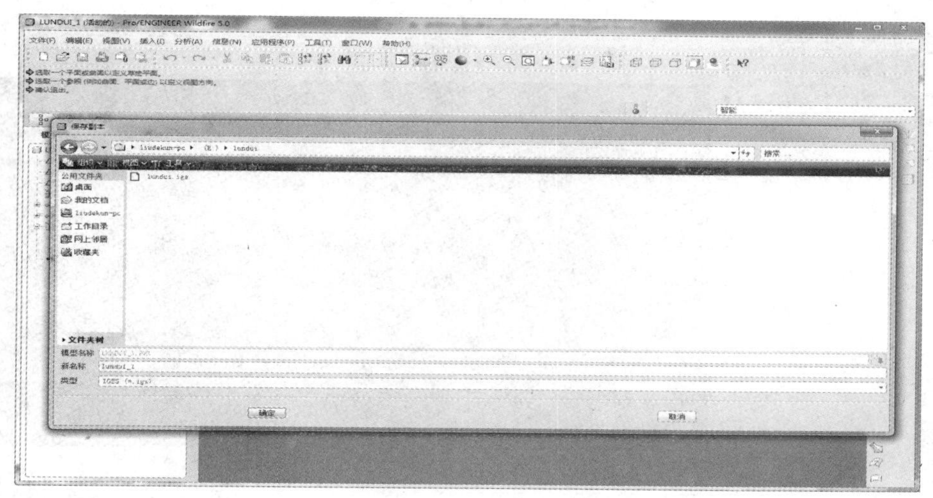

图 6.13 保存为其他格式的几何模型文件

## 6.3 网 格 划 分

### 6.3.1 轮对几何模型的六面体结构网格剖分实例

在进行一些仿真分析实验时，为了获取较好的仿真结果，需要将几何模型划分为网格质量较好的六面体网格。一般来说，进行六面体网格剖分时，几何模型必须划分成简单的体块(六面体)来进行六面体网格剖分。网格剖分的基本思路如下：首先导入轮对的几何模型曲面，由于轮对各方向对称，可将轮对模型通过轴对称面分为 8 个全等的 1/8 模型；其次，将 1/8 模型划分为简单的块；然后，对各简单部分进行网格划分，再生成面网格和六面体网格；最后，将已经生成的 1/8 轮对模型的六面体网格镜像生成全轮对六面体网格。对轮对几何模型的六面体网格剖分的详细步骤如下：

(1) 在菜单栏中单击“File”→“Import”命令进入导入文件界面(图 6.14)，单击(Import geometry)按钮并在“File type”下拉列表中选择“Iges”格式，选择需要导入的文件，单击“Import”按钮导入模型文件，单击按钮得到如图 6.15 所示的模型。

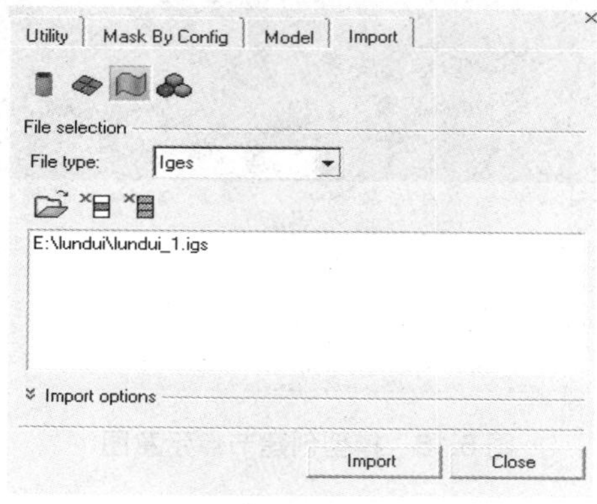


图 6.14 导入几何模型界面示意图

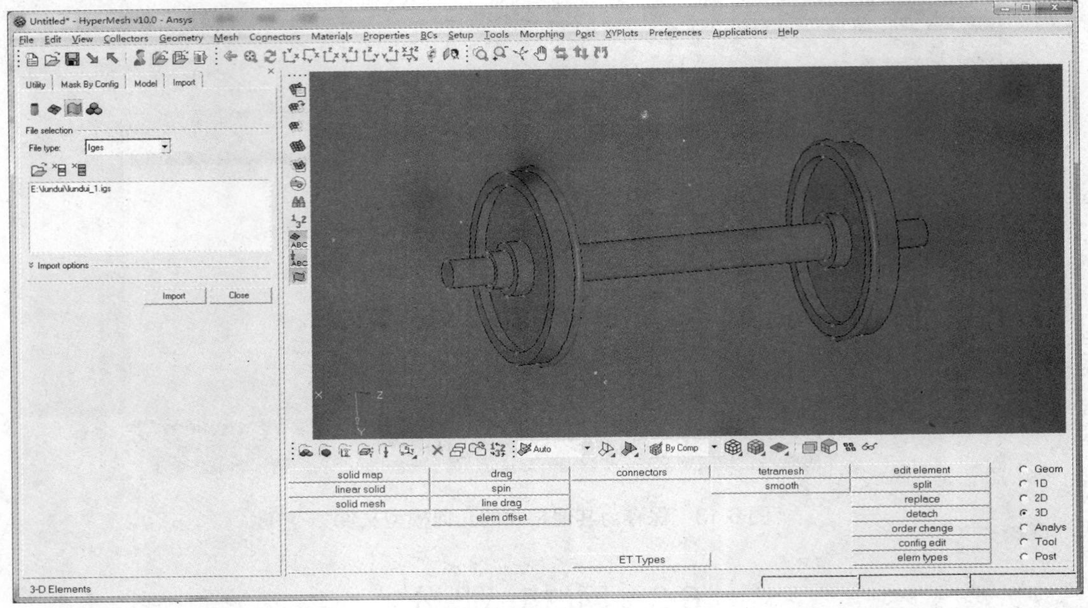


图 6.15　导入的轮对模型示意图

(2) 在操作面板中，单击“Geom”→“nodes”命令，进入“nodes”面板，选择“at point”单选按钮，选择图 6.16 中各点，单击“create”按钮。选择“between”单选按钮并选取轮轴上两点，其他选项默认，单击“create”按钮。重复操作，选取轮盘上两点，创建中点，创建完中点，如图 6.17 所示。

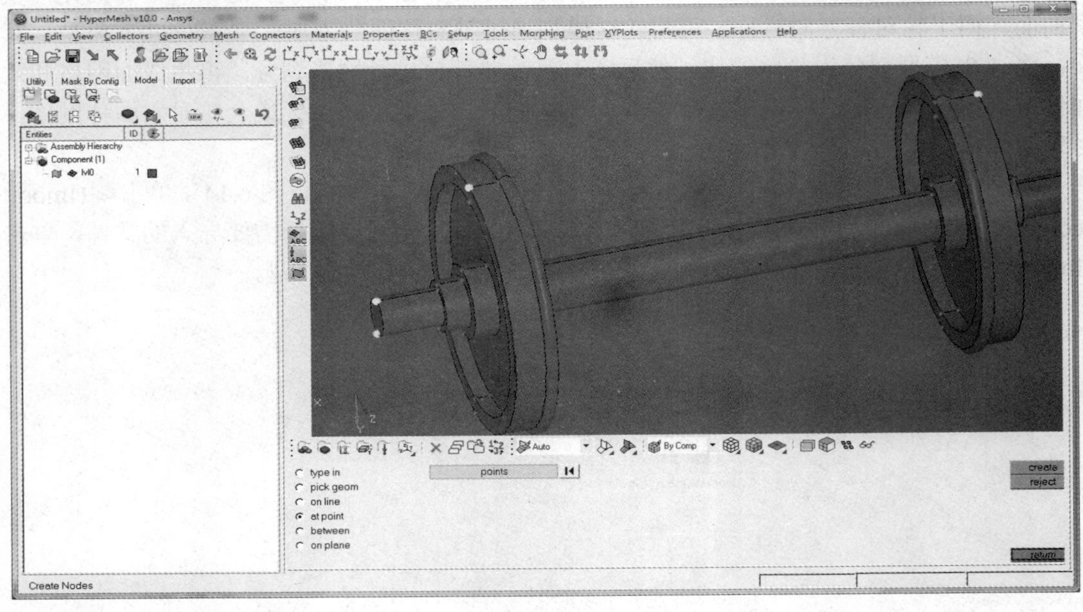


图 6.16　模型创建节点示意图

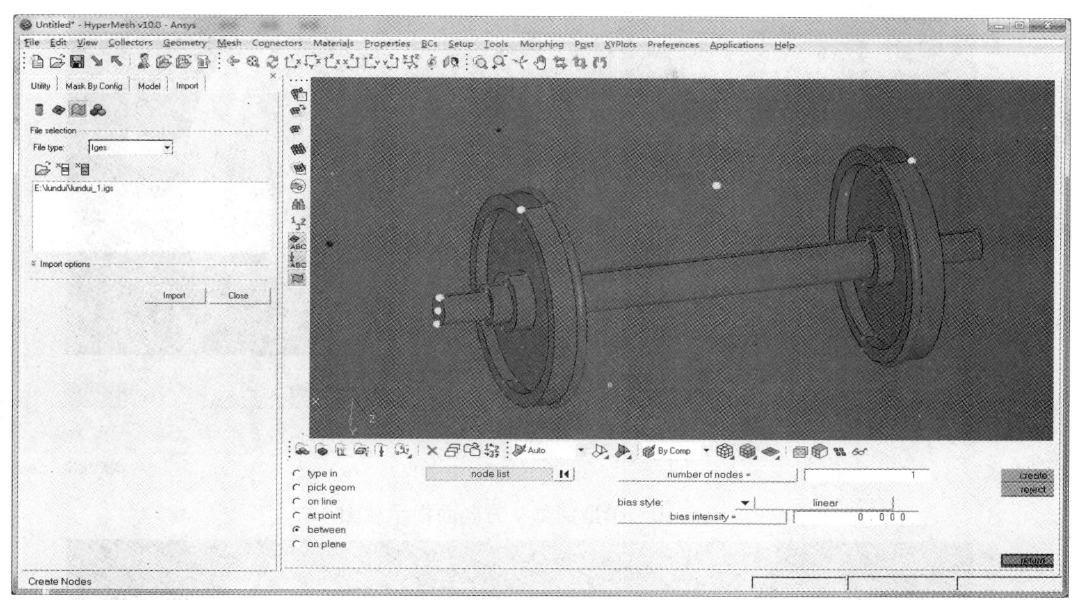

图 6.17 模型创建中点示意图

(3) 单击“Geom”→“surface edit”命令，进入“surface edit”面板，选择“trim with surfs/plane”单选按钮，在“with plane”中选择“surfs”，选择 “displayed”，方向选择“x-axis”(x 轴方向)，单击 B 按钮选择轮盘上的中点，如图 6.18 所示，单击“trim”按钮。

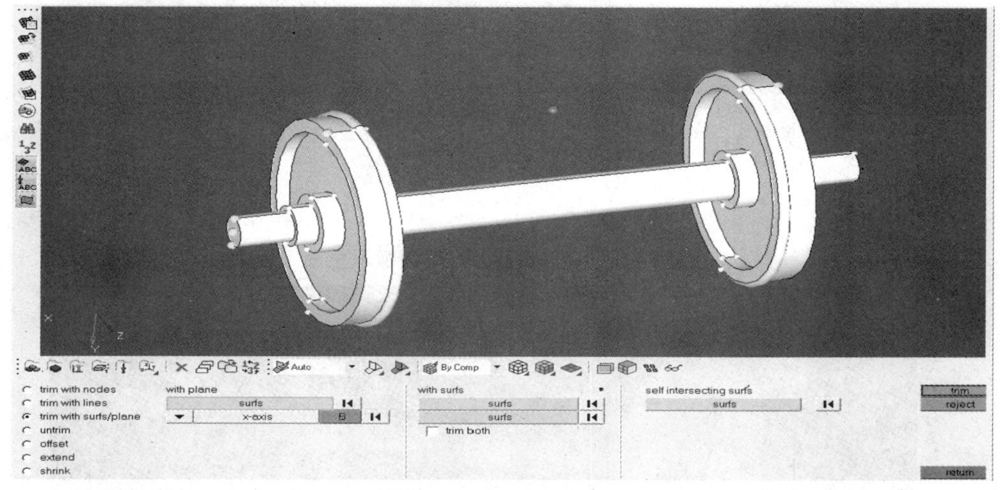

图 6.18 模型切割 x 方向面板示意图

(4) 重复(3)操作，选择方向“y-axis”，单击 B 按钮选择轮轴中点，如图 6.19 所示，单击“trim”按钮。

(5) 重复(3)操作，选择方向“z-axis”，单击 B 按钮选择轮轴中点，如图 6.20 所示，单击“trim”按钮。所得切割模型，如图 6.21 所示。

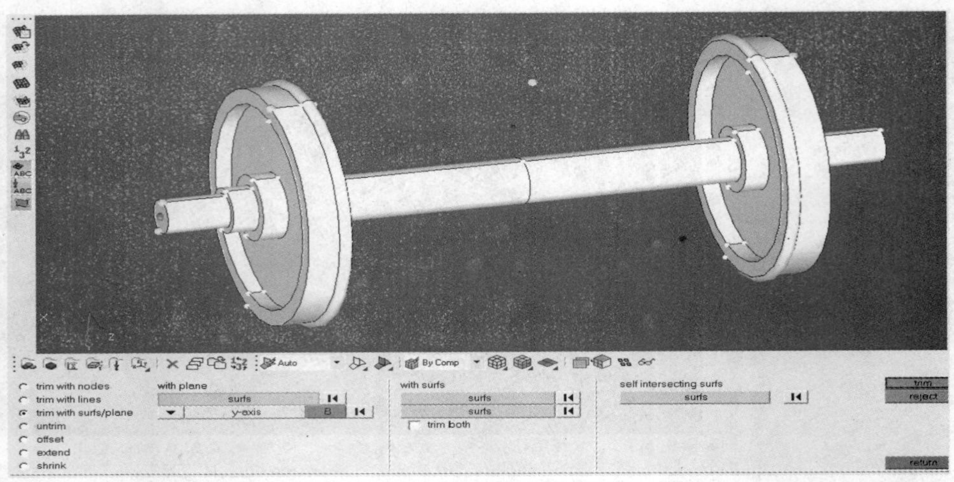


图 6.19　模型切割 y 方向面板示意图

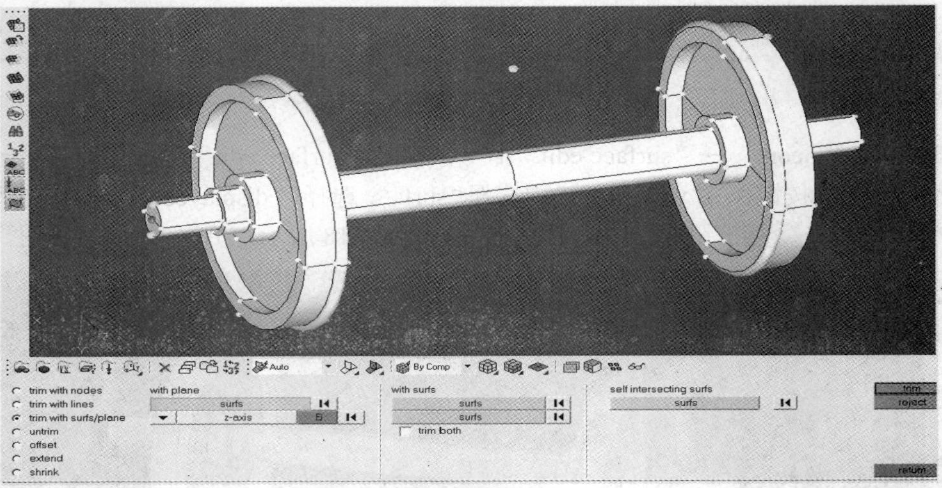

图 6.20　模型切割 z 方向面板示意图

图 6.21　切割的模型示意图

(6) 在左边面板，选择“Model”选项卡，右击“component”创建新“component”，命名为“1/8”，颜色自定。按 Shift+F11 组合键或者单击操作面板“Geom”→“Tool”→“organize”命令，选择“surfs”，在图 6.22 中选取 1/8 模型(按 Shift 键框选)，“dest”为 1/8 层，单击“move”按钮移动 1/8 模型至 1/8 层。

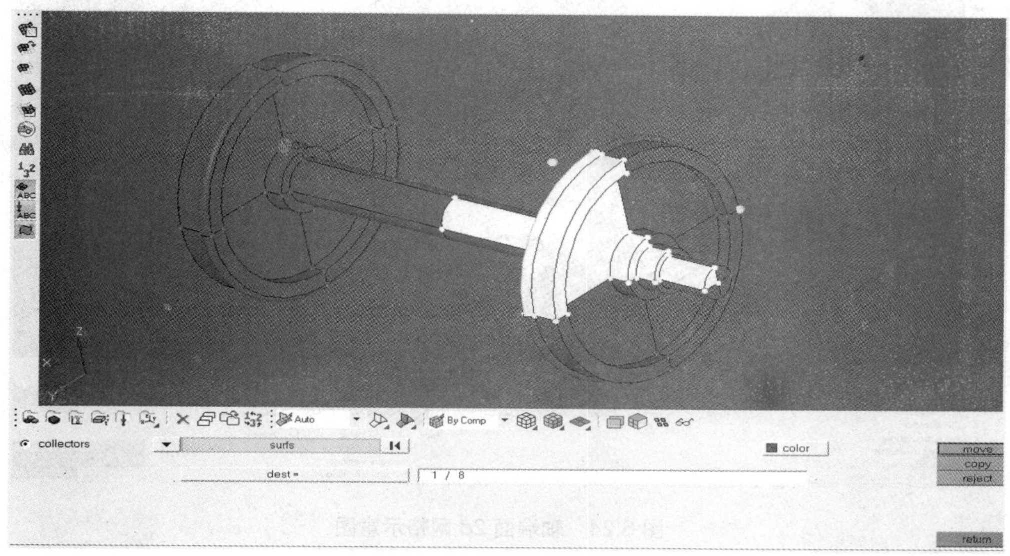


图 6.22 1/8 模型移动面板示意图

(7) 在左边“Component”面板中，单击 不显示第一个图层，得到如图 6.23 所示的 1/8 模型。

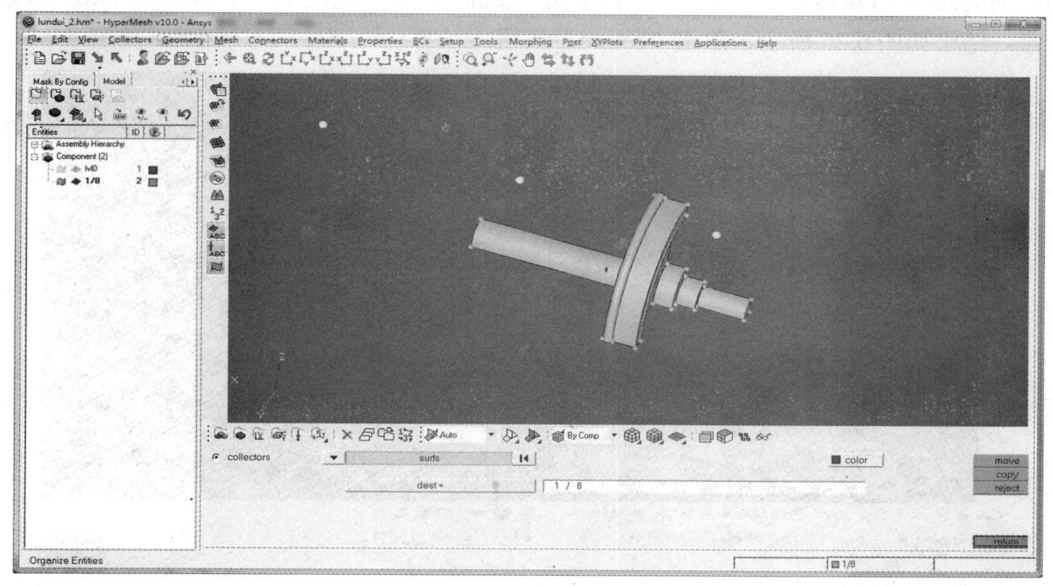


图 6.23 1/8 模型示意图

(8) 在左边面板，选择“Model”选项卡，右击“Component”创建新“component”，命名

为“2d”，颜色自定。按 F12 键或者单击操作面板“2D”→“automesh”命令，选取轴端面，选择“elems to current comp”，设置“element size=10.000”，“mesh type”(单元类型)为“□ quads”，其他选项默认，单击“mesh”按钮，所得网格如图 6.24 所示，单击“return”按钮。

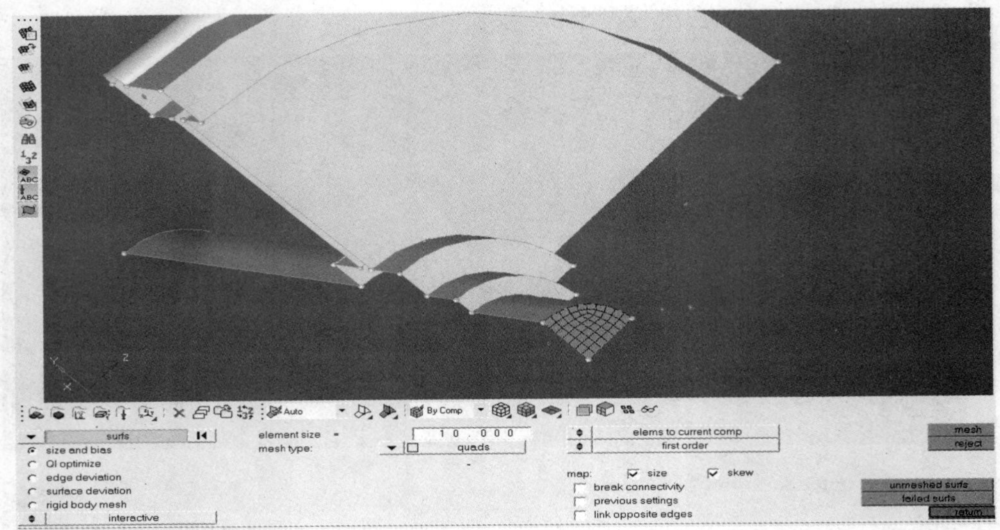


图 6.24　轴端面 2d 网格示意图

(9) 在左边面板，选择“Model”选项卡，单击“Component”创建新“component”，命名为“3d”，颜色自定。单击操作面板“3D”→“drag”命令，选择“drag elems”单选按钮，设置方向为“x-axis”，“distance=195.000”，“on drag=15”，单击“elems”选取刚才划的轴端面单元(点击其中一个单元，再单击“elems”弹出界面选取“by face”)，单击“drag+”按钮，结果如图 6.25 所示，单击“return”按钮。

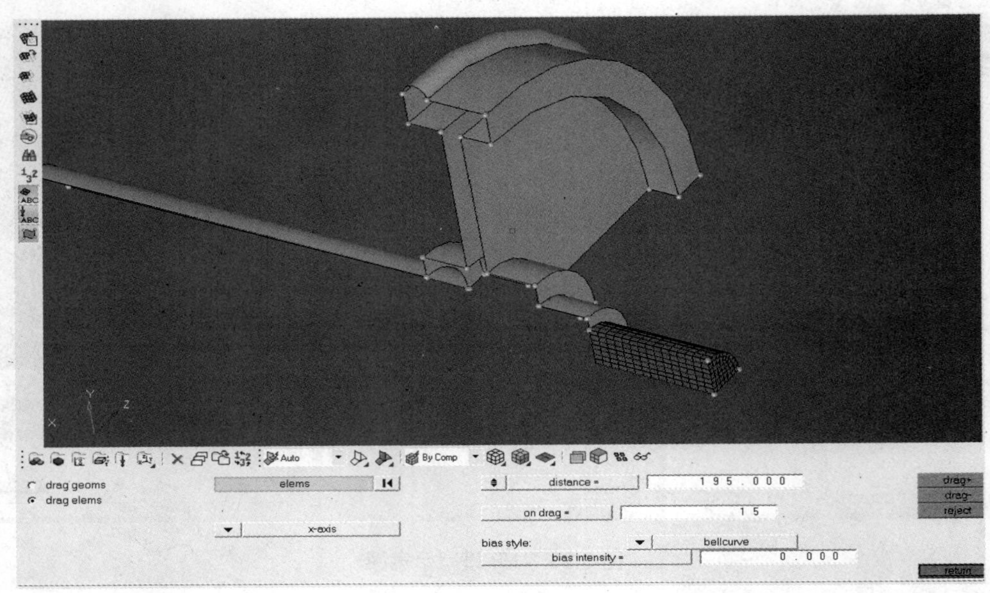


图 6.25　轴端面拉伸的 3d 网格示意图

(10) 单击操作面板“Tool”→“faces”命令，选择“elems”为刚才drag的单元(选取一个单元，单击“elems”弹出界面选取“by attached”)，单击“find faces”按钮，结果如图6.26所示。

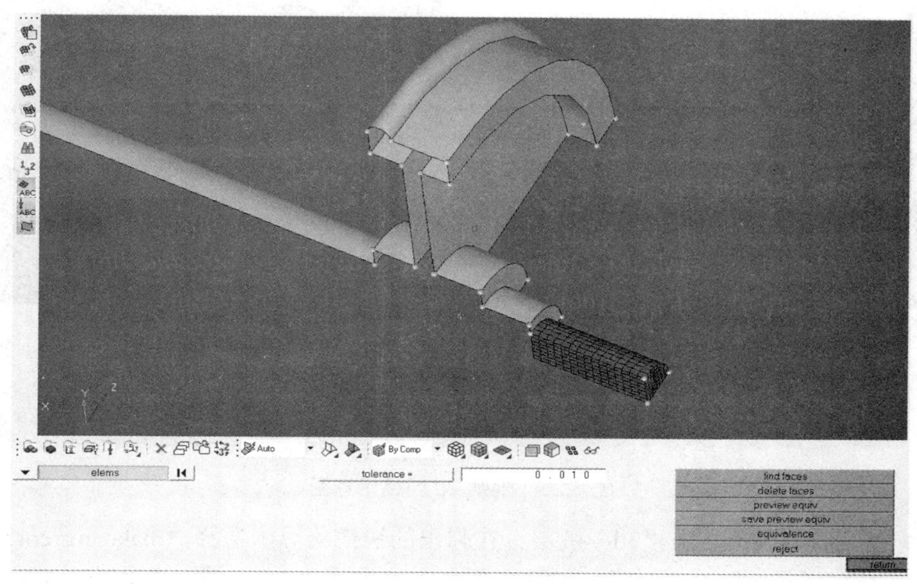


图6.26 创建表面2d网格

(11) 在左边面板，右击“2d”图层，在弹出的快捷菜单中选择“make current”命令，重复2d网格操作，按F12键，选取图示端面，选择“elems to current comp”，设置“element size=10.000”，“mesh type”(单元类型)为“□quads”，其他选项默认，单击“mesh”按钮，所得网格如图6.27所示。右击长边14，直到单元数显示为10，单击“mesh”按钮，得到图6.28所示网格，然后再单击“return”按钮。

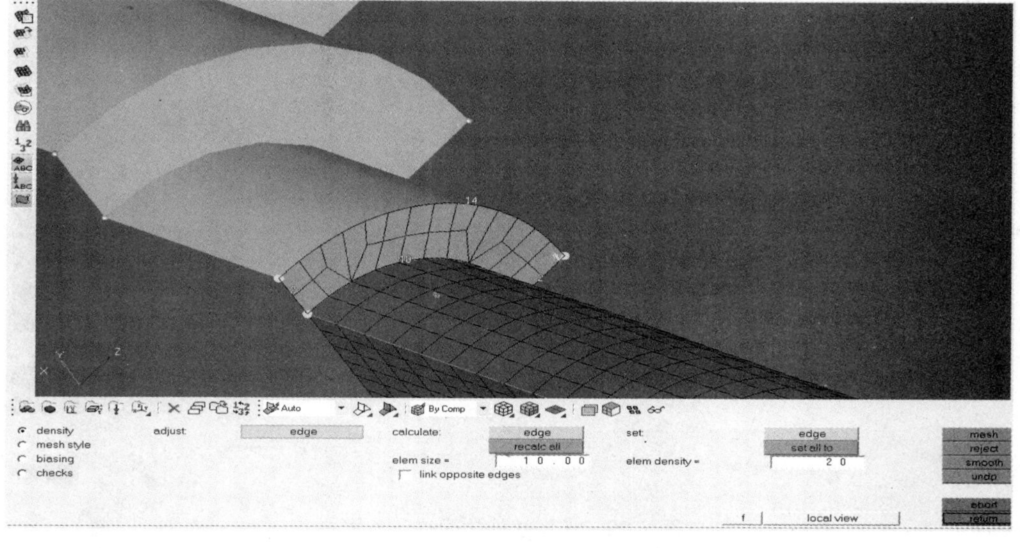


图6.27 不规则2d网格示意图

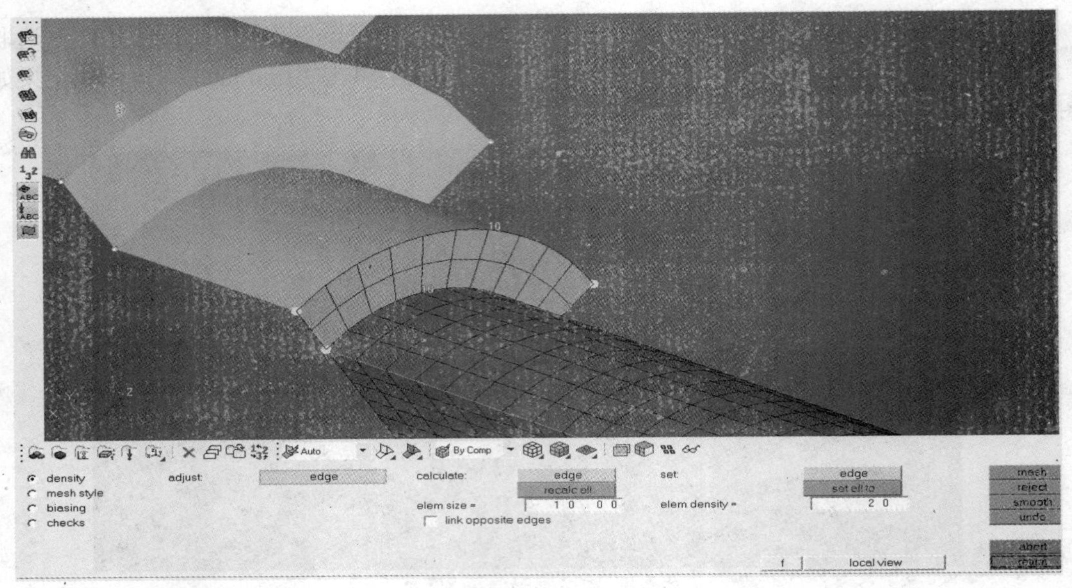


图 6.28　规则 2d 网格示意图

(12) 在左边面板，右击“3d”图层，在弹出的快捷菜单中选择“make current”命令。单击操作面板“Geom”→“3D”→“drag”命令，选择“drag elems”单选按钮，方向为“x-axis”，“distance=80.000”，“on drag=6”，单击“elems”选取刚才划的端面单元(单击蓝色单元与红色端面单元各一个单元，再单击“elems”弹出界面选取“by face”，如图 6.29 所示)，单击“drag+”按钮，结果如图 6.30 所示，单击“return”按钮。

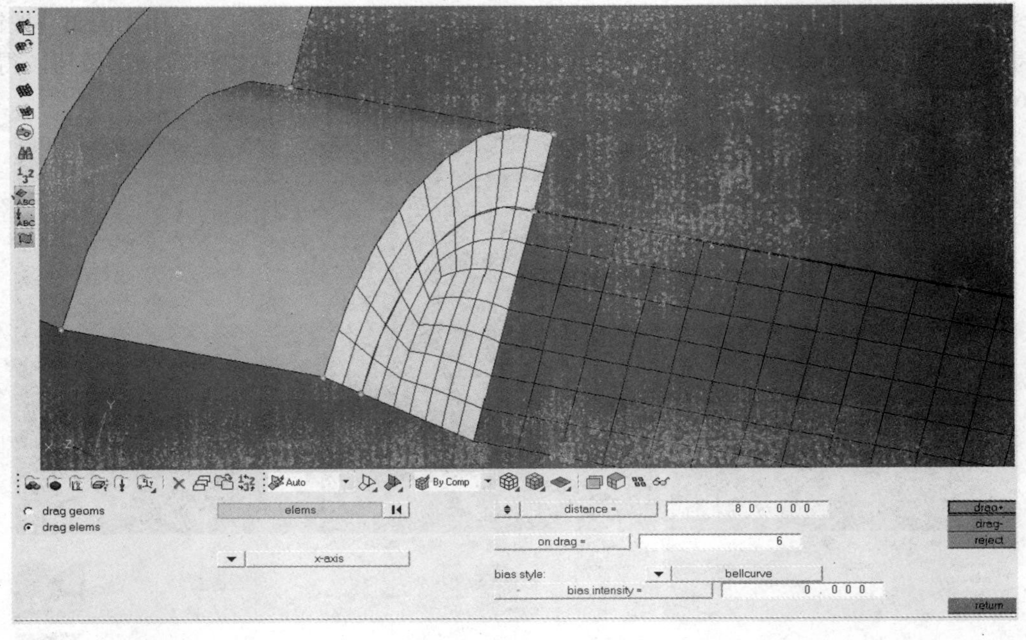


图 6.29　选取拉伸的网格示意图

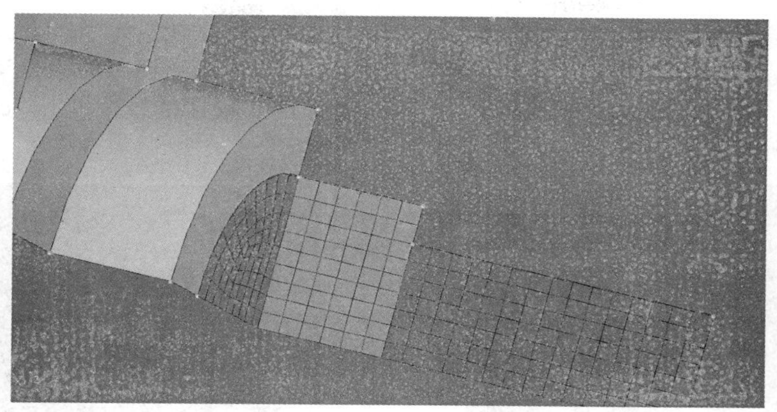

图 6.30 拉伸的 3d 网格示意图

(13) 重复(10)、(11)和(12)上述三步操作进行四次拉伸操作，拉伸的方向均设置为 x-axis，拉伸的距离“distance”分别为“78.5”、“32”、“72.5”和“658”，“on drag”分别为“6”、“3”、“6”和“50”得到如图 6.31 所示网格。

图 6.31 1/8 轴的 3d 网格示意图

(14) 单击“Tool”→“faces”命令，选择“delete faces”，删除辅助面单元，得到如图 6.32 所示的 1/8 轴 3d 网格。

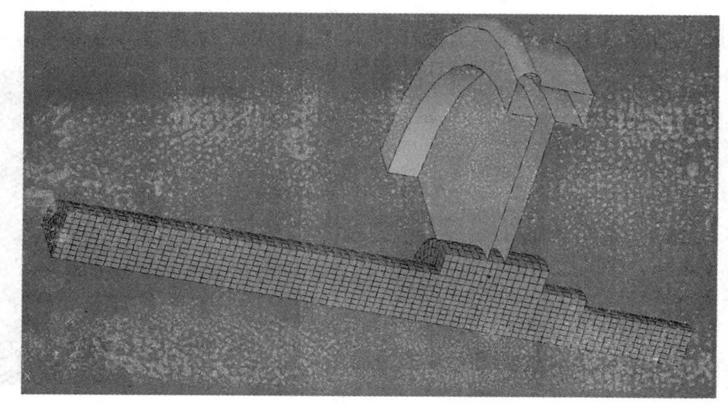

图 6.32 去掉辅助面网格后的 1/8 轴 3d 网格示意图

(15) 在左边面板，右击“1/8”图层，在弹出的快捷菜单中选择“make current”命令。单击操作面板“Geom”→“surfaces”→“spline/filler”命令，选择“points”，选取图 6.33 中四点，单击“create”按钮。再选择“lines”，选取图 6.34 中的线，单击“create”按钮，得到图 6.35 所示面。单击“return”按钮。

图 6.33　创建矩形平面示意图

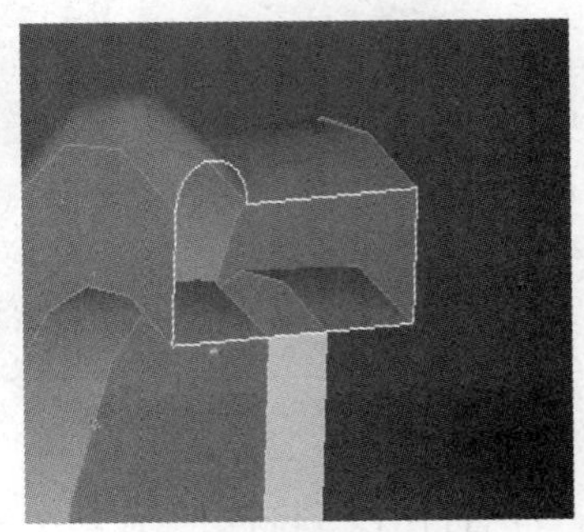

图 6.34　选取线示意图

图 6.35　创建的面示意图

(16) 在左边面板中，右击“2d”图层，在弹出的快捷菜单中选择“make current”命令。按 F12 键或者单击操作面板“2D”→“automesh”命令，选取白色矩形面，选择“elems to current comp”，设置“element size=12”，“mesh type”(单元类型)为“□ quads”，其他选项默认，单击“mesh”按钮，结果如图 6.36 所示，单击“return”按钮。再选取另一部分剖面，设置“element size=12”，其他同上选项，单击“mesh”按钮，再调整边界节点数，得到图 6.37 所示网格，单击“return”按钮。

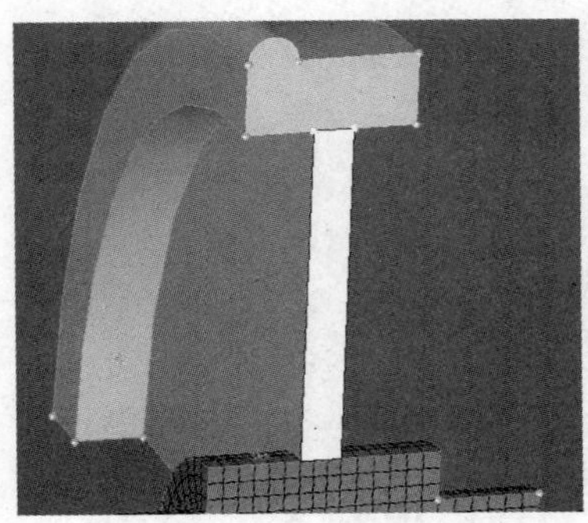

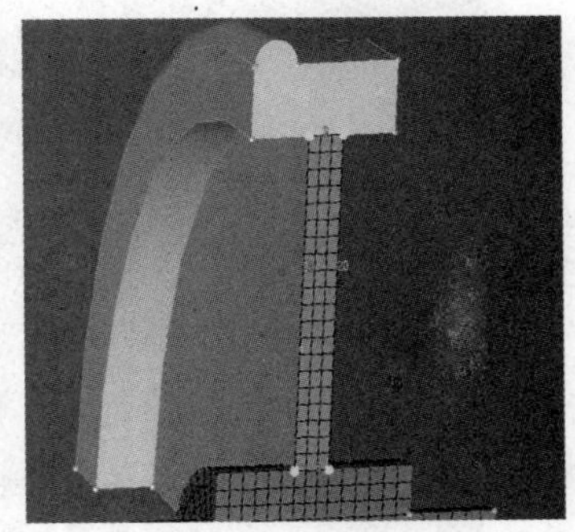

图 6.36　划矩形 2d 网格前后示意图

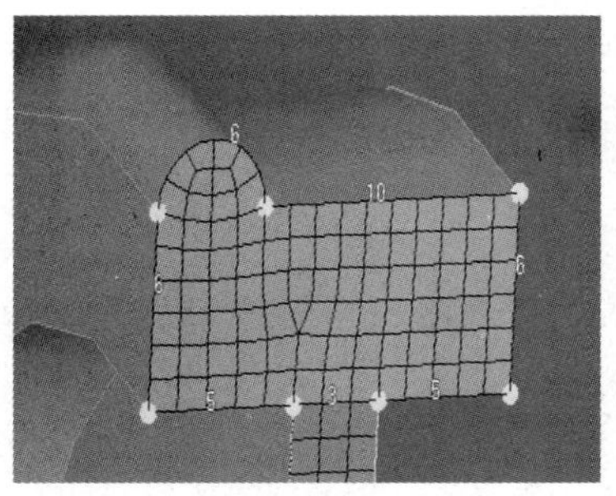
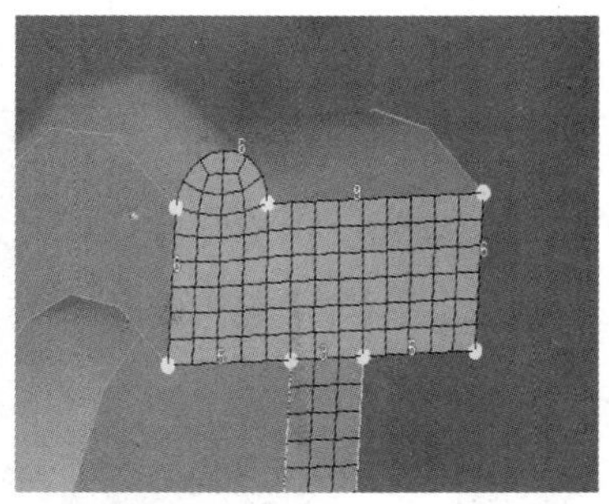

图 6.37 调整前后的 2d 网格示意图

(17) 在左边面板中，右击“3d”图层，在弹出的快捷菜单中选择“make current”命令。单击“3D”→“line drag”命令，选择“drag elems”单选按钮，“elems”选取刚刚创建的蓝色 2d 单元，“line list”选取图 6.38 中所示线，“on drag=10”，单击“drag”按钮，结果如图 6.39 所示，单击“return”按钮。

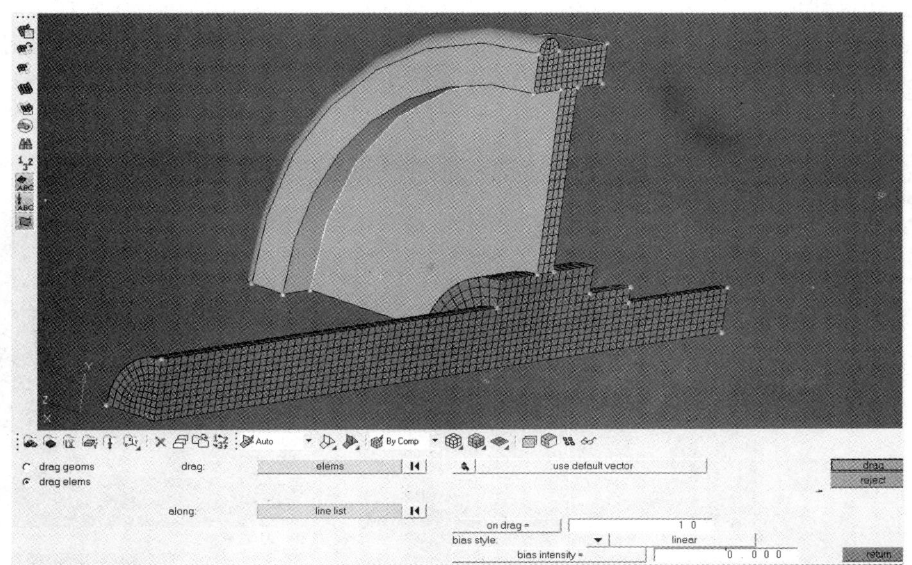


图 6.38 拉伸轮盘 3d 网格面板

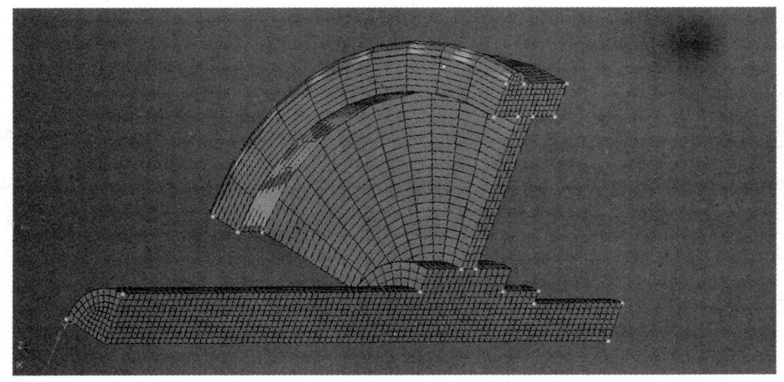

图 6.39 拉伸轮盘 3d 网格示意图

(18) 在左边面板中设置只显示 3d 单元，得到如图 6.40 网格单元。

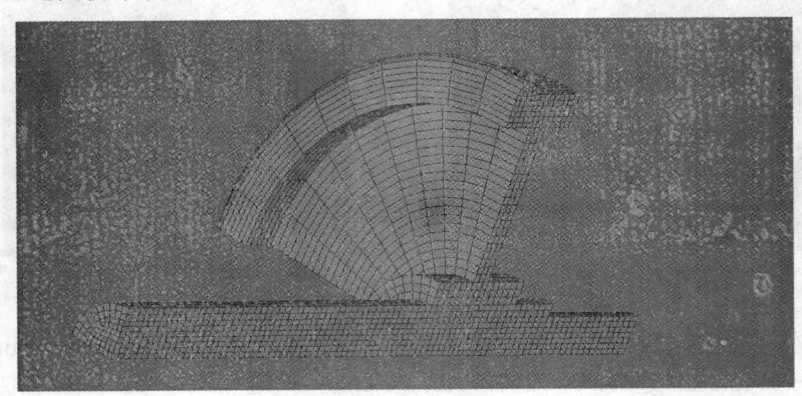

图 6.40　1/8 模型 3d 网格单元示意图

(19) 在操作面板中，单击“Tool”→“edges”命令，单击“elems”在弹出界面中选择“displayed”，选取所有三维单元，“tolerance”设为 0.5，单击“preview equiv”按钮，找到 1012 个没相互连接的单元，结果如图 6.41 所示。再单击“equivalence”按钮连接所找到的单元，单击“return”按钮。

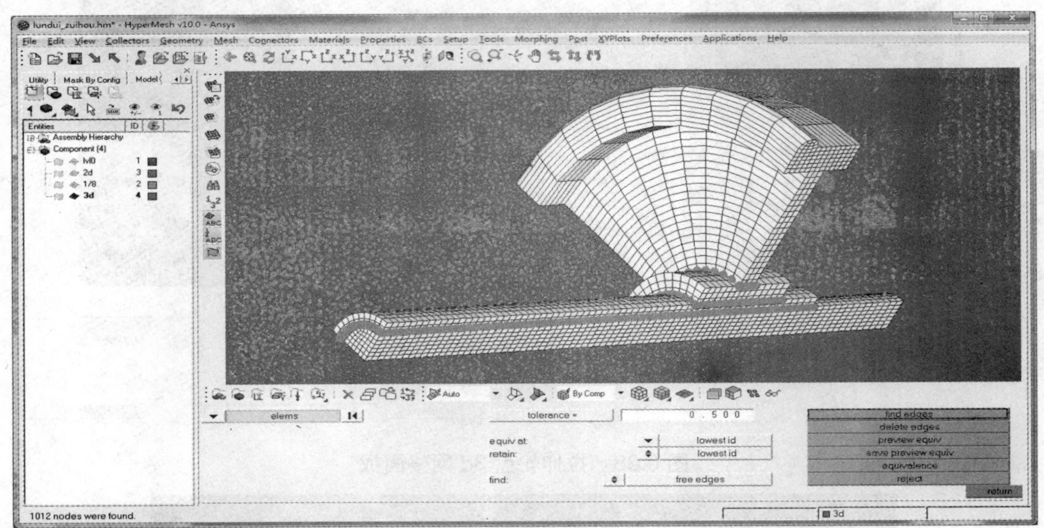

图 6.41　没有相互连接的节点示意图

(20) 在操作面板中，单击“Tool”→“reflect”命令，单击“elems”，在弹出的界面中选择“displayed”，再单击“elems”，在弹出的界面中选择“duplicate”，选择“original comp”，选择方向为“y-axis”，B 点为轴中心，操作面板如图 6.42 所示，单击“reflect”按钮，结果如图 6.43 所示。

(21) 重复步骤(20)的操作，改变镜像方向为“z-axis”。单击“reflect”按钮，结果如图 6.44 所示。

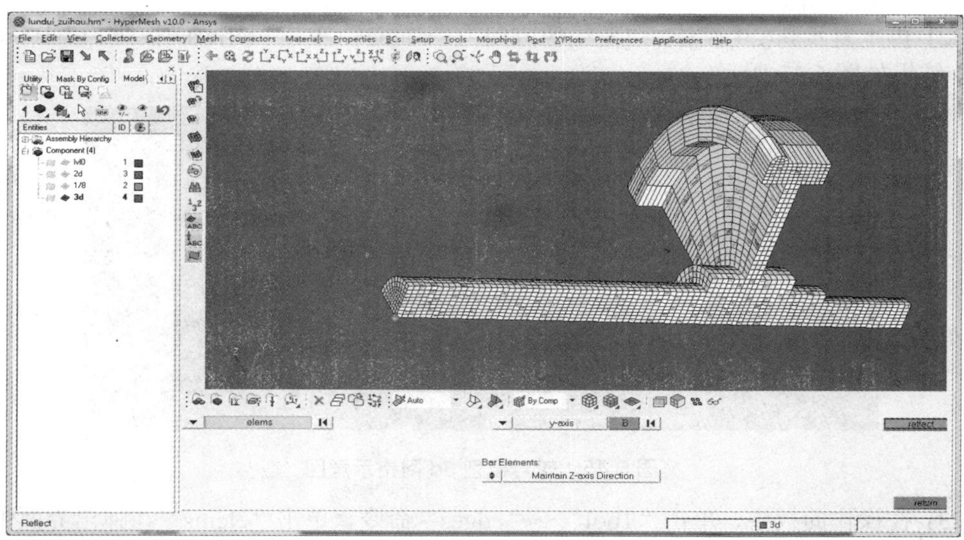


图 6.42 y 方向镜像操作面板

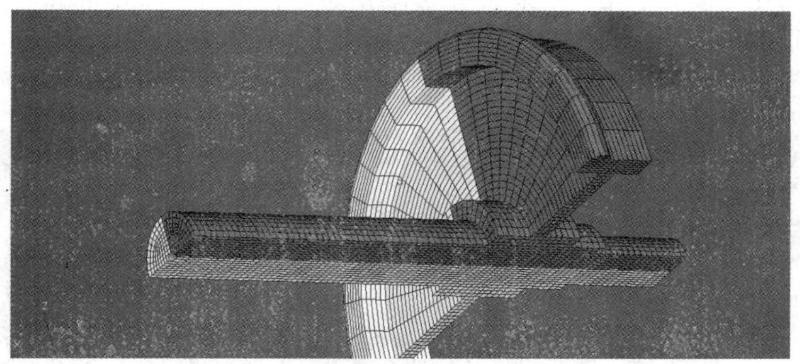

图 6.43 1/4 轮对模型 3d 网格示意图

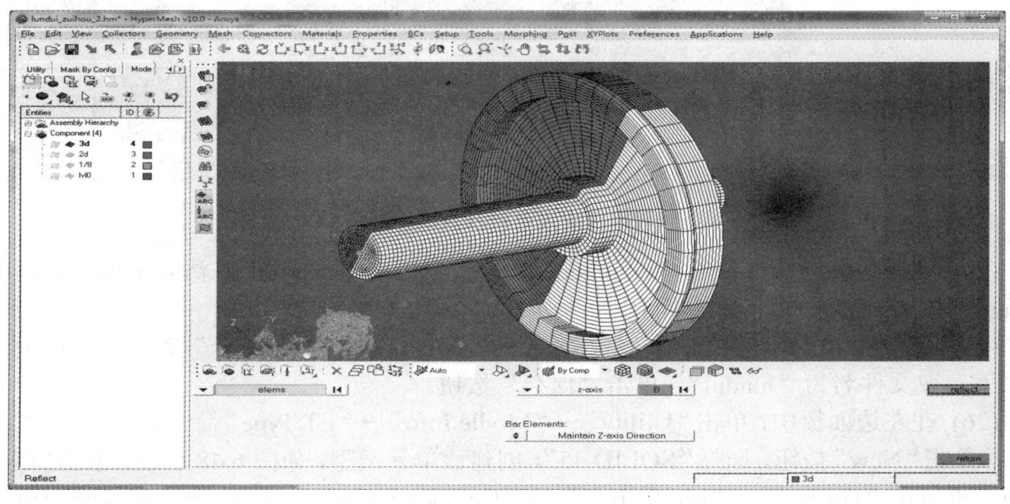


图 6.44 1/2 轮对模型 3d 网格示意图

(22) 再重复步骤(20)操作，改变镜像方向为“x-axis”，单击“reflect”按钮，单击“return”按钮。结果如图 6.45 所示。

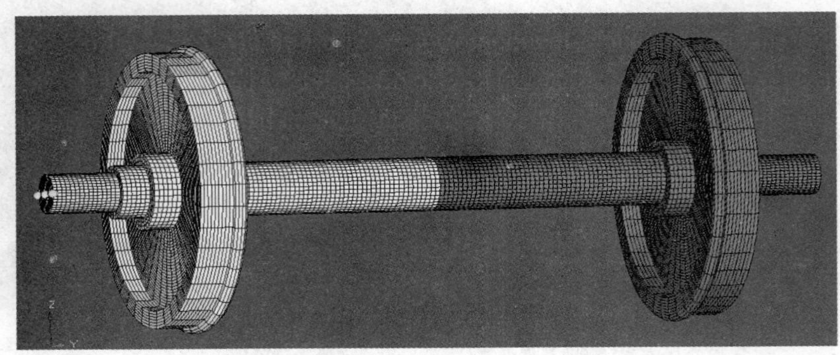

图 6.45　轮对模型 3d 网格示意图

(23) 在操作面板中，单击“Tool”→“edges”命令，单击“elems”在弹出界面中选择“displayed”，选取所有三维单元，“tolerance”设为 0.5，单击“preview equiv”按钮，找到 17139 个没有相互连接的单元，结果如图 6.46 所示。再单击“equivalence”按钮连接所找到的单元，单击“return”按钮。

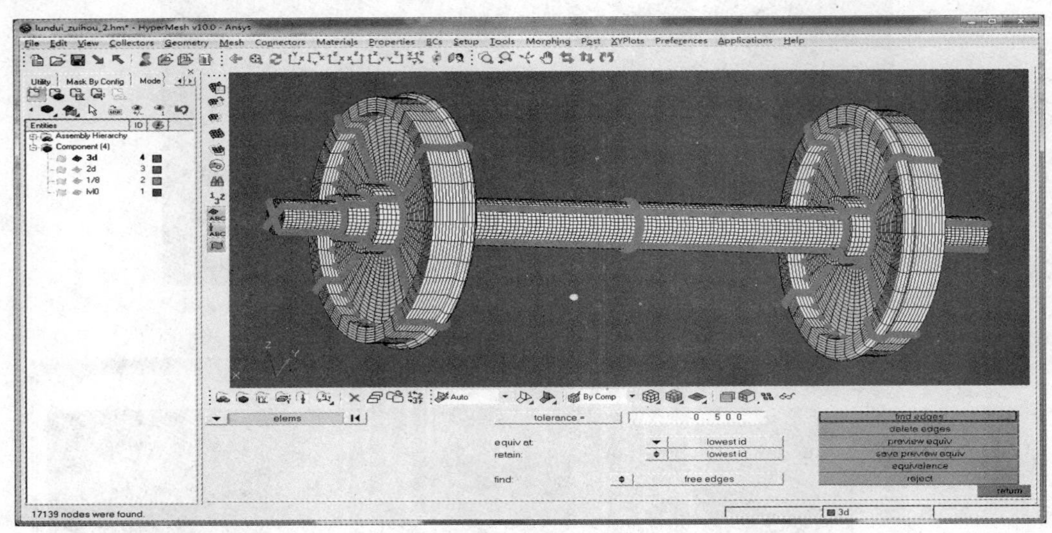


图 6.46　轮对模型中没有相互连接的 3d 网格示意图

(24) 在操作面板中，单击“temp nodes”按钮，单击“clear all”，清除辅助节点，单击“return”按钮，结果如图 6.47 所示。

(25) 保存模型，单击“File”→“Save As”命令，弹出“Save as”对话框，在硬盘根目录下，取文件名为“lundui”，单击“保存”按钮。

(26) 在左边面板中，单击“Utility”→“Modle Info”→“ET Type”命令，打开“ET Type”窗口，单击“New”按钮，选择“SOLID 45”，创建该单元类型，如图 6.48 所示，单击“Close”按钮；再单击“Utility”→“Modle Info”→“Component Manager”命令，在打开的窗口的“Assign Values”下拉列表中选择“ET Ref.No.”，右边选择“1-SOLID 45”，选择“3d”层，单击“Set”按钮，给三维单元附上 SOLID 45 单元类型，结果如图 6.49 所示。

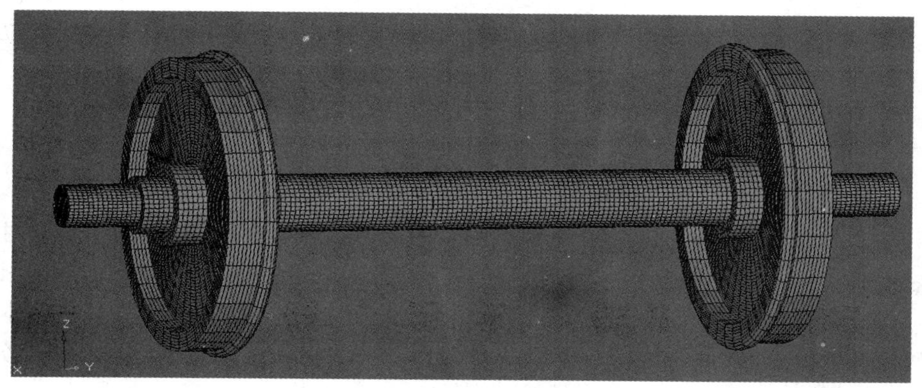

图 6.47　轮对模型 3d 网格单元示意图

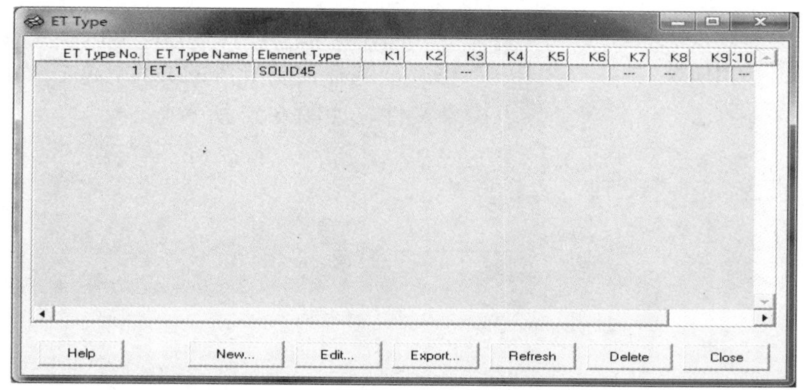


图 6.48　单元类型面板

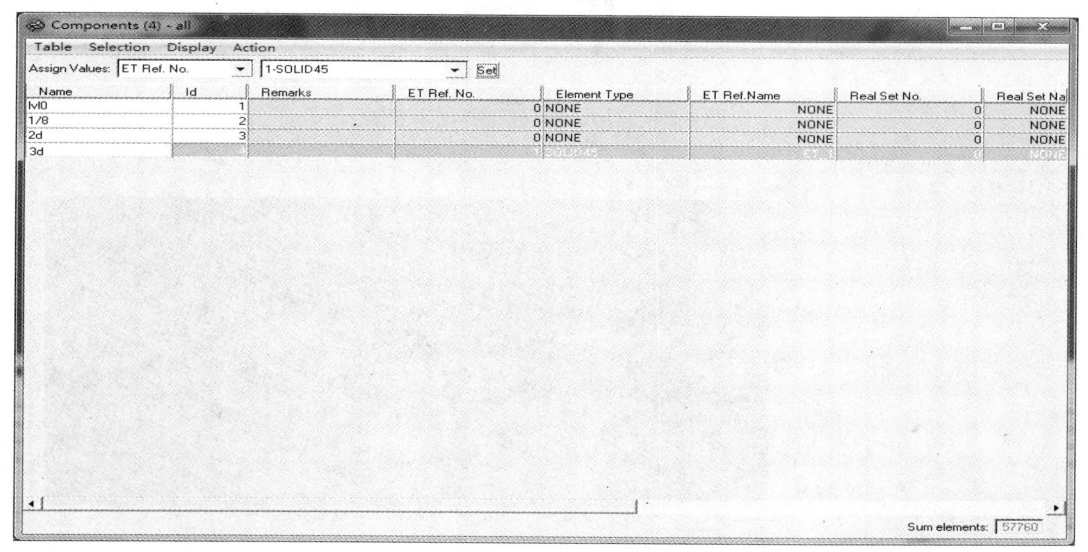


图 6.49　单元属性面板

(27) 导出模型。在菜单栏中单击“File” → “Export” 命令，进入导出文件界面，如图 6.50 所示，单击“Export FE model”按钮，在“File type”和“Template”中选择“Ansys”，

导出文件为.cdb 格式，选择需要导出的文件的位置，命名为“lundui.cdb”，并在“Export”下拉列表中选择“Displayed”，单击“Export”按钮。

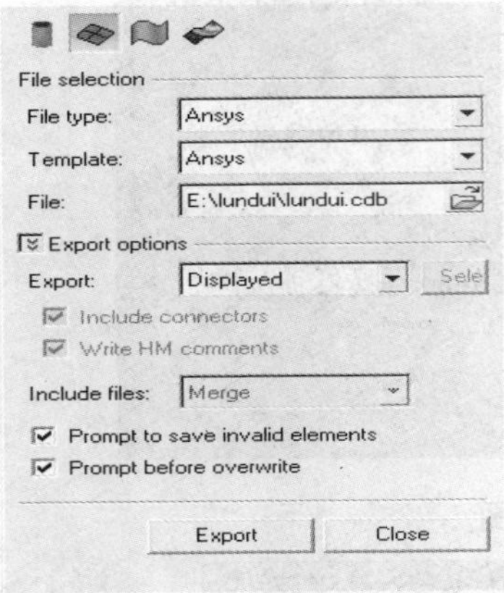

图 6.50 导出面板

### 6.3.2 轮对几何模型的非结构网格剖分实例

对于复杂的几何模型，在进行网格剖分时往往采用非结构网格(四面体网格)。因为非结构网格的体贴性比较好，自适应性好，适合复杂几何模型的网格剖分。本节使用 HyperMesh 软件来对轮对的几何模型进行网格剖分，详细步骤如下：

(1) 在菜单栏中单击“File”→“Import”命令，进入导入文件界面(图 6.51)，在“File type”下拉列表中选择“Iges”格式，选择需要导入的文件，单击“Import”按钮导入模型文件，如图 6.52 所示。

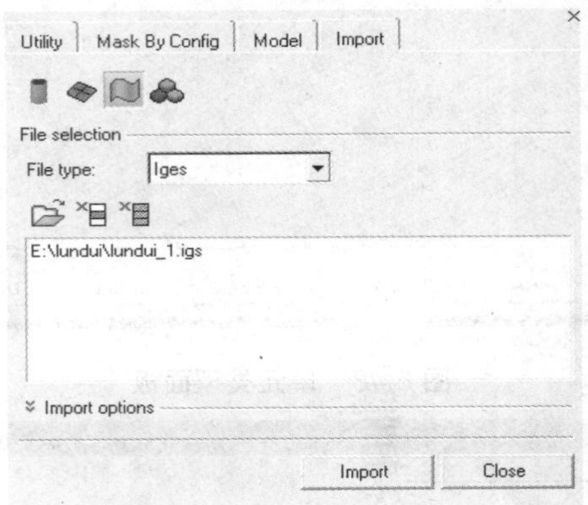


图 6.51 导入几何模型界面示意图

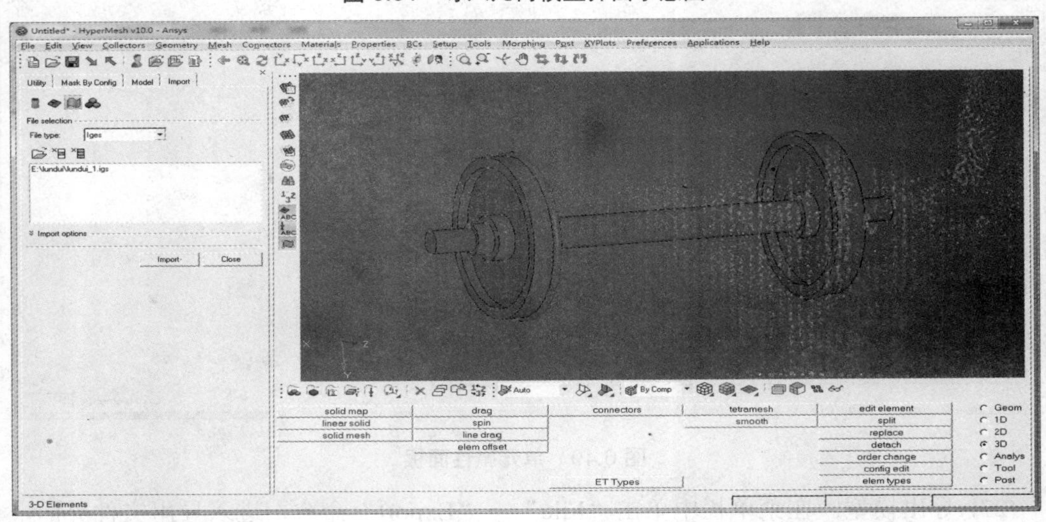


图 6.52 导入轮对几何模型示意图

(2) 在左边面板，选择“Model”选项卡，右击“Component”创建新“component”，命名为“2d”，颜色自定；单击“2D”→“automesh”命令，进入“automesh”面板，右击“surfs”，选择“displayed”，“elements”设置为20，“mesh type”设置为“trias”，单击“mesh”按钮，结果如图6.53所示，单击“return”按钮退出。

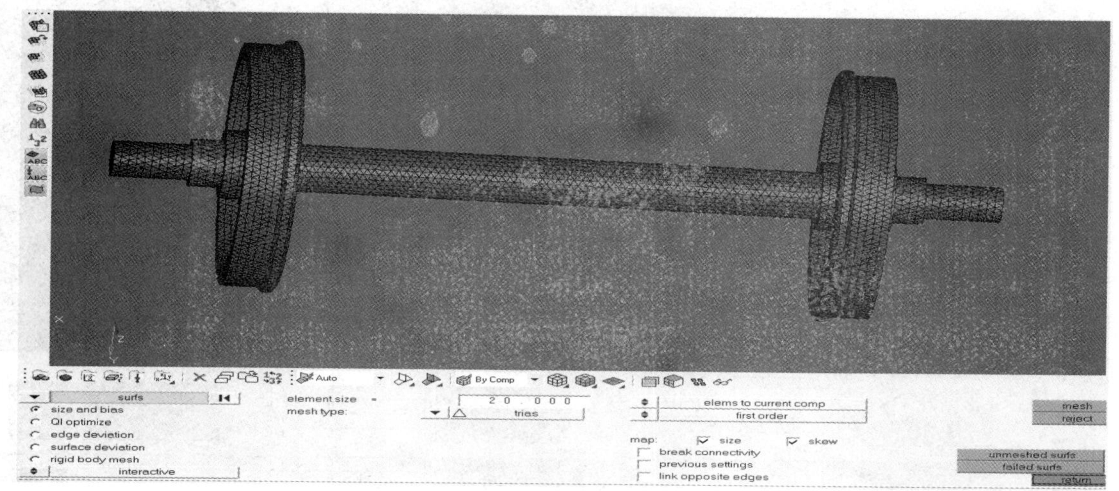


图6.53 生成面网格示意图

(3) 在左边面板，选择“Model”选项卡，右击“Component”创建新“component”，命名为“3d”，颜色自定；单击“3D”→“tetra mesh”命令进入体网格编辑面板，选择“tetra mesh”单选按钮，“select trias/quads to tetra mesh”选择“elems”，右击“elems”，选择“displayed”，单击“mesh”按钮，单击“return”按钮退出。在左边面板，选择“Model”选项卡，在“Component”中，单击和按钮，隐藏2d面网格，只显示3d体网格，结果如图6.54所示。

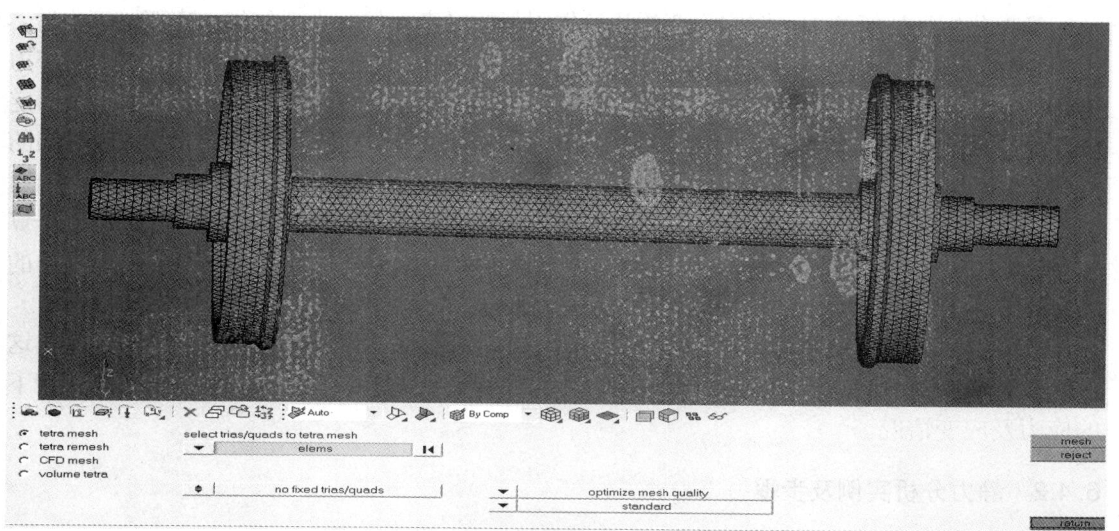


图6.54 轮对整体网格示意图

(4) 网格质量检查。单击“Tool”→“check elems”命令，进入网格检查面板，可以按要求设置参数标准进行网格检查，如图 6.55 所示。

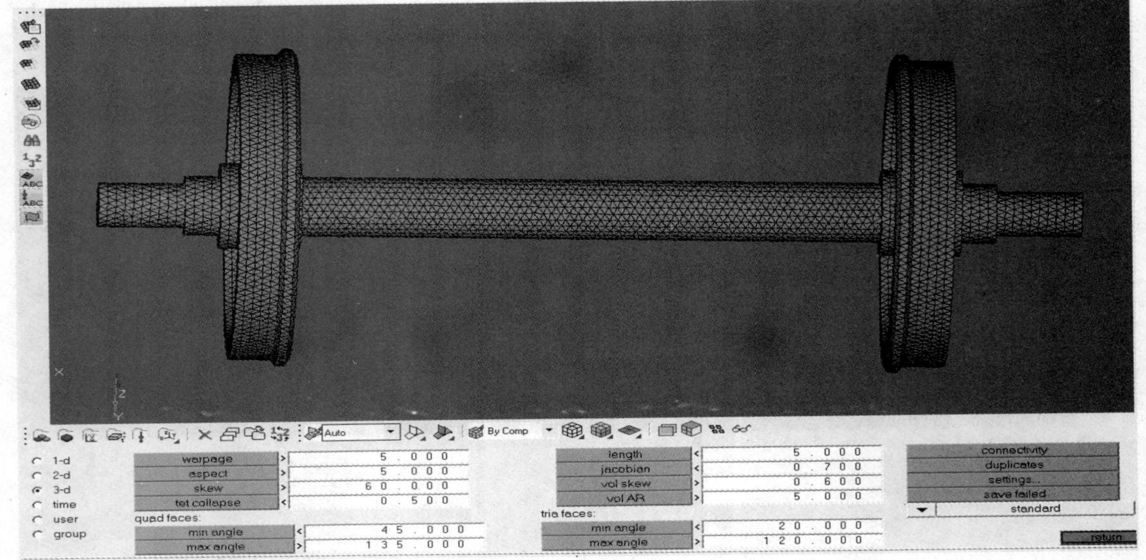


图 6.55　网格质量检查面板

(5) 保存并导出网格文件，完成四面体网格剖分任务。

## 6.4　静 力 分 析

### 6.4.1　静力分析描述

静力分析是计算结构在固定不变的载荷作用下的响应，如反力、位移、应变、应力等，即探讨结构受到外力后变形、应力和应变的大小。固定不变的载荷作用，指结构受到的外力大小、方向均不随时间变化。与固定不变的载荷对应，结构静力分析中结构的响应也是固定不变的。静力分析中固定不变的载荷和响应是一种假定，即假定载荷和结构的响应随时间的变化非常缓慢。一般来讲，静力分析所施加的载荷包括外部施加的作用力和压力、稳态的惯性力(如重力和离心力等)、位移载荷(如支座位移等)、温度载荷等。但是，静力分析可以计算那些固定不变的惯性载荷(如重力和离心力)对结构的影响，以及那些可以近似为等价静力的随时间变化载荷(如通常在许多建筑规范中所定义的等价静力风载荷和地震载荷)。

静力分析可分为线性静力分析和非线性静力分析。本节主要介绍线性静力分析，在这个实例分析中，将对轨道车辆的轮对进行线性静力分析，仿真分析轮对在施加静力载荷下的应力及应变情况。

### 6. 4.2　静力分析实例及步骤

(1) 导入模型。单击“File”→“Read Input From”命令，弹出如图 6.56 所示对话框，选择网格划分导出的“lundui.cdb”文件，单击“OK”按钮。导入模型如图 6.57 所示。

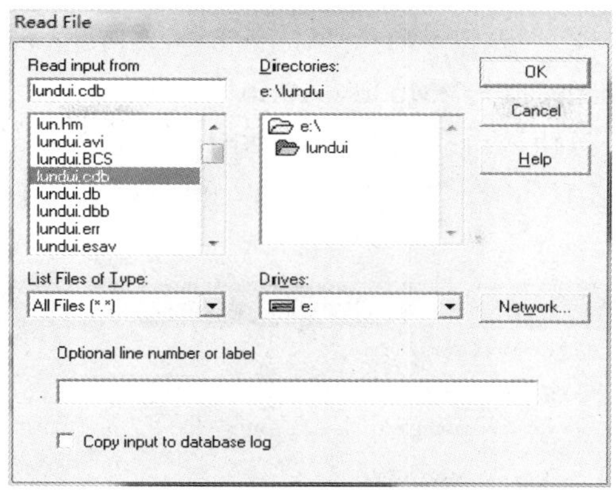


图 6.56　导入模型对话框

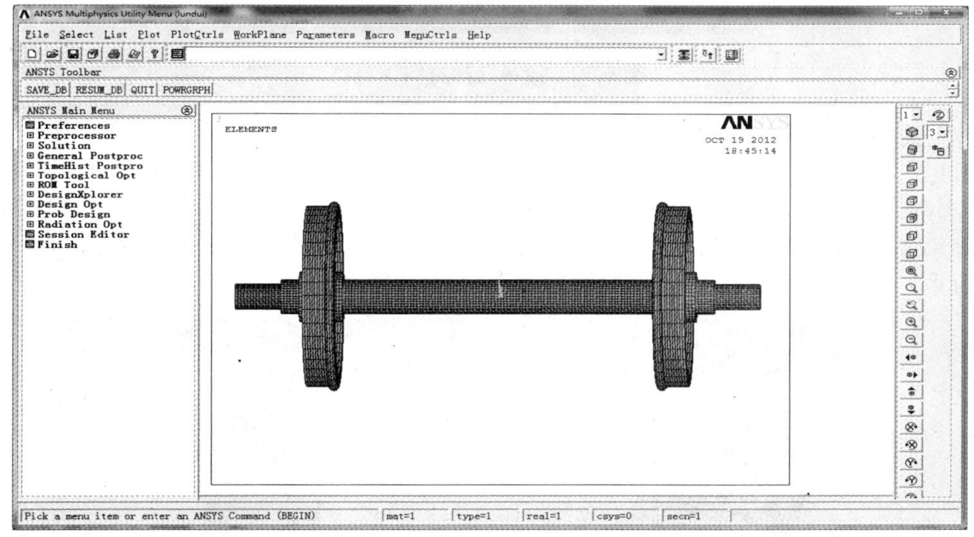


图 6.57　导入的轮对模型

(2) 输入材料参数。单击“Main Menu”→“Preprocessor”→“Material Props”→“Material Models”命令，弹出“Define Material Model Behavior”对话框；选择“Favorites”→“Linear static”→“Linear Isotropic”命令，弹出如图 6.58 所示对话框。在“EX”文本框中输入弹性模量“2E5”，在“PRXY”文本框中输入泊松比“0.3”，然后单击“OK”按钮。

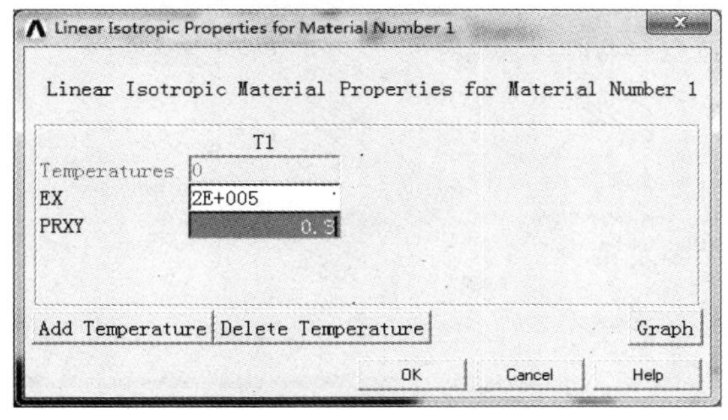


图 6.58　定义弹性模量和泊松比

(3) 给单元附材料属性。单击“Main Menu”→“Preprocessor”→“Modeling”→“Move/Modify”→“Elements”→“Modify Attrib”命令，弹出“Modify Elem Attributes”对话框，单击“Pick All”按钮，再在图 6.59 所示的对话框中，在“Attribute to change”下拉列表中选择“Material MAT”，在“New attribute number”文本框中输入材料类型“1”，单击“OK”按钮。

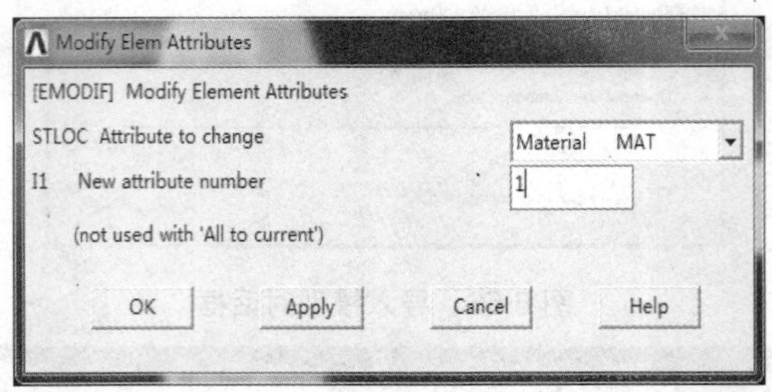


图 6.59　给单元附材料 1 属性

(4) 施加边界条件。单击“Main Menu”→“Preprocessor”→“Loads”→“Define Loads”→“Apply”→“Structural”→“Displacement”→“On Nodes”命令，在弹出的对话框中选择“Box”，在 Y 方向上的踏面上，框选如图 6.60 节点。单击“OK”按钮，弹出“Apply U，ROT on Nodes”对话框，如图 6.61 所示，在“DOFs to be constrained”下拉列表中选择“All DOF”，然后单击“OK”按钮。

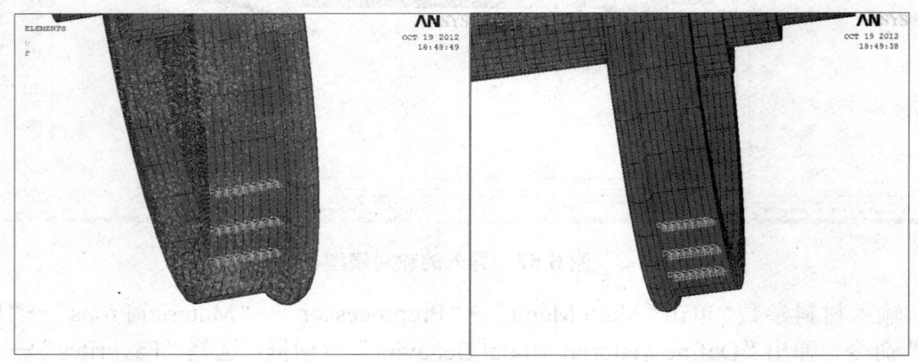


图 6.60　选取约束节点示意图

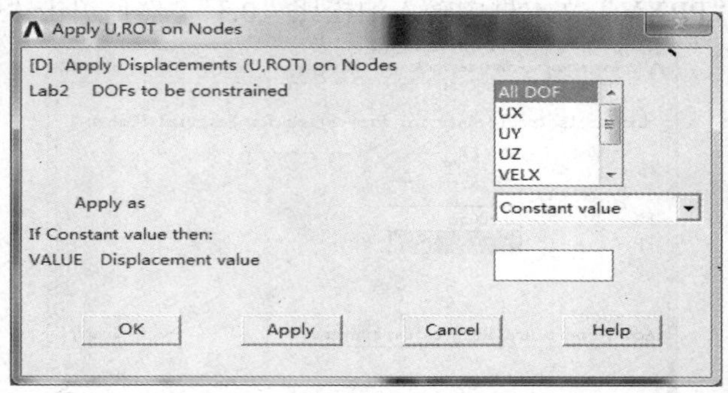


图 6.61　约束对话框

(5) 施加载荷。单击“Main Menu”→“Preprocessor”→“Loads”→“Define Loads”→“Apply”→“Structural”→“Force/Moment”→“On Nodes”命令，在弹出的对话框中选择“Box”，选取图 6.62 所示节点，单击“OK”按钮，弹出如图 6.63 所示的“Apply F/M on Nodes”对话框。在“Direction of force/mom”下拉列表中选择“FY”，在“Force/moment value”文本框中输入“-1388.8888”，然后单击“OK”按钮。得到如图 6.64 所示的模型。

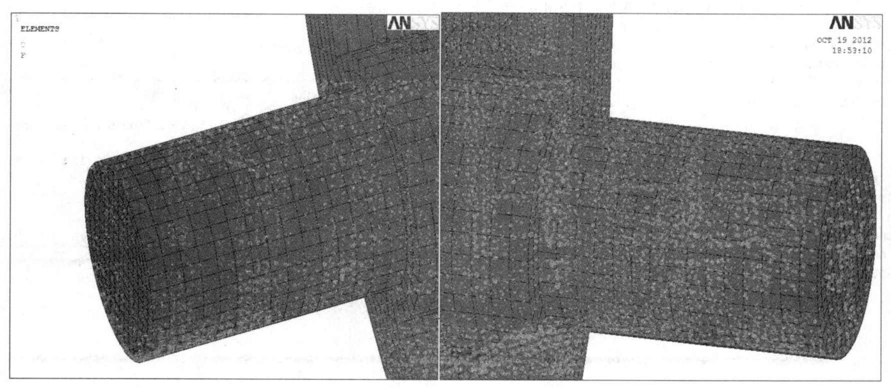


图 6.62　选取载荷节点示意图

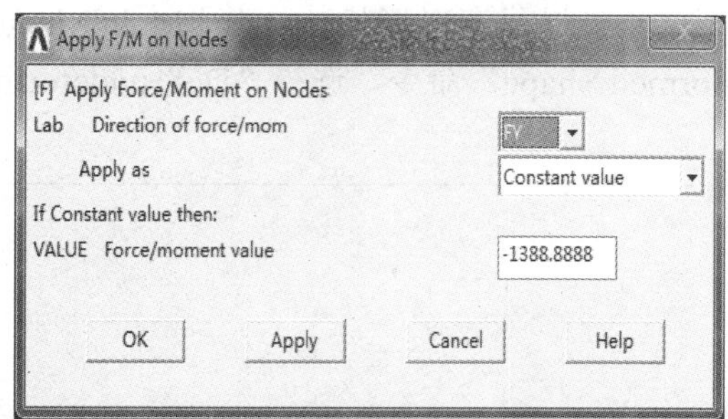


图 6.63　载荷加载面板

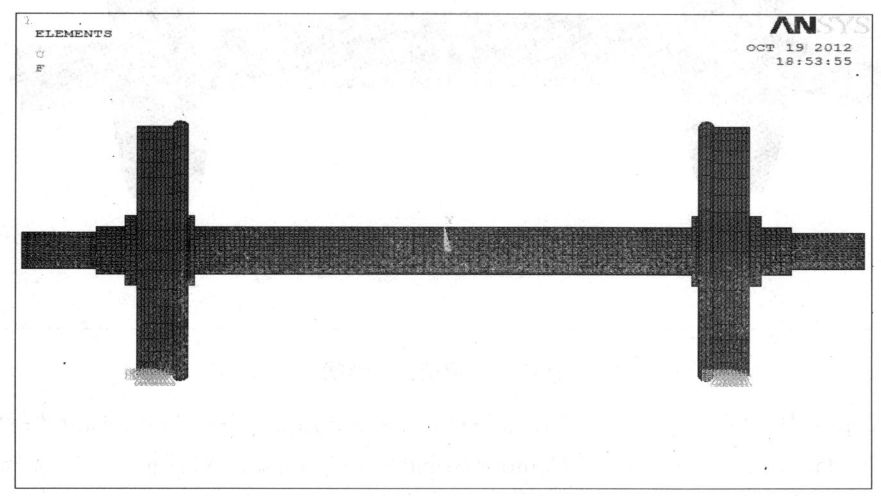


图 6.64　模型载荷约束示意图

(6) 进行求解。单击“Main Menu”→“Solution”→“Solve”→“Current LS”命令，弹出如图 6.65 所示的对话框。单击“OK”按钮，开始求解。求解结束后，会弹出提示信息“Solution is done”，单击“Close”按钮关闭即可。

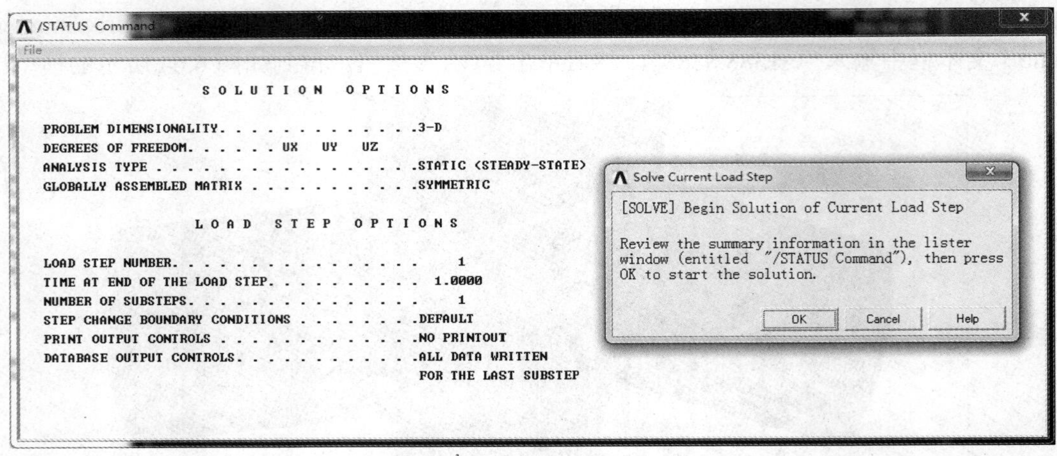


图 6.65　求解信息对话框

(7) 后处理，浏览分析结果。显示变形形状：单击“Main Menu”→“General Postproc”→“Plot Results”→“Deformed Shape”命令，选择“Def+undeformed”，单击“OK”按钮，结果如图 6.66 所示。

图 6.66　模型变形形状

(8) 显示应力云图：单击“Main Menu”→“General Postproc”→“Plot Results”→“Contour Plot”→“Nodal Solu”命令，弹出“Contour Nodal Solution Data”对话框，分别选择“Stress”和“von Mises stress”，单击“OK”按钮，结果如图 6.67 所示。

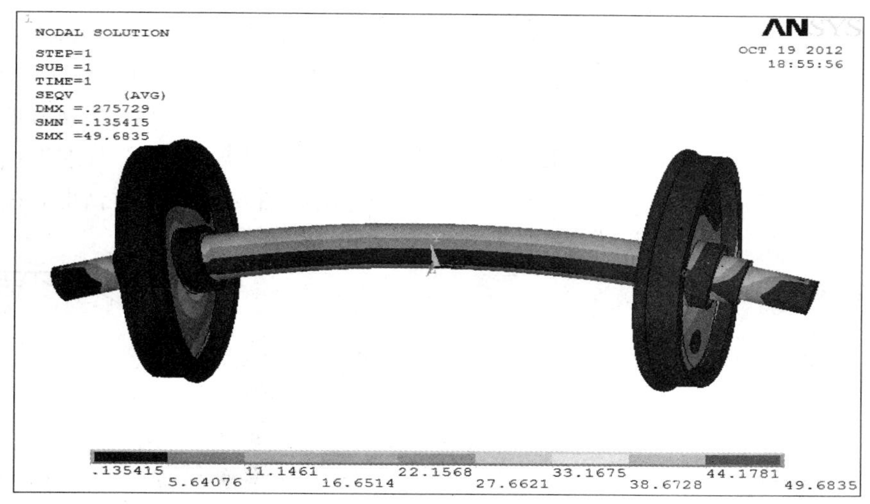


图 6.67 应力云图

## 6.5 模 态 分 析

### 6.5.1 模态分析描述

模态分析是用于确定结构或机器部件的振动特性，这些振动特性包括固有频率、振型、振型参与系数(即在特定方向上某个振型在多大程度上参与了振动)等。模态分析是所有动态分析类型中最基础的内容。

### 6.5.2 模态分析实例及步骤

本节将通过轮对实例具体介绍 ANSYS 软件进行模态分析的步骤，并获取 5 阶模态频率对应的位移振型云图。

(1) 导入模型。单击“File”→“Read Input From”命令，弹出如图 6.68 所示对话框，选择网格划分导出的“lundui.cdb”文件，单击“OK”按钮。

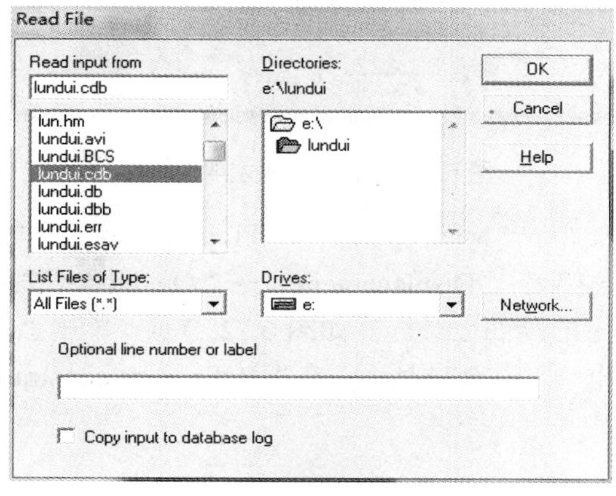


图 6.68 导入模型对话框

(2) 输入材料参数。单击“Main Menu”→“Preprocessor”→“Material Props”→“Material Models”命令，弹出“Define Material Model Behavior”对话框；选择“Favorites”→“Linear static”→“Linear Isotropic”命令，弹出如图 6.69 所示对话框。在“EX”文本框中输入弹性模量“2E5”，在“PRXY”文本框中输入泊松比“0.3”，然后，单击“OK”按钮；选择“Favorites”→“Linear static”→“Density”命令，弹出如图 6.70 所示对话框。在“DENS”文本框中输入密度“7.8E-6”，然后单击“OK”按钮。

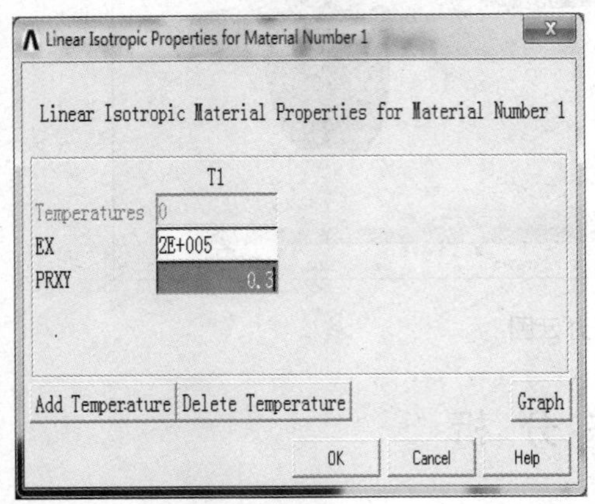


图 6.69　定义弹性模量和泊松比

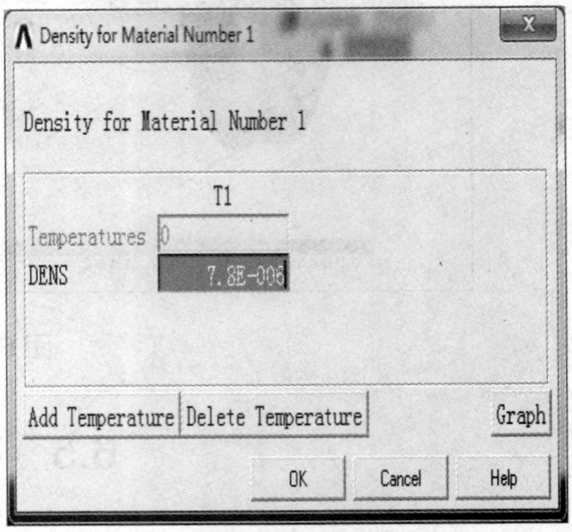

图 6.70　定义材料密度

(3) 给单元附材料属性。单击“Main Menu”→“Preprocessor”→“Modeling”→“Move/Modify”→“Elements”→“Modify Attrib”，弹出“Modify Elem Attributes”对话框，单击“Pick All”按钮，再在图 6.71 所示的对话框中，在“Attribute to change”下拉列表中选择“Material MAT”，在“New attribute number”文本框中输入材料类型“1”，单击“OK”按钮。

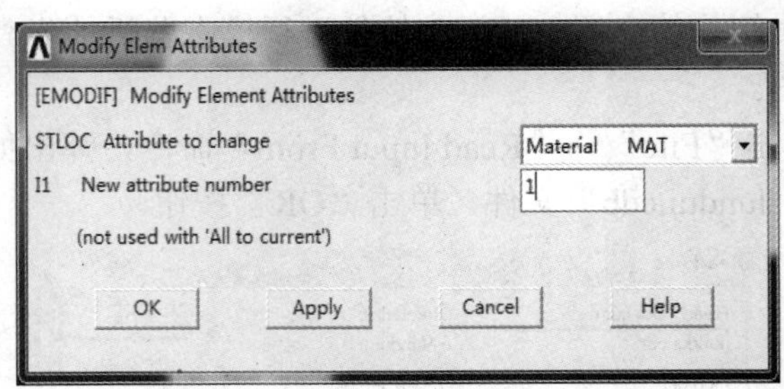


图 6.71　给单元附材料 1 属性

(4) 加载零位移约束。单击“Main Menu”→“Preprocessor”→“Loads”→“Define Loads”→“Apply”→“Structural”→“Displacement”→“On Nodes”命令，在弹出的对话框中选择“Box”，在 Y 方向上的踏面上，选择如图 6.72 节点，单击“OK”按钮，弹出“Apply U，ROT on Nodes”对话框，如图 6.73 所示，在“DOFs to be constrained”中选择“All DOF”，然后单击“OK”按钮。

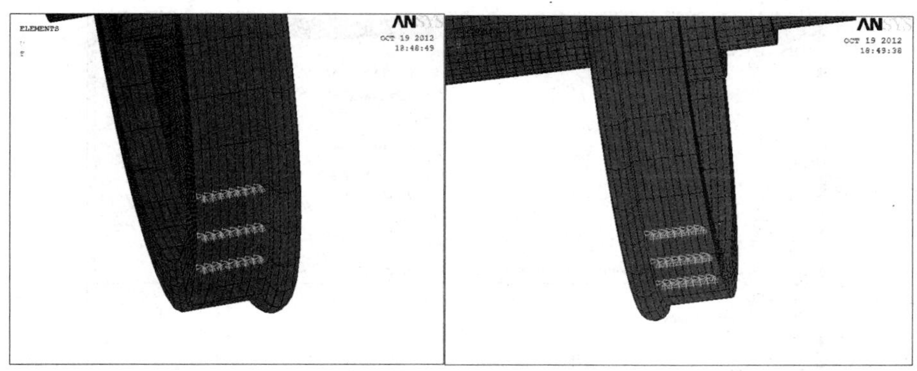

图 6.72 选取约束节点示意图

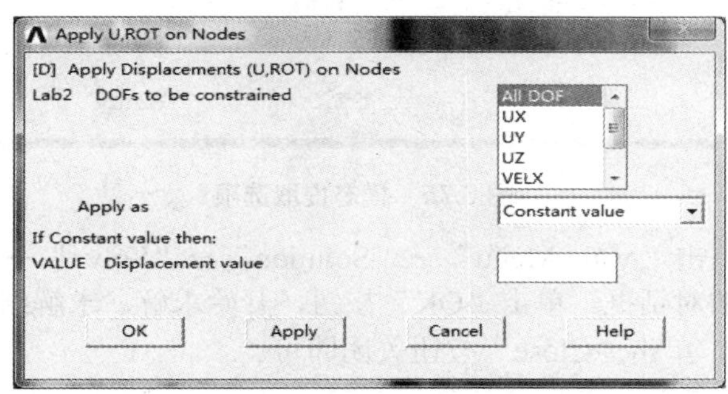


图 6.73 约束设置对话框

(5) 指定分析类型，单击“Main Menu”→“Preprocessor”→“Loads”→“Analysis Type”→“New Analysis”命令，在弹出的如图6.74所示的对话框中点选“Modal”单选按钮，单击“OK”按钮。

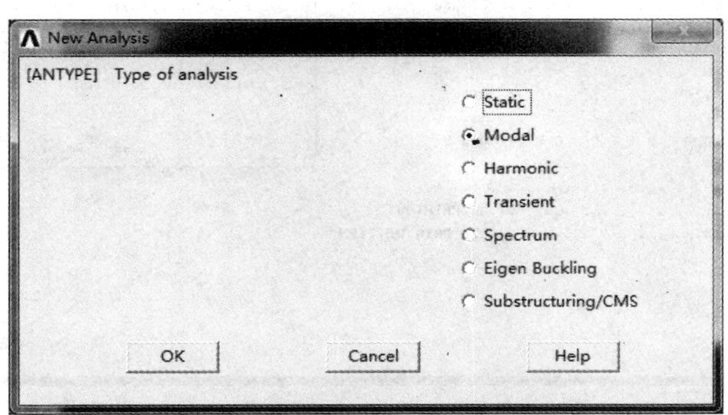


图 6.74 分析类型对话框

(6) 指定分析选项，单击“Main Menu”→“Preprocessor”→“Loads”→“Analysis Type”→“Analysis Options”命令，弹出如图6.75所示的对话框，在“No. of modes to extract”文本框中输入“5”，在“NMODE No. of modes to expand”文本框中输入“5”，单击“OK”按钮，又弹出“Block Lanczos Method”对话框，默认选项即可，单击“OK”按钮。

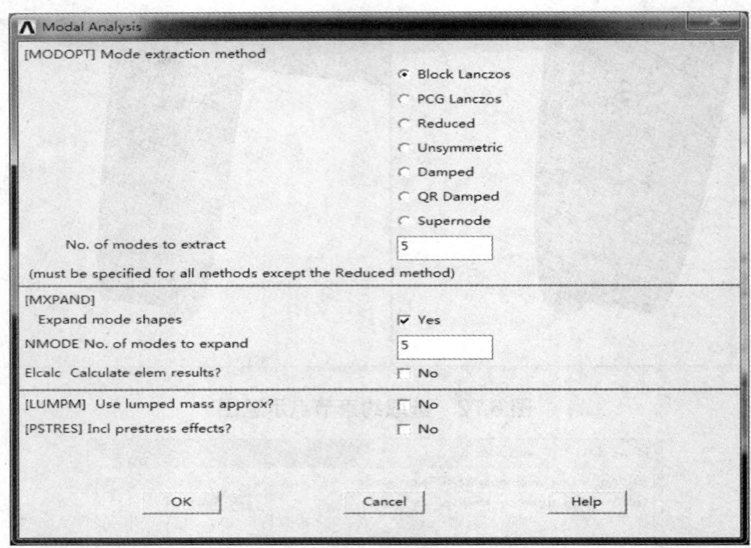


图 6.75　模态提取选项

(7) 进行求解。单击“Main Menu”→“Solution”→“Solve”→“Current LS”命令，弹出如图 6.76 所示的对话框。单击“OK”按钮，开始求解。求解结束后，会弹出提示信息“Solution is done”，单击“Close”按钮关闭即可。

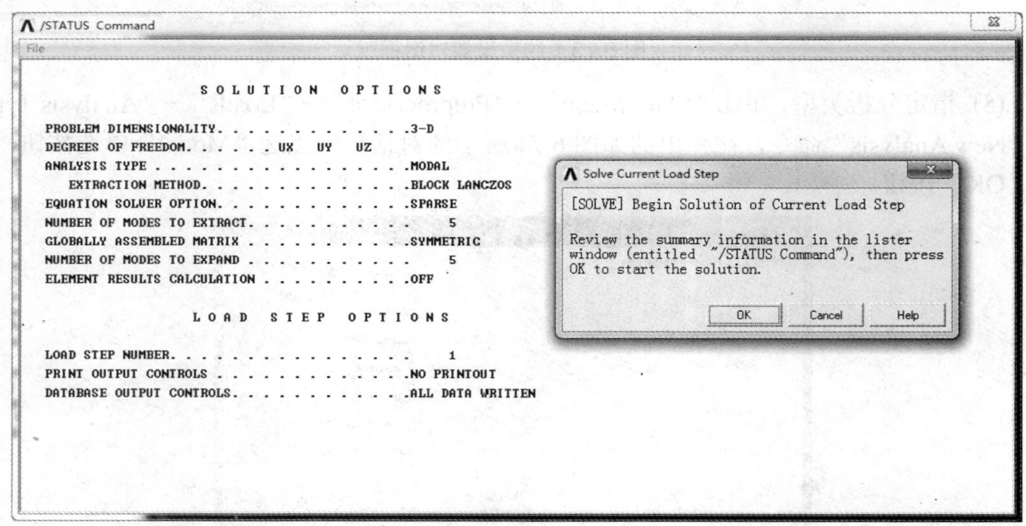


图 6.76　求解信息对话框

(8) 后处理，查看提取的固有频率，单击“Main Menu”→“General Postproc”→“Results Summary”，提取的固有频率大小如图 6.77 所示。

(9) 观察第 3 阶固有频率的振型。单击“Main Menu”→“General Postproc”→“Read Results”→“By Pick”命令，弹出频率选择对话框，选择序列号为 3 的频率，单击“Read”按钮，然后单击“Close”按钮；单击“Main Menu”→“General Postproc”→“Plot Results”→“Contour Plot”→“Nodal Solu”命令，弹出节点求解数据云图对话框，选择“DOF Solution”→“Displacement vector sun”，单击“OK”按钮，3 阶频率对应的位移振型云图如图 6.78 所示。

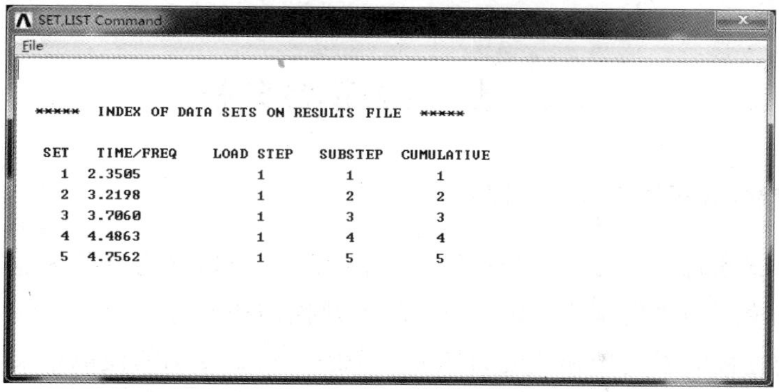

```
SET,LIST Command
File

 *****  INDEX OF DATA SETS ON RESULTS FILE  *****

  SET   TIME/FREQ    LOAD STEP   SUBSTEP  CUMULATIVE
    1  2.3505            1          1         1
    2  3.2198            1          2         2
    3  3.7060            1          3         3
    4  4.4863            1          4         4
    5  4.7562            1          5         5
```

图 6.77　5 阶模态固有频率

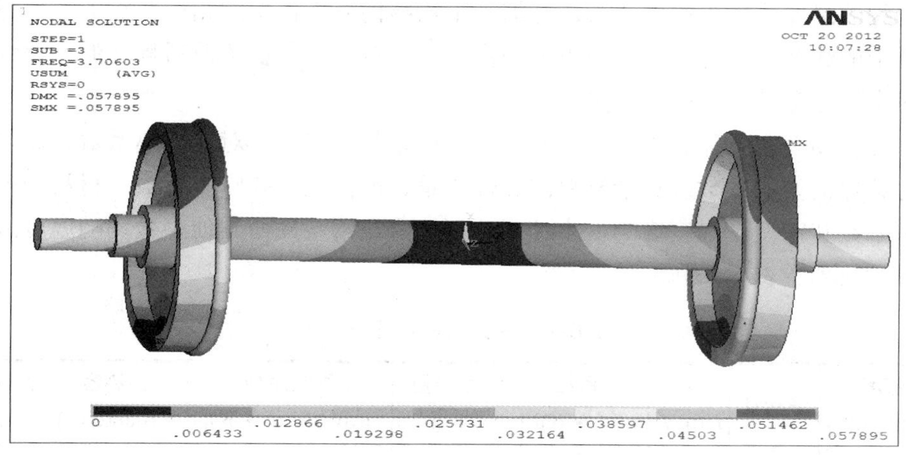


图 6.78　3 阶频率对应的位移振型云图

(10) 观察第 4 阶固有频率的振型。单击“Main Menu”→“General Postproc”→“Read Results”→“By Pick”弹出频率选择对话框，选择序列号为 4 的频率，单击“Read”，然后单击“Close”按钮；单击“Main Menu”→“General Postproc”→“Plot Results”→“Contour Plot”→“Nodal Solu”命令，弹出节点求解数据云图对话框，选择“DOF Solution”→“Displacement vector sun”，单击“OK”按钮，4 阶频率对应的位移振型云图如图 6.79 所示。

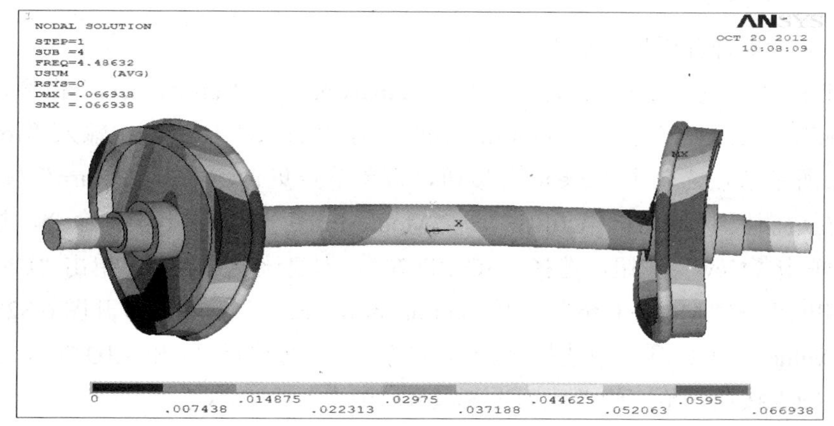


图 6.79　4 阶频率对应的位移振型云图

## 6.6 热-应力耦合分析

### 6.6.1 热-应力耦合分析仿真场景描述

车轮在踏面制动时，通过闸瓦和车轮踏面将列车动能转换为摩擦热能，而列车动能的增加必然导致车轮制动热负荷的恶化，对车轮的热损伤和疲劳寿命产生重大的影响。

本节将制动过程的温度场和热应力场分开考虑，将温度场的模拟结果转换为热载荷来分析热应力，即采用间接耦合法进行计算。输入随温度变化的材料参数，将车轮在制动过程中所得到的温度场作为温度载荷，施加到车轮结构分析模型的相应节点上，使得结构应力场分析中的载荷步长与温度场分析中的步长一一对应，保证了前后耦合的完整性，对于多个载荷步的计算可通过循环来实现。

瞬态温度场有限元计算需要已知材料的导热系数、密度、对流换热系数和比热容，而在热应力计算需要的参数应包括材料的弹性模量、泊松比和热膨胀系数。材料的泊松比、对流换热系数和密度受温度影响很小，因此可认为是常数，而其他参数均随温度成非线性变化，各参数列于表 6-1 中。

表 6-1　热-应力耦合分析参数

| | 密度 /(kg/mm$^3$) | 泊松比 | 对流换热系数 /[mW/(mm$^2$ • K)] | 弹性模量 /MPa | 导热系数 /[mW/(mm • K)] | 比热容 /(mJ/kg℃) | 热膨胀系数 /(℃$^{-1}$) |
|---|---|---|---|---|---|---|---|
| 20 | 7.8E-6 | 0.3 | 0.045 | 2.1E5 | 70 | 426600 | 1.11E-5 |
| 100 | | | | | | 481000 | 1.21E-5 |
| 200 | | | | | | 486000 | 1.35E-5 |
| 400 | | | | | | 528000 | 1.41E-5 |

### 6.6.2 分析实例及步骤

轮对热-应力耦合分析步骤如下：

(1) 选取保存热流密度输入节点，单击“Analysis”→“entity sets”命令，“entity”选择“nodes”，“set type”选择“non-ordered”，在“name”文本框中输入“reyuan”，选取图 6.80 中所示节点，单击“create”按钮，设置节点集合，单击“return”按钮。

(2) 在左边面板中，单击“Utility”→“Modle Info”→“ET type”命令，打开图 6.81 所示窗口，单击“New”按钮，选择“SOLID 70”，创建该单元类型，单击“Close”按钮；再单击“Utility”→“Modle Info”→“Component Manager”命令，打开图 6.82 所示窗口，在“Assign Values”下拉列表中选择“ET Ref.No.”，右边选择“1-SOLID 70”，选择“3d”层，单击“Set”按钮，给三维单元附上 SOLID 70 单元类型。

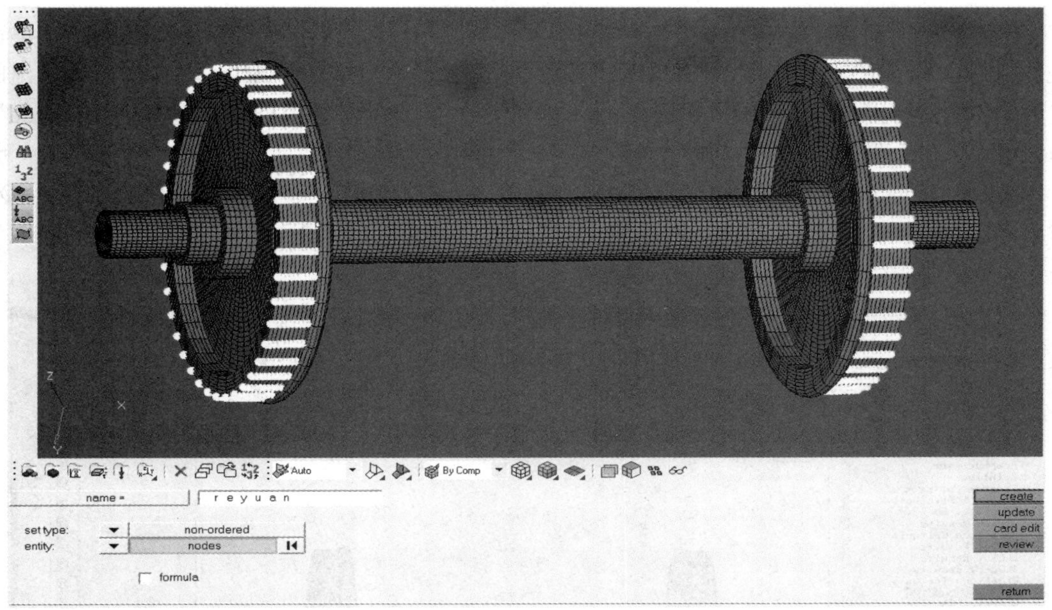


图 6.80 选择热流密度输入节点

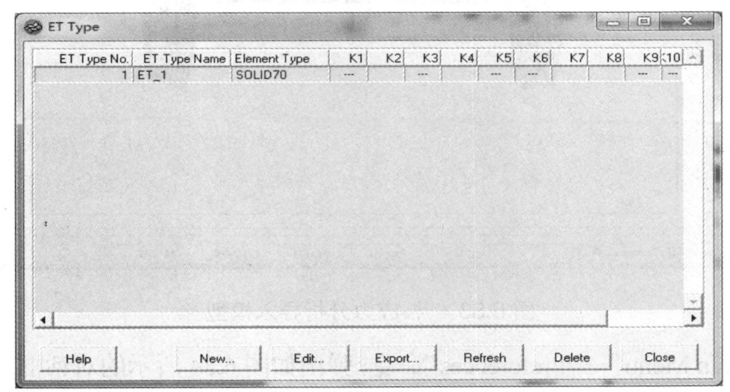


图 6.81 单元类型面板

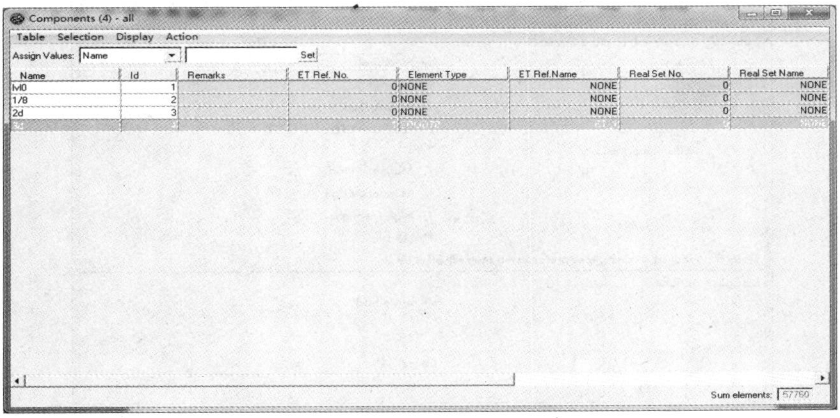

Components (4) - all

Table Selection Display Action

Assign Values: Name Set

| Name | Id | Remarks | ET Ref. No. | Element Type | ET Ref.Name | Real Set No. | Real Set Name |
|---|---|---|---|---|---|---|---|
| lvl0 | 1 | | 0 | NONE | NONE | 0 | NONE |
| 1/8 | 2 | | 0 | NONE | NONE | 0 | NONE |
| 2d | 3 | | 0 | NONE | NONE | 0 | NONE |
| [illegible] | 4 | | [illegible] | [illegible] | [illegible] | [illegible] | [illegible] |

Sum elements: [illegible]

图 6.82 单元属性面板

(3) 导出模型，在菜单栏中单击“File”→“Export”命令，进入导出文件界面，单击“Export FE model”按钮，在“File type”和“Template”中选择“Ansys”，选择需要导出的文件的位置，导出文件为“lundui_reyingli.cdb”，并在“Export”下拉列表中选择“Displayed”，单击“Export”按钮。

(4) 在 Ansys 中导入模型。启动 Ansys 软件，单击“File”→“Read Input From”命令，弹出“Read File”对话框，选择网格划分导出的“lundui_reyingli.cdb”文件，单击“OK”按钮，结果如图 6.83 所示。

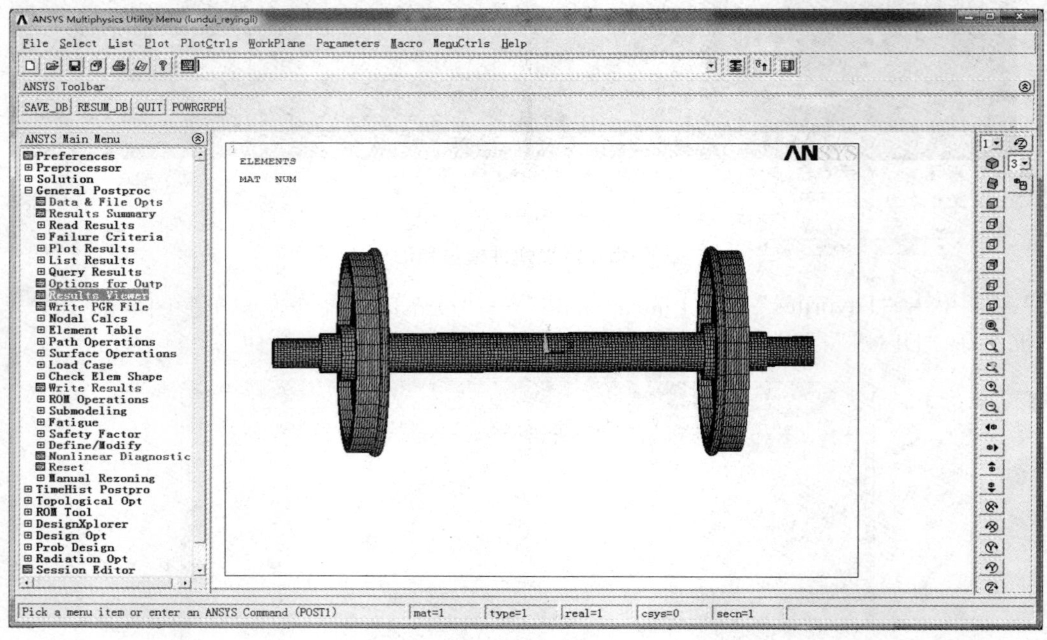


图 6.83 热-应力分析导入模型

(5) 单击“Main Menu”→“Preferences”命令，弹出如图 6.84 所示的对话框，选择“Structural”和“Thermal”复选框，单击“OK”按钮。

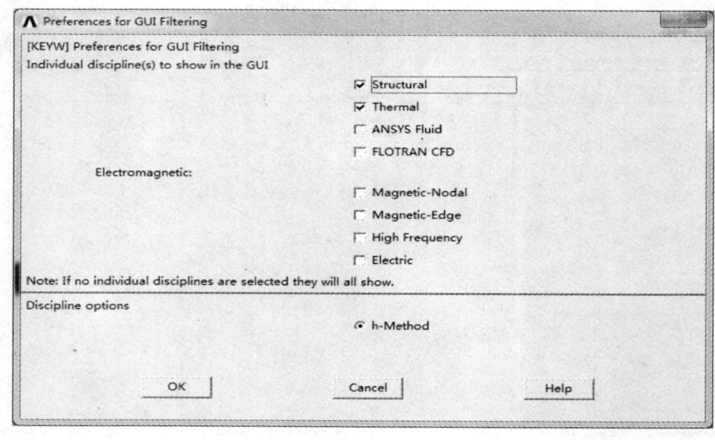


图 6.84 “Preferences for GUI Filtering”对话框

(6) 输入材料参数。单击"Main Menu"→"Preprocessor"→"Material Props"→"Material Models"命令，弹出"Define Material Model Behavior"对话框，单击"Favorites"→"Linear static"→"Linear Isotropic"命令，弹出如图 6.85 所示的对话框。在"EX"文本框中输入弹性模量"2.1E5"，在"PRXY"文本框中输入泊松比"0.3"，单击"OK"按钮。

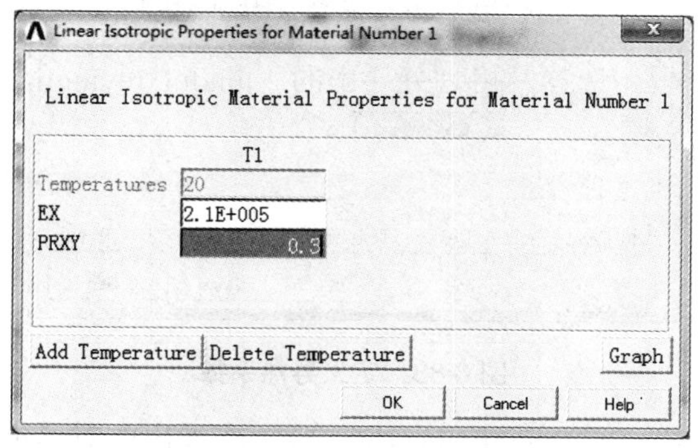


图 6.85 定义弹性模量和泊松比

(7) 单击"Favorites"→"Linear static"→"Density"命令，弹出如图 6.86 所示的对话框。在"DENS"文本框中输入密度"7.8E-6"，单击"OK"按钮。

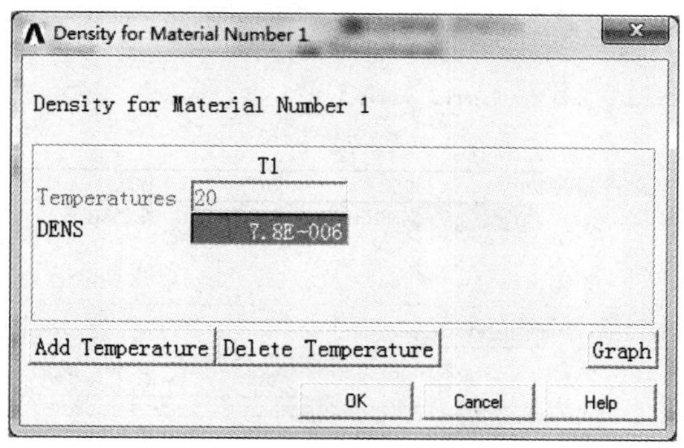


图 6.86 定义材料密度

(8) 单击"Favorites"→"Linear static"→"Thermal Expansion(secant-iso)"命令，弹出如图 6.87 所示的对话框。依次在"Temperature"和"ALPX"文本框中输入"20"、"1.11E-5"，"100"、"1.21E-5"，"200"、"1.35E-5"，"400"、"1.41E-5"，单击"OK"按钮。

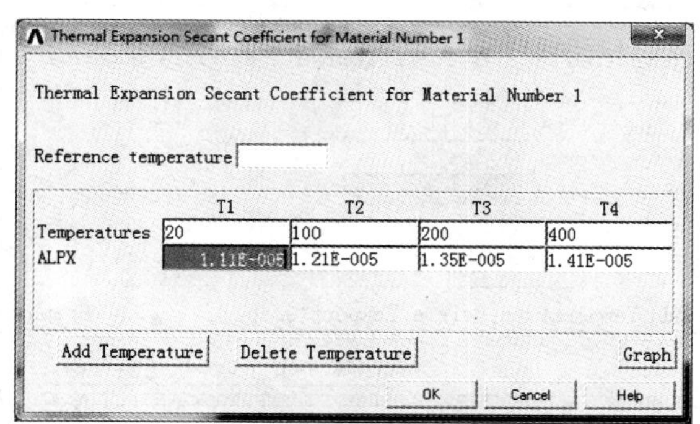


图 6.87 定义随温度变化的热膨胀系数

(9) 单击“Thermal”→“Conductivity”→“Isotropic”命令，定义导热系数“KXX”为“70”，如图 6.88 所示，单击“OK”按钮。

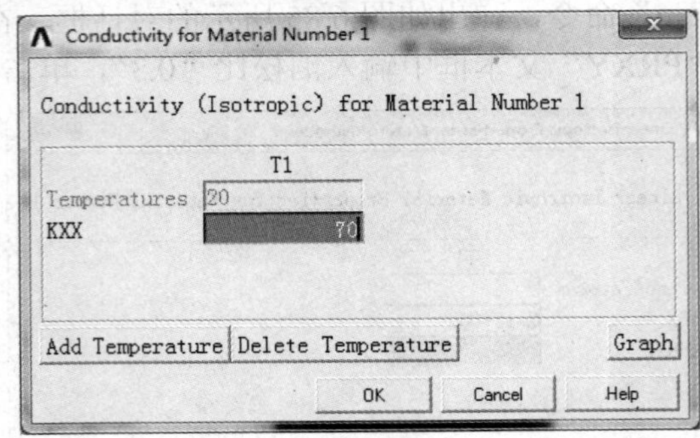


图 6.88　定义导热系数

(10) 单击“Thermal”→“Specific heat”命令，在弹出的对话框的“C”文本框中输入比热容“426600”，单击左下方的“Add Temperature”按钮，在“T2”一列中输入“Temperatures”为“100”，“C”为“481000”。重复添加“200”、“486000”和“400”、“528000”，结果如图 6.89 所示，单击“OK”按钮。

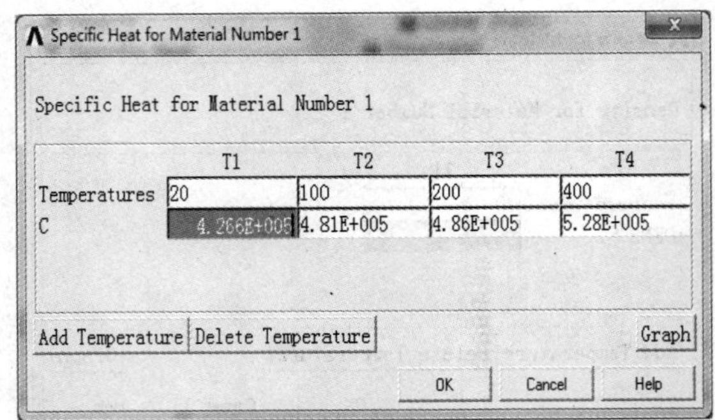


图 6.89　定义随温度变化的比热容

(11) 单击“Thermal”→“Convection or Film Coef.”命令，定义对流换热系数“HF”为“0.045”，如图 6.90 所示，单击“OK”按钮。

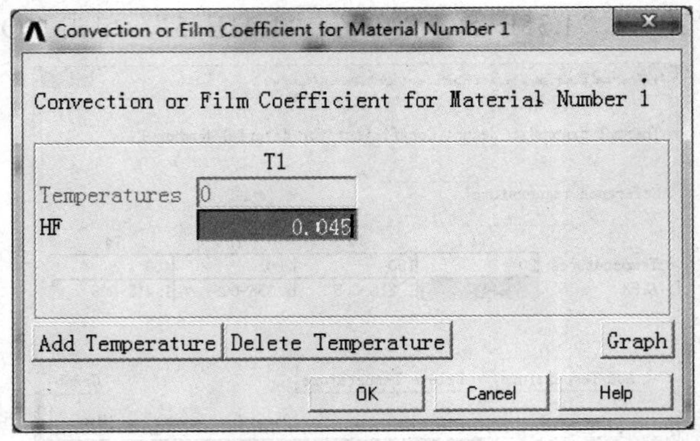


图 6.90　定义对流热系数

(12) 至此材料参数定义完毕，结果如图6.91所示。

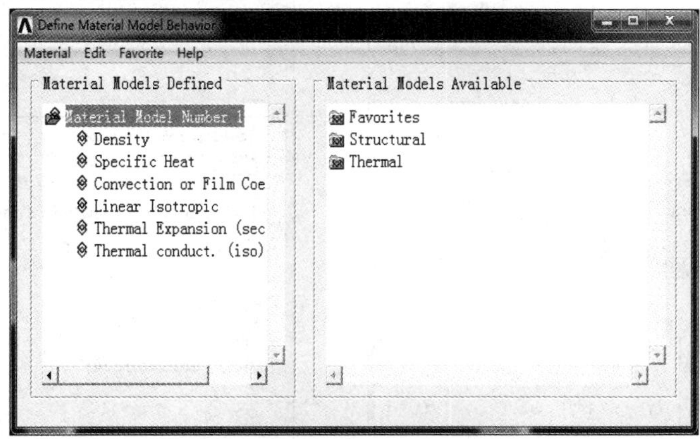


图6.91 材料参数定义完毕后的结果示意图

(13) 给单元附材料属性。单击“Main Menu”→“Preprocessor”→“Modeling”→“Move/Modify”→“Elements”→“Modify Attrib”命令，弹出“Modify Elem Attributes”对话框，单击“Pick All”按钮，再在“Modify Elem Attributes”对话框的“Attribute to change”下拉列表中选择“Material MAT”，在“New attribute number”文本框中输入材料类型“1”，单击“OK”按钮。

(14) 选择分析类型，单击“Main Menu”→“Preprocessor”→“Loads”→“Analysis Type”→“New Analysis”命令，弹出如图6.92所示的对话框，选择“Transient”单选按钮，单击“OK”按钮，接着弹出“Transient Analysis”对话框，保持默认设置，再次单击“OK”按钮。

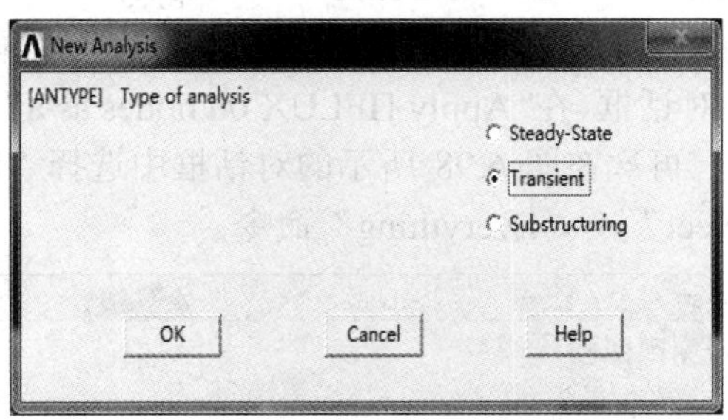


图6.92 分析类型选项

(15) 制动过程热流密度是随时间变化的，在此引入函数来设置热流密度，其函数近似认为是线性的。单击“Main Menu”→“Preprocessor”→“Loads”→“Define Loads”→“Apply”→“Functions”→“Define/Edit”命令，弹出如图6.93所示的对话框，在“Result=”文本框中输入“600-15*{Time}”，单击对话框中的“File”→“Save”命令，保存为函数“600.func”；单击“Functions”→“Read File”命令，选取刚保存的“600.func”函数文件，接着弹出如图6.94所示的对话框，在“Table parameter name”文本框中随便输入一个名称“hanshu”，单击“OK”按钮。

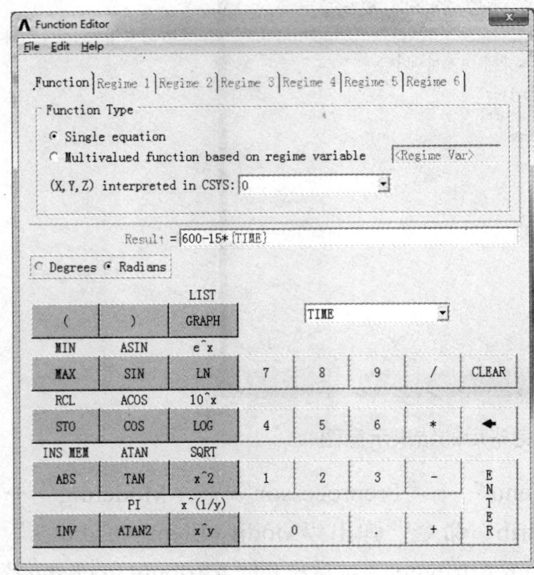


图 6.93　函数编辑对话框

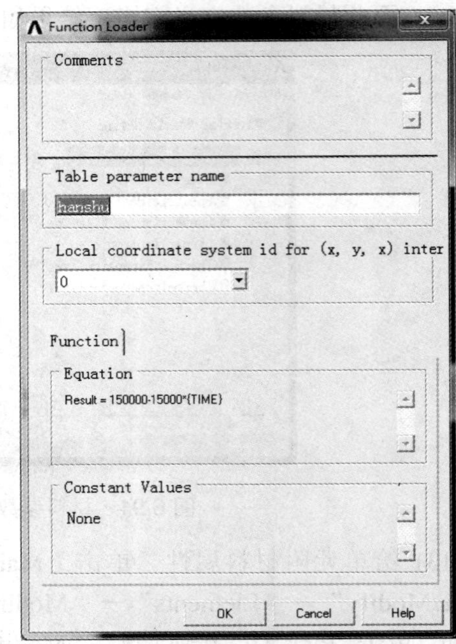


图 6.94　函数导入对话框

(16) 单击主菜单栏上“Select”→“Component Manager”命令，弹出如图 6.95 所示的对话框，选择“Name”为“REYUAN”的 800 个节点，单击按钮，关闭对话框。单击主菜单栏上“Plot”→“Nodes”，显示热流密度输入节点，如图 6.96 所示。单击“Main Menu”→“Preprocessor”→“Loads”→“Define Loads”→“Apply”→“Thermal”→“Heat Flux”→“On Nodes”命令，在弹出的“Apply HFLUX on Nodes”对话框中单击“Pick All”按钮，接着弹出如图 6.97 所示的对话框，在“Apply HFLUX on nodes as a”下拉列表中选择“Existing table”，单击“OK”按钮，再次在图 6.98 所示的对话框中选择“hanshu”，单击“OK”按钮。单击主菜单栏上“Select”→“Everything”命令。

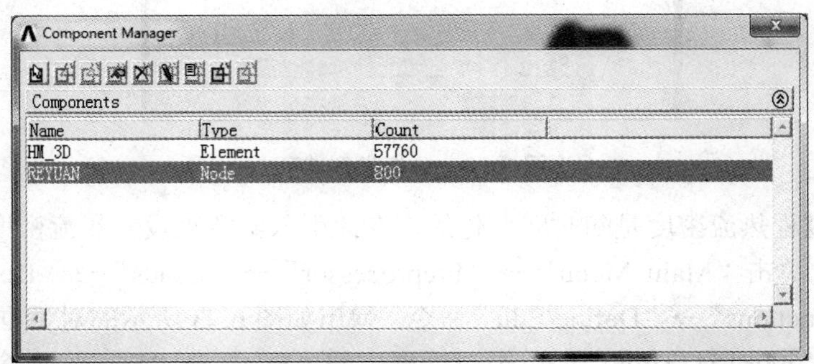


图 6.95　选择热流输入节点

(17) 单击“Main Menu”→“Preprocessor”→“Loads”→“Define Loads”→“Load Step Opts”→“Output Ctrls”→“DB/Results File”命令，弹出如图 6.99 所示的对话框，点选“Every substep”单选按钮，然后单击“OK”按钮。

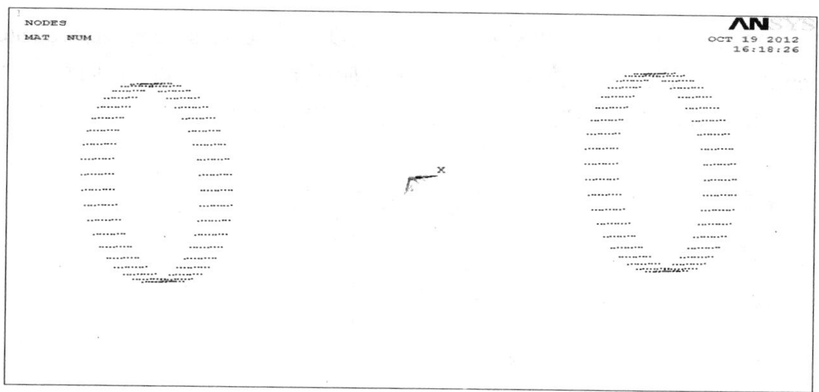


图 6.96 热流密度输入节点

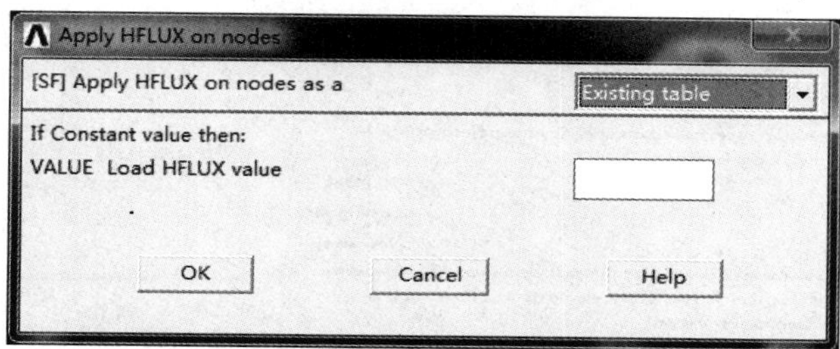


图 6.97 加载选项对话框

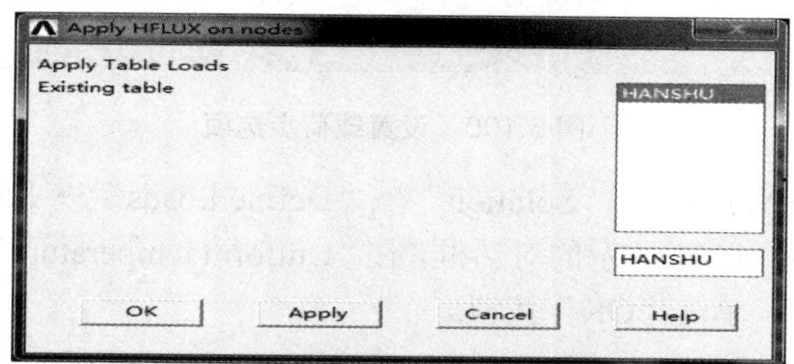


图 6.98 函数选择对话框

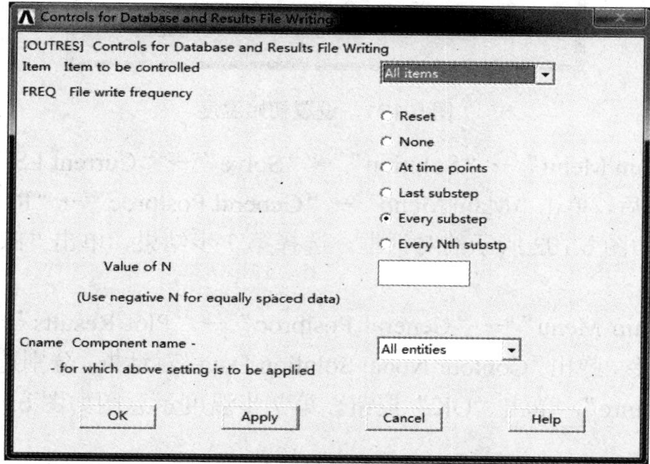


图 6.99 结果输出选项

(18) 单击“Main Menu”→“Solution”→“Define Loads”→“Load Step Opts”→“Time/Frequenc”→“Time-Time Step”命令，弹出如图 6.100 所示的对话框，在“Time at end of load step”文本框中输入“40”，在“Time step size”文本框中输入“1”，然后单击“OK”按钮。

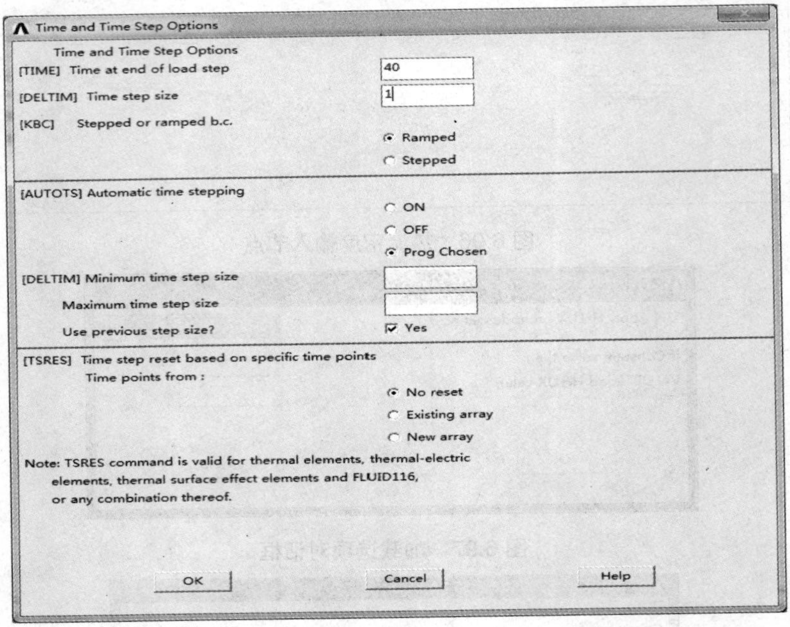

Time and Time Step Options
Time and Time Step Options
[TIME] Time at end of load step
40
[DELTIM] Time step size
1
[KBC] Stepped or ramped b.c.
Ramped
Stepped
[AUTOTS] Automatic time stepping
ON
OFF
Prog Chosen
[DELTIM] Minimum time step size
Maximum time step size
Use previous step size?
Yes
[TSRES] Time step reset based on specific time points
Time points from :
No reset
Existing array
New array
Note: TSRES command is valid for thermal elements, thermal-electric elements, thermal surface effect elements and FLUID116, or any combination thereof.
OK
Cancel
Help

图 6.100　设置载荷步选项

(19) 单击“Main Menu”→“Solution”→“Define Loads”→“Settings”→“Uniform Temp”命令，弹出如图 6.101 所示的对话框，在“Uniform temperature”文本框中输入“20”，设置初始温度为 20℃，单击“OK”按钮。

Uniform Temperature
[TUNIF] Uniform temperature
20
OK
Cancel
Help

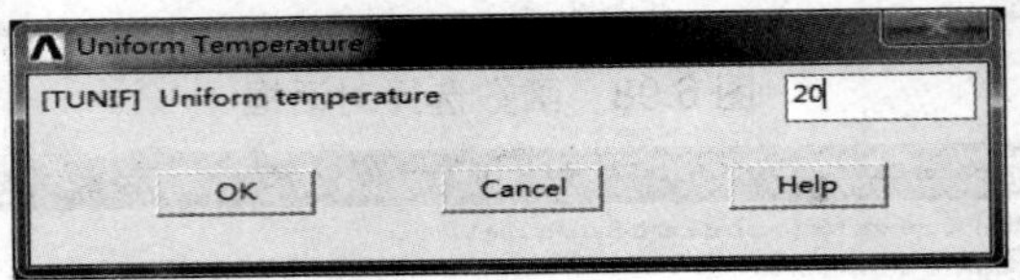

图 6.101　设置初始温度

(20) 单击“Main Menu”→“Solution”→“Solve”→“Current LS”命令，进行求解。

(21) 求解完毕后，单击“Main Menu”→“General Postproc”→“Read Results”→“By Pick”命令，弹出如图 6.102 所示的对话框，选择第 7 步结果，单击“Read”按钮，然后单击“Close”按钮。

(22) 单击“Main Menu”→“General Postproc”→“Plot Results”→“Contour Plot”→“Nodal Solu”命令，弹出“Contour Nodal Solution Data”对话框，分别选择“DOF Solution”和“Nodal Temperature”，单击“OK”按钮。第 7 步温度示意图如图 6.103 所示。

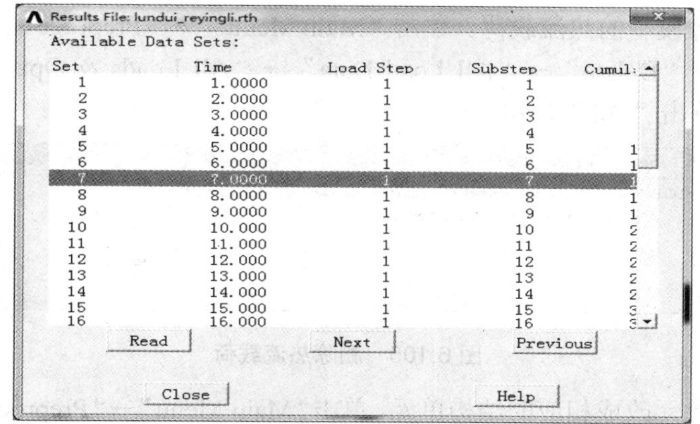


图 6.102　选择第 7 步结果

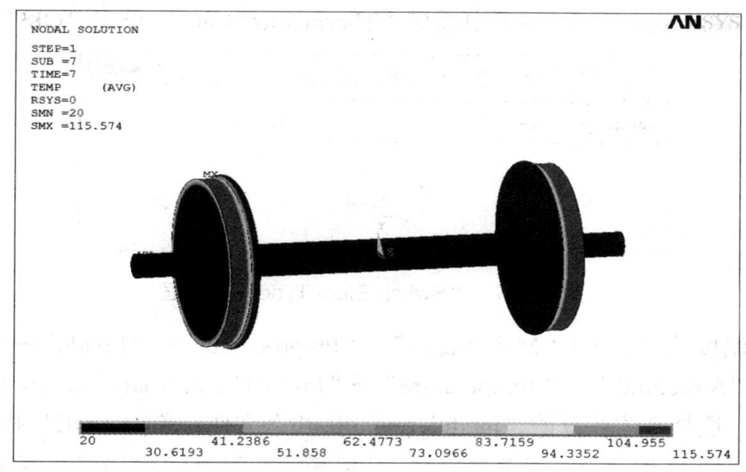


图 6.103　第 7 步温度场示意图

(23) 单击“Main Menu”→“TimeHist Postproc”命令，弹出“Time History Variable”对话框，单击按钮，选取踏面上的任意节点，令其温度结果为变量。选中此变量，单击按钮，显示变量随时间变化的曲线，如图 6.104 所示。

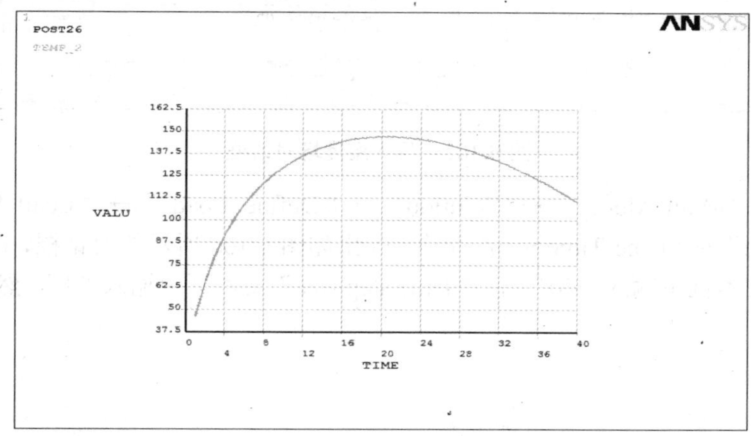


图 6.104　踏面上节点温度随时间变化曲线

(24) 删除实体模型的热流载荷。单击“Main Menu”→“Preprocessor”→“Loads”→“Define Loads”→“Delete”→“All Load Data”→“All Loads & Opts”，弹出如图 6.105 所示的对话框，单击“OK”按钮。

图 6.105 删除热流载荷

(25) 将温度单元改成相应的结构单元。单击“Main Menu”→“Preprocessor”→“Element Type”→“Switch Elem Type”命令，弹出“Switch Elem Type”对话框，如图 6.106 所示，在“Change element type”下拉列表中选择“Thermal to Struc”，单击“OK”按钮。

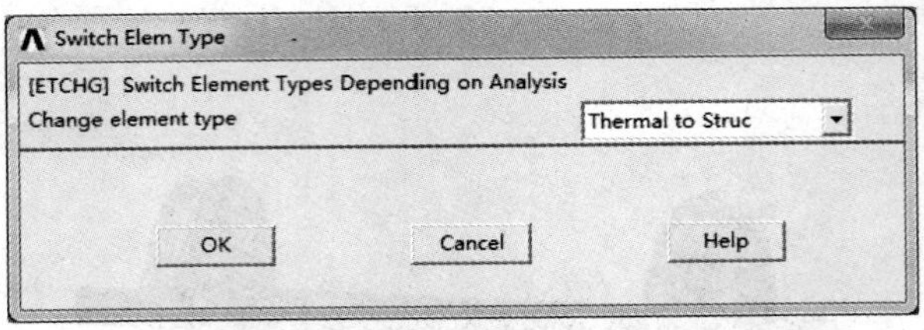

图 6.106 “Switch Elem Type”对话框

(26) 施加温度载荷。单击“Main Menu”→“Preprocessor”→“Loads”→“Define Loads”→“Apply”→“Structural”→“Temperature”→“From Therm Analy”命令，弹出如图 6.107 所示的对话框，选择刚才计算的“lundui_reyingli.rth”文件，单击“OK”按钮。

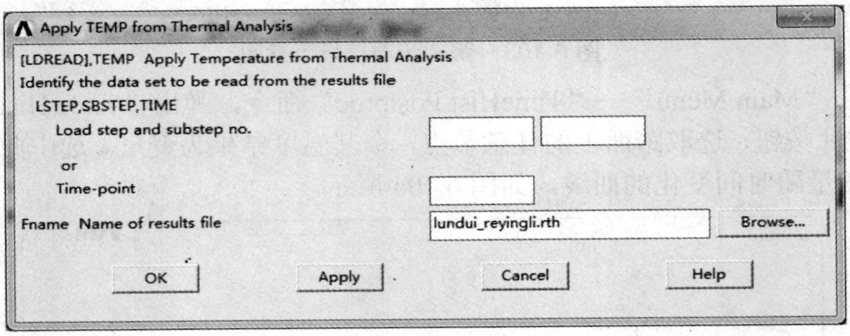

图 6.107 导入温度场对话框

(27) 单击“Main Menu”→“Solution”→“Define Loads”→“Load Step Opts”→“Time/Frequenc”→“Time-Time Step”命令，弹出如图 6.108 所示的对话框，在“Time at end of load step”文本框中输入“40”，在“Time step size”文本框中输入“1”，然后单击“OK”按钮。

Time and Time Step Options

Time and Time Step Options

[TIME] Time at end of load step 40

[DELTIM] Time step size 1

[KBC] Stepped or ramped b.c.

Ramped

Stepped

[AUTOTS] Automatic time stepping

ON

OFF

Prog Chosen

[DELTIM] Minimum time step size

Maximum time step size

Use previous step size? Yes

[TSRES] Time step reset based on specific time points

Time points from :

No reset

Existing array

New array

Note: TSRES command is valid for thermal elements, thermal-electric elements, thermal surface effect elements and FLUID116, or any combination thereof.

OK Cancel Help

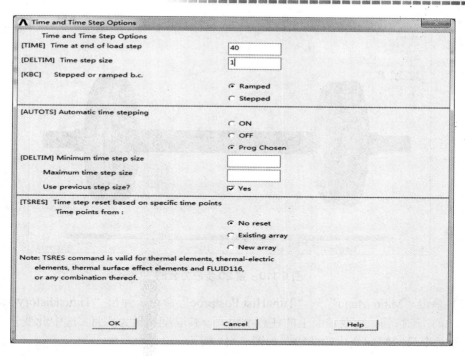

图 6.108　设置载荷步选项

(28) 保存文件并计算。单击“Utility Menu”→“File”→“Save as”命令，取名“lundui_reyingli.db”。单击“Main Menu”→“Solution”→“Solve”→“Current LS”命令，进行求解。

(29) 后处理并观察结果。单击“Main Menu”→“General Postproc”→“Read Results”→“By Pick”命令，弹出如图 6.109 所示的对话框，选择第 20 步结果，单击“Read”按钮，然后单击“Close”按钮。

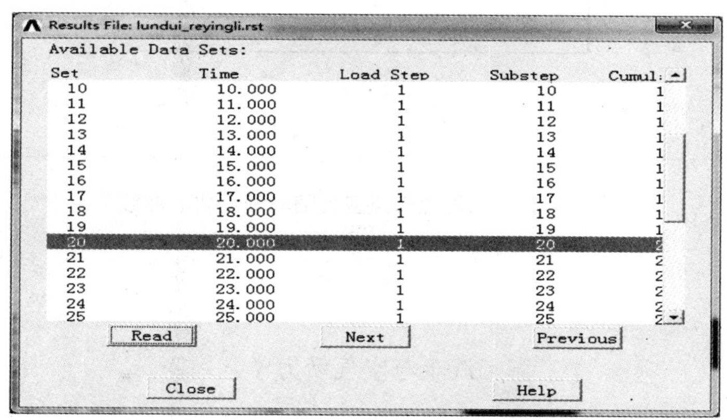


图 6.109　选择第 20 步结果

(30) 单击“Main Menu”→“General Postproc”→“Plot Results”→“Contour Plot”→“Nodal Solu”命令，弹出“Contour Nodal Solution Data”对话框，分别选择“Stress”和“von Mises stress”，单击“OK”按钮，结果如图 6.110 所示。

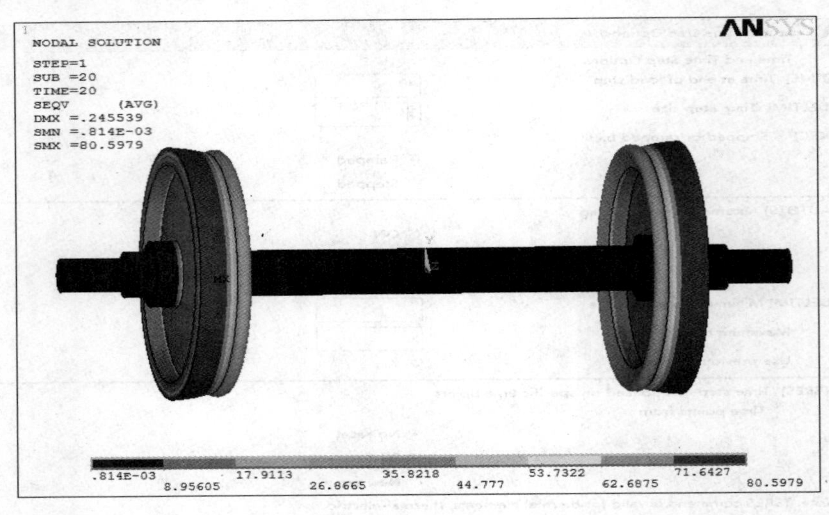


图 6.110　第 20 步应力云图

(31) 单击“Main Menu”→“TimeHist Postproc”命令，弹出“Time History Variable”对话框，单击按钮，选取踏面上的任意节点，令其温度结果为变量。选中此变量，单击按钮，显示变量随时间变化的曲线，如图 6.111 所示。

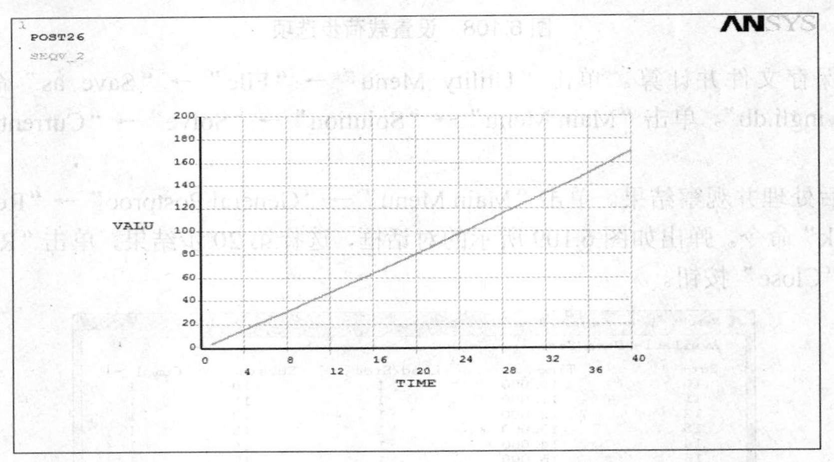


图 6.111　踏面上节点应力随时间变化的曲线

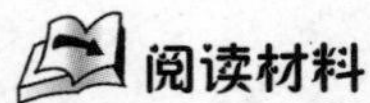

## 阅读材料

### 汽车与空气动力学

汽车在发明之初和气动几乎是没有关系的，因为那时候的汽车时速太低，气动力对其产生的影响极小，而随着汽车速度越来越快，气动对其的影响也越来越大。汽车在行驶时，会对相对静止的空气造成不可避免的冲击，空气会因此向四周流动，而蹿入车底的气流便会被暂时困于车底的各个机械部件之中，空气会被行驶中的汽车拉动，所以当一辆汽车飞驰而过之后，地上的纸张和树叶会被卷起。此外，车底的气流会对车头和引擎舱内产生一股浮升力，削弱车轮对地面的下压力，影响汽车的操控表现。另外，汽车的燃料在燃烧推动机械运转时已经消耗了一大部分动力，而当汽车高速行驶时，一部分动力也会被用作克服空气的阻力。所以，空气动力学对于汽车设计的意义不仅仅在于改善汽车的操控性，同时也是降低油耗的一个重要方面。

为了对付浮升力，一个方法是在车底使用扰流板，但是其费用过于昂贵，而另一个主流的做法是在车头下方加装一个坚固而比车头略长的阻流器，它可以将气流引导至引擎盖上，或者穿越水箱格栅和流过车身。尾翼和扰流器的诞生也是为了要解决气流和浮升力的问题，虽然尾翼五花八门、千奇百怪，但是它们却有着相同的特点：表面狭窄、水平面离开车身安装(如果尾翼紧贴在车身安装，如果它不仅仅起到装饰作用，便只有扰流器般的作用，这两者是不同的)。尾翼的主要作用是增加下压力，所以尾翼的外形必须像倒置的机翼才行，这样的设计会使流经尾翼下端的气流的速度较流经尾翼上端的来得高，从而产生下压力。还有一种产生下压力的方法是将尾翼前端微微向下倾斜，虽然这种设计会比水平式的尾翼产生更大的空气拉力，但是在调节下压力大小的方面却较有弹性。

对于浮升力的研究，各车厂大致在20世纪60年代才开始关注。Ferrari的赛车手Richie Ginther于1961年发明了能产生下压力的车尾扰流器，他也因此闻名于世。随后的Ferrari战车也都使用此项设计。而第一部使用前扰流器的汽车是大名鼎鼎的FORD GT40。这部车在超越时速300km/h时所产生的浮升力令其成为一部根本无法驾驭的汽车，据说在加装了前扰流器之后，GT40在达到极速时前轮的下压力由原来的310磅激增至604磅。

## 小　结

本章主要介绍了CAE技术在面向轨道车辆装备设计中的应用。本章以车辆装备中的轮对为例，介绍了轮对外形设计基础、轮对几何建模、网格剖分、静力分析、模态分析和热应力耦合分析。具体内容如下：

(1) 首先介绍了轮对外形设计的基础知识。主要包括车轮强度分析、温度场有限元理论、热应力场有限元理论、制动热负载的确定和施加，以及热应力的计算过程。

(2) 几何建模部分利用几何建模软件Pro/E介绍了轮对模型的建模过程和操作步骤。

(3) 网格剖分部分利用网格剖分软件HyperMesh介绍了轮对模型六面体网格剖分的基本思路和网格剖分的步骤演示。网格剖分的基本思路如下：首先导入轮对的几何模型曲面，由于轮对各方向对称，可将轮对模型通过轴对称面分为8个全等的1/8模型；其次，将1/8模型划分为简单的块；然后，对各部分进行网格划分，再生成面网格和六面体网格；最后，将已经生成的1/8轮对模型的六面体网格镜像生成全轮对六面体网格。

(4) 静力分析主要以ANSYS软件为工具介绍了线性静力分析的方法和步骤。在这个实例分析中，将对轨道车辆的轮对进行线性静力分析，仿真分析轮对在施加静力载荷下的应力及应变情况。

(5) 模态分析介绍了模态分析的基本类型，并以ANSYS软件为工具对轮对模型进行了模态分析并获取5阶模态频率对应的位移振型云图。

(6) 热应力耦合分析部分以ANSYS软件为工具分析了热应力耦合的场景，给出了热应力计算需要的参数应包括材料的弹性模量、泊松比、热膨胀系数和屈服应力等求解参数和条件。演示了热应力耦合分析的步骤，并给出了分析结果。

# 习　题

## 一、填空题

．瞬态温度场有限元计算需要已知材料的________、________、________和________，而在热应力计算需要的参数应包括材料的________、________和________。

## 二、简答题

1．简述车轮的踏面需要做成一定的斜度的原因。

2．轮对承担车辆全部重量，且在轨道上高速运行，受力复杂，请简述对车辆轮对的基本要求。

## 三、操作题

1．完成一个阶梯轴的三维建模，三维模型示意图和几何尺寸图如图 6.112 和图 6.113 所示。

图 6.112　阶梯轴零级示意图

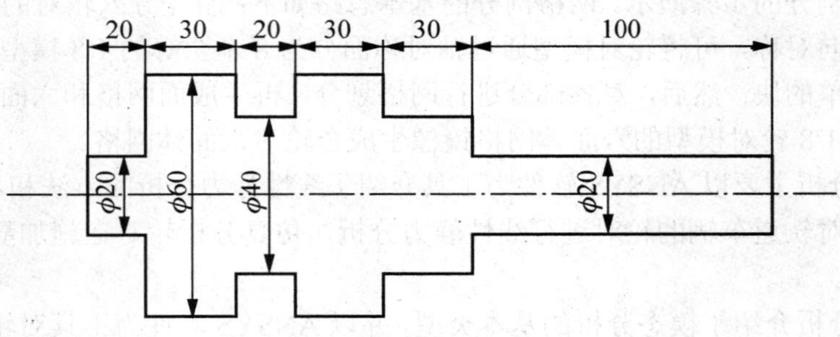


图 6.113　阶梯轴尺寸示意图

2．对题 1 中建立的阶梯轴模型进行网格剖分。

3．使用结构分析软件对题 1 建立的阶梯轴进行 10 阶模态分析。

# 第 7 章 面向飞行器设计的 CAE 技术应用

- ➢ 了解当前主流 CAE 软件在飞行器设计及仿真方面的应用。
- ➢ 了解使用 SolidWorks 软件建立飞行器几何模型的步骤和方法，可以参照实例进行几何建模。
- ➢ 了解使用 HyperMesh、GAMBIT、MSC.Patran 软件进行飞行器几何模型网格剖分的步骤和方法，可以参照实例进行几何模型的非结构网格剖分。
- ➢ 了解使用 FLUENT 进行空气动力学仿真的步骤和方法，可以参照实例进行流体力学仿真。
- ➢ 了解使用 MSC.Nastran 软件进行飞行器静力分析的步骤和方法，可以参照实例进行静力分析。
- ➢ 了解使用 MSC.ADAMS 软件进行简易飞行器碰撞系统的系统动力学仿真步骤和方法，可以参照实例进行动力学仿真。

知识结构

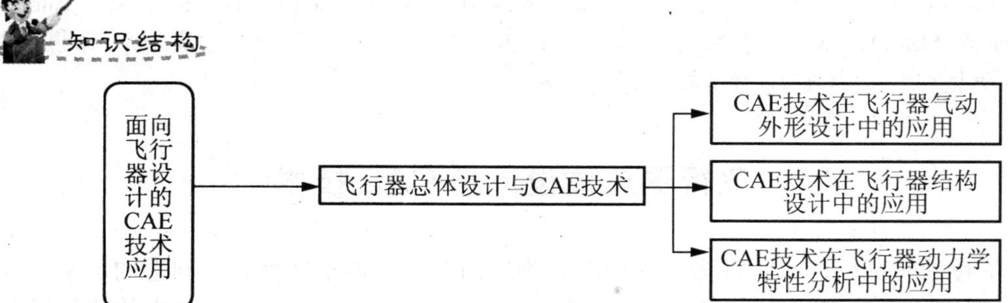


图 7.1　面向飞行器设计的 CAE 技术应用知识结构图

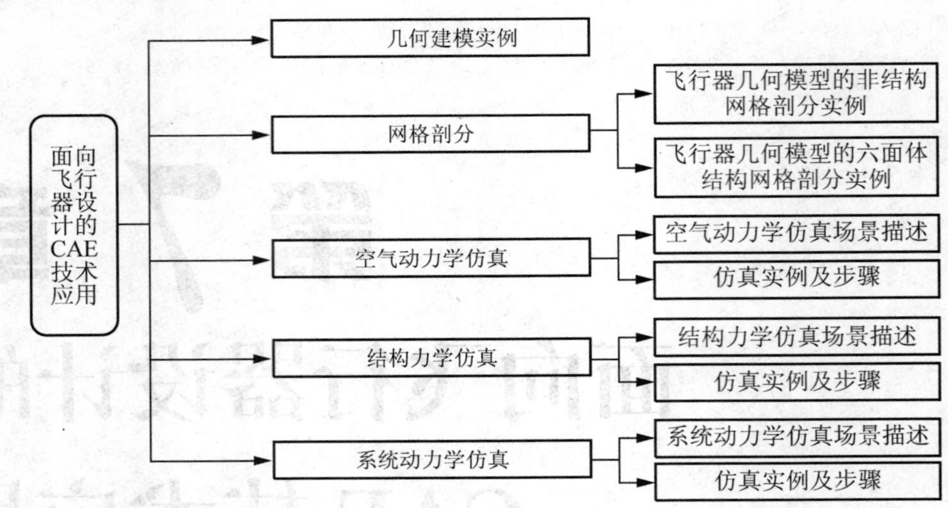


图 7.1　面向飞行器设计的 CAE 技术应用知识结构图(续)

## 导入案例

航空 CAE 是 CAE 技术的一个分支，作为飞机计算结构力学、流体力学、材料力学、电磁学在航空航天工程结构应用领域的技术集成，已经成为先进航空航天产品设计制造的核心支撑技术。在飞机结构设计制造领域，航空 CAE 始于 20 世纪 70 年代初期。航空 CAE 经历了孤岛软件开发、应用系统集成、国内外技术合作交流与多学科、多物理场、多集成系统协同仿真等几个发展阶段。航空 CAE 的企业级协同是目前的主流，它的目标是提高数字化设计制造技术的水平与数值仿真分析效率，使仿真作用最大化，降低仿真工作难度，将仿真分析引入到企业产品生命周期的整个阶段。飞机是比较典型的飞行器，其结构比较复杂，设计过程涉及众多学科和领域。因此，飞机设计必须集成总体、其动力、结构强度、气动弹性等多专业的应用程序。它的设计过程包括方案设计阶段、初步设计阶段和详细设计阶段。在各个阶段中涉及各个专业学科的数字化模型。气动模型、结构分析模型、数控工艺制造模型都是在飞机结构模型的基础上派生建立的。针对航空航天这类复杂数字军工产品及对协同仿真内容的深入解析，协同仿真平台的关键技术问题主要有多学科优化、多场耦合分析、电磁场分析、流场分析、温度场分析、结构静动疲劳分析、多体动力学分析、工艺仿真与制造过程模拟、电路仿真、液压仿真、虚拟实验仿真等。

CAE 软件在航空航天领域具有广泛的应用。在飞行器外形设计、分析和仿真方面，利用 CAE 软件完成相关的分析模拟工作是十分便捷的。本节应用 SolidWorks、HyperMesh、FLUENT、GAMBIT、MSC.Patran、MSC.Nastran 和 MSC.ADAMS 等软件对飞行器的几何建模、网格剖分、空气动力学仿真分析、结构力学仿真分析和动力学仿真分析进行了详细的讲解和演示。

## 7.1　飞行器总体设计与 CAE 技术

在科学技术领域内，对于许多力学问题和物理问题，人们已经得到了问题的基本方程(常微分方程或偏微分方程)和相应的定解条件。许多工程问题，如固体力学中的位移场和应力场分析、流体力学中的流场分析、电磁学中的电磁分析、振动特性分析等，都可以归结为在给定边界条件下求解其控制方程(常微分方程或偏微分方程)的问题。但是能用解析方法求出精确解的只是少数方程性质比较简单且几何形状相当规则的问题，对于大多数问题，由于方程的某些特征的非线性性质，或由于求解区域的几何形状比较复杂，则不能得到解析的精确解。对于几何形状比较复杂或者具有非线性特征的问题，有两种解决途径：一是借助于简化假设，将方程的几何边界简化为能够处理的问题，从而得到简化状态下的解，但是简化后的解与实际情况有一定的偏差；二是借助于计算机进行数值模拟，也就是现代的 CAE 技术。

CAE 技术在航空航天领域的应用是比较广泛和普及的，最早的 CAE 技术(有限元法 CAE 软件)就是首先从航空结构设计中提出来的。由于喷气式飞机的出现，飞机飞行速度的提高对结构分析提出了更高的要求。传统的计算方法已经不能满足飞行器发展的需求。因此美国波音公司提出了以计算机为主要运算手段的结构矩阵分析方法来进行结构设计工作，有限元法就是在这种方法的基础上发展起来的。经过了多年的发展，以有限元法、有限边界法、离散元法和有限差分法等数值分析方法为基础的 CAE 技术日趋完善，复杂非线性问题的各种算法也得到很大发展。近年来随着工程设计、科研等要求的不断提高及计算机能力的快速发展，CAE 技术已经成为解决航空航天领域复杂工程分析问题的常用手段，其主要的作用表现在以下几个方面：

(1) 增加产品和工程的可靠性。

(2) 在产品的设计阶段发现潜在的问题。

(3) 经过分析计算，采用优化设计方案，降低设计成本。

(4) 缩短产品的设计和生产周期。

(5) 模拟实验方案，减少了实验的次数和风险，从而减少了实验经费，降低了成本。

一般来说，飞行器的研制过程可以粗略地分为指标可行性论证阶段、总体方案设计阶段、初样阶段、试样阶段、设计定型阶段和生产定型阶段。其中，总体方案设计阶段是飞行器系统研制过程中的关键环节之一，是后续各个研制阶段的基础和前提条件。首先，总体方案设计阶段需要根据已确定的战术技术指标要求，通过多种方案及技术途径的论证、比较，筛选总体和分系统方案。其次，对各个分系统进行模样设计及原理性实验，经模样验证确定最佳方案。最后，确定大型地面试验和飞行试验的试验方案、验收方案及经费分配问题等。由于飞行器系统的复杂性，在总体设计的各个阶段均需要应用 CAE 软件进行不同领域的仿真计算和分析。主要涉及的仿真分析领域有飞行器外部流场仿真分析、飞行器整体及零部件结构力学仿真分析、动力学系统仿真分析、飞行轨迹仿真分析、控制仿真分析、发动机内流场仿真分析和热力学仿真分析等。利用 CAE 软件进行仿真分析的基本步骤如下：

(1) 建立合适的飞行器模型是进行各个领域仿真分析的前提。不同专业所建立的飞行器模型是截然不同的。在气动工程师眼中的飞行器是一个在空气中以一定速度和姿态运动的运动体，其建立的模型是由飞行器的主体、升力面等构成的几何体；在弹道工程师眼中，飞行器是一个在三维空间运动的运动体，其建立的设计模型为各种形式的弹道方程；在结构工程师眼中，飞行器是由蒙皮、骨架、支撑件等构成的结构体，需要从结构设计、结构强度、模态分析等角度建立飞行器的设计模型；在总体工程师眼中，飞行器是一个复杂的系统工程，需要建立以上各个专业模型的组合体进行设计。CAD 设计软件为此提供了强大的建模功能，除此之外，多数 CAE 软件的前处理模块也提供建模功能，并且 CAE 软件通过增设 CAD 软件(Pro/E、UG、Solidedge、CATIA、MDT)的接口数据模块，实现了 CAD/CAE 的无缝集成。工程师可以根据自身需求选择合适的软件或者功能模块进行建模。

(2) 对于流场分析和有限元结构分析等领域，需要对飞行器模型或仿真对象进行精确的网格剖分。网格的数量和尺寸既要满足仿真分析的精度要求，又不能过于追求精细尺寸而导致网格数量过大，影响仿真计算的时间和效率。HyperMesh 等专业网格剖分软件可以为此提供结构化网格和非结构化网格的剖分功能，并提供专业的网格质量检测和网格修复功能，使得工程师可以根据不同的仿真问题和需求获得不同尺寸、粒度和质量的网格。

(3) 针对不同学科的仿真问题，设定相应的求解方法、边界条件、材料介质属性、约束/载荷、求解精度、目标参数等仿真场景和求解参数。现有的 CAE 软件集成了当前主流的求解算法，针对不同的问题和仿真场景设置相对应的参数和设置流程，方便工程师进行仿真参数设定，保证仿真分析过程的合理性。

(4) 提取仿真计算结果并进行分析。对于仿真计算获取的数据结果需要进行整理和分析。CAE 软件提供了强大的后处理分析功能，包括数据抽取、数据可视化、多种文件格式的数据输出等。工程师可以根据可视化的仿真数据进行评估和优化设计。

近年来，随着 CAE 技术的发展，面向领域的多学科集成设计和分析平台也是 CAE 技术发展的一种趋势。根据学科领域的自身特点，集成平台将 CAD 建模软件、网格剖分软件、CAE 分析软件等进行集成，实现了多学科集成设计、多学科集成分析和多学科集成优化，大幅地提高了设计迭代的效率。

### 7.1.1 CAE 技术在飞行器气动外形设计中的应用

飞行器外形设计是飞行器总体设计的基本环节之一。它决定了飞行器的外形特征，而飞行器的外形与飞行器的气动特性有着密切的关系，从而直接影响到飞行器的性能，因此它是飞行器总体设计中的重要组成部分，也是评定总体方案设计优劣的一个重要方面。各类飞行器的特点不同，对机动性、飞行特性等的要求也不同。一般说来，对于飞行器气动外形设计应主要在气动特性、机动性、稳定性要求、操纵性、部位安排、飞行器结构、制导控制要求、发射方式、飞行性能、制造成本和制造工艺等方面进行考虑。通用的飞行器气动设计步骤如下：

(1) 选择初步外形方案。在经验或有关参考基准的基础上，设想几个初步外形方案，可以在初步外形方案的基础上对气动布局形式进行设计。然后采用工程方法计算气动特性，确定外形参数，给出供 6 自由度刚体弹道计算和控制系统计算用的全部气动特性数据。根据飞行特性、控制特性计算结果反复迭代地修改外形方案，重新进行气动特性—飞行特性—控制特性的计算，直到给出的气动特性满足飞行特性、控制特性的要求。气动布局的确定意味着外形几何参数的基本确定。

传统的气动特性计算方法采用风洞实验数据和工程计算方法来进行估算求解。但是随着计算流体力学和 CAE 技术的发展，利用 FLUENT、ANSYS 等专业的流场仿真分析软件进行流场数值模拟和气动特性数值计算已经成为飞行器等兵器气动外形设计的一种重要手段。利用 CATIA、UG 等几何建模软件可以按照设计方案进行特征建模和参数化建模，生成相应的飞行器几何模型，通过参数化建模可以方便地实现飞行器方案的外形修改和参数变更，大大提高了效率；利用 HyperMesh 等专业的网格剖分软件可以根据流场数值计算的仿真场景和精度要求进行结构化网格或非结构化网格剖分，为后续的气动特性数值计算做准备；FLUENT、Fastran 等 CFD 软件提供了基于非结构化网格的通用 CFD 求解器，可以很好地求解不可压缩流及中度可压缩流流场问题。

CFD软件提供了适合各种流场仿真的模型，不仅包括计算流体流动和热传导模型(包括自然对流、定常和非定常流动、层流、湍流、紊流、不可压缩和可压缩流动、周期流、旋转流及时间相关流等)，还包括辐射模型、相变模型、离散相变模型、多相流模型及化学组分输运和反应流模型等。对每一种物理问题的流动特点，均有适合它的数值解法，用户可对显式或隐式差分格式进行选择，以期在计算速度、稳定性和精度等方面达到最佳。应用CAE软件可极大地提高飞行器总体方案设计工作的效率，缩短设计周期，降低成本，提高设计方案的可扩展性和重用性。

(2) 进行选型风洞实验，确定试制方案的气动外形。风洞实验是以已经确定外形参数的基准模型为实验对象，在典型马赫数下进行不同的模拟流场吹风实验，并在试验过程中可以对飞行器部件进行一定范围内的外形几何参数改变。风洞试验的主要目的是检查气动特性是否满足要求。在进行风洞实验时需要确定选型标准。例如，对于尾翼稳定的无控火箭弹的选型标准一般有两个，一个是保证飞行器在达到最大飞行速度时的静稳定度大于稳定飞行时所需的最低静稳定度，另一个是保证飞行器的阻力系数小于目标射程所允许的最大阻力系数。对于达到选型标准的外形要按照实验条件(马赫数、攻角、侧滑角、滚转角、舵偏角)进行系统的实验，取得完整的实验数据。风洞实验的特点是获得的气动参数比较准确，但是成本较高、实验周期较长、实验量较大，并且风洞实验的马赫数范围和模型尺寸受硬件设备制约较大。因此，工程师利用FLUENT、FASTRAN等专业软件结合高性能计算机进行风洞实验的数值模拟变得越来越普遍，特别是对于不能通过风洞实验获得实验数据或风洞实验费用太高的那些情况，如横向喷流/外流的气动干扰、抛撒分离多体干扰等。

(3) 提供全套的气动特性数据。气动设计需要通过一系列理论计算和其他地面模拟实验及飞行实验来修正各种气动特性，并及时分析处理试制过程和飞行实验中出现的有关气动力问题，当气动外形确定后，要提供全套气动特性数据。气动设计需要和总体、飞行轨迹、控制、结构等设计进行反复的协调，才能设计出合适的气动外形。对于气动特性数据分析等工作，CFD软件提供了强大的数据分析和可视化功能模块，提高了流场计算结果分析的效率。可视化的流场计算结果在分析流动机理、气动特性变化趋势，提出外形修改意见等方面发挥了重要作用。

CFD软件的发展为飞行器气动外形设计工作提供了高效的工具，缩短了设计周期，降低了设计成本，提高了设计方案的可扩展性。

### 7.1.2 CAE技术在飞行器结构设计中的应用

飞行器结构设计是飞行器总体设计的关键环节。通常飞行器的结构设计需要根据气动特性、控制特性、推进方式等指标确定飞行器的直径、飞行器几何外形和尺寸、主升力面形状和尺寸等，确定飞行器各段的位置、尺寸、重量和转动惯量，确定发动机的直径、长度、满载质量、空载质量、满载转动惯量、空载转动惯量，以及确定飞行器需用法向过载规律、各舱段间的距离要求、关键结构连接部件设计方案等。因此，需要对飞行器各个部分的元件及整体进行建模、计算和校核，以满足飞行器的结构设计指标。

飞行器高精尖的工作性能决定了结构设计的复杂性，而飞行任务的特殊性决定了工作环境的恶劣。因而航空航天设计领域应用的CAE分析软件需要可靠、安全稳定、功能适用于航空航天行业。作为CAE工业标准及最流行的大型通用结构有限元分析软件之一，MSC.Nastran的分析功能覆盖了绝大多数工程应用领域。MSC.Nastran的主要功能模块包括基本分析模块(含静力、模态、屈曲、热应力、流-固耦合及数据库管理)、动力学分析模块、热传导模块、非线性模块、设计灵敏度分析及优化模块、超单元分析模块、气动弹性分析模块和高级对称分析模块等。MSC.Nastran 在飞行器设计的结构设计工作中有着广泛的应用，它的主要作用体现在以下几个方面：

(1) 高级求解序列为线性与非线性静态力、瞬态动力学、静态动力学、频段提取、热传递和其他不同仿真类型提供了多选择的分析种类，以及与特殊疲劳应用相结合的仿真类型，提供了建模、分析监测及包含高等分析编辑器在内的综合评估互动工具。

(2) 通过三维面接触法任意操控有摩擦效应的原件间不同网格的强大联系功能，提供了包括混合四叉和六角原件、高级单拉壳、索单元的专业 industry-proven 元件技术。

(3) 提供了温度相关材料、非线性弹性和塑性效应、蠕变和弹性热力学的全程先进材料建模，对二维正交各向异性、三维正交各向异性、一般各向异性体、层板铺层定义及大范围失效标准复合材料的广泛支持。

(4) 子结构及模态简化允许子结构的创建和重复使用，提高了大规模分析效率，在向承包人传送数据模型方面提供了更方便的方法，允许特殊部位的深度评估。

(5) 载荷和边界条件的插值可以实现“有载荷和定义边界条件的结构模型中的专业传热”和“流体动力学模型中的热能及流体输出映射”。

(6) 利用惯性释放功能对飞行中的飞机或飞行器等在无约束结构下进行各种力的准静态模拟。通过高效技术实现飞行器或其零部件在多种不同荷载和边界条件下结构的反应评估功能。

有限元结构分析等 CAE 软件的发展为飞行器的结构设计工作提供了多种高效的结构分析和评估工具、广泛的材料建模模块和求解模型，提高了结构分析的可扩展性。

### 7.1.3 CAE 技术在飞行器动力学特性分析中的应用

飞行器动力学特性对于总体设计师全面把握设计过程是至关重要的。弹体动力学分析是飞行器总体设计的核心，它联系着飞行器的速度方案、控制分系统、气动分系统、结构分系统和动力分系统等一系列的设计环节。MSC.ADAMS 等动力学系统分析类 CAE 软件可用于建立复杂飞行器系统的“虚拟样机”。在现实工作条件下逼真地模拟其所有运动，并且快速分析比较多种设计思想，直至获得最优设计方案，从而减少昂贵的物理样机试样费，提高产品设计水平，大幅度缩短产品开发周期和开发成本。MSC.ADAMS 是世界上应用范围最广、应用行业最多的机械系统动力学仿真工具。在航空航天领域已经广泛用于模拟飞行器的展开和收缩机构及空中对接机构的工作过程。

MSC.ADAMS 使用交互式图形环境和零件库、约束库、力库，创建完全参数化的机械系统几何模型，其求解器采用多刚体系统动力学理论中的拉格朗日方程方法，建立系统动力学方程，对虚拟机械系统进行静力学、运动学和动力学分析，输出位移、速度、加速度和反作用力曲线。ADAMS 软件的仿真分析可用于预测飞行器各个系统的性能、运动范围、碰撞检测、峰值载荷及计算有限元的输入载荷等。工程师可以应用 ADAMS 等 CAE 软件方便地获取所需的飞行器总体系统及各个分系统的系统动力学性能和数据，便于进行总体设计方案的设计和优化。

综上所述，CAE 软件已经在飞行器等飞行器总体设计工作中获得了广泛的应用。本章将利用 SolidWorks、HyperMesh、GAMBIT、FLUENT、MSC.Patran、MSC.Nastran、MSC.ADAMS 等 CAD 软件和 CAE 软件，对飞行器的几何建模、网格剖分、空气动力学仿真、结构力学仿真和系统动力学仿真进行实例演示和解析，使读者可以直观地了解使用CAE软件进行仿真计算和分析的流程和步骤。

## 7.2 几何建模实例

本节进行几何建模的飞行器采用正常式轴向布置和“+ +”型周向布置方案，以导弹作为建模的飞行器对象，为便于几何建模和后续的仿真分析，本文对导弹的几何外形采用较为简单的设计。导弹头部为半球形体，弹翼和弹舵均为梯形翼型。飞行器长度 $l$=1050mm，飞行器半径 $R$=50mm，飞行器头部长径比为 0.5，其他尺寸标注如图 7.2 所示。详细操作步骤如下：

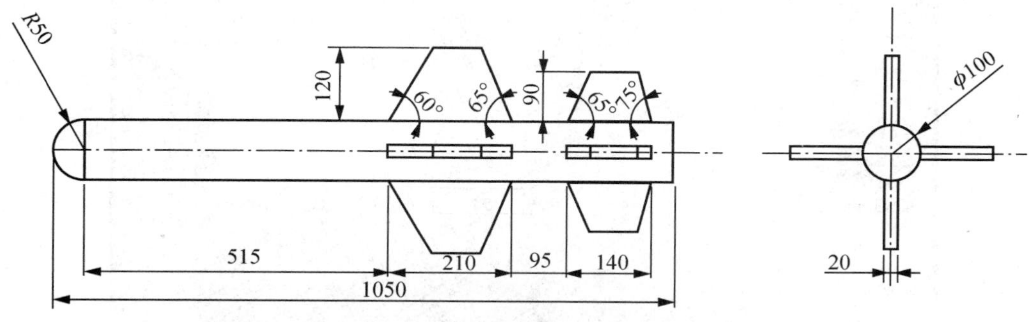


图 7.2 飞行器几何尺寸示意图

(1) 新建一个零件文件。打开 SolidWorks 2007 主界面。在菜单栏单击“文件”→“新建”→“零件”命令。单击“草图绘制”按钮，从左侧“Feature Manager 设计树”中选择基准面“前视基准面”，如图 7.3 所示。

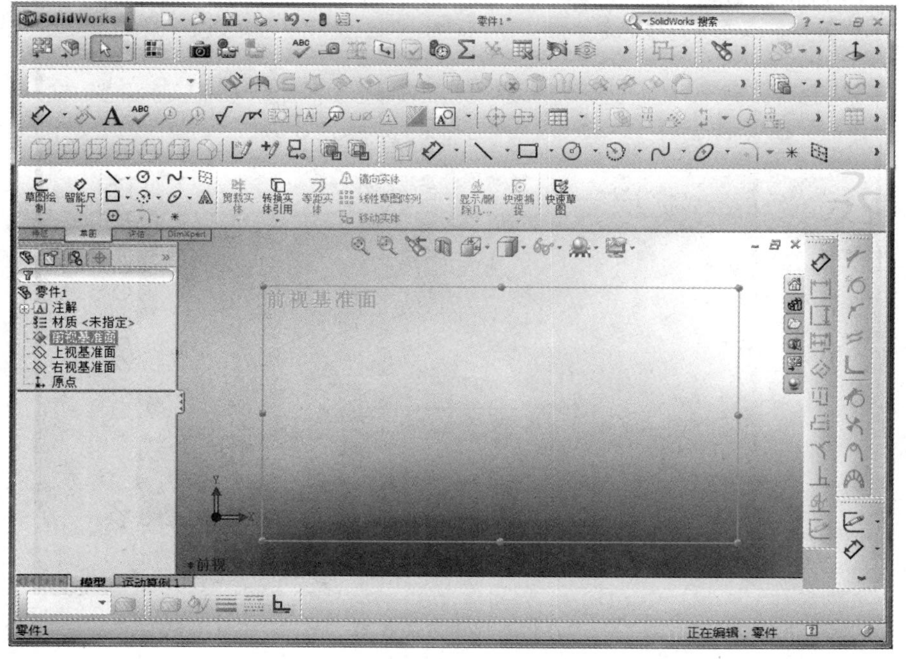


图 7.3 SOLIDWORKS 主界面示意图

(2) 单击“直线”按钮，选取草图绘制界面中的圆点，创建直线作为弹头头部四分之一圆弧的半径。右击直线，进行修改，如图 7.4(a)所示。在“线条属性”窗格的“参数”选项组修改长度为 50。同理建立圆弧的另外一条半径。

(3) 单击“圆心/起/终点画弧”按钮，单击先选择圆心点，再选择圆弧起点和圆弧终点，建立四分之一圆弧，如图 7.4(b)所示。

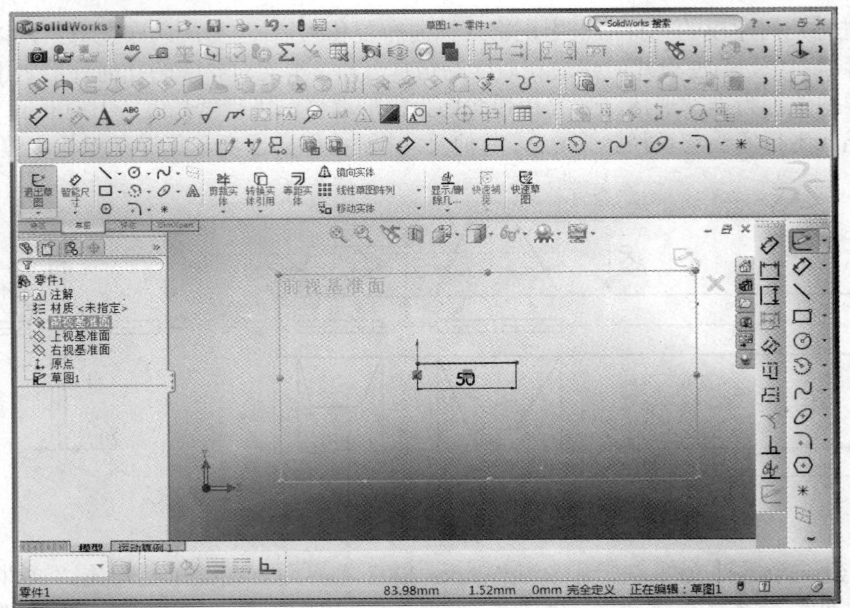


(a) 建立基准直线示意图

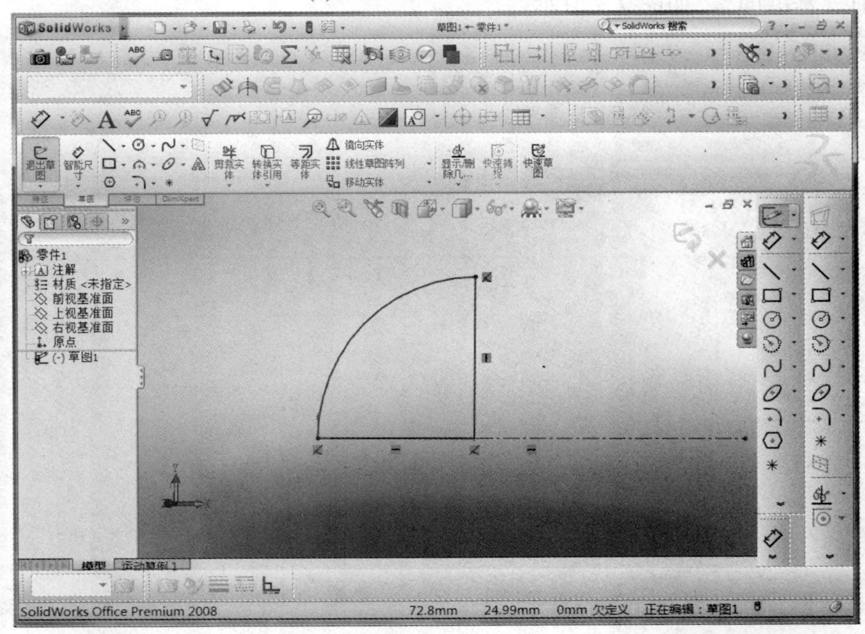


(b) 绘制圆弧示意图

图 7.4 飞行器头部四分之一圆弧示意图

(4) 单击“直线”按钮，建立飞行器弹头轮廓，飞行器的长度为1050mm。完成1/2飞行器轴向截面的草图，如图7.5所示，然后退出草图绘制。

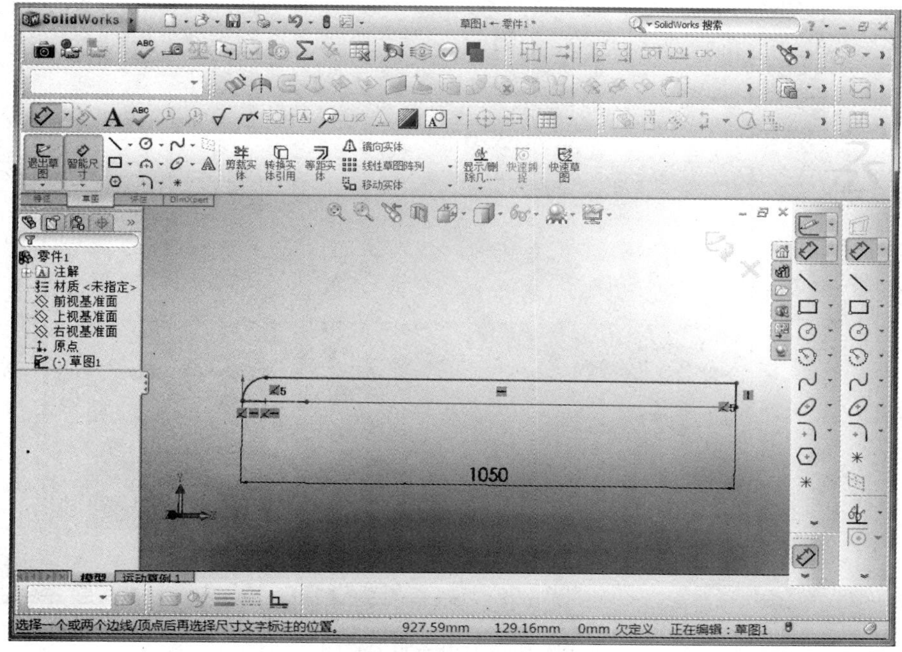


图7.5 飞行器弹体的二分之一轮廓示意图

(5) 单击“特征”工具栏中的“旋转凸台/基体”按钮，打开“旋转”窗格。在“旋转参数”选项组的“旋转轴”右侧的红色区域，用左键选择对称轴。然后单击确定，如图7.6所示。

(6) 单击“直线”按钮，按照几何尺寸建立弹翼和弹舵的草图，如图7.7所示。

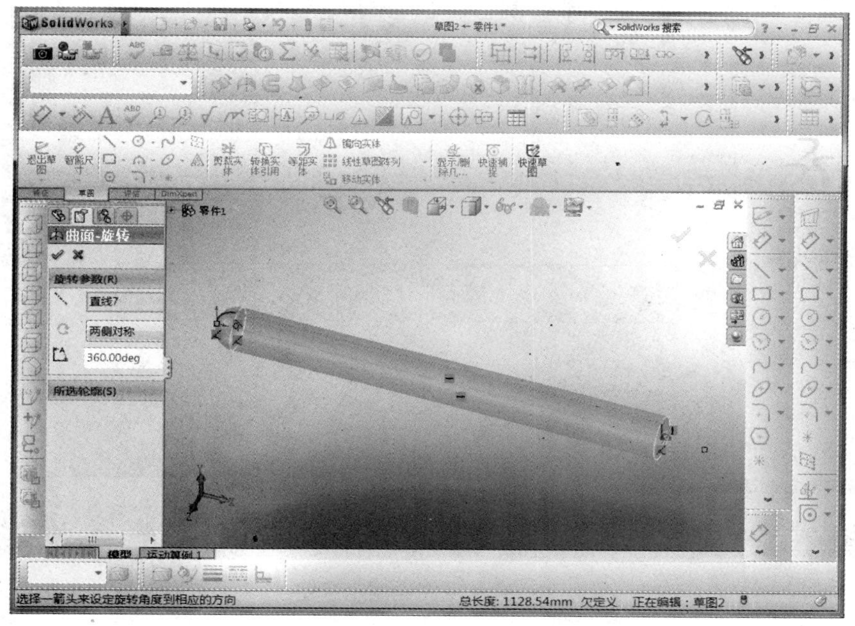


图7.6 旋转生成飞行器弹体示意图

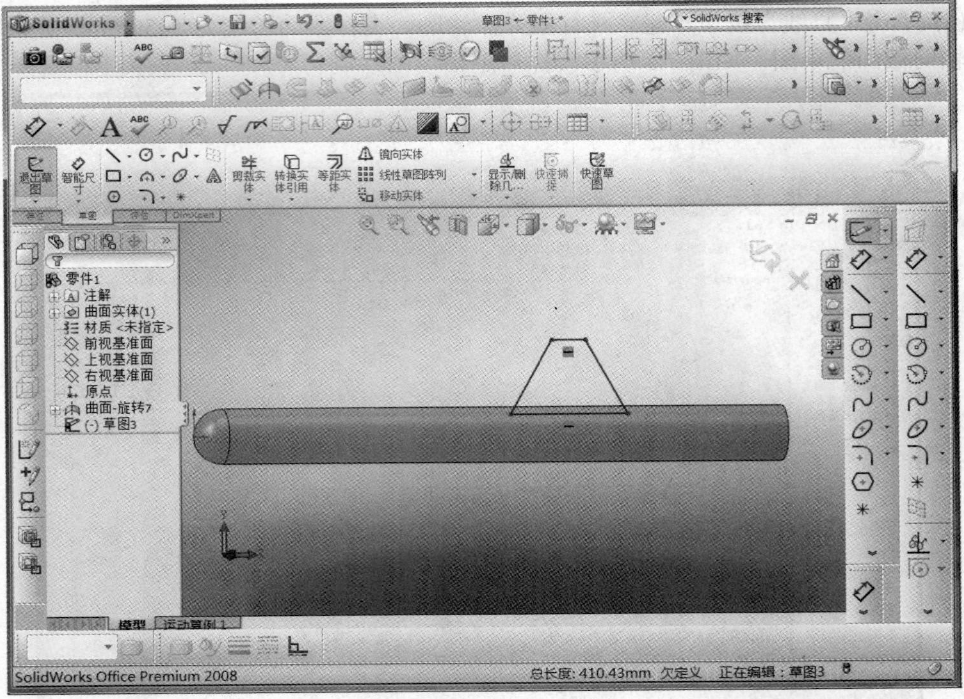

(a) 弹翼草图绘制示意图

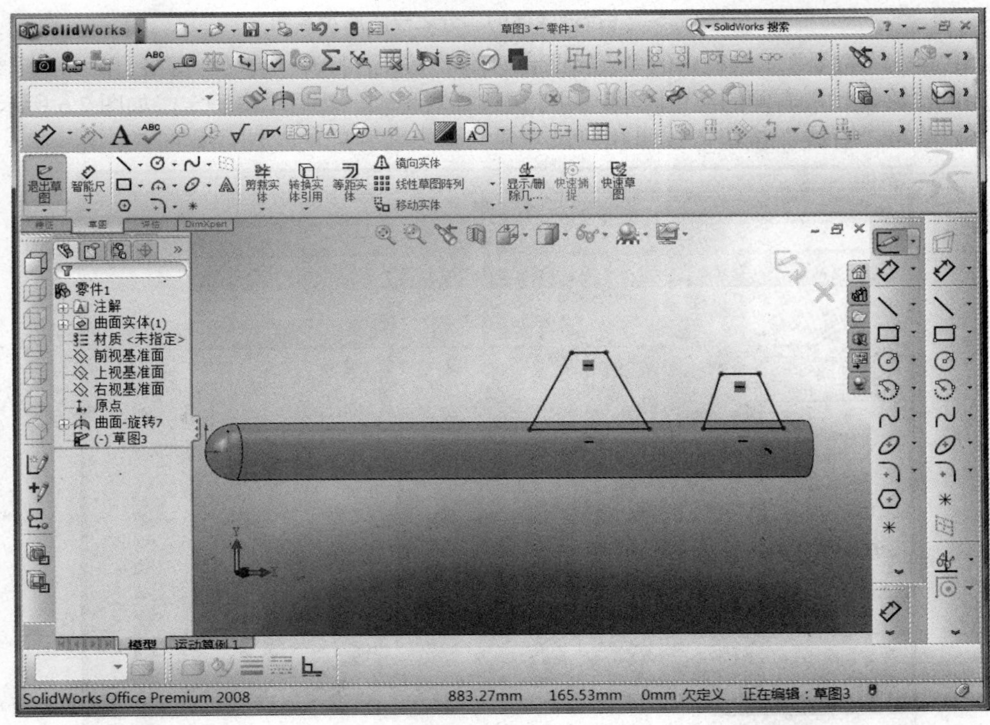

(b) 弹舵草图绘制示意图

图 7.7 弹翼和弹舵的草图绘制示意图

(7) 单击“特征”工具栏中的“拉伸”按钮，打开“拉伸”窗格，在“方向1”选项组的下拉列表中选择“两侧对称”选项。在深度文本框中输入 10mm。然后单击确定，生成一对弹翼和弹舵，如图 7.8 所示。

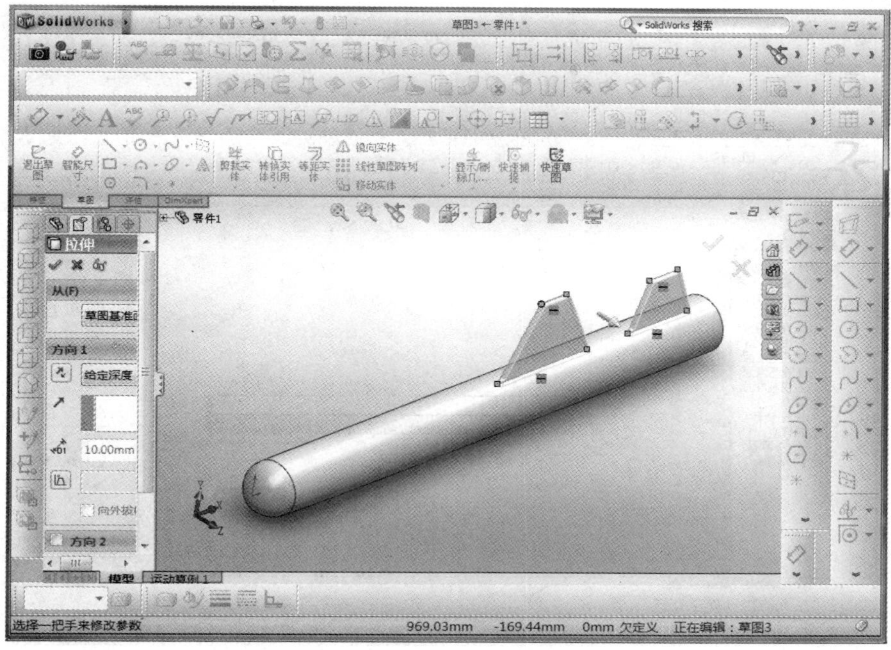

(a) 拉伸弹翼和弹舵草图生成实体模型

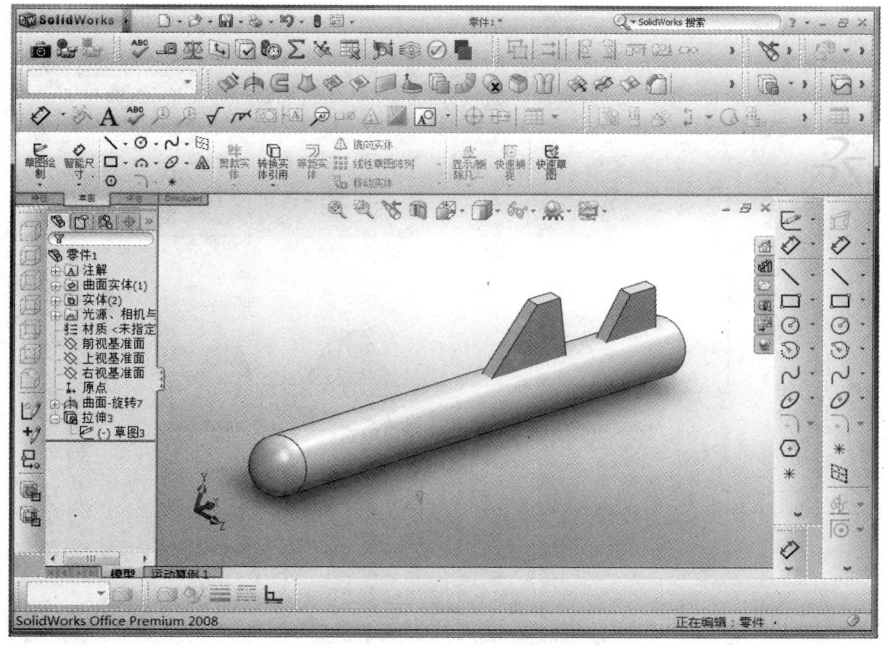

(b) 弹翼和弹舵模型

图 7.8 拉伸生成弹翼和弹舵示意图

(8) 单击“直线”按钮，绘制一条中轴直线。然后单击“参考几何体”→“基准轴”→“一直线/边线/轴”命令，在参考实体右侧的红色区域内单击选取刚才生成的中轴直线，单击确定就生成了圆周阵列所需要的参考基准轴，如图 7.9 所示。

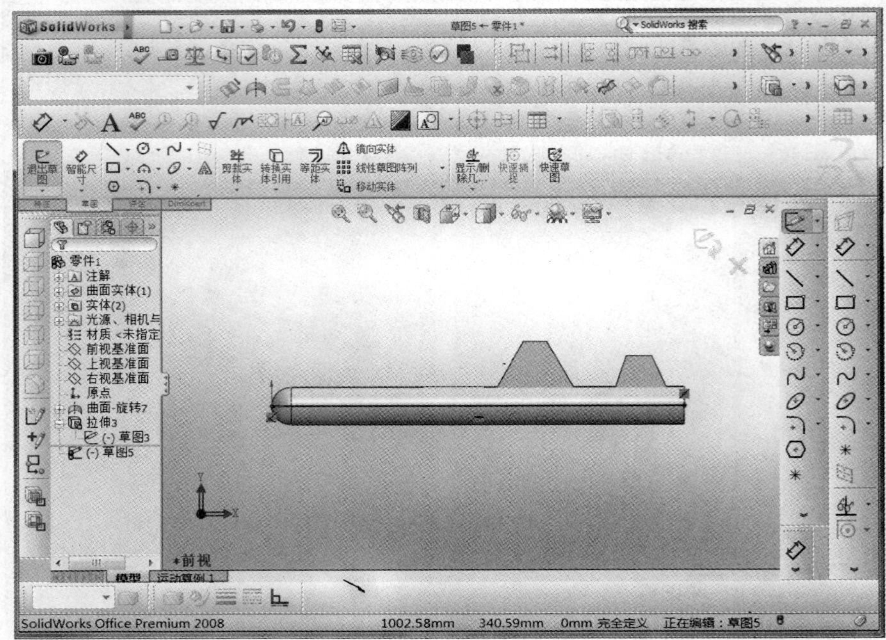

(a) 建立参考轴的参考直线

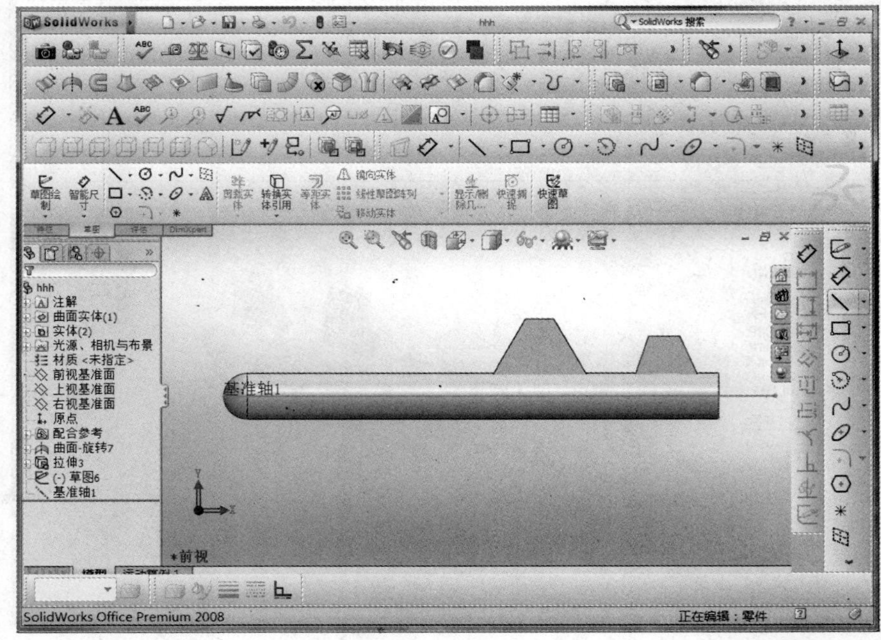

(b) 生成参考轴

图 7.9 生成圆周阵列的参考基准轴示意图

(9) 单击左侧“Feature Manager 设计树”中的“拉伸”按钮，然后单击“圆周阵列”按钮。在“参数”右侧的选取框内选择上步骤生成的参考基准轴。“角度”设置为 90 度，“实例数”设置为 4。在“要阵列的特征”下侧的红色区域内选择右侧视图中拉伸生成的那一对弹翼和弹舵。然后单击确定，生产其余 3 对弹翼和弹舵，如图 7.10 所示。

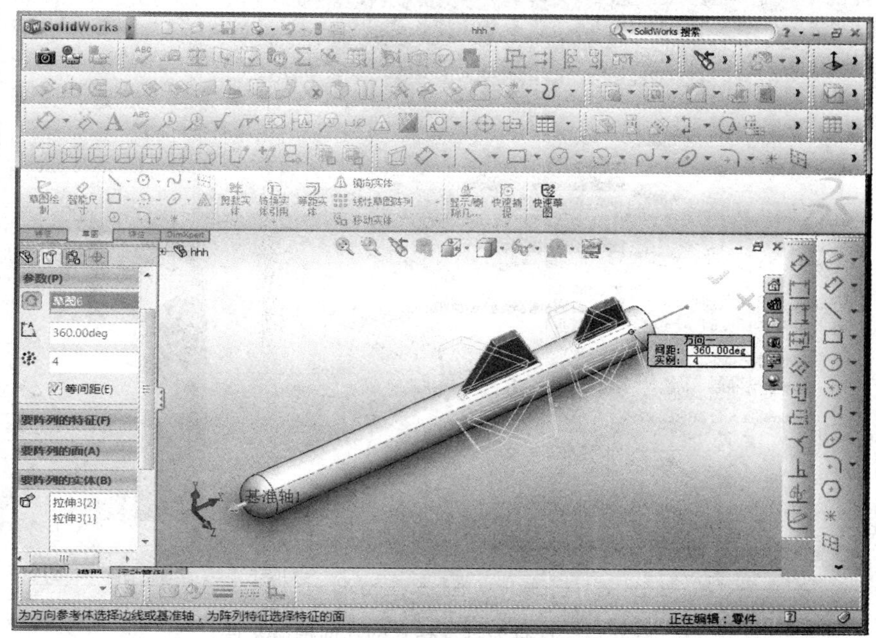


(a) 圆周阵列弹翼和弹舵预览图

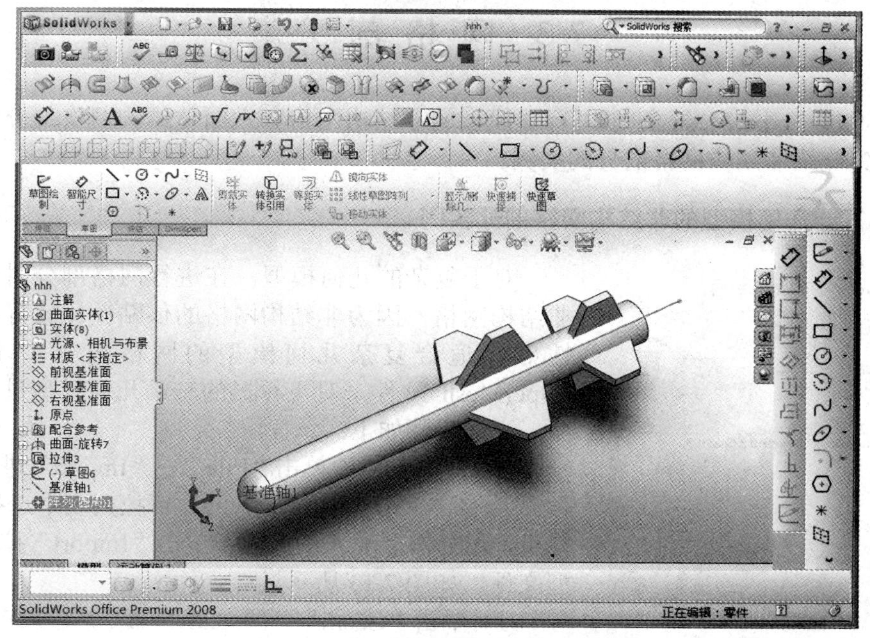


(b) 圆周阵列生成其余弹翼和弹舵

图 7.10 圆周阵列示意图

(10) 单击"文件"→"另存为"命令，在弹出的"另存为"对话框中输入文件名称"missile"，然后选择"保存类型"为".iges"(或".xt"格式)，如图 7.11 所示。

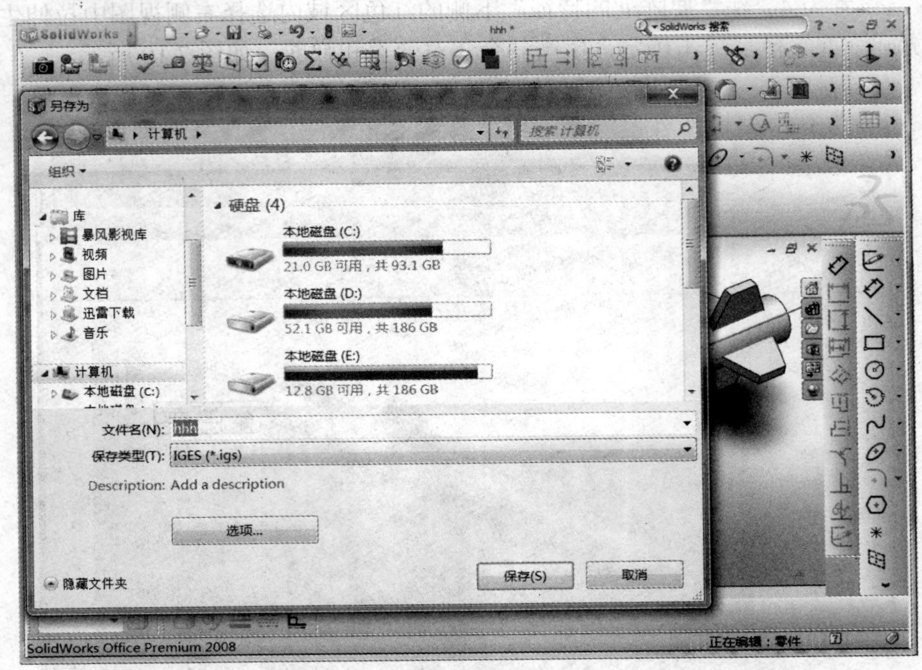

图 7.11　保存为其他格式的几何模型文件

## 7.3　网 格 剖 分

本节通过 HyperMesh 演示飞行器模型的非结构网格和六面体结构网格剖分的详细步骤。下面先介绍非结构网格剖分的实例。

### 7.3.1　飞行器几何模型的非结构网格剖分实例

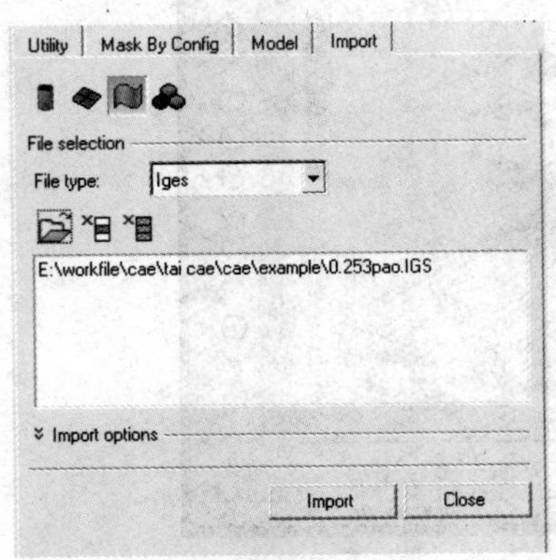


图 7.12　导入几何模型界面示意图

对于复杂的几何模型，在进行网格剖分时往往采用非结构网格，因为非结构网格的体贴性比较好，自适应性好，适合复杂几何模型的网格剖分。本节使用 HyperMesh 软件来对飞行器的三维几何模型进行网格剖分，详细步骤如下：

(1) 在菜单栏中单击"File"→"Import"进入导入文件界面(图 7.12)，在"File type"下拉列表中选择"Iges"格式，选择需要导入的文件，单击"Import"按钮导入模型文件，如图 7.13 所示。

(2) 单击"Geom"→"solids"命令，进入实体编辑面板，选择"bounding surfs"，右击"surfs"，选择"all"，单击"create"按钮，结果如图 7.14 所示，单击"return"按钮退出。

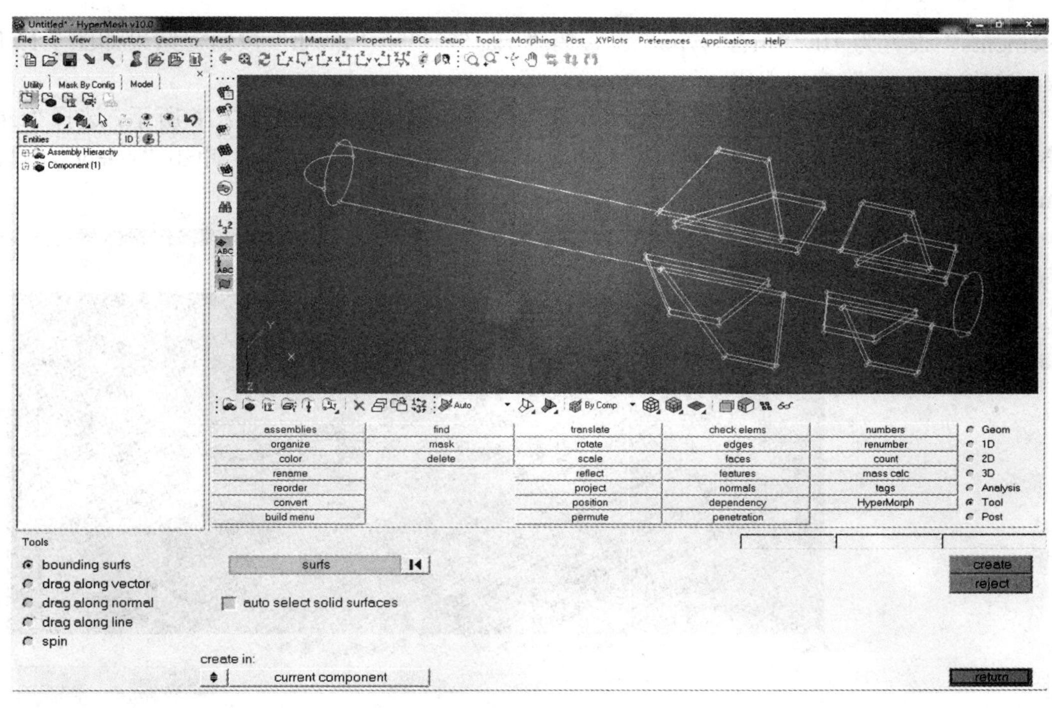


图 7.13 导入飞行器几何模型示意图

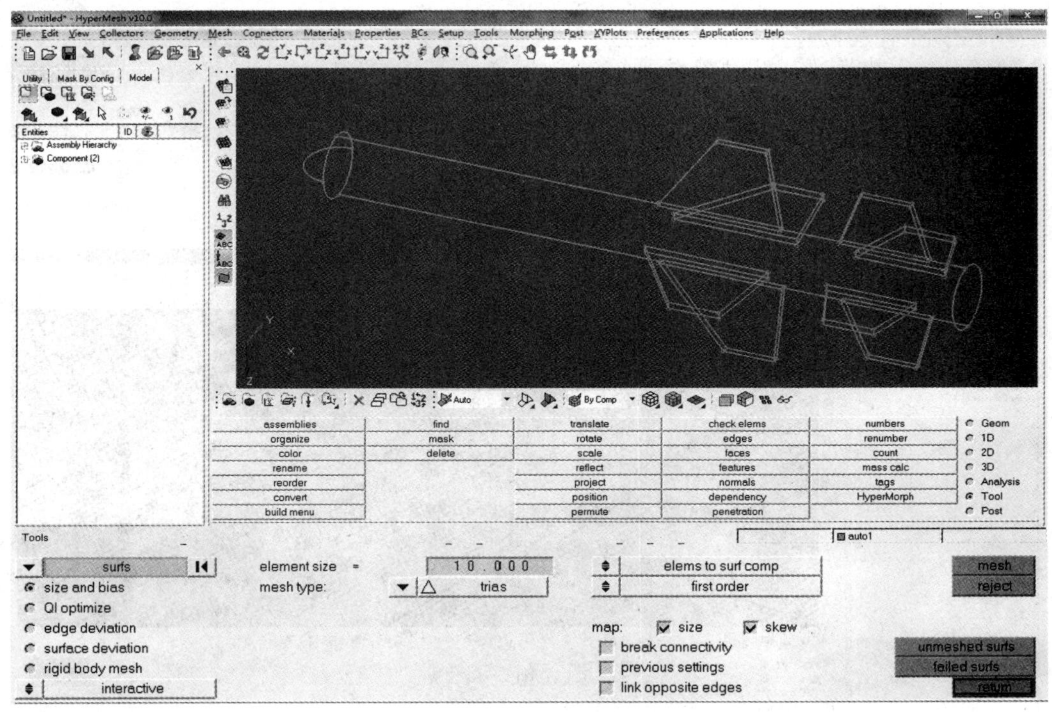


图 7.14 由面生成体示意图

(3) 单击“2D”→“automesh”命令，进入“automesh”面板，右击“surfs”，选择“all”，

“elements”设置为 10，“mesh type”设置为“trias”，单击“mesh”按钮，结果如图 7.15 所示，单击“return”按钮退出。

(4) 单击“3D”→“tetra mesh”命令，进入体网格编辑面板，如图 7.16 所示，选择“tetra mesh”单选按钮，右击“comps”，在“comps”面板中选中全部实体，单击“select”，单击“mesh”按钮，结果如图 7.17 所示，单击“return”按钮退出。

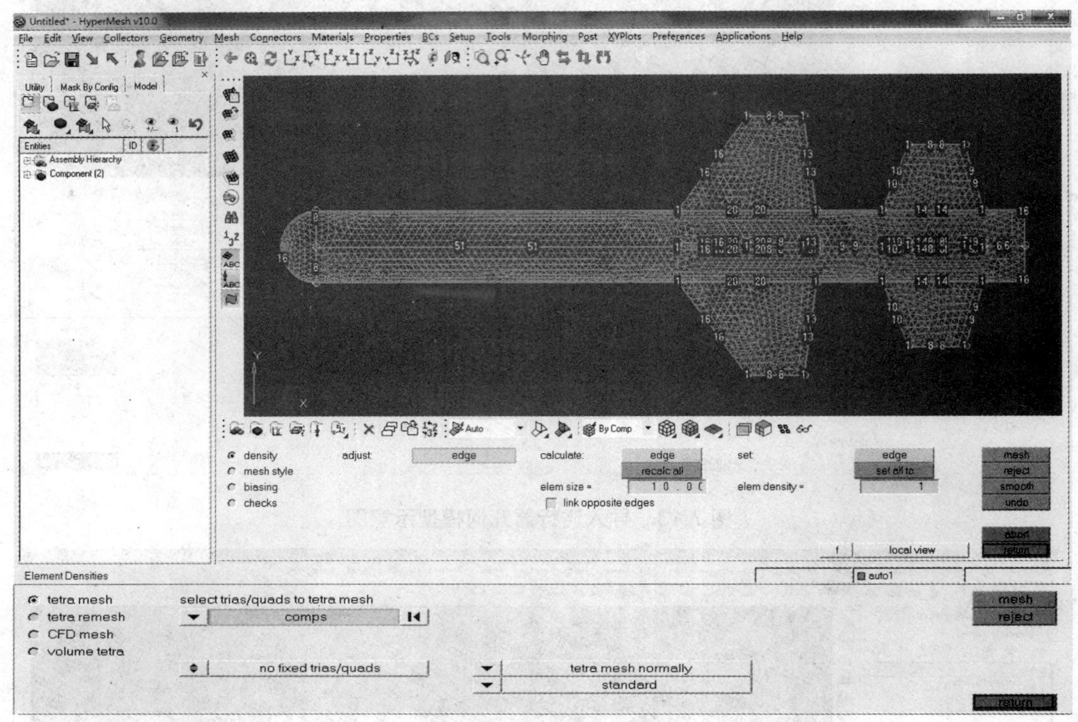

图 7.15 生成面网格示意图

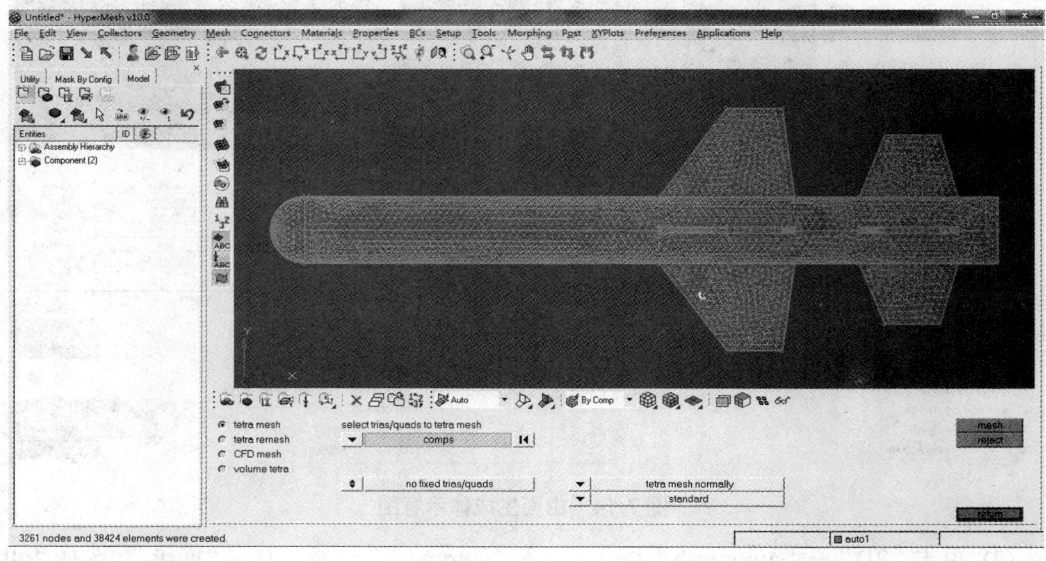

图 7.16 生成飞行器非结构体网格示意图

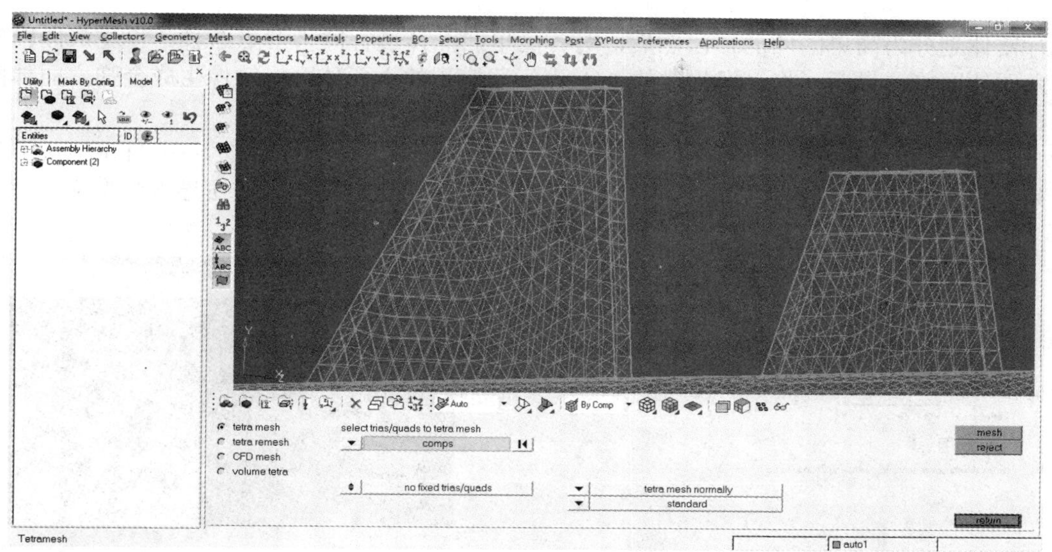

图 7.17 弹翼和弹舵局部网格示意图

(5) 网格质量检查。单击“Tool”→“check elems”命令，进入网格检查面板，可以按要求设置参数标准进行网格检查。飞行器整体网格如图 7.18 所示。

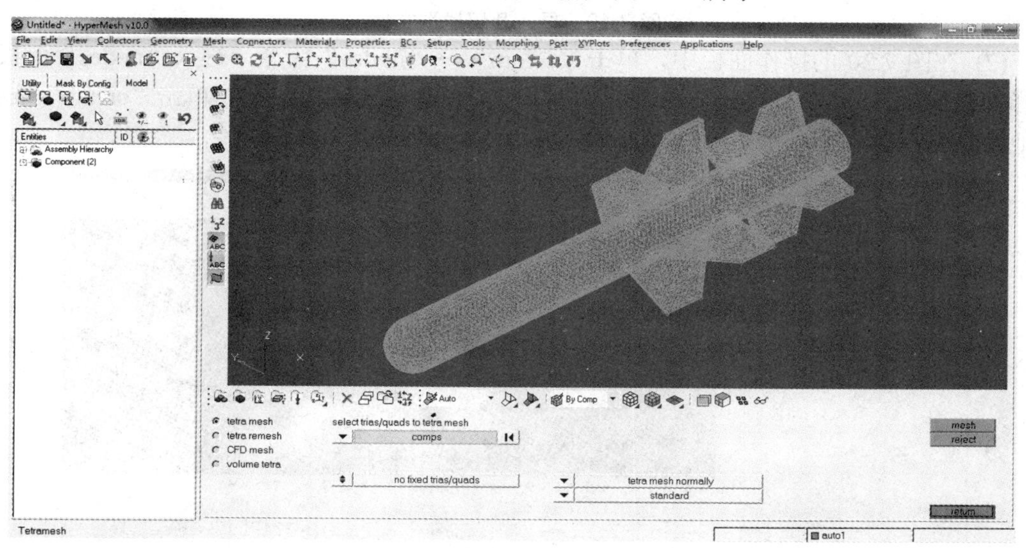

图 7.18 飞行器整体网格示意图

(6) 导出网格文件，完成网格剖分任务。

### 7.3.2 飞行器几何模型的六面体结构网格剖分实例

在进行一些仿真分析实验时，为了获取较好的仿真结果，需要将几何模型剖分为网格质量较好的六面体网格。一般来说，进行六面体网格剖分时，几何模型必须划分成简单的体块(六面体)来进行六面体网格剖分。网格剖分的基本思路如下：首先导入飞行器的几何模型实体，将飞行器实体模型通过轴对称面分为四个全等的 1/4 飞行器体；其次，将 1/4

飞行器体划分为简单的四面体；然后，对各简单四面体进行网格节点布种，再生成面网格和六面体网格；最后，将已经生成的 1/4 飞行器模型的六面体网格镜像生成全弹六面体网格。对飞行器几何模型的六面体网格剖分的详细步骤如下：

(1) 在菜单栏中单击“File”→“Import”命令，进入导入文件界面，在“File type”下拉列表中选择“Iges”格式，选择需要导入的文件，单击“Import”按钮导入模型文件，如图 7.19 所示。

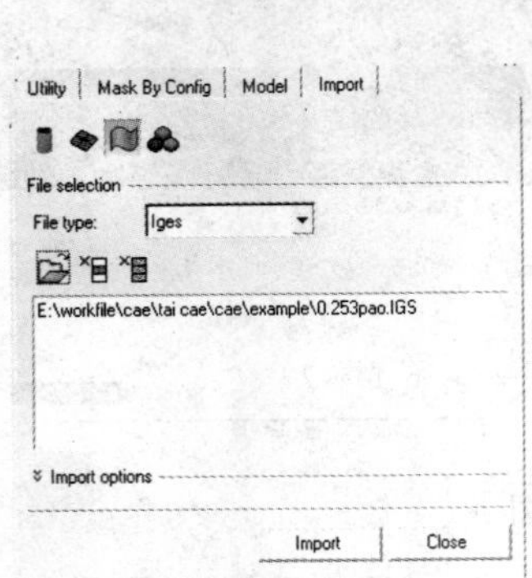


(a) 几何模型文件导入面板

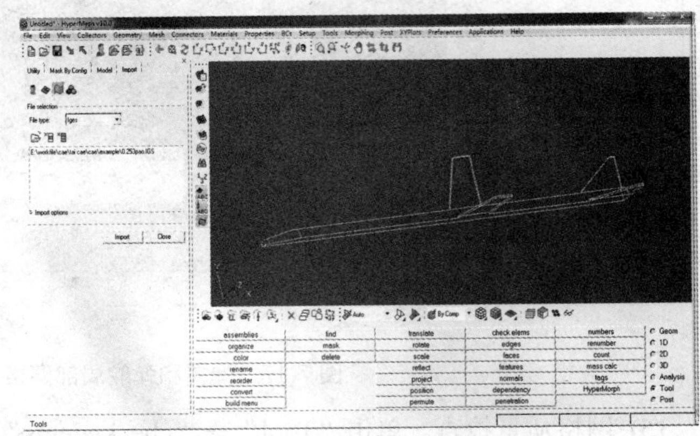

(b) 导入后的几何模型示意图

**图 7.19 导入几何模型文件**

(2) 在图 7.20 的操作面板中，单击“Geom”→“nodes”命令，进入“nodes”面板，选择“on line”单选按钮并选择弹头弧线，“number of nodes”设为 3，单击“create”按钮，其他几条弧线做相同处理。

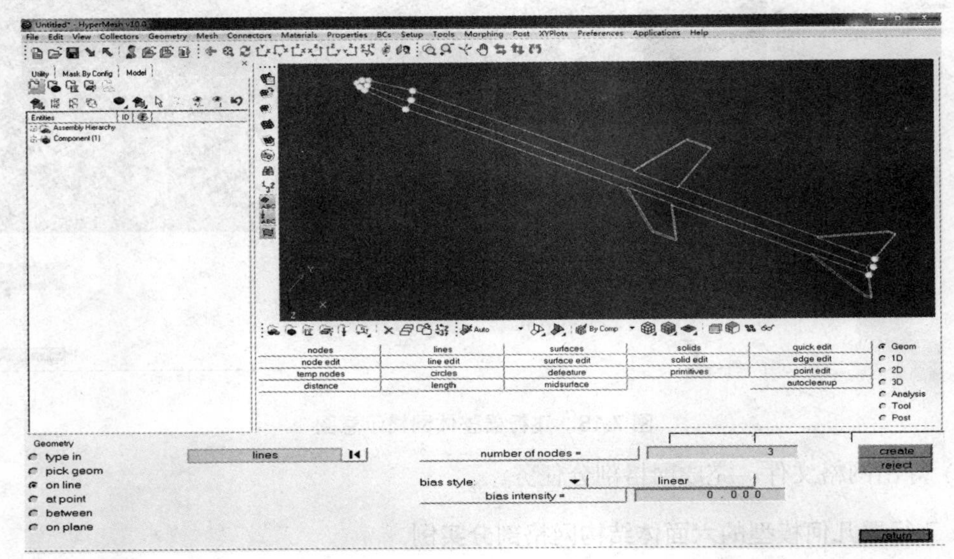


**图 7.20 边界飞行器头部几何节点示意图**

(3) 在图 7.21 的操作面板中，单击“Geom”→“nodes”命令，进入“nodes”面板，选择“on line”单选按钮，选取弹翼与飞行器的连接线(较短的)，“number of nodes”设为 2，单击“create”按钮，其他连线做同样处理，处理完后单击“return”按钮。

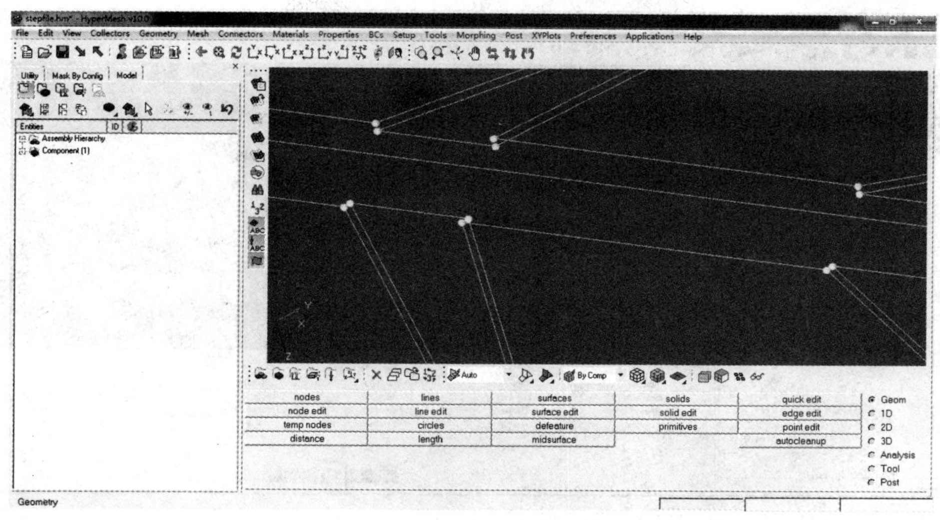

图 7.21 编辑弹翼根部和弹舵根部节点示意图

(4) 在图 7.22 的下方操作面板中，单击“Geom”→“surface edit”命令，进入“surface edit”面板，选择“trim with surfs/plane”单选按钮，在“with plane”中选择“surfs”，并在工作区内选取飞行器体的弧面，单击“N1”按钮，顺次单击翼梢前端截面三点，单击“trim”按钮，用同样的方法处理翼梢后端和尾翼前端的截面。处理完后单击“return”按钮，如图 7.23 所示。

(5) 用与(2)同样的方法在生成的几段弧线上添加节点，结果如图 7.24 所示。

(6) 单击“Geom”→“nodes”命令，选择“type in”单选按钮，x、y、z 处分别输入(−1900，0，0)，如图 7.25 所示，单击“create node”按钮。用同样的方法生成其他几个点，坐标分别为(−1900，15，0)、(−1900，0，15)、(−1900，15，15)、(−1915，0，0)、(−1915，15，0)、(−1915，0，15)、(−1915，15，15)、(−1600，0，0)、(−1600，30，0)、(−1600，30，30)、(−1600，0，30)、(19.444，0，0)、(19.444，30，0)、(19.444，30，30)、(19.444，0，30)、(350，0，0)、(350，30，0)、(350，30，30)、(350，0，30)、(1375，0，0)、(1375，30，0)、(1375，30，30)、(1375，0，30)、(1800，0，0)、(1800，30，0)、(1800，30，30)、(1800，0，30)、(1800，100，0)、(1800，0，100)，(−1946.902，46.902，46.902)。单击“return”按钮退出，结果如图 7.26 所示。

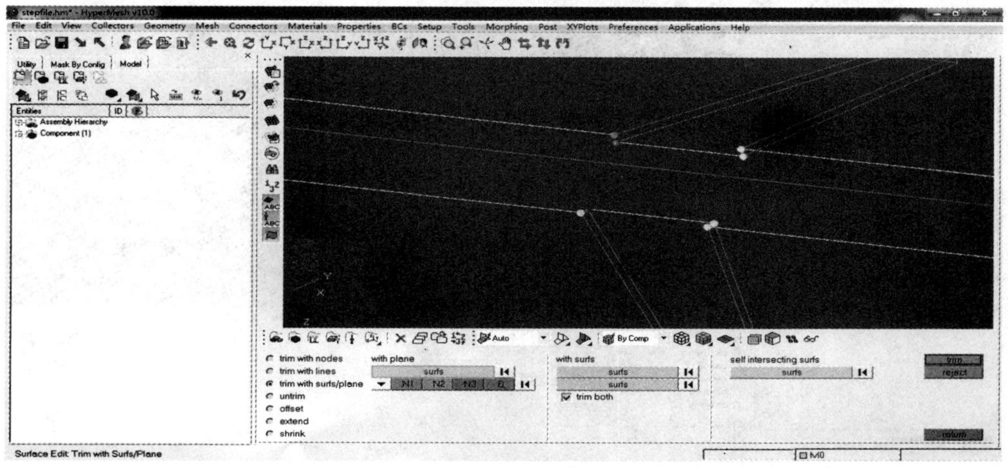

图 7.22 面编辑面板示意图

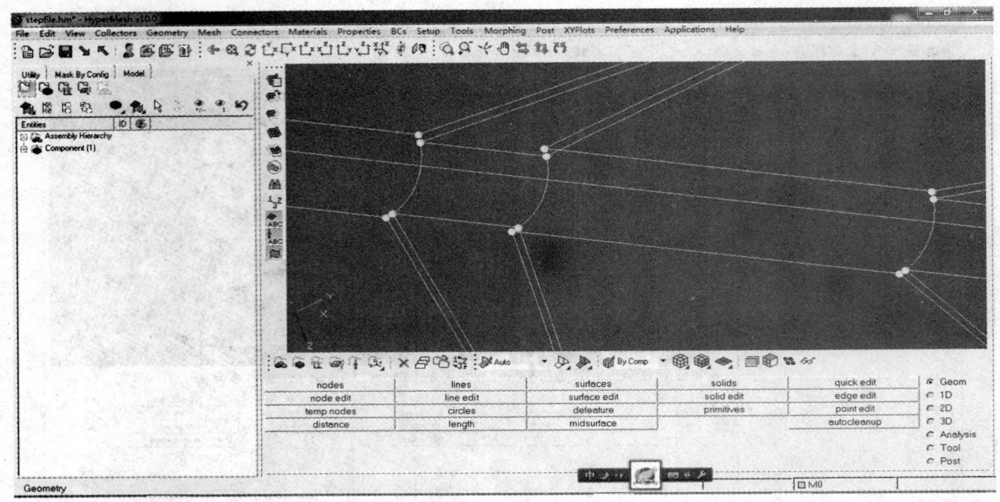

图 7.23　修改完后的面模型示意图

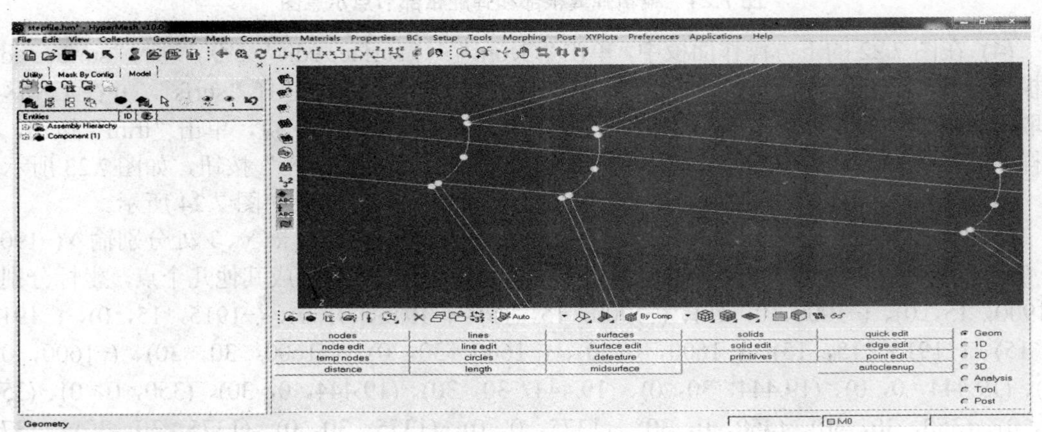

图 7.24　添加完节点的飞行器模型

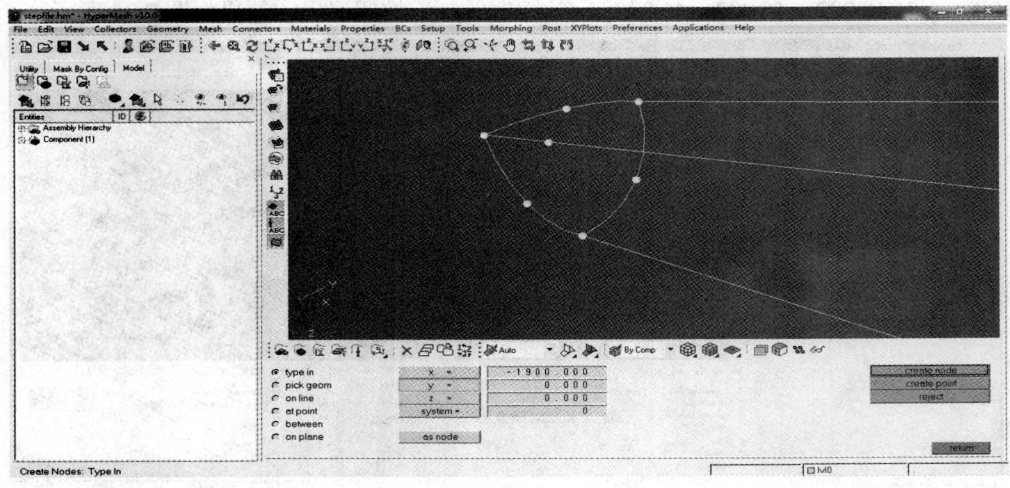

图 7.25　生成节点元素的界面示意图

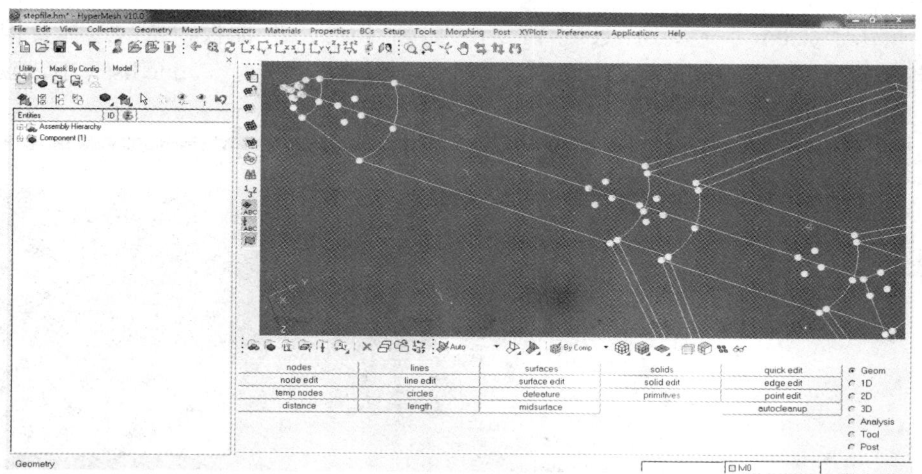

图 7.26 完成飞行器几何模型节点生成后的示意图

(7) 单击“Geom”→“lines”命令，进入“lines”面板，如图 7.27 所示，选择“from nodes”单选按钮，单击“create”按钮，结果如图 7.28 所示，每两点生成一连线。

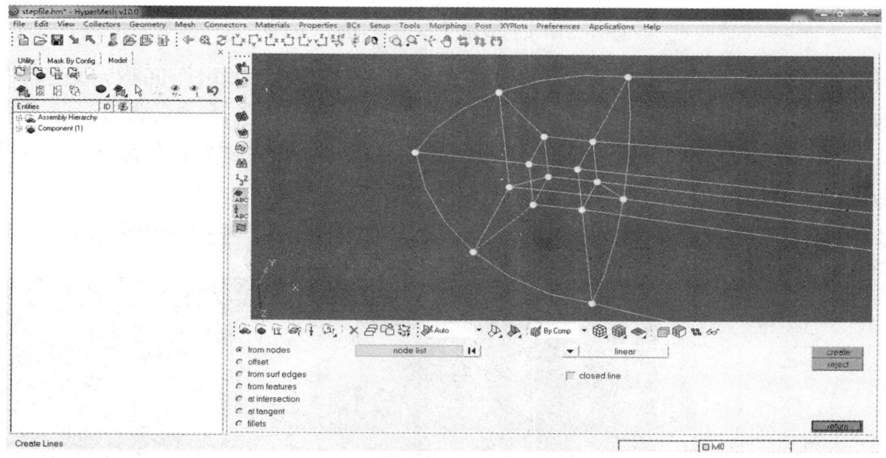

图 7.27 线元素生成界面

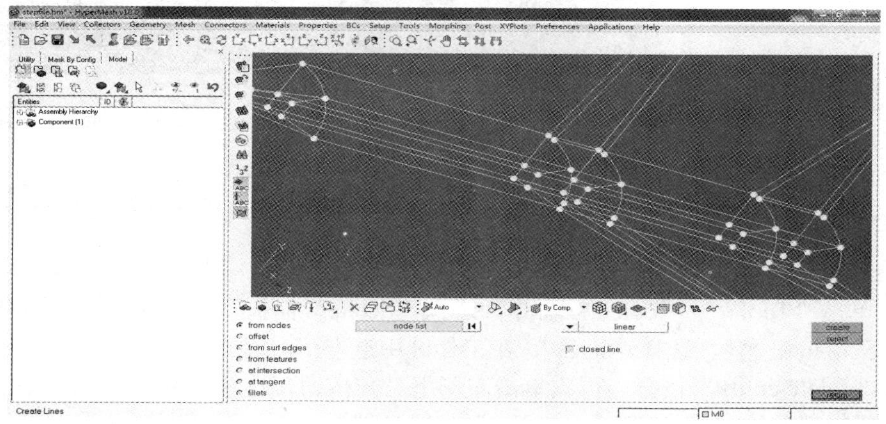

图 7.28 连接两点生成直线示意图

(8) 单击“Geom”→“surfaces”命令，进入“surfaces”面板，依次选择要构造面的四边，构造出如图 7.29 所示的三个面(注：四条边线不能选在同一“line list”中，应分开选在两个“line list”中)。

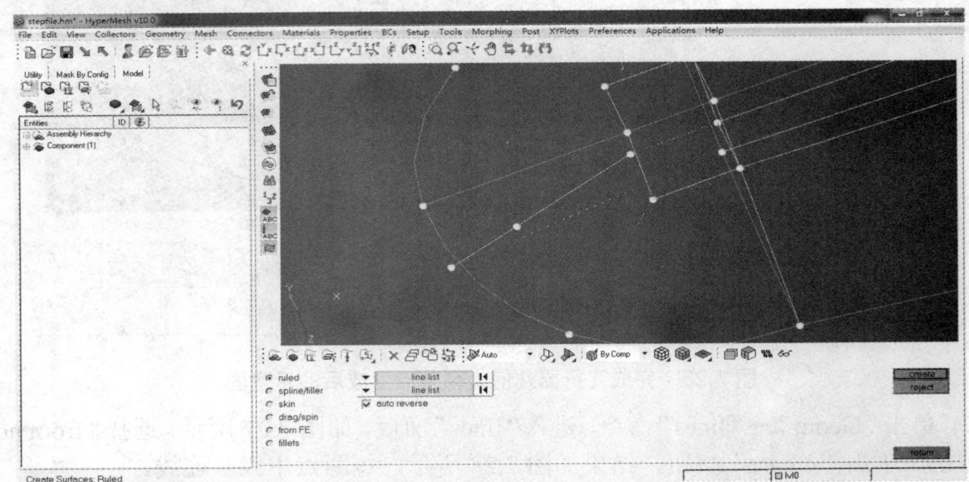

图 7.29　生成面元素的界面示意图

(9) 单击“Geom”→“surface edit”命令，进入“surface edit”面板，选择“trim with surfs/plane”单选按钮，在“with surfs”中的上面的“surfs”中选择弹头弧面，下面的“surfs”中选择上一步生成的三个平面，选择“trim both”复选框，单击“trim”按钮，结果如图 7.30 所示，单击“return”按钮退出。

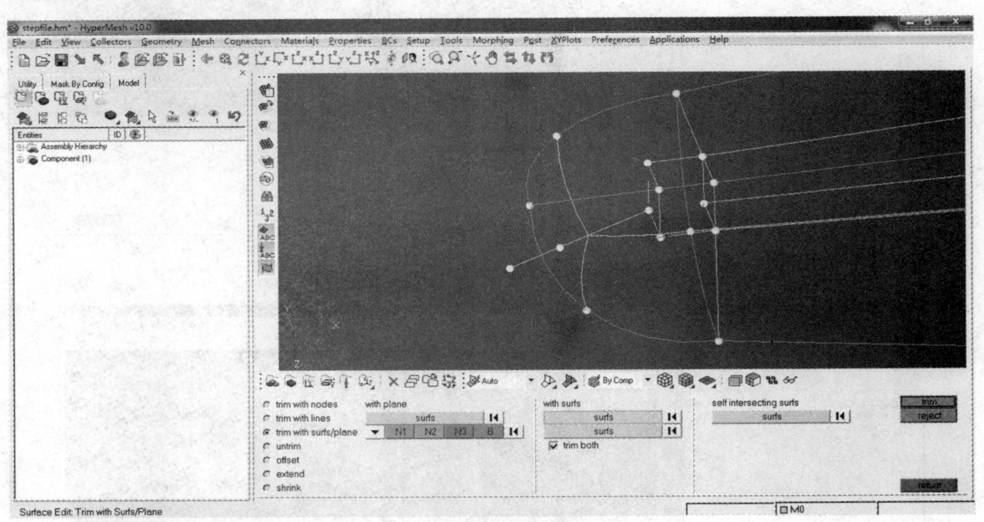

图 7.30　面元素编辑面板

(10) 单击“Tool”→“delete”命令，进入“delete”面板，单击图 7.31 下方操作面板左侧的下三角按钮▼，选择“surfs”，在工作区中选取(8)中生成的三个平面在弹体外的部分，单击“delete entity”按钮，再次单击左侧下三角按钮，选择“lines”，在工作区中选取在弹体外部的三条线，单击“delete entity”按钮。结果如图 7.31 所示。

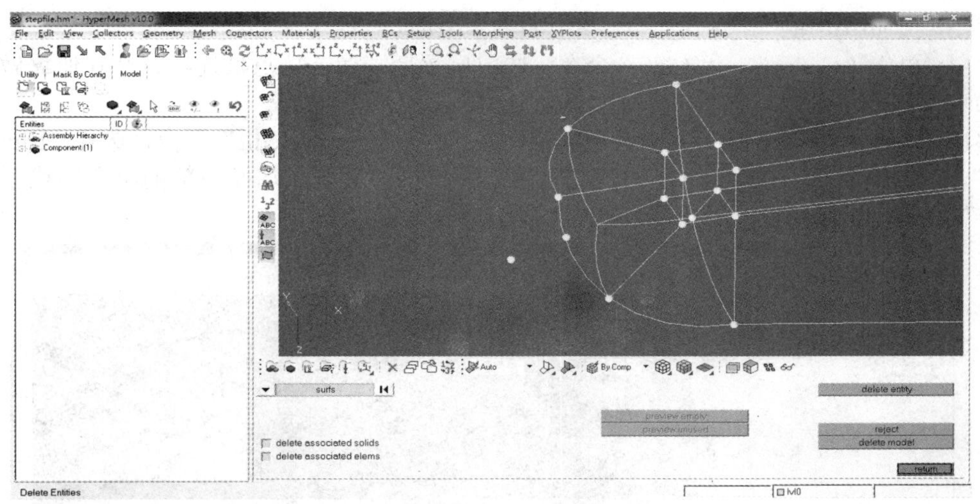

图 7.31　剩余的 1/4 飞行器实体示意图

(11) 单击“Geom”→“surface edit”命令，进入“surface edit”面板，选择“trim with lines”单选按钮，在“with lines”中选择“surfs”，选取工作区中的弹体的一个弧面，“lines”中选择(8)中在该面上构造的线，单击“trim”按钮。用同样的方法处理其他弹体弧面，结果如图 7.32 所示。单击“return”按钮退出。

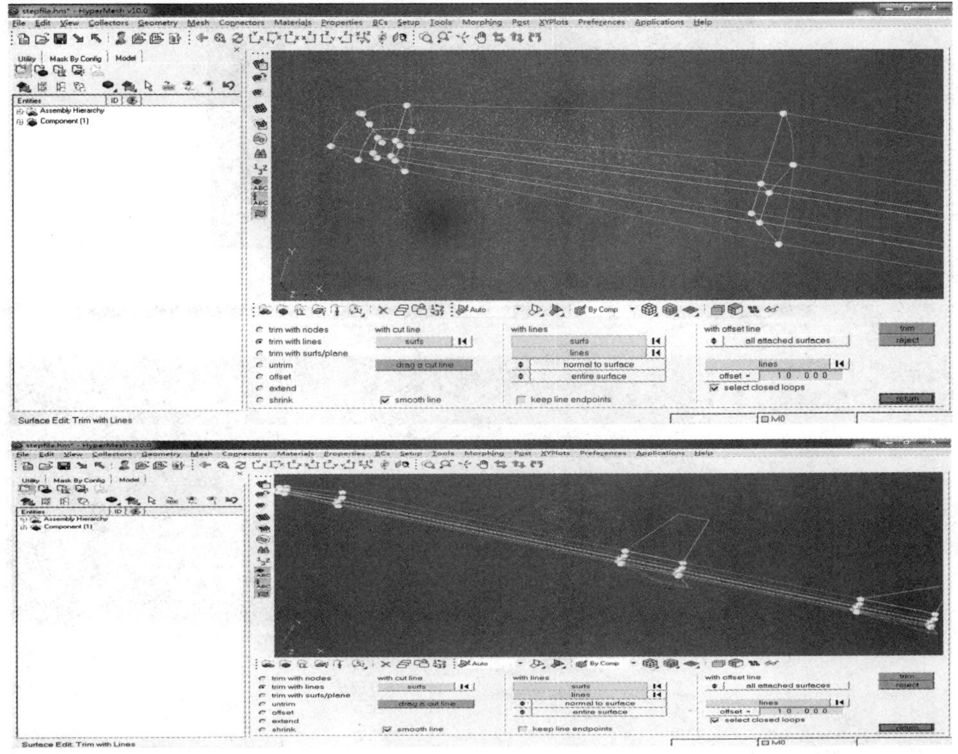

图 7.32　用线元素修改面元素示意图

(12) 按照(9)中的方法构造图 7.33 中的三个平面。

(13) 单击“Geom”→“Line”命令，选取尾翼后端两连接点做连线，对其他翼做同样的处理，结果如图 7.34 所示，单击“return”按钮退出。

(14) 单击“Geom”→“surface edit”命令，进入“surface edit”面板，选择“trim with lines”单选按钮，“surfs”选取飞行器后端面，“lines”选取后端面内部的所有连线，单击“trim”按钮，结果如图 7.35 所示，单击“return”按钮退出。

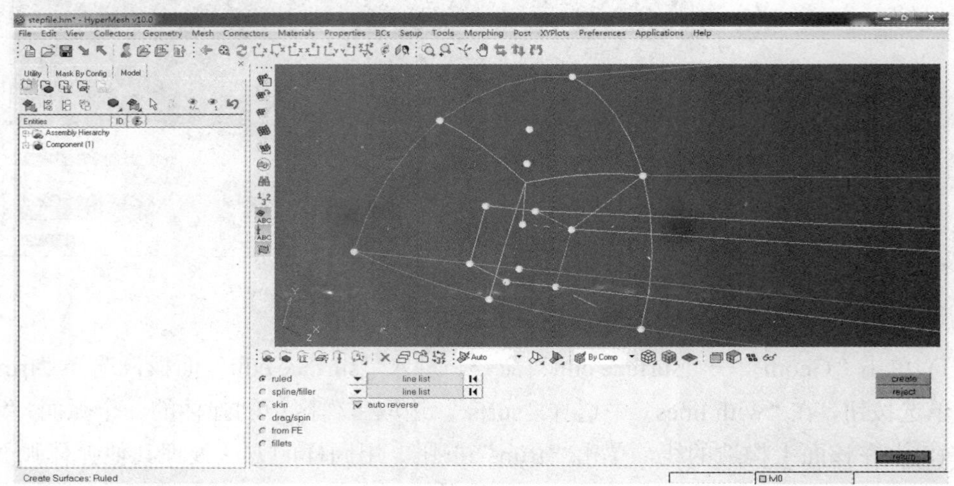


图 7.33 构造新的面元素示意图

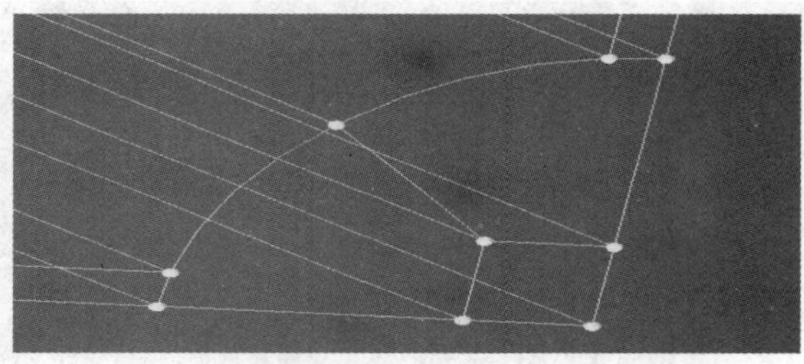

图 7.34 修改线元素示意图

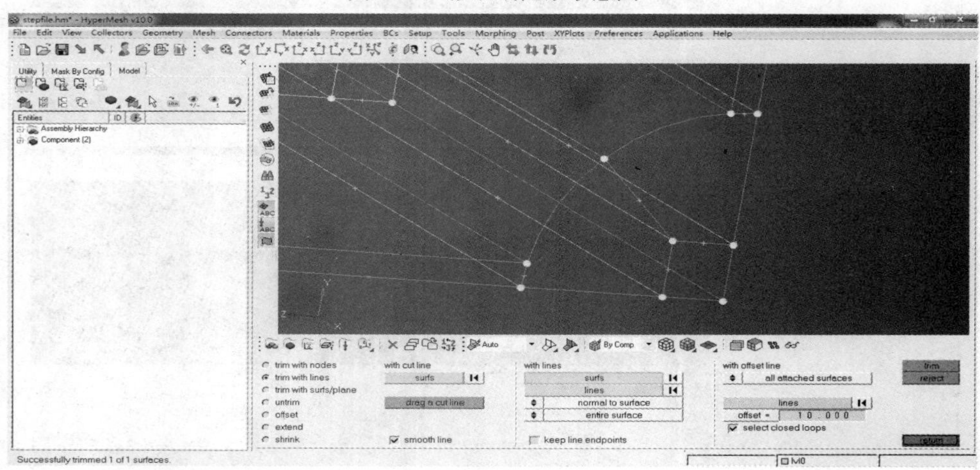


图 7.35 修改飞行器底面示意图

(15) 单击“2D”→“ruled”命令，进入“ruled”面板，单击上面的“line list”，在工作区中选取弹头处小立方体上面的一条线，单击下面的“line list”，在工作区中选取小立方体上面与前一条线相对的另一条，单击“create”按钮，结果如图 7.36 所示，在图中数字处单击左右键调节网格数目，使其数目为 8，单击“mesh”按钮，结果如图 7.37 所示，单击“return”按钮退出。

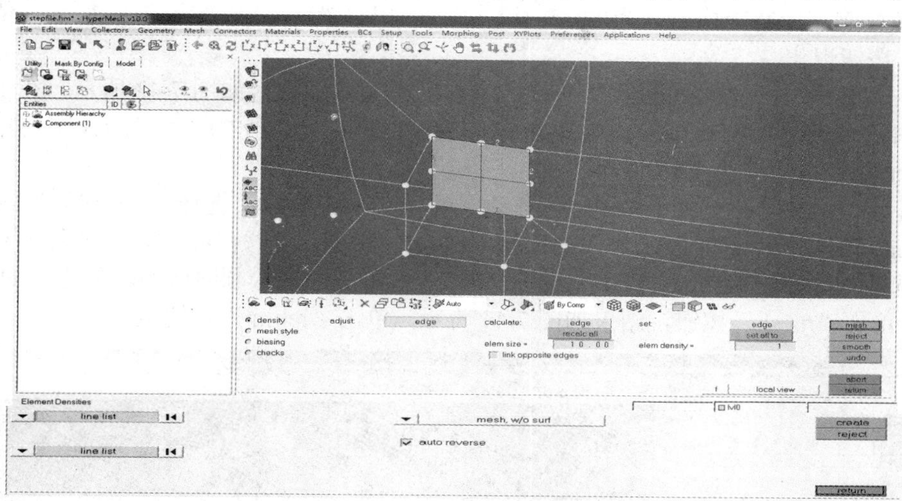


图 7.36 利用线元素生成面

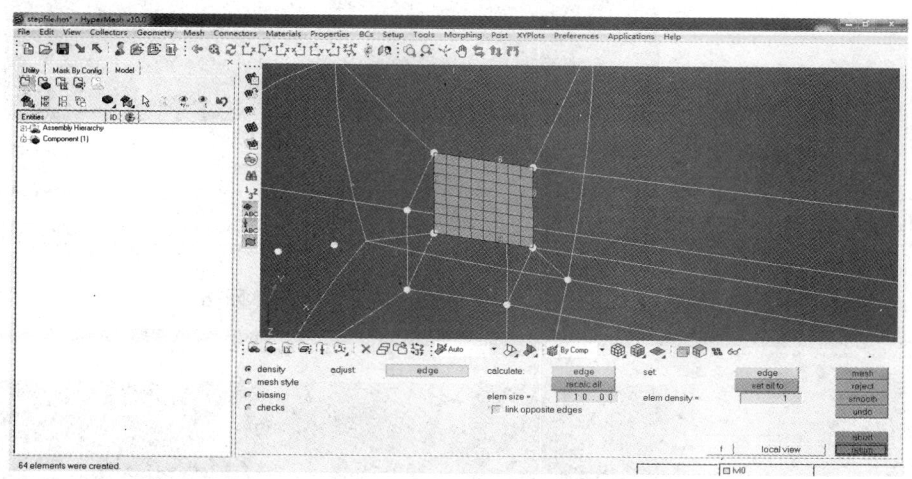


图 7.37 对生成的简单四边形划分四边形网格

(16) 单击“3D”→“solid map”命令，进入“solid map”面板，单击“dest geom”左边的 ▾ 按钮，选择“surfs”，并选取上一步所构造网格正对的弹头弧面，单击“along geom”左边的下三角按钮选择“lines”，选取构造的网格与“dest geom”间的四条连线。单击“source geom”左边的下三角按钮选择“lines”，选取构造网格的四条边，“elem size”设为 2，单击“mesh”按钮，结果如图 7.38 所示，单击“return”按钮退出。

(17) 单击“Tool”→“reflect”命令，进入镜像面板，如图 7.39 所示。在工作区中选取一上步绘制的网格，在面板中的“elems”处右击，在弹出的快捷菜单中选择“by attached”，再右击，在弹出的快捷菜单中选择“duplicate”→“original comp”，单击“N1”按钮，顺次选择网格前端平面的三个点，如图 7.39 所示，单击“reflect”按钮，结果如图 7.40 所示，单击“return”按钮退出。

(18) 单击“2D”→“ruled”命令，进入“ruled”面板，在上面的“line list”选择(13)中所生成网格后面的下边线，下面的“line list”选择对应的上弧线，单击“create”按钮，调节网格与前一步的网格对应为 8*15，单击“mesh”按钮。结果如图 7.41 所示，依次单击“return”按钮退出。

(19) 单击“2D”→“replace”命令，进入节点调整面板，如图 7.42 所示，在工作区中手动单击需要调整的网格节点来调整新绘制的面网格，和(18)中所生成的体网格相对应，单击“return”按钮退出。

(20) 单击“3D”→“solid map”命令，进入“solid map”面板，选择“general”，“dest geom”选为“lines”，选取弹体下一段界面对应端面(如未生成面，需按(8)的方法生成端面)，“along geom”选取与之相连的四条线段，“source geom”选取上一步绘制网格的四条边，“elem size”设为 5，单击“mesh”按钮，结果如图 7.43 所示，单击“return”按钮退出。

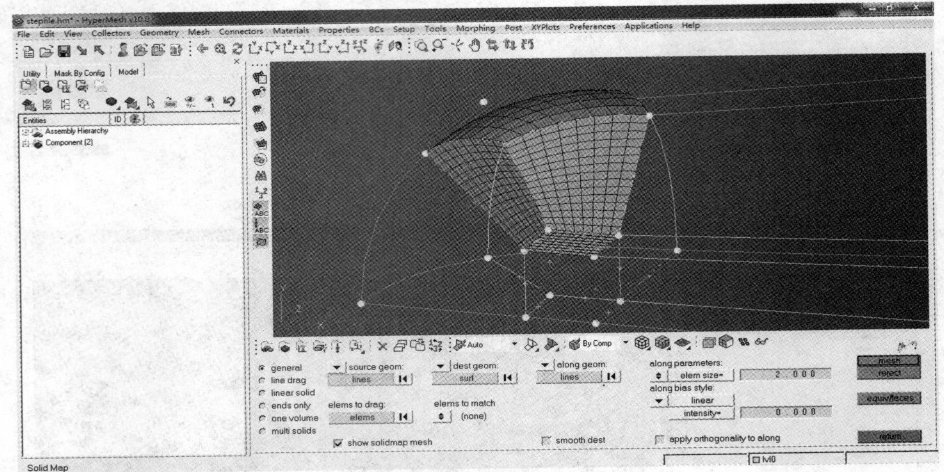

图 7.38　在生成的简单六面体中生成六面体网格

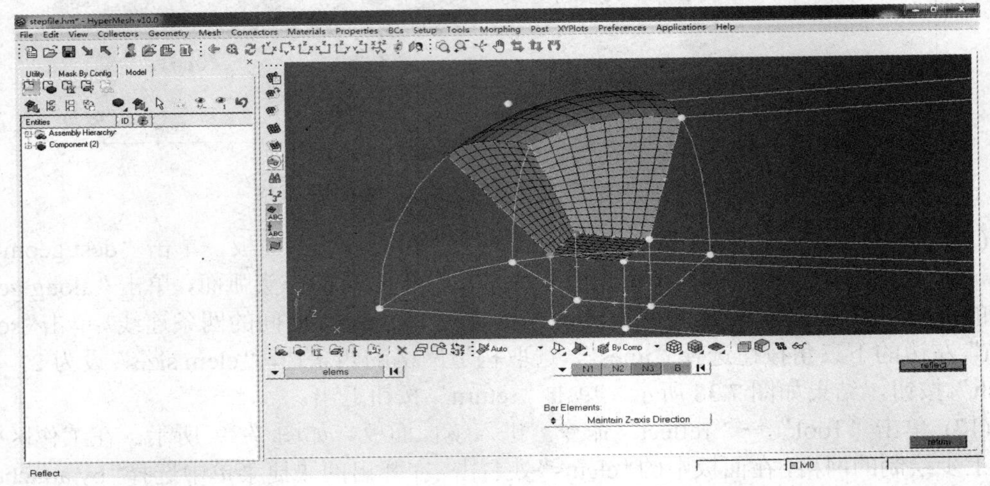

图 7.39　复制生成的六面体网格

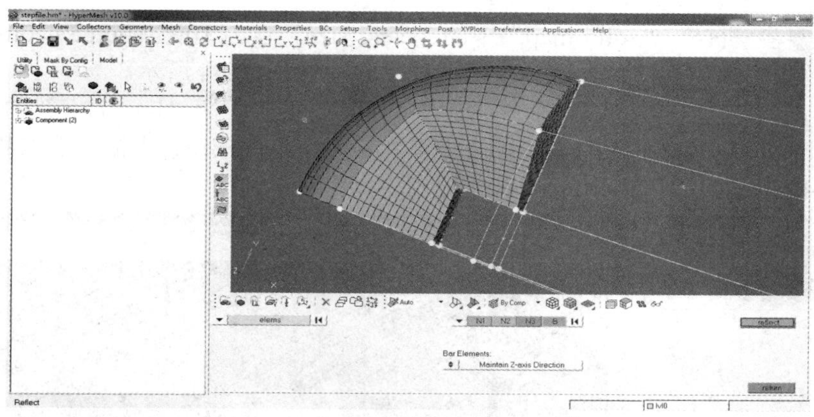

图 7.40　镜像生成对称的六面体网格

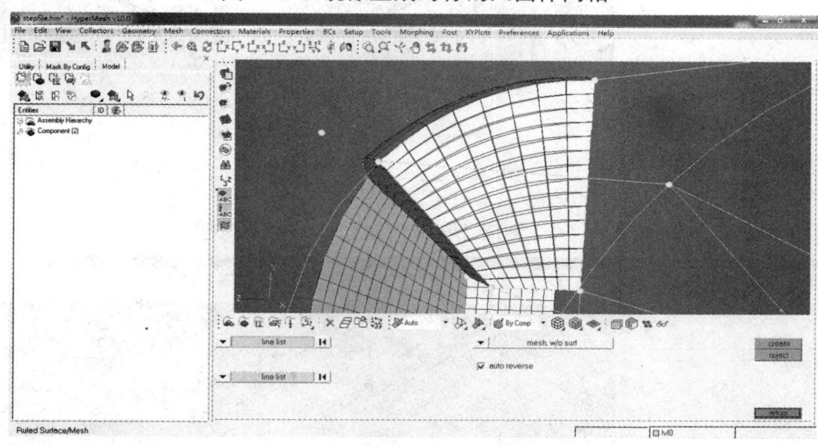

图 7.41　调节弧线上得网格节点

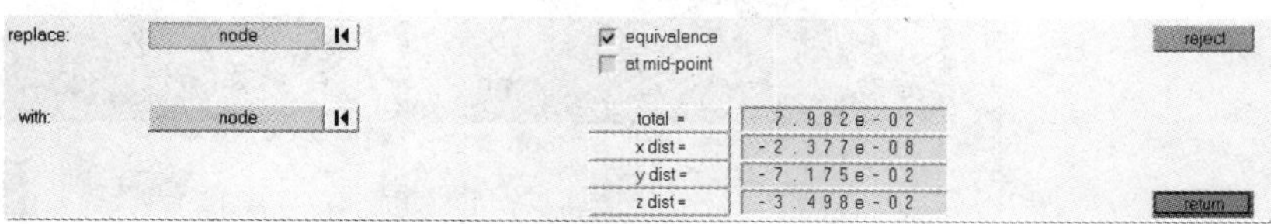


图 7.42　调整弹头头部的网格节点示意图

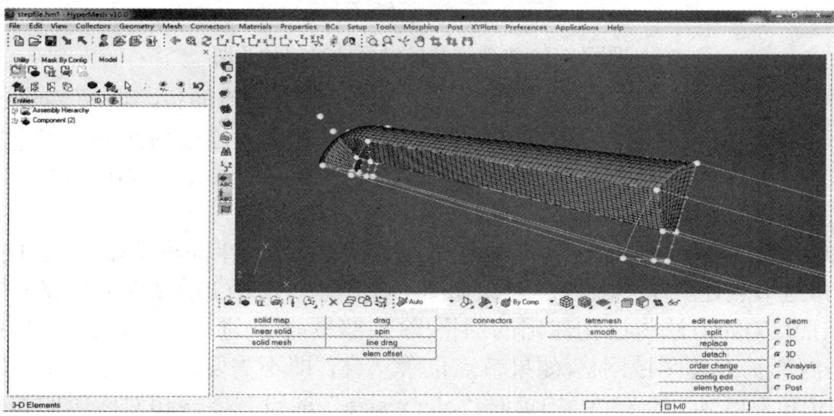

图 7.43　沿着直线扫掠面网格生成体网格

(21) 重复步骤(16)，“solid map”中的“elem size”设为 10，“source geom”选为面，选取上一步生成网格的后端面，继续向后扫掠，结果如图 7.44 所示。

(22) 单击“2D”→“ruled”命令，进入“ruled”面板，上“line list”选择弹翼根部长边线，下“line list”选择对应的翼尖长边线，单击“create”按钮，将根部节点数目调为 33，结果如图 7.45 所示，单击“return”按钮退出。

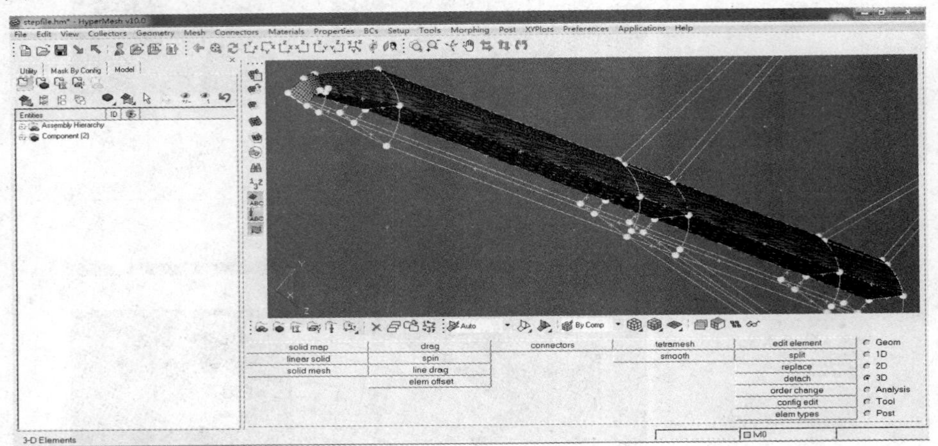

图 7.44 生成 1/8 弹体六面体网格示意图

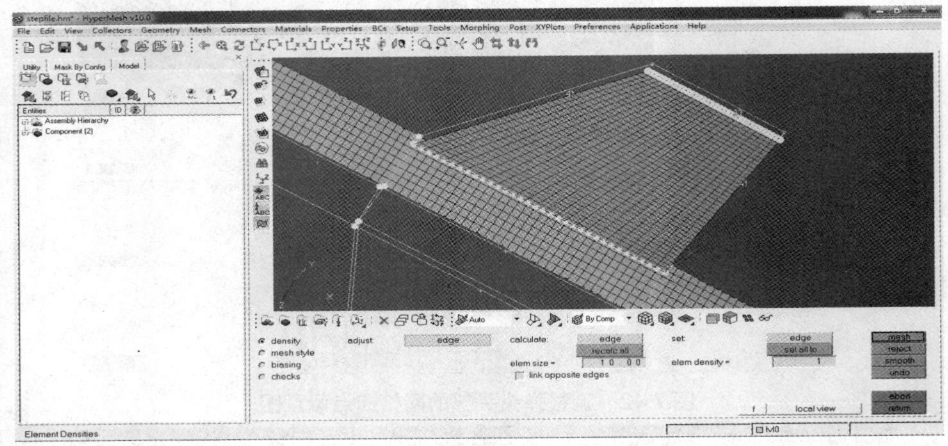

图 7.45 生成弹翼的六面体网格示意图

(23) 单击“3D”→“solid map”命令，进入“solid map”面板、选择“general”，“dest geom”选取弹翼的另一面的四条边线，“along geom”选取为连接两面的棱线，“source”选取为已构建网格的翼面的边线，“elem size”设为 8。单击“mesh”按钮，结果如图 7.46 所示，单击“return”按钮退出。

(24) 单击“2D”→“replace”命令，进入节点调整面板，手动将弹翼下端面的所有节点移动到弹体的最近节点处，方法同(19)。结果如图 7.47 所示。重复(20)～(23)对尾翼进行网格划分。

(25) 按照(17)的方法将已构建出的网格(除头部最前端)进行镜像，按照(18)～(20)的方法构建弹体内部长方体区域网格(如果节点位置重合，即不需要进行“replace”)，结果得到 1/4 弹体，如图 7.48 所示。(注：扫掠时“elem size”的设置要与相对应段的弹体外层网格相对应，以免网格错位，连接不上。)

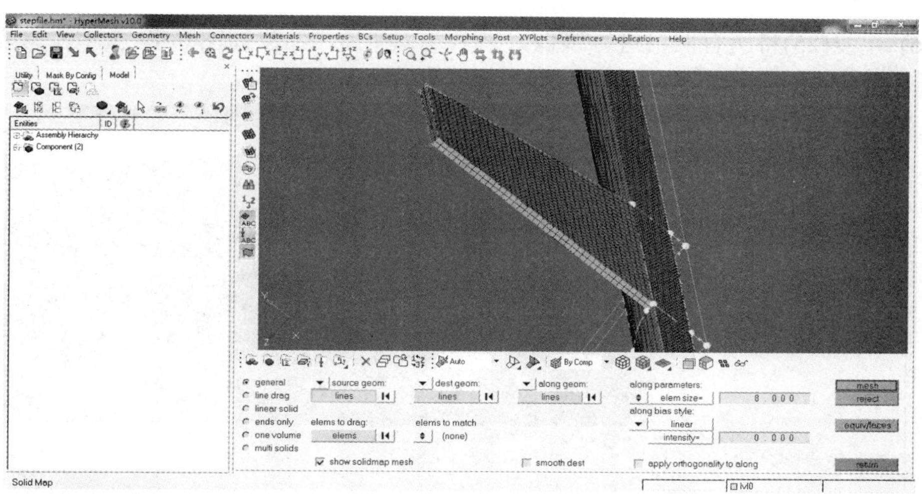


图 7.46 扫掠面网格生成弹翼上的六面体网格

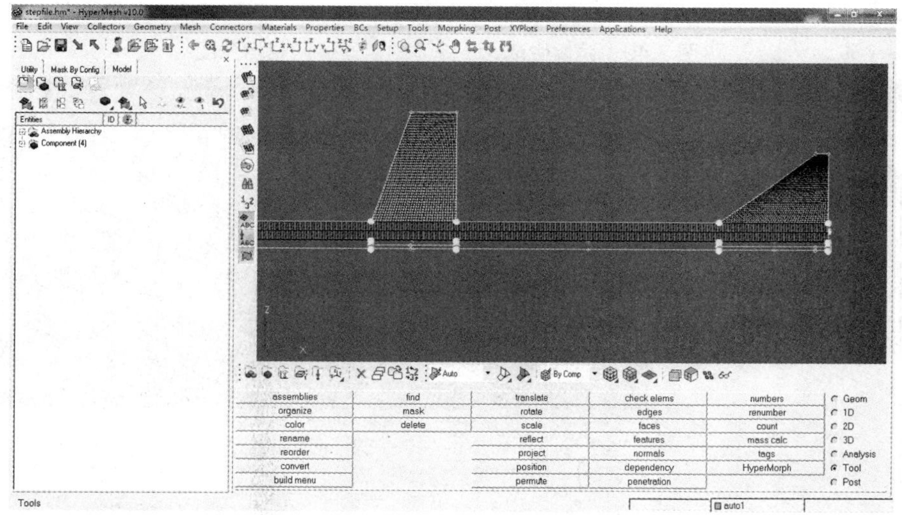


图 7.47 生成尾翼的六面体网格示意图

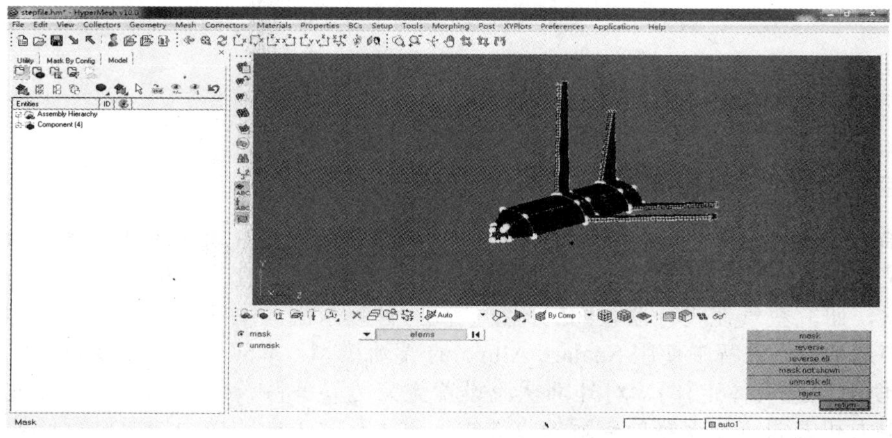


图 7.48 生成 1/4 弹体的六面体网格示意图

(26) 重复(25)将所有网格进行镜像，得到 1/2 弹体，结果如图 7.49 所示，重复做镜像得到整个弹体，结果如图 7.50 所示。

图 7.49　镜像生成 1/2 弹体的六面体网格示意图

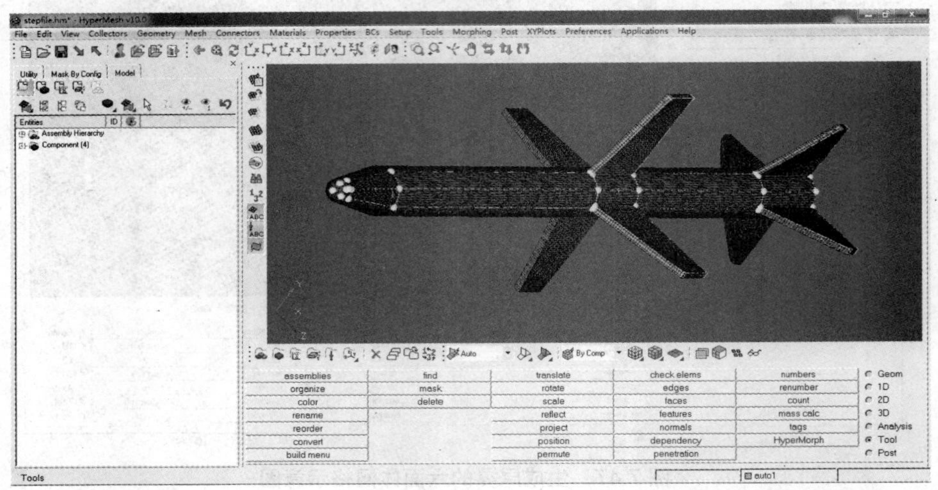


图 7.50　生成飞行器全弹的六面体网格示意图

# 7.4　空气动力学仿真

## 7.4.1　空气动力学仿真场景描述

精确计算飞行器在飞行过程中空气流动产生的气动力和气动参数是计算流体力学领域的一个工作重点。本节以空气自无穷远处以马赫数 0.6 和攻角 0° 扰流正常式布局飞行器为仿真场景，研究空气在飞行器表面的流动情况，计算求出产生的气动力及气动力矩。这是一个亚声速问题，求解中使用 Spalart_Allmaras 湍流模型。本部分主要涉及对可压缩流动建模(密度使用理想气体定律)、对外部扰流设置无穷边界条件、使用显式求解器进行求解计算、使用力和表面点监视器检查解的收敛性、对飞行器表面的受力情况进行后处理的可视化显示和数据采集等知识和软件操作。主要的仿真条件和仿真任务如下：

(1) 仿真条件为马赫数：$Ma$=0.6，攻角 0°，高度 10km。

(2) 仿真软件采用 GAMBIT 和 FLUENT。采用 GAMBIT 进行网格剖分和前处理，采用 FLUENT 进行解算和后处理。

(3) 仿真要求。剖分的体网格变形率不得超过 0.8，网格数必须大于 60 万；获取升力系数、阻力系数、俯仰力矩系数、滚转力矩系数、偏航力矩系数；获取飞行器表面总压梯度云图、总温梯度云图和马赫数梯度云图。

### 7.4.2 仿真实例及步骤

GAMBIT 软件包含了一整套易于使用的工具，可以快速地建立几何模型。另外，GAMBIT 软件在读入其他 CAD/CAE 网格数据时，可以自动完成几何清理(即清除重合的点、线、面)和进行几何修正。下面介绍详细的仿真步骤。

1. 导入几何模型

(1) 打开 GAMBIT 软件界面(图 7.51)，单击“File”→“Import”→“ACIS”命令，弹出“Import ACIS File”对话框。单击“Filename”文本框右侧的“Browse”按钮。输入几何模型文件所在的路径，单击“Filter”按钮，然后单击“Accept”按钮。导入的几何模型，如图 7.52 所示。

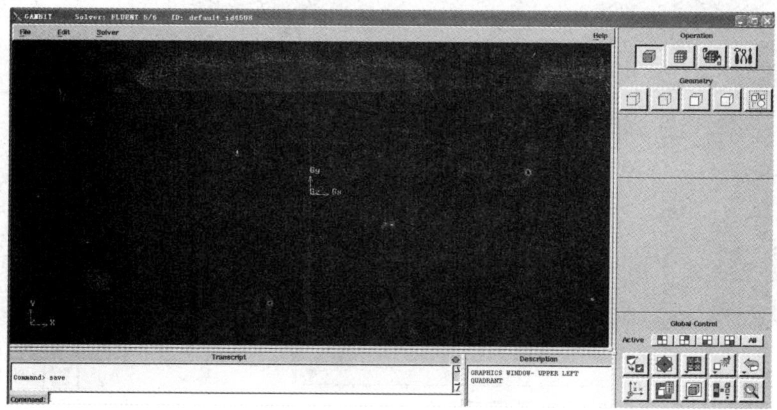


(a) FLUENT 软件界面示意图

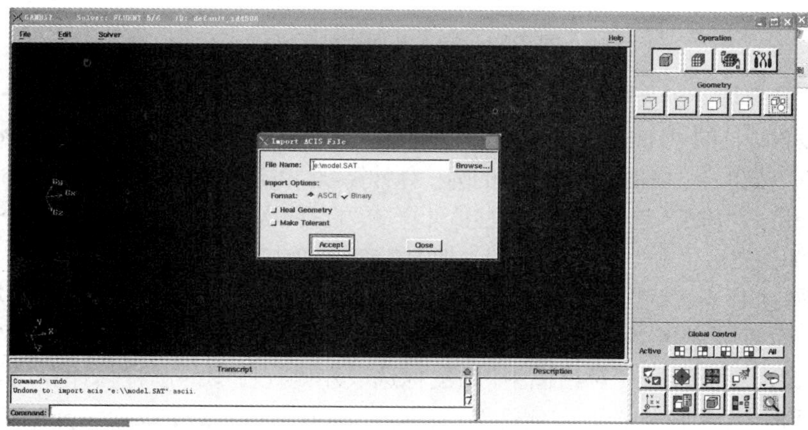


(b) 新建 FLUENT 文件示意图

图 7.51 GAMBIT 的主界面

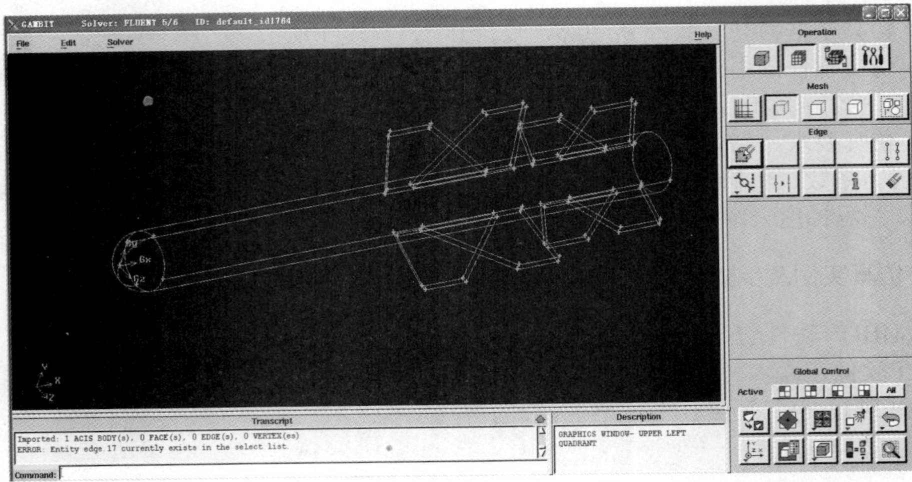


(a) 导入文件后的几何模型

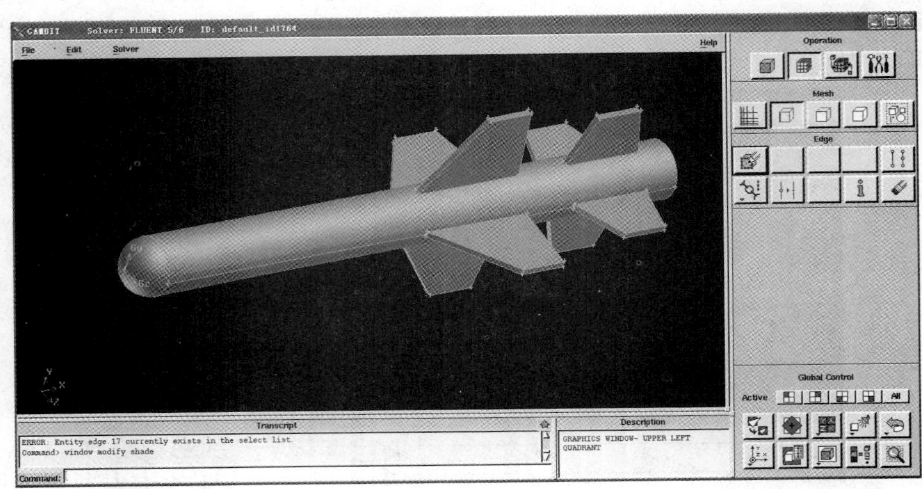


(b) 几何模型示意图

图 7.52　导入几何模型示意图

(2) 建立计算域。在右侧“Operation”面板中选择“Geometry”→“Volume”→“Create Real Cylinder”。设置圆柱的“Height”为 4000，“Radius”为 1000。“Axis Location”为 Positive X，然后单击“Apply”按钮。生成如图 7.53 所示的圆柱体计算域。单击“Volume”→“Move/Copy Volumes”。单击“Volume”→“Pick”选取生成的圆柱体计算域。选择“Move”→“Translate”→“Global X”中设置为-1500。然后单击“Apply”按钮，如图 7.53(a)、图 7.53(b)所示。

(3) 对圆柱体计算域和导弹模型进行布尔运算，获取导弹外部计算域。在右侧“Operation”面板中选择“Geometry”>“Volume”>“Boolean Operations”>“Subtract”。摁住“Shift”键，在“Volume”对话框中，用鼠标选取左侧视图中的圆柱体计算域。在“Subtract Volume”对话框中，用鼠标选取左侧视图中的导弹模型实体。然后单击“Apply”，如图 7.53(c)所示。

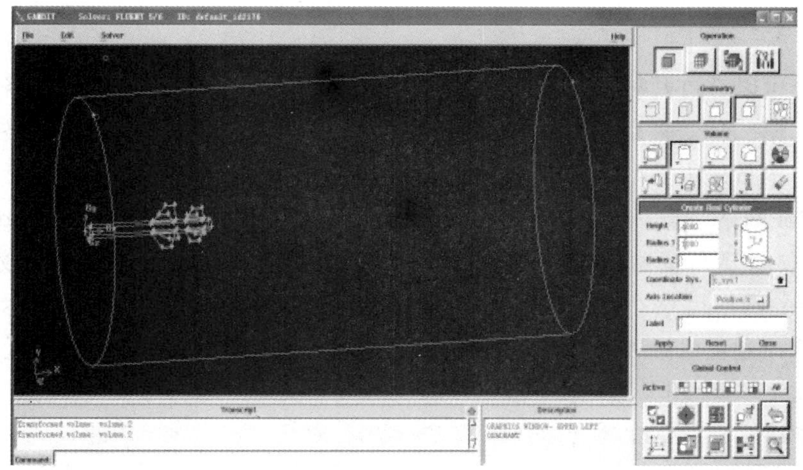

(a) 建立模型的外部计算域

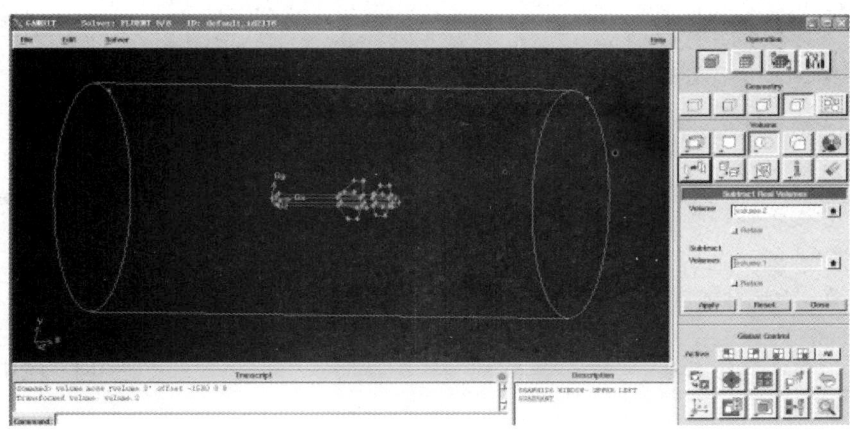

(b) 计算域的编辑

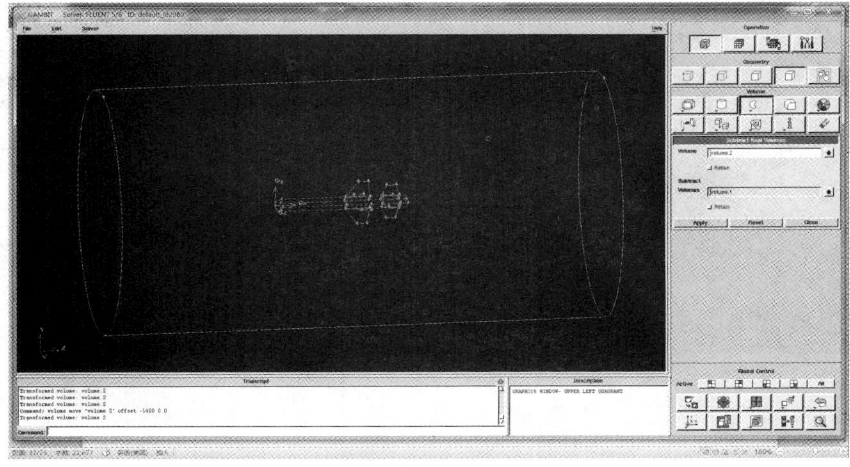

(c) 计算域的编辑

图 7.53 布尔运算生成导弹外部流场计算域示意图

2. 网格剖分

网格划分可以通过两种方式实现。第一种，采用 HyperMesh 等专业的网格剖分软件进行网格剖分。第二种，采用结构分析软件中前处理中的网格剖分模块进行网格剖分，并输出网格文件。本节采用 GAMBIT 自带的网格剖分模块进行非结构网格剖分。

(1) 设定线网格节点。单击“Operation”→“Mesh”→“Edge”。单击“Edge”右侧区域，然后选取需要布置网格节点的边。在弹翼与弹体结合处需要布置比较细的网格，“Spacing”中的网格尺寸“Interval Size”可以设置为 3～5mm，如图 7.54 所示。在弹体其他位置的网格尺寸可以设置为 7～10mm，如图 7.55 所示。然后“Ratio”设置为 1.02，选择“Double side”复选框，单击“Apply”按钮。

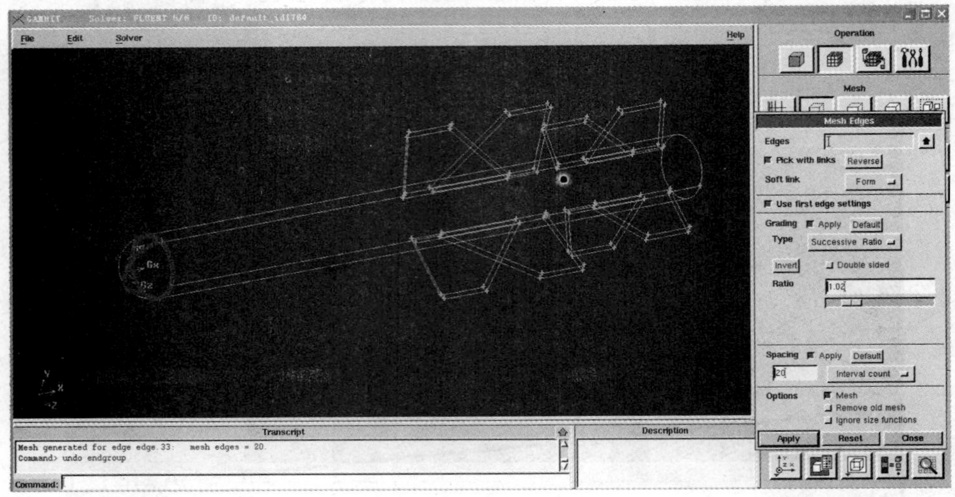


(a) 弹体头部的网格节点划分

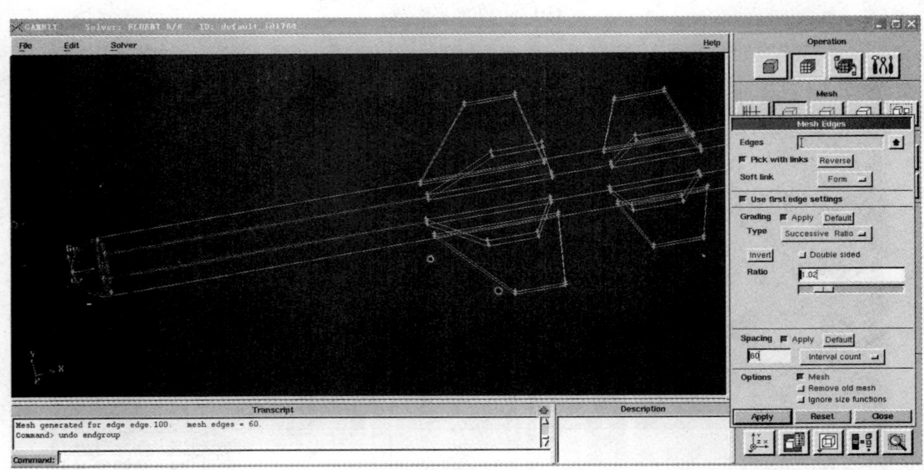


(b) 弹体的网格节点划分

图 7.54　划分网格节点示意图

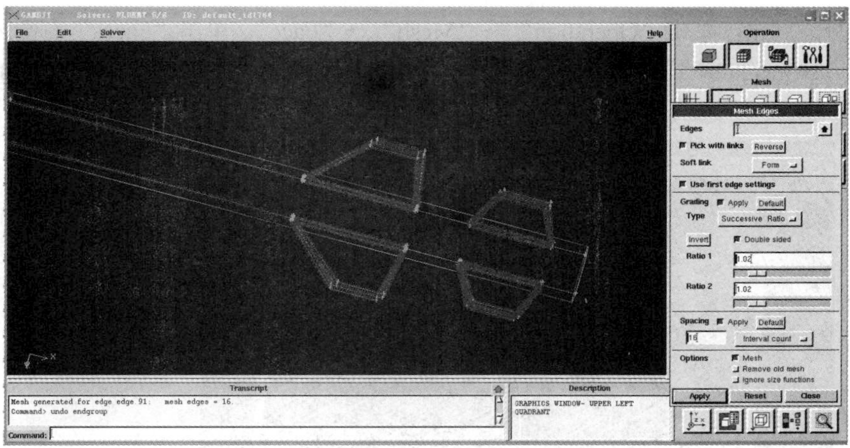

(c) 弹翼的网格节点划分

图 7.54 划分网格节点示意图(续)

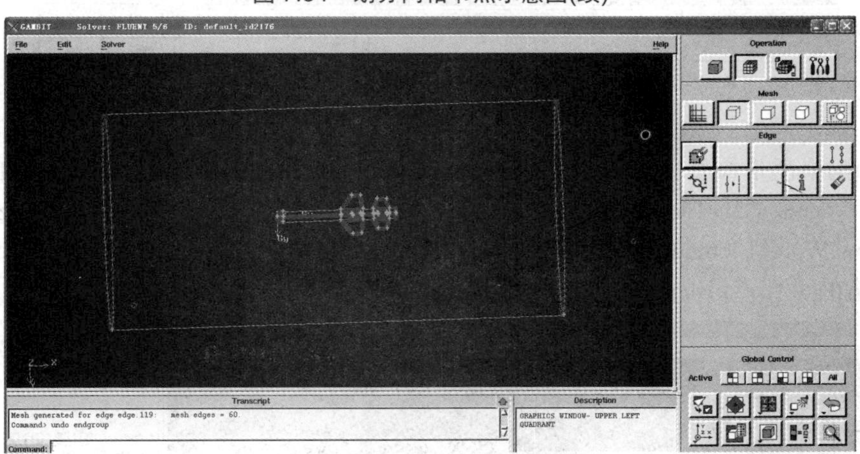

(a) 计算域的网格节点划分

(b) 计算域的弹体网格节点划分

图 7.55 划分计算域网格节点示意图

(2) 剖分面网格。单击“Operation”→“Mesh”→“Face”。单击“Faces”右侧区域，然后选取需要剖分网格的面。“Element 单元类型”选择“Tri”，“Type”选择“Pave”，“Spacing”中的网格尺寸“Interval Size”采用默认尺寸，然后单击“Apply”按钮生成面网格，如图 7.56 所示。

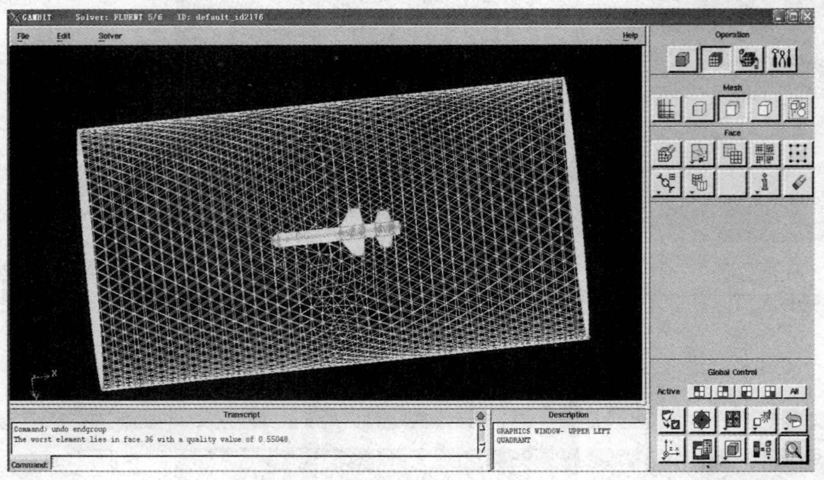


图 7.56　划分飞行器面网格示意图

(3) 面网格质量检查。单击“Global Control”→“Examine Mesh”，“Display Type” 选择“Range”。选取“2D Element”中“Tri”网格单元，“Quality Type”选择“EquiSize Skew”。选择“Show Worst Element”复选框，单击“Apply”按钮生成的面网格，如图 7.57 所示。通常面网格的“Worst Element”的“Quality Value”小于 0.6。

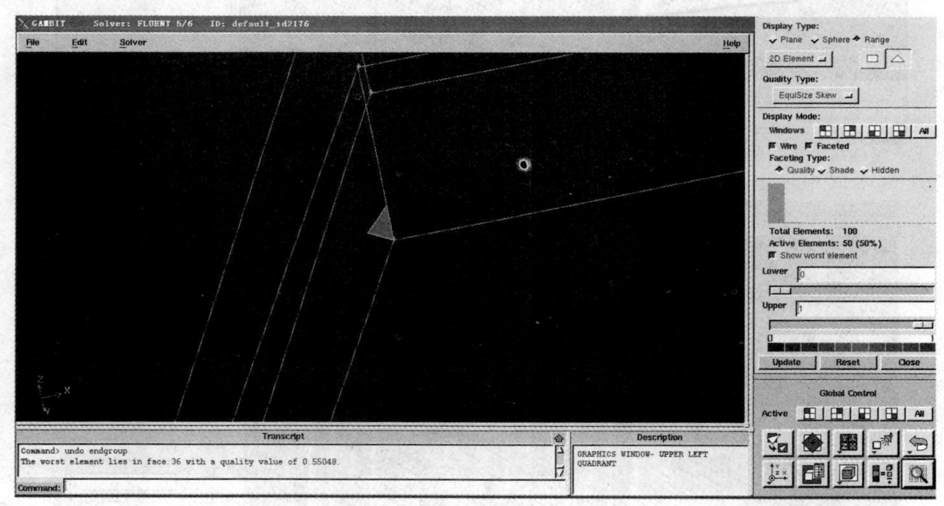


图 7.57　飞行器面网格质量检查示意图

(4) 剖分体网格。单击“Operation”→“Mesh”→“Volume”。单击“Volumes”右侧区域，然后选取需要剖分网格的体。“Element”单元类型选择“Tet/Hybrid”，“Type”选择“TGrid”，“Spacing”中的网格尺寸“Interval Size”采用默认尺寸，然后单击“Apply”按钮生成体网格，如图 7.58 所示。

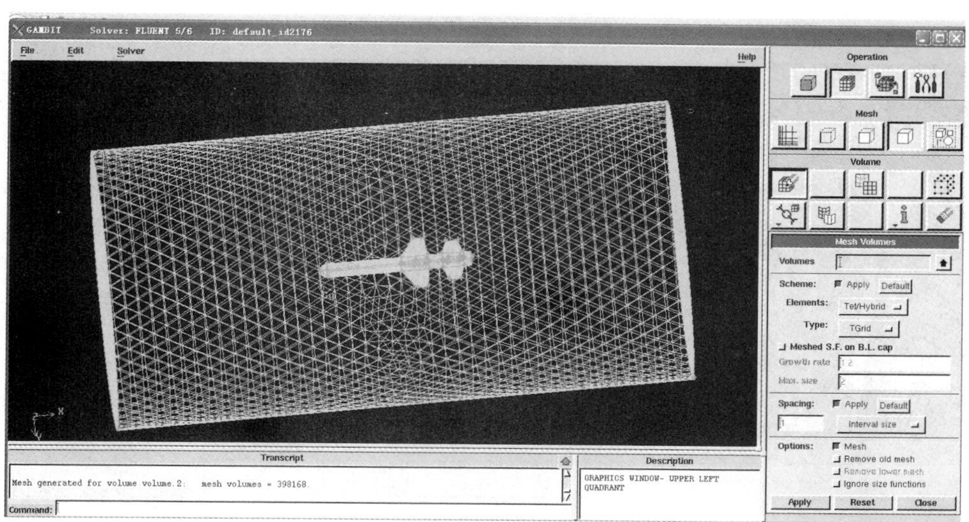


图 7.58 生成飞行器体网格示意图

(5) 体网格质量检查。单击“Global Control”→“Examine Mesh”。“Display Type”选择“Range”。选取“3D Element”中所有网格单元类型，“Quality Type”选择“EquiSize Skew”。选择“Show Worst Element”复选框，单击“Apply”按钮生成的体网格中质量最差网格，如图 7.59 所示。通常体网格的“Worst Element”的“Quality Value”小于 0.8。

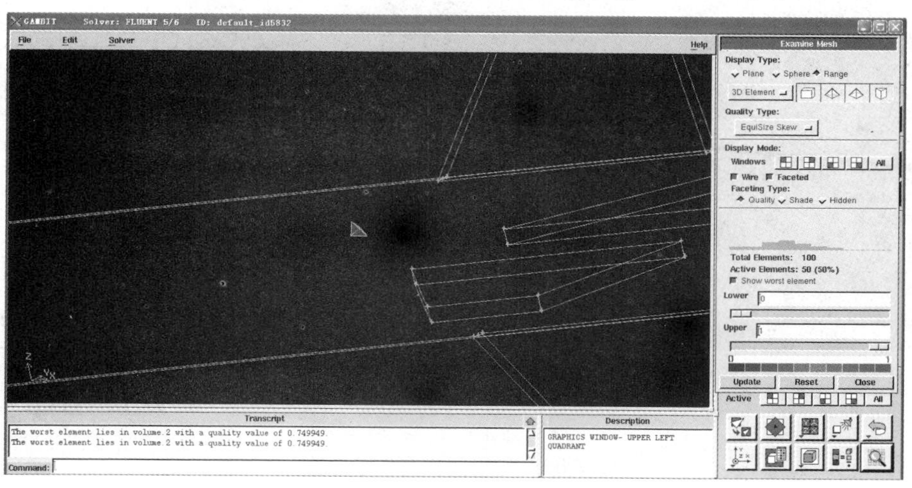


图 7.59 体网格质量检查示意图

3. 设置边界条件

(1) 由于是进行远方来流压力边界条件下的仿真，因此计算域的三个面均选用远方来流压力边界条件。单击“Operation”→“Zones”→“Specify Boundary Types”。“Action”选择“Add”，在“Name”中输入“intlet”，“Type”选择“PRESSURE_FAR_FIELD”，“Entity”→“Face”选择圆柱体计算域的左端面，单击“Apply”按钮，依次将侧面和右端面也设置为远方来流压力边界条件，如图 7.60 所示。

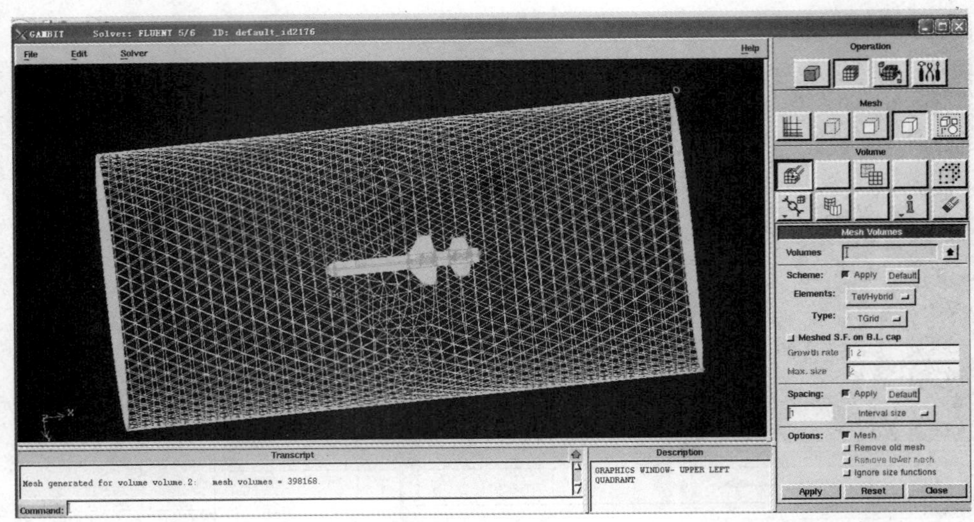


图 7.60　生成的体网格示意图

(2) 导出网格文件。单击“File”→“Export”命令，输入需要导出的路径，单击“Apply”按钮，如图 7.61 所示。

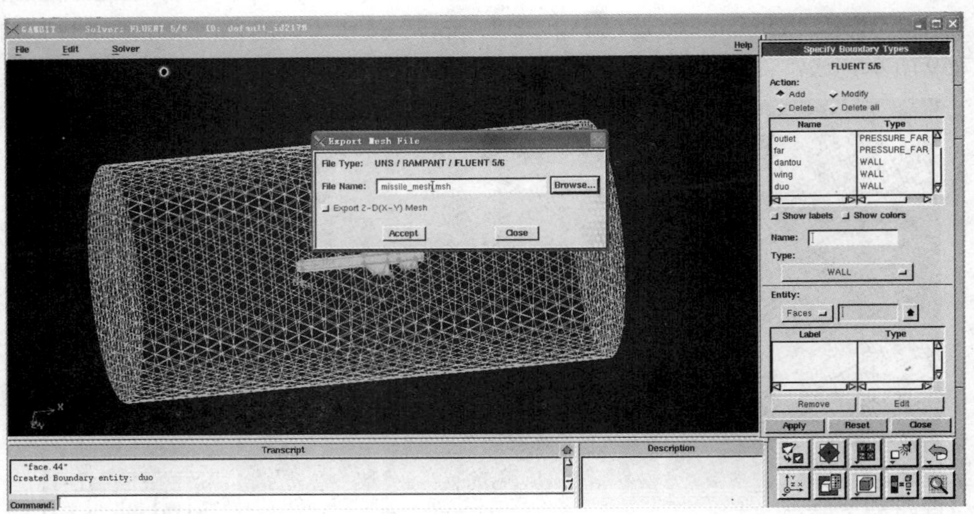


图 7.61　导出网格文件示意图

4. 获取网格文件

(1) 打开求解器(图 7.62)，将网格文件读取到 FLUENT 求解器中。单击“File”→“Read”→“case”命令，弹出“Select File”对话框，选择“.msh”格式的文件，如图 7.63 所示。

(2) 检查网格信息。单击“Grid”→“Check”命令，主界面会显示导入网格的信息，如图 7.64 所示。单击“File”→“Scale”命令，弹出“Scale Grid”对话框，设置比例尺单位为“mm”，如图 7.65 所示。

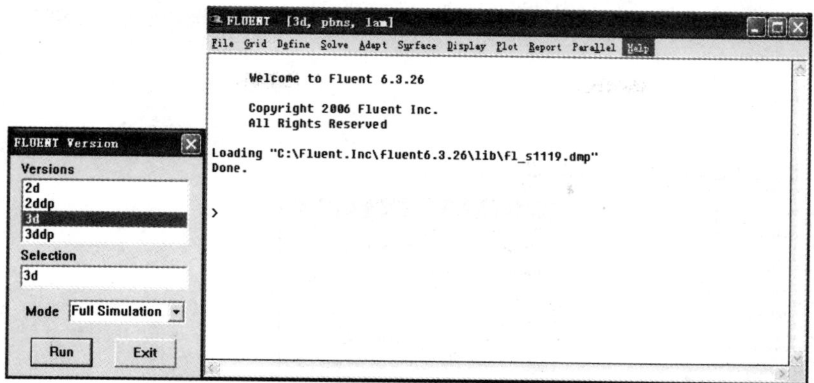


图 7.62　FLUENT 操作面板示意图

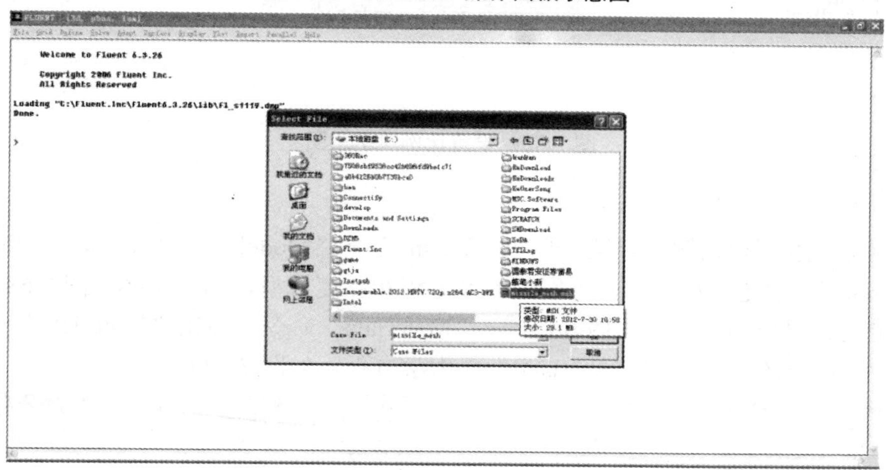


图 7.63　导入网格文件示意图

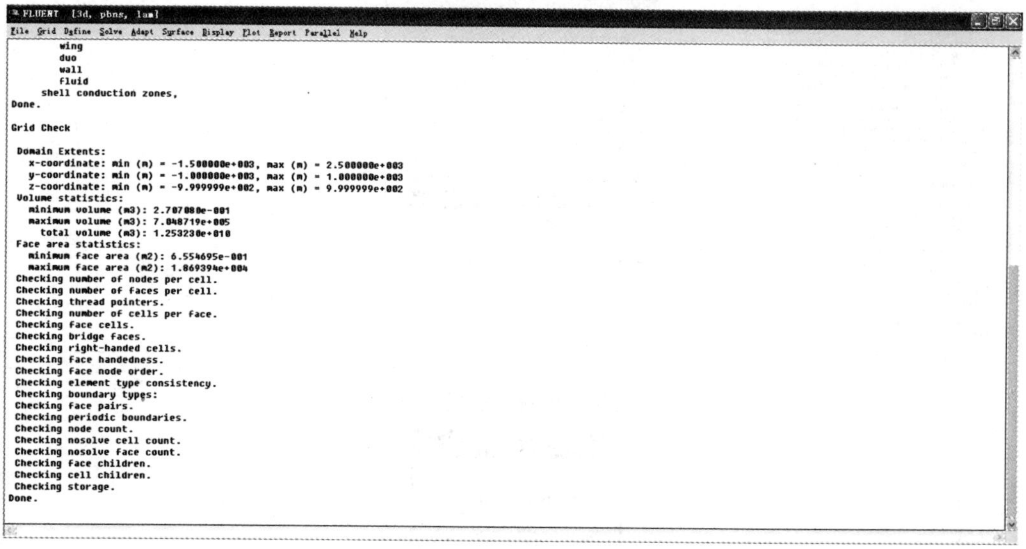

```
FLUENT  [3d, pbns, lam]
File Grid Define Solve Adapt Surface Display Plot Report Parallel Help
        wing
        duo
        wall
        fluid
     shell conduction zones,
Done.

Grid Check

 Domain Extents:
   x-coordinate: min (m) = -1.500000e+003, max (m) = 2.500000e+003
   y-coordinate: min (m) = -1.000000e+003, max (m) = 1.000000e+003
   z-coordinate: min (m) = -9.999999e+002, max (m) = 9.999999e+002
 Volume statistics:
   minimum volume (m3): 2.707080e-001
   maximum volume (m3): 7.048719e+005
     total volume (m3): 1.253230e+010
 Face area statistics:
   minimum face area (m2): 6.554695e-001
   maximum face area (m2): 1.869394e+004
 Checking number of nodes per cell.
 Checking number of faces per cell.
 Checking thread pointers.
 Checking number of cells per face.
 Checking face cells.
 Checking bridge faces.
 Checking right-handed cells.
 Checking face handedness.
 Checking face node order.
 Checking element type consistency.
 Checking boundary types:
 Checking face pairs.
 Checking periodic boundaries.
 Checking node count.
 Checking nosolve cell count.
 Checking nosolve face count.
 Checking face children.
 Checking cell children.
 Checking storage.
Done.
```

图 7.64　检查网格示意图

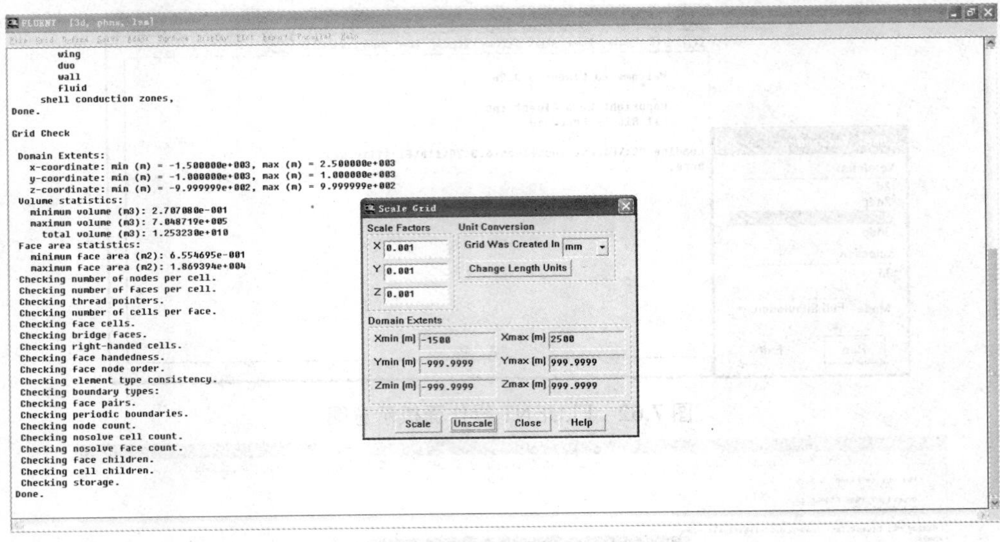


图 7.65 设置比例尺示意图

5. 仿真条件设定

(1) 定义求解模型的解决方案。单击“Define”→“Model”→“Solver”、“Energy”、“Viscous model”设定模型的解决方案、能量方程和黏度模型，如图 7.66～图 7.68 所示。

(2) 定义材料属性。单击“Define”→“Materials”命令，弹出“Materials”对话框，定义气体为理想气体，采用“Sutherland”热力学方程，如图 7.69 所示。

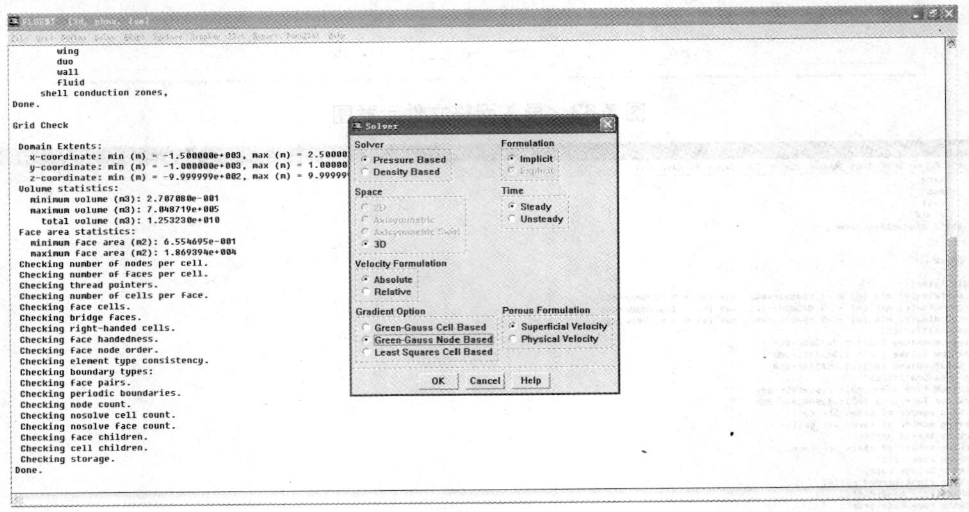


图 7.66 设置求解器示意图

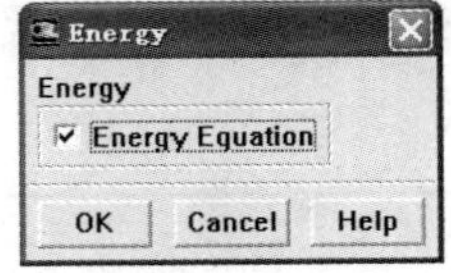


图 7.67 设置能量公式示意图

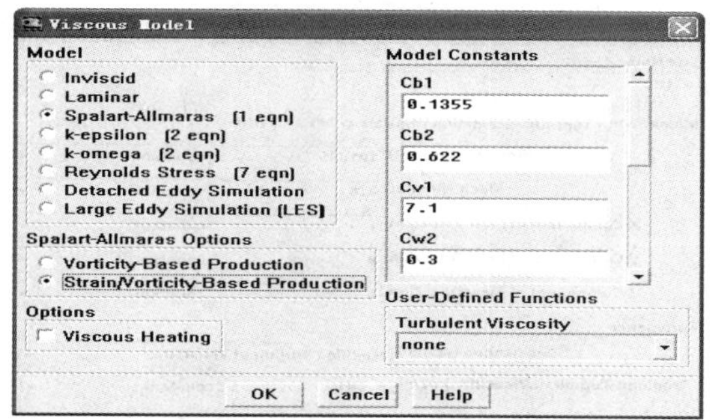


图 7.68 设置黏度模型示意图

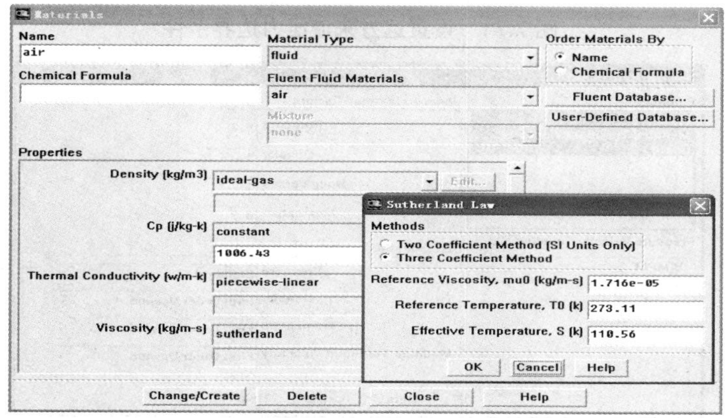


图 7.69 设置材料属性示意图

(3) 设定参考压强。单击“Define”→“Operating Equation”命令，弹出“Operating Conditions”对话框，将“Operating Pressure[pascal]”设置为零，如图 7.70 所示。

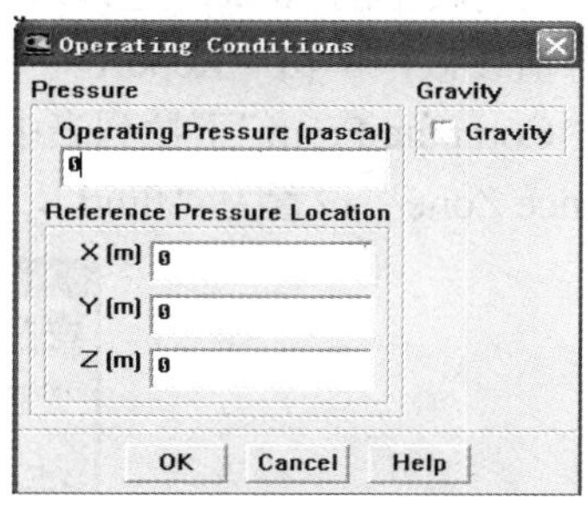


图 7.70 设置参考压强示意图

(4) 设定边界条件。单击“Define”→“Boundary Condition”命令，将“intlet”，“outlet”和“far”三个远场来流压力边界条件的参数设置为压强为 101325Pa，温度为 314K，马赫数为 0.8，攻角为 0°，“Specification Method”为“Modified Turbulent Viscosity”，如图 7.71 所示。

(5) 设置求解因子和算法格式。单击“Solve”→“Controls”命令，弹出“Solution Controls”对话框，使用默认设置，单击“OK”按钮，如图 7.72 所示。

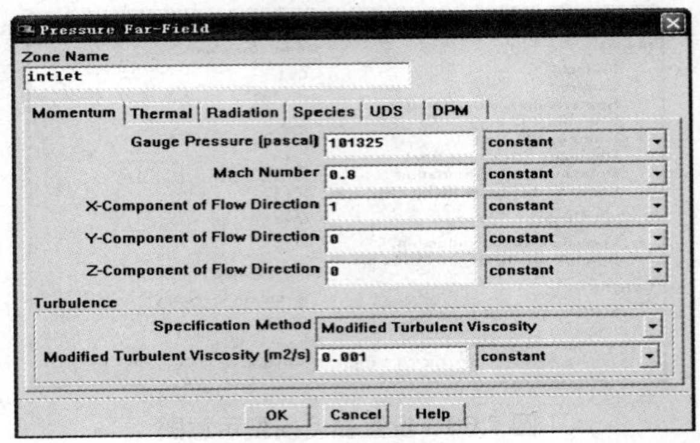


图 7.71 设置远方来流压力边界条件

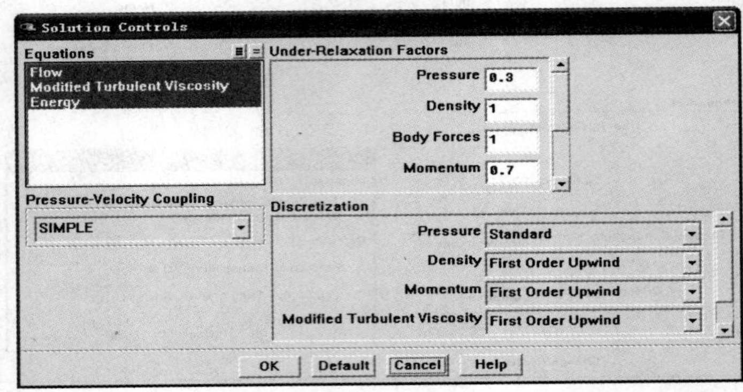


图 7.72 设置求解因子和离散迎风格式

(6) 初始化仿真参数。单击“Solve”→“Initialize”命令，弹出“Solution Initialization”对话框，选择“Compute From”下拉列表中的“intlet”进口边界条件，然后单击“Init”、“Apply”按钮，如图 7.73 所示。设定参考值参数，单击“Report”→“Reference Values”命令，弹出“Reference Values”对话框，选择“Compute From”下拉列表中的“intlet”进口边界条件，“Area”设置为 $\pi$ *r^2=0.00785，“Reference Zone”设置为“fluid”，如图 7.74 所示。

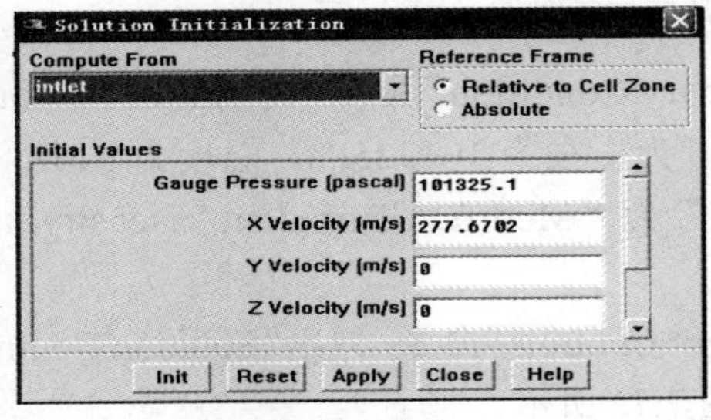


图 7.73 初始化设置

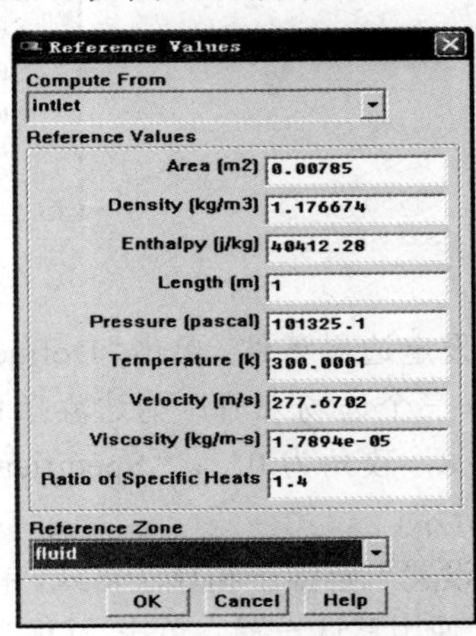


图 7.74 设置参考参数

(7) 设定可视化监视窗口。单击“Solve”→“Solution”→“Monitors”命令，设定求解的参数和检测的 Cl、Cd、Cm 的残差，如图 7.75～图 7.78 所示。

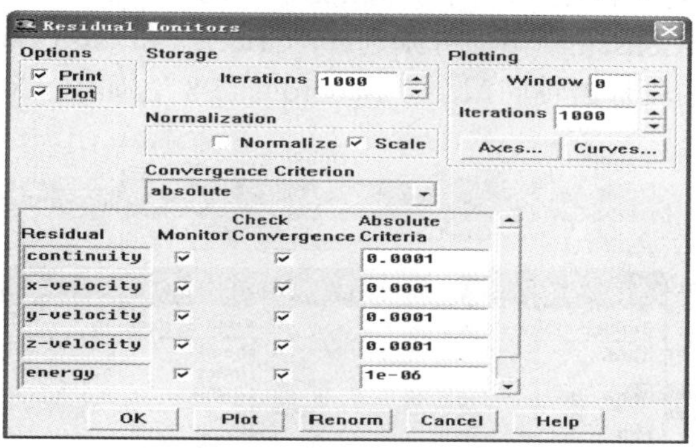


图 7.75 残差监测窗口示意图

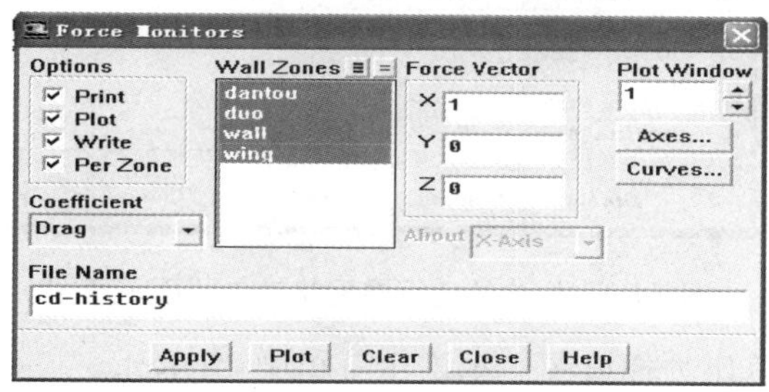


图 7.76 设置阻力监测窗口示意图

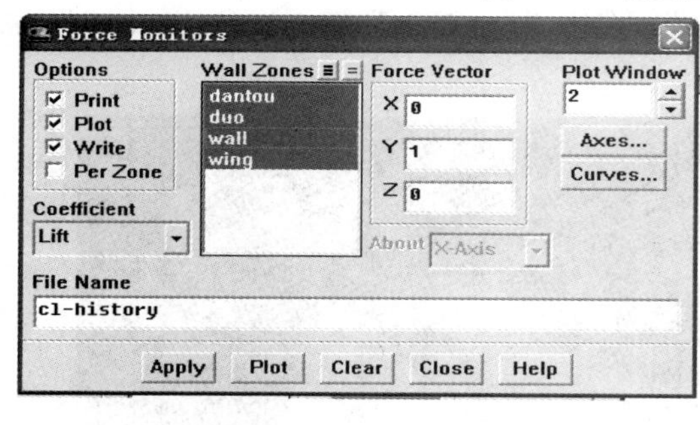


图 7.77 升力监测窗口示意图

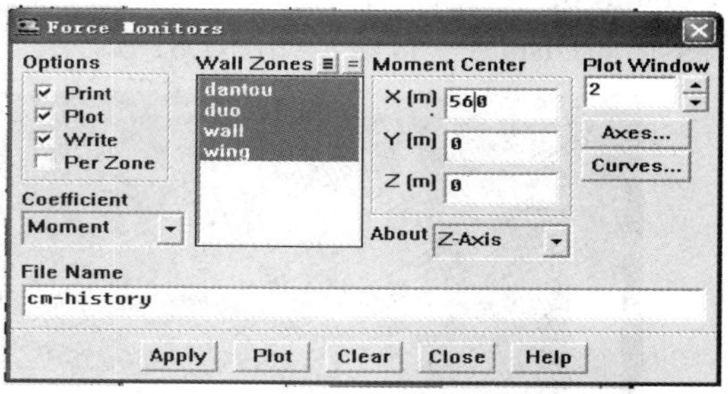

图 7.78 力矩监测窗口设置示意图

(8) 设定仿真的步数。单击“Solve”→“Iterate”命令，弹出“Iterate”对话框，将“Number of Iterations”设置为 100，进行仿真计算，如图 7.79 所示。

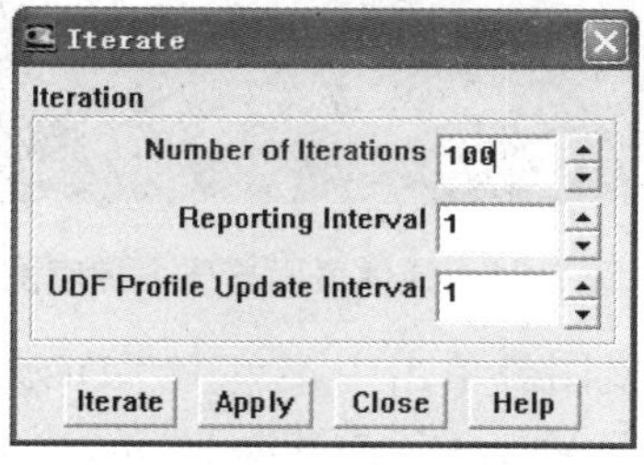


图 7.79 迭代求解次数设置

6. 获取仿真结果及后处理

(1) 建立飞行器的可视化截面。单击“Surface”→“Iso-Surface”命令，弹出“Iso-Surface”对话框，在“Surface of Constant”下面分别选择“Grid…”和“X_Coordinate”，单击“Create”按钮就生成了沿 X 轴的飞行器轴向截面“x-coordinate-8”，如图 7.80 中“From Surface”下拉菜单所示。

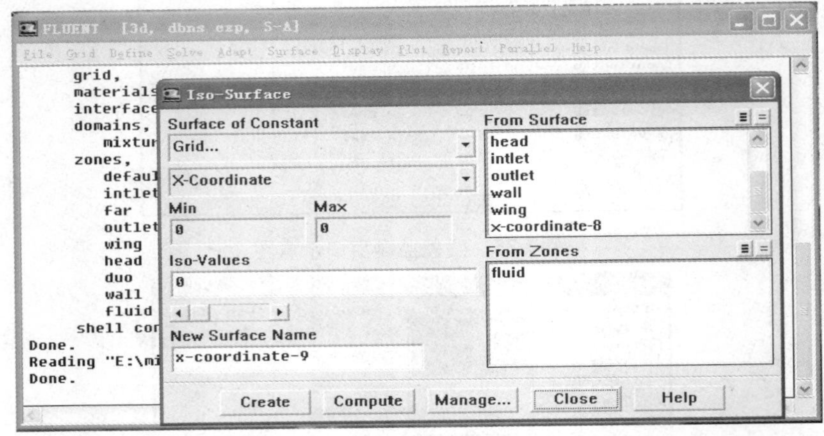


图 7.80 生成的飞行器网格轴向截面示意图

(2) 获取弹体表面总压力梯度图。单击主菜单中“Display”→“Contour”命令。选择“Options”中的“Filled”、“Node Values”、“Global Range”和“Auto Range”复选框，选择“Contour of ”中的“Pressure”、“Total Pressure”。选中“Surfaces”的“X-Ordinate-8”，然后单击“Display”按钮，如图 7.81 所示。

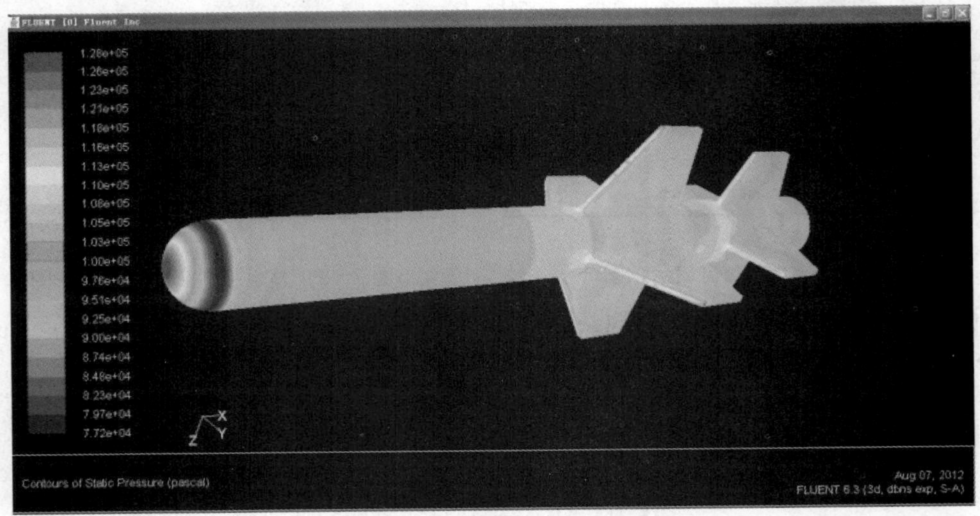


图 7.81 弹体表面总压力梯度图

(3) 获取弹体表面总温梯度图。单击主菜单中“Display”→“Contour”命令。选择“Options”中的“Filled”、“Node Values”、“Global Range”和“Auto Range”复选框，选择“Contour of”中的“Temperature”、“Total Temperature”。选中“Surfaces”的“X-Ordinate-8”，

然后单击“Display”按钮，结果如图7.82所示。

图7.82 弹体表面总温梯度图

(4) 获取弹体表面空气密度梯度图。单击主菜单中“Display”→“Contour”命令。选择“Options”中的“Filled”、“Node Values”、“Global Range”和“Auto Range”复选框，选择“Contour of”中的“Density”、“Density”。选中“Surfaces”的“X-Ordinate-8”，然后单击“Display”按钮，结果如图7.83所示。

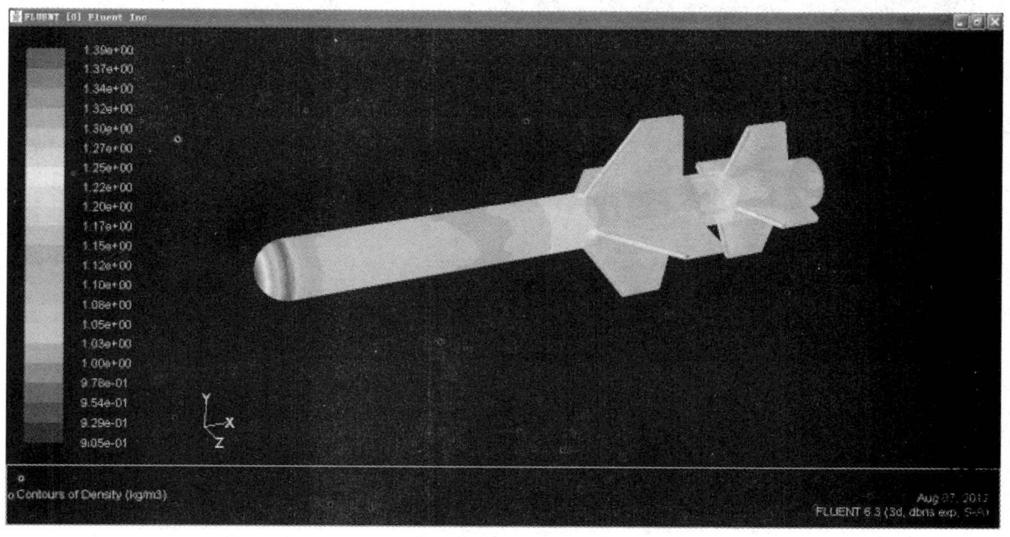


图7.83 弹体表面空气密度梯度图

(5) 获取弹体表面空气马赫数梯度图。单击主菜单中“Display”→“Contour”命令。选择“Options”中的“Filled”、“Node Values”、“Global Range”和“Auto Range”复选框，选择“Contour of ”中的“Velocity”、“March Number”。选中“Surfaces”的“X-Ordinate-8”，然后单击“Display”按钮，如图7.84所示。

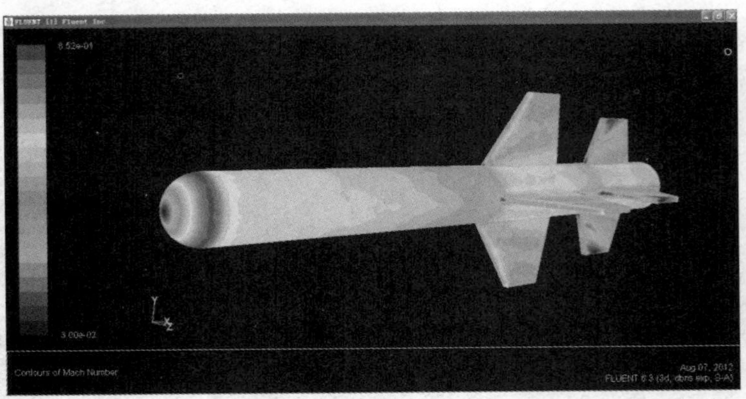

图 7.84　弹体表面马赫数梯度图

(6) 获取 Cl、Cd 和 Cm 等数据结果，迭代残差曲线和仿真结果数据，如图 7.85 所示。

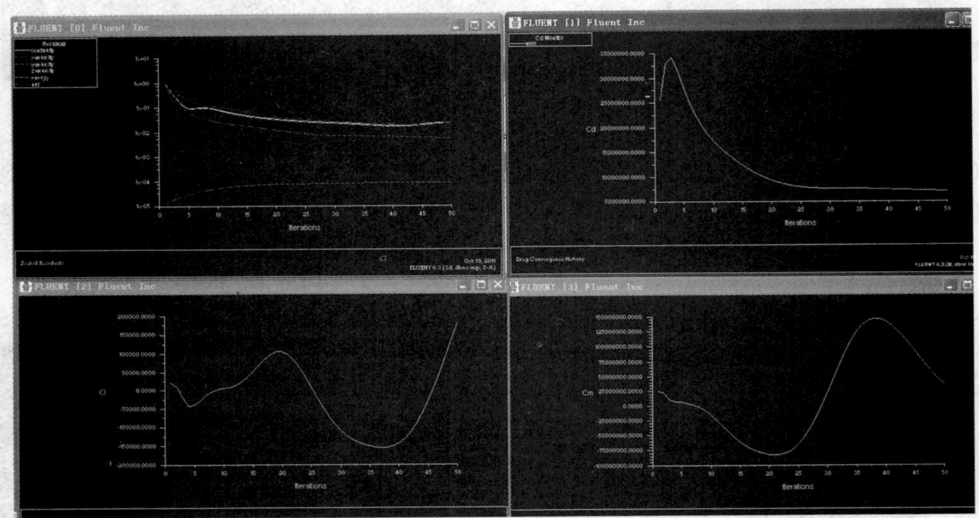

(a) 残差监控示意图

```
FLUENT  [3d, dbns imp, S-A]
File Grid Define Solve Adapt Surface Display Plot Report Parallel Help
  42 1.7465e-02 6.2171e-03 1.9737e-02 2.0045e-02 1.6207e-02 8.6663e-05 1.2510e+08 -1.1453e+05 7.3252e+06  0:04:02    8
  43 1.7867e-02 6.1074e-03 1.9501e-02 1.9716e-02 1.6647e-02 8.6871e-05 1.1468e+08 -9.1283e+04 7.2863e+06  0:03:32    7
  44 1.8710e-02 6.0181e-03 1.9300e-02 1.9467e-02 1.7537e-02 8.7037e-05 1.0303e+08 -6.2910e+04 7.2483e+06  0:03:02    6
iter continuity x-velocity y-velocity z-velocity     energy        nut         cm          cl    Cd-wall     time/iter
  45 1.9782e-02 5.9304e-03 1.9133e-02 1.9253e-02 1.8662e-02 8.7185e-05 9.0856e+07 -2.9577e+04 7.2114e+06  0:02:32    5
  46 2.0936e-02 5.8508e-03 1.9016e-02 1.9176e-02 1.9875e-02 8.7328e-05 7.8641e+07 8.2520e+03 7.1758e+06  0:02:01    4
  47 2.1925e-02 5.7537e-03 1.8937e-02 1.9130e-02 2.0924e-02 8.7463e-05 6.6714e+07 4.9063e+04 7.1419e+06  0:01:31    3
  48 2.2698e-02 5.6393e-03 1.8904e-02 1.9095e-02 2.1757e-02 8.7593e-05 5.5627e+07 9.2142e+04 7.1099e+06  0:01:01    2
  49 2.3196e-02 5.5219e-03 1.8910e-02 1.9021e-02 2.2308e-02 8.7725e-05 4.5526e+07 1.3561e+05 7.0802e+06  0:00:30    1
  50 2.3366e-02 5.4161e-03 1.8894e-02 1.8893e-02 2.2519e-02 8.7914e-05 3.6670e+07 1.7817e+05 7.0531e+06  0:00:00    0

iter continuity x-velocity y-velocity z-velocity     energy        nut         cm          cl    Cd-wall     time/iter
  50 2.3366e-02 5.4161e-03 1.8894e-02 1.8893e-02 2.2519e-02 8.7914e-05 3.6670e+07 1.7817e+05 7.0531e+06  1:15:35  150
  51 2.3186e-02 5.3066e-03 1.8832e-02 1.8673e-02 2.2362e-02 8.8127e-05 2.9034e+07 2.1821e+05 7.0291e+06  1:12:58  149
  52 2.2728e-02 5.2052e-03 1.8645e-02 1.8339e-02 2.1908e-02 8.8384e-05 2.2926e+07 2.5514e+05 7.0087e+06  1:12:47  148
  53 2.2038e-02 5.1058e-03 1.8346e-02 1.7943e-02 2.1202e-02 8.8715e-05 1.8369e+07 2.8784e+05 6.9922e+06  1:13:31  147
  54 2.1230e-02 5.0114e-03 1.7973e-02 1.7486e-02 2.0364e-02 8.9089e-05 1.5355e+07 3.1528e+05 6.9801e+06  1:13:30  146
  55 2.0333e-02 4.9358e-03 1.7538e-02 1.7011e-02 1.9424e-02 8.9514e-05 1.4017e+07 3.3733e+05 6.9727e+06  1:12:54  145
  56 1.9440e-02 4.8453e-03 1.7060e-02 1.6561e-02 1.8487e-02 9.0010e-05 1.4348e+07 3.5398e+05 6.9703e+06  1:12:48  144
  57 1.8562e-02 4.7435e-03 1.6566e-02 1.6065e-02 1.7563e-02 9.0591e-05 1.6225e+07 3.6537e+05 6.9728e+06  1:12:36  143
  58 1.7699e-02 4.6262e-03 1.6012e-02 1.5650e-02 1.6655e-02 9.1225e-05 1.9710e+07 3.7209e+05 6.9801e+06  1:12:21  142
  59 1.6945e-02 4.5253e-03 1.5542e-02 1.5364e-02 1.5867e-02 9.1945e-05 2.4820e+07 3.7490e+05 6.9916e+06  1:12:03  141
  60 1.6163e-02 4.4139e-03 1.5166e-02 1.5044e-02 1.5049e-02 9.2760e-05 3.1355e+07 3.7438e+05 7.0067e+06  1:11:42  140
iter continuity x-velocity y-velocity z-velocity     energy        nut         cm          cl    Cd-wall     time/iter
  61 1.5452e-02 4.2942e-03 1.4699e-02 1.4609e-02 1.4306e-02 9.3668e-05 3.9207e+07 3.7127e+05 7.0248e+06  1:11:19  139
  62 1.4835e-02 4.1828e-03 1.4363e-02 1.4295e-02 1.3672e-02 9.4681e-05 4.8168e+07 3.6629e+05 7.0449e+06  1:10:54  138
```

(b) 仿真数据示意图

图 7.85　迭代残差曲线和仿真结果数据示意图

# 7.5 结构力学仿真

## 7.5.1 结构力学仿真场景描述

静力分析是结构力学仿真中的重要仿真分析场景之一。它主要用来求解结构在静力载荷(如集中力、分布静力、温度载荷强制位移、惯性力等)的作用下的响应，并得出所需的节点位移、节点力、约束(反)力、单元内力和应变能等。MSC.Nastran 支持全范围的材料模式，包括均质各向同性材料，正交各向异性材料，随温度变化的材料，方便的载荷与工况组合单元上的点、线和面载荷、热载荷、强迫位移，各种载荷的加权组合，在前后处理程序 MSC.Patran 中可以进行几何建模、网格剖分、载荷/约束施加等前处理操作，用户体验良好，因此本节用 MSC.Patran 和 MSC.Nastran 来仿真分析飞行器在施加静力载荷下的应力及应变情况。飞行器的受力示意图，如图 7.86 所示。

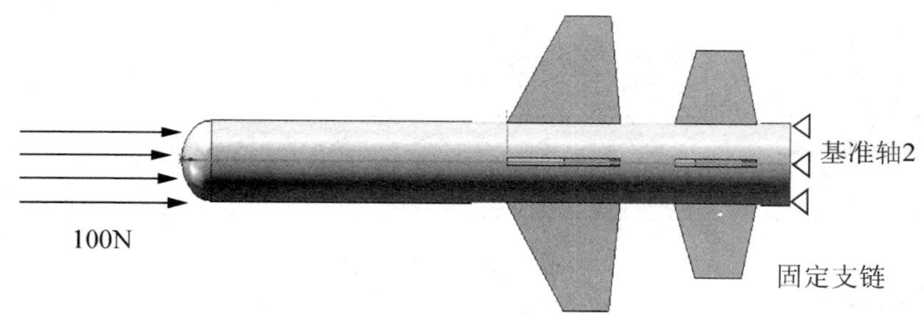


图 7.86 飞行器受力示意图

## 7.5.2 仿真实例及步骤

飞行器结构力学仿真步骤如下。

1. 几何建模

几何模型可以采用以下两种建模方式完成建模。第一种建模方式，工程师可以用专业的建模软件 PROE、UG 等进行结构分析所需的几何模型建模，然后把模型文件保存为“.step 文件”，“.x 文件”，“.igs 文件”等标准格式。然后导入 MSC.PATRAN 进行前后处理操作。第二种建模方式，利用 MSC.PATRAN 中自带的几何建模模块进行几何建模。本节中的几何模型均采用第一种几何模型建模方式建模，然后再将已经建好的几何模型导入到 MSC.PATRAN 软件中进行前处理操作。

2. 网格剖分

本节采用 MSC.Patran 中的几何建模模块和网格剖分模块实现六面体网格的剖分。飞行器模型的六面体网格剖分分为弹头、弹体和弹翼。

(1) 创建数据文件。打开 MSC.Patran 软件，进入主界面后单击“File”→“New”命令，弹出“New Database”对话框，输入文件名“missile_stress”，单击“OK”按钮创建数据文件“missile_stress.db”，如图 7.87 所示。选择分析代码为“MSC.NASTRAN”，选择分析类型为“Structure”。

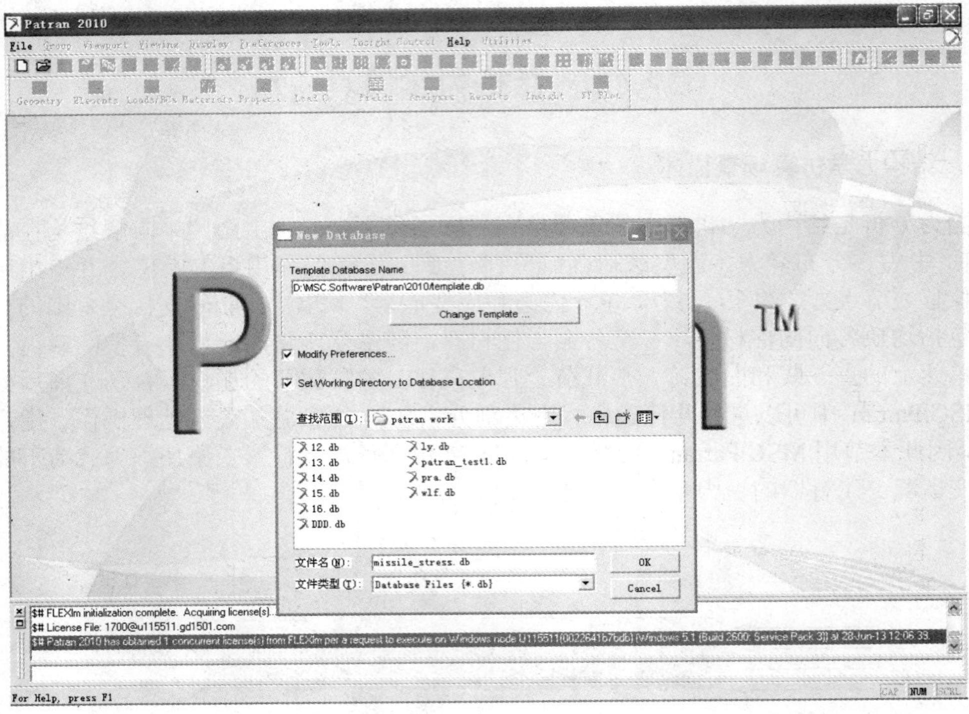

(a) 新建 PATRAN 文件

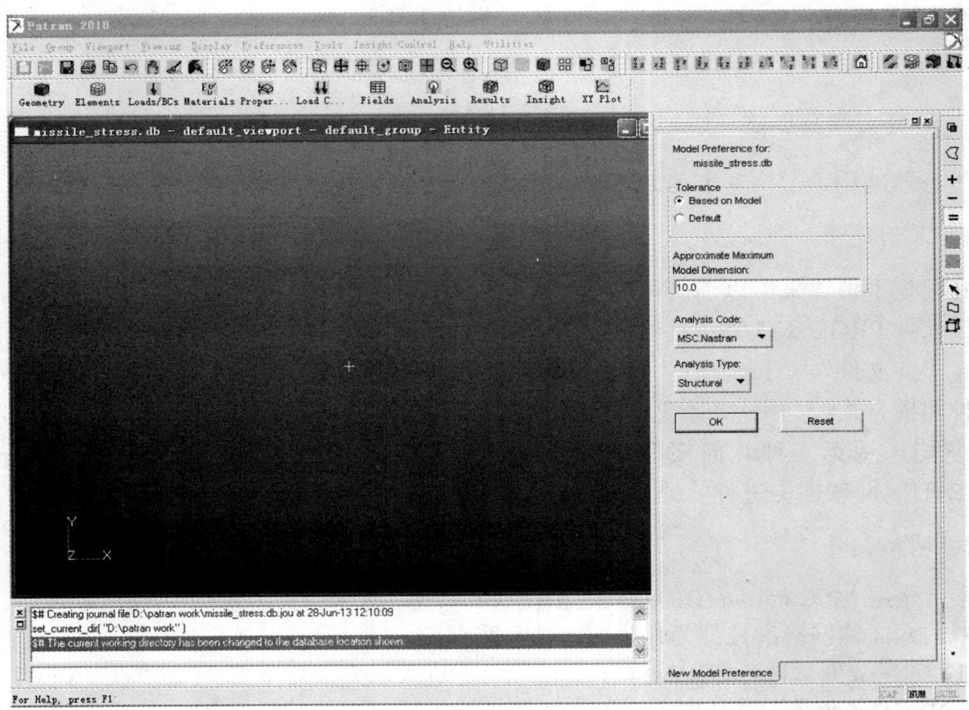

(b) Patran 主界面

图 7.87　新建 MSC.PATRAN 文件示意图

(2) 导入几何模型文件。单击“File”→“Import”命令，弹出“Import”对话框。右侧选择栏内的“Object”选择“Model”，“Source”选择“ACIS”。打开“ACIS Options”面板，设置“Mode Units”中的“Model Unit Override”为“1000.0(Millimeters)”，然后单击“OK”按钮。从计算机中选择要导入的几何模型的“.x_t”格式的文件，然后单击“Apply”按钮，如图 7.88 所示。

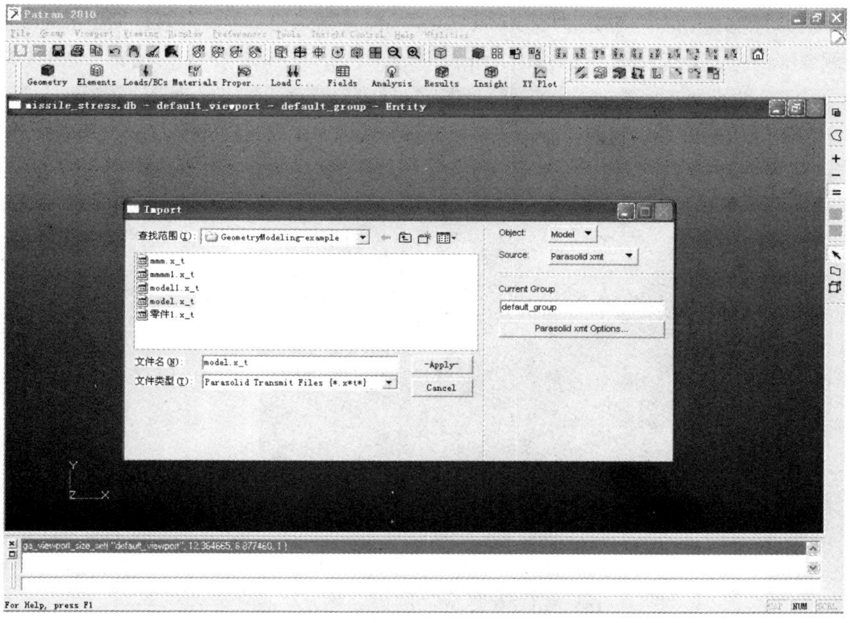


(a) 导入几何模型界面示意图

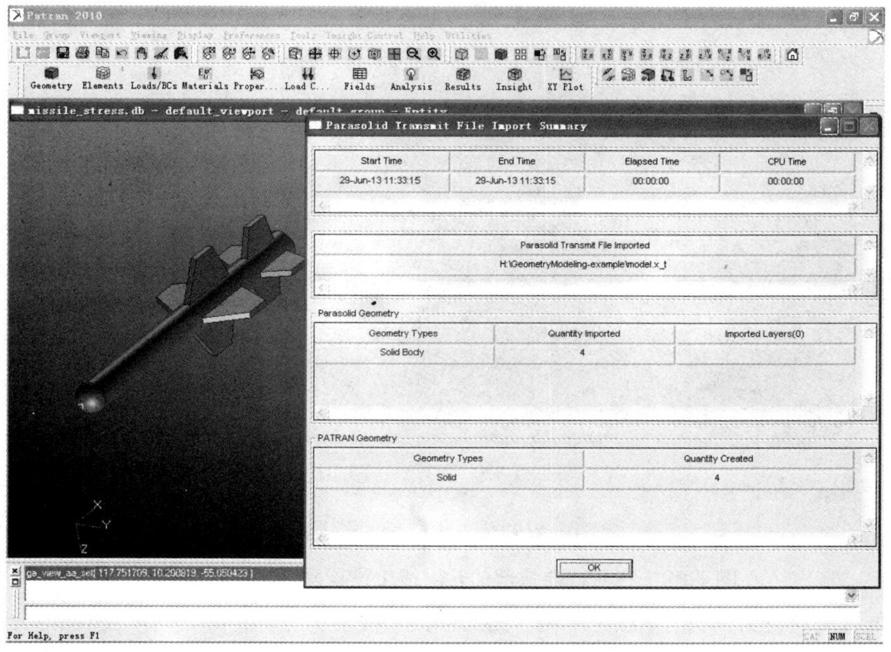


(b) 导入几何模型信息示意图

图 7.88　导入几何模型示意图

(3) 布置弹头上的网格节点。如图 7.89(a)所示，对飞行器几何模型进行布尔运算，单击“Geometry”面板，“Action”选择“Edit”，“Object”选择“Solid”，“Method”选择“Boolean”，然后选中左边视图中所有模型，单击“Apply”按钮完成几何模型的合并操作。单击“Element”面板，“Action”选择“Create”，“Object”选择“Mesh seed”，“Type”选择“Two Way Bias”，“Number Elems and L2/L1”，“Number”设定为 20，“L2/L1”设定为 1.2。然后按住“Shift”键，用鼠标左键选取飞行器头部的线元素，然后单击“Apply”按钮，完成网格节点的布置，如图 7.89(b)所示。

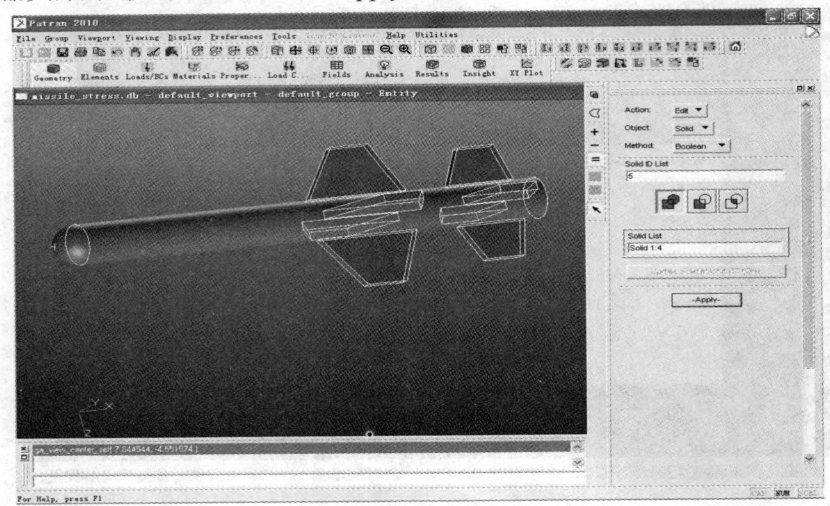


(a) 几何模型布尔运算操作示意图

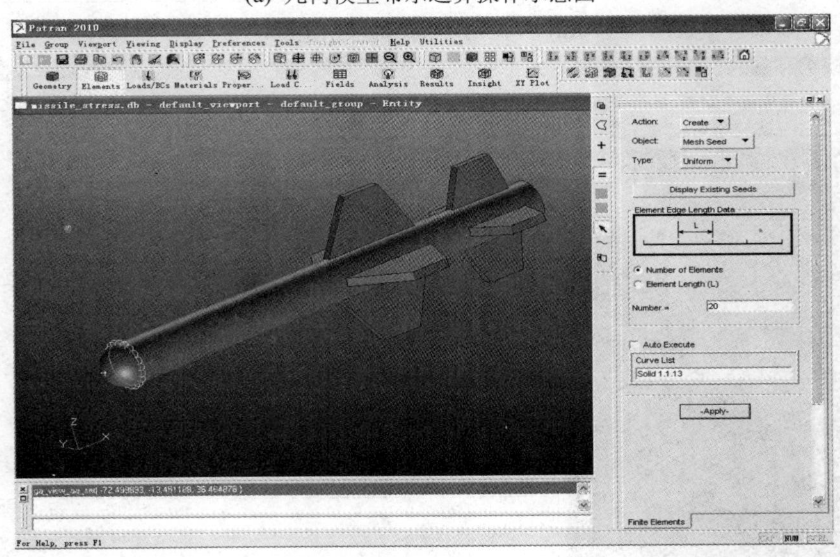


(b) 导弹头部网格节点设置

**图 7.89 在飞行器头部的轮廓线上设置网格节点示意图**

(4) 布置弹体上的网格节点。单击“Elements”面板，“Action”选择“Create”，“Object”选择“Mesh seed”，“Type”选择“Uniform”，“Number of Elements”设定为 40。然后按住“Shift” 键，用鼠标左键选取飞行器头部轮廓线，然后单击“Apply”按钮，完成网格节点的布置，如图 7.90 所示。

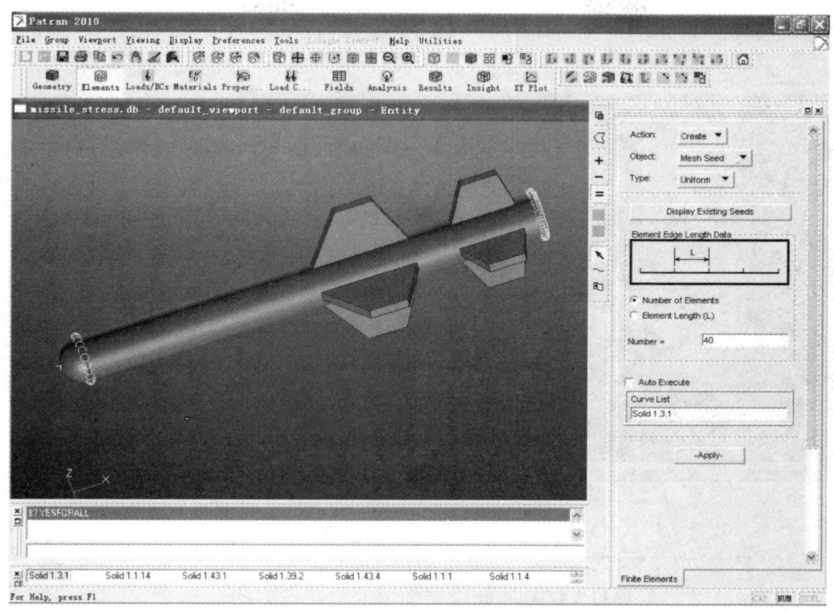

图 7.90 在飞行器弹体轮廓线上设置网格节点示意图

(5) 布置弹翼上的网格节点。单击“Elements”面板，“Action”选择“Create”，“Object”选择“Mesh seed”，“Type”选择“Two Way Bias”，“Number Elems and L2/L1”，“Number”设定为 30，“L2/L1”设定为 1.2。然后按住“Shift”键，用鼠标左键选取弹翼上的线元素，然后单击“Apply”按钮，完成网格节点的布置，如图 7.91(a)所示。按照上述方法对剩余的线元素进行节点布置，根据线元素的长短设置节点的数目，如图 7.91(b)和图 7.91(c)所示。

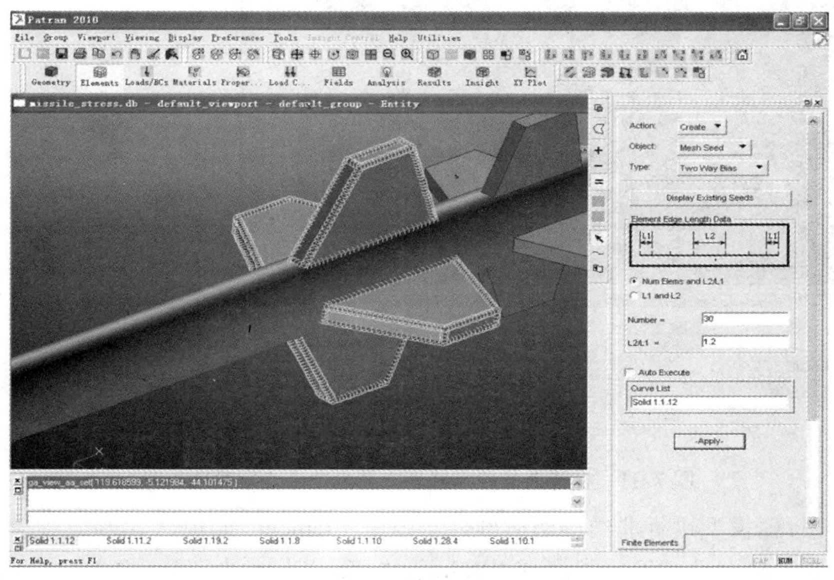

(a) 飞行器翼模型网格节点设置示意图

图 7.91 在弹翼的轮廓线上布置网格节点示意图(续)

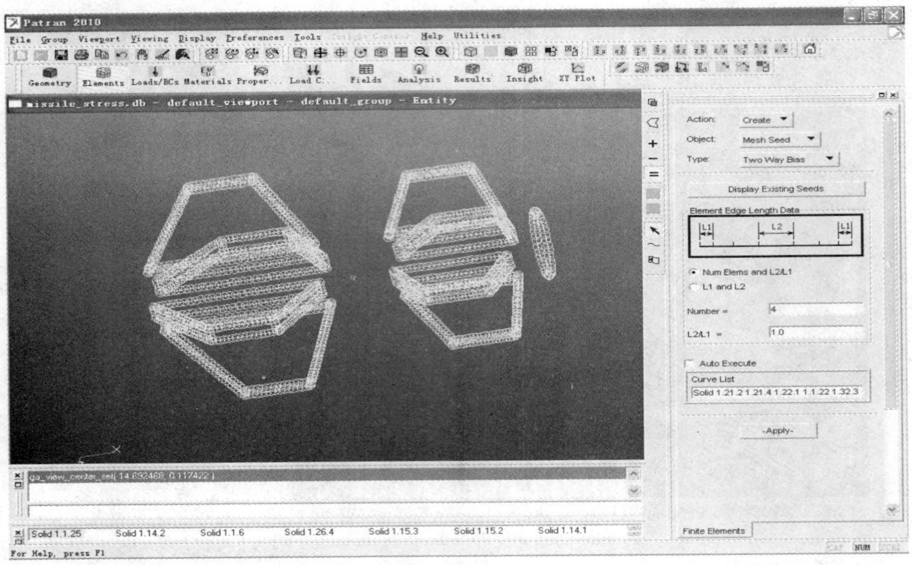

(b) 飞行器尾舵模型网格节点设置示意图

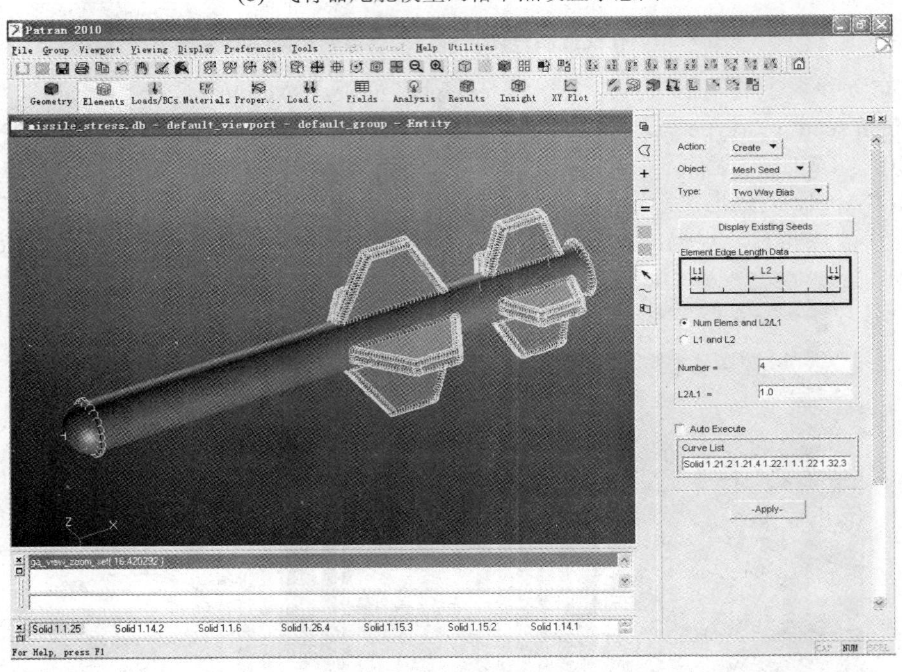

(c) 飞行器总体轮廓网格节点示意图

**图 7.91　在弹翼的轮廓线上布置网格节点示意图(续)**

(6) 对飞行器模型进行非结构网格剖分。单击“Element”面板，“Action”选择“Create”，“Object”选择“Mesh”，“Type”选择“Solid”，“Elem Shape”选择“Tet”，“Mesher”设选择“Tetmesh”，“Topology”选择“Tet10”。在“Input List”中用鼠标左键选取飞行器 Solid1，设置“Global Edge Length”的 Value 值为 5，然后单击“Apply”按钮，完成体网格的生成，如图 7.92 所示。

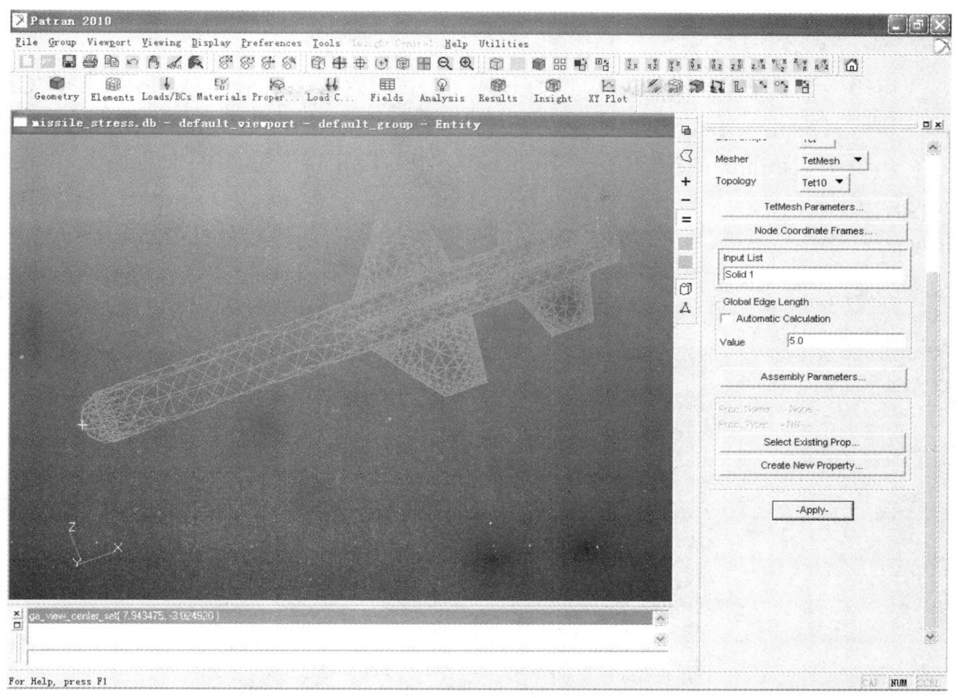


图 7.92　剖分体网格示意图

(7) 检查网格的自由边界。单击“Element”面板，“Action”选择“Verify”，“Object”选择“Element”，“Test”选择“Boundaries”，“Display Type”选择“Free Edge”，然后单击“Apply”按钮，如图 7.93 所示。

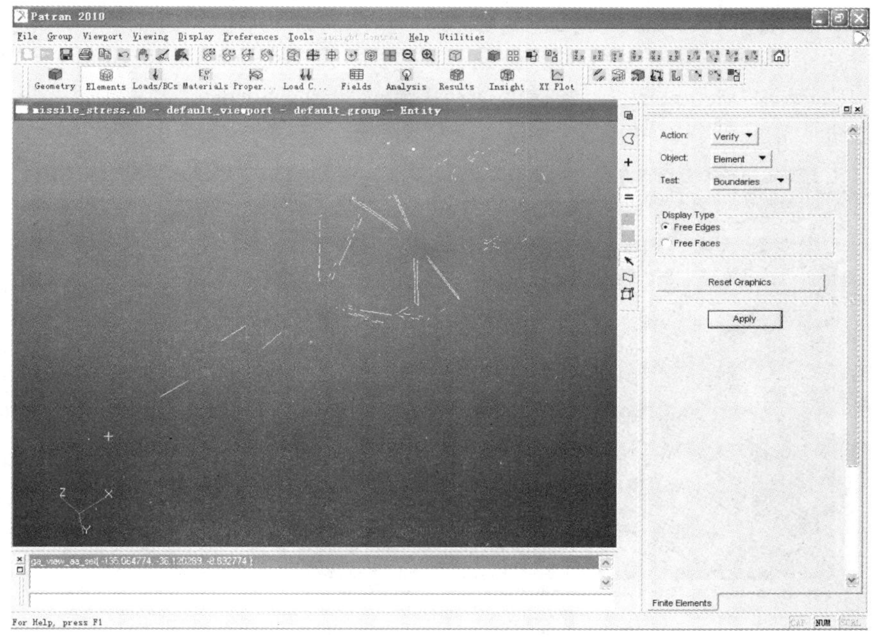


图 7.93　检查网格的自由边界示意图

3. 约束、载荷和材料设置

(1) 约束飞行器底部的自由度。单击“Loads/BCs”应用工具按钮，“Action”选择“Create”，“Object”选择“Displacement”，“Type”选择“Nodal”面板，在“New set Name”选项中输入“dis”，单击“Input”按钮，在“Translation<T1 T2 T3>”输入框中，输入“<0 0 0>”，单击“OK” 按钮。单击“Select Application Region”，在“Geometry Filter”选项中选择底部“Surface”，单击“Add”，“OK”，“Apply”按钮，完成创建，如图 7.94 所示。

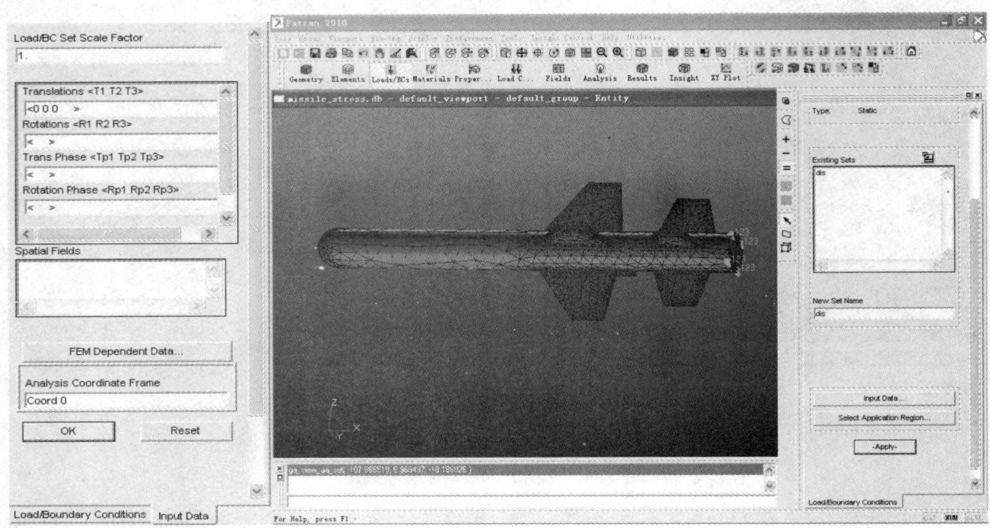


图 7.94　设置飞行器底部固支约束示意图

(2) 创建集中力载荷。“Action”选择“Create”，“Object”选择“Force”，“Type”选择“Nodal”面板，在“New set Name”选项中输入“force1”，单击“Input”按钮，设置“Force<F1 F2 F3>”值为“<100 0 0>”，单击“OK” 按钮。单击“Select Application Region”，在“Geometry Filter”选项中选择“Geometry”，选择飞行器头部的曲面“Surface”，单击“Add”，“OK”，“Apply”按钮，完成创建，如图 7.95 所示。

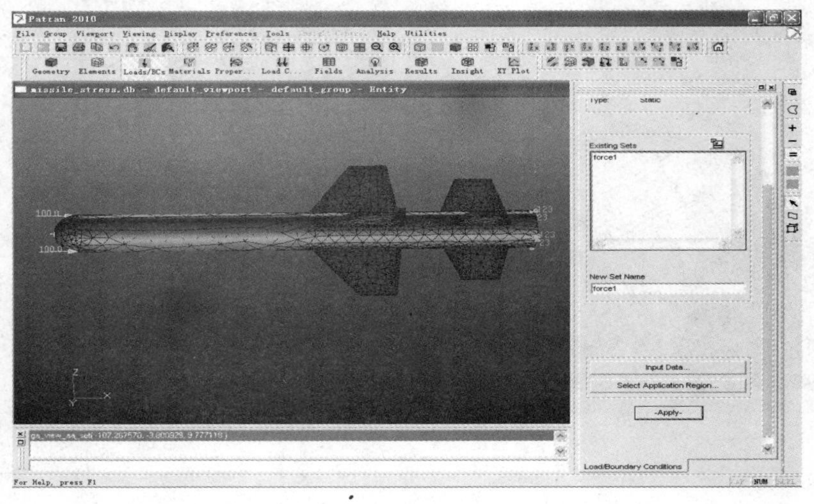


图 7.95　设置飞行器集中力载荷示意图

(3) 设置材料属性。单击“Materials”应用工具按钮。“Action”选择“Create”，“Object”选择“Isotropic”，“Method”选择“Manual Input”，“Material Name：mat1”，单击打开“Input Properties”按钮对应的面板。“Constitutive Model”选择“Linear Elastic”，在“Elastic Modulus”中输入 3e11，在“Poisson Ratio”中输入 0.23076，单击“OK”，“Apply”按钮，完成材料的创建，如图 7.96 所示。

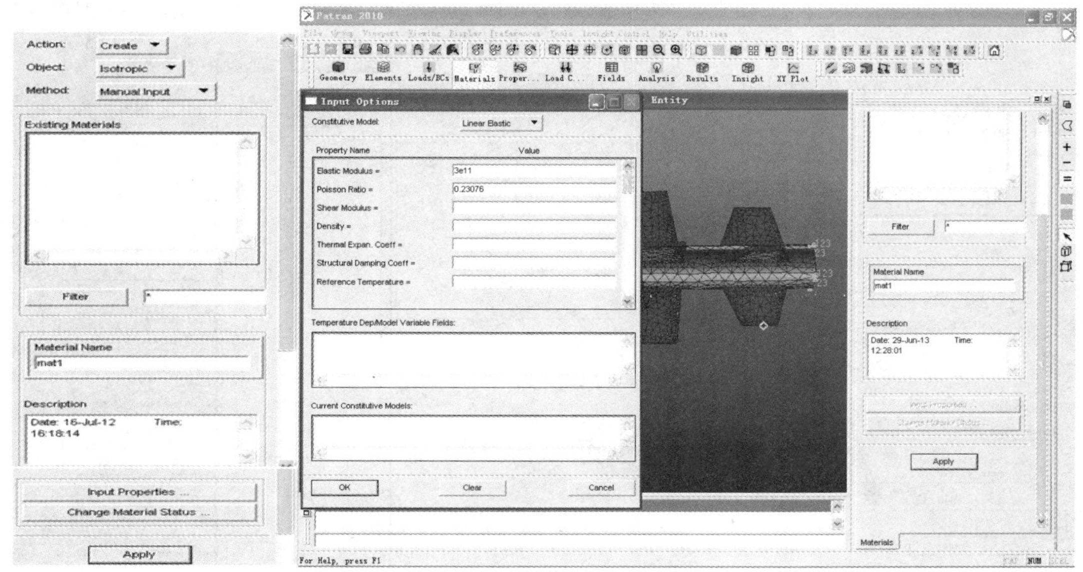


图 7.96 设置材料属性示意图

## 4. 有限单元设定和仿真参数设置

(1) 定义单元属性。单击“Properties”应用工具按钮。“Action”选择“Create”，“Object”选择“3D”，“Type”选择“Solid”，在“Property Set Name”中输入“mis_solid”，“Options”选项选择“Homogeneous”，“Standard Formulation”。单击“Input Properties”按钮，打开对应的面板，在“Mat Prop Name” 中选择“mat1”。单击“OK”按钮。在“Application Region”中选项框，选择视图中的“Solid”，飞行器整体。单击“Add”，“OK”，“Apply”按钮，完成定义单元属性，如图 7.97 所示。

(2) 进行分析设定。单击“Analysis”应用工具按钮，“Action”选择“Analyze”，“Object”选择“Entire Model”，“Method”选择“Full Run”，打开“Solution Type”按钮，选择求解类型为“LINEAR STATIC”，单击“OK”，“Apply”按钮。弹出“MSC.NASTRAN”计算对话框，开始计算，如图 7.98 所示。

## 5. 查看仿真结果

(1) 获取仿真结果文件。在“Analysis”应用工具按钮对应的菜单下，“Action”选择“Access Results”，“Object”选择“Attach XDB”，“Method”选择“Result Entities”，单击

“Select Result File”按钮，选择“missile1.xdb”。单击“OK”，“Apply”按钮，如图 7.99 所示。

(2) 显示位移云图。单击“Results”应用工具按钮。“Action”选择“Create”，“Object”选择“Quick Plot”，在“Select Fringe Result”选项中选择“Displacement”，“Translational”，“Quantity”选择“Magnitude”，单击“Apply”按钮，位移云图如图 7.100 所示。

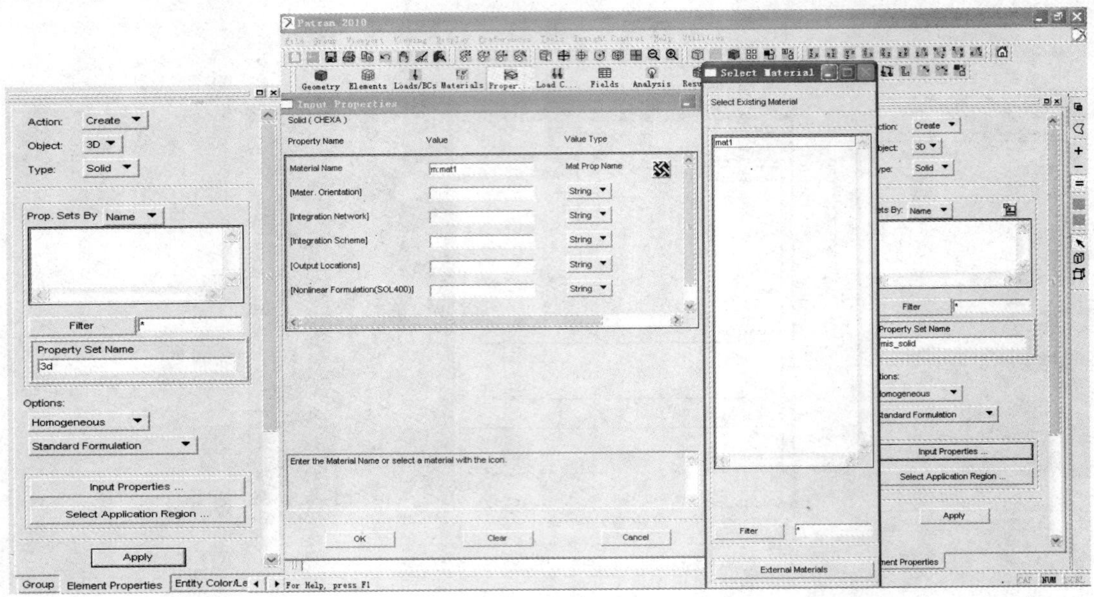


图 7.97　定义单元属性示意图

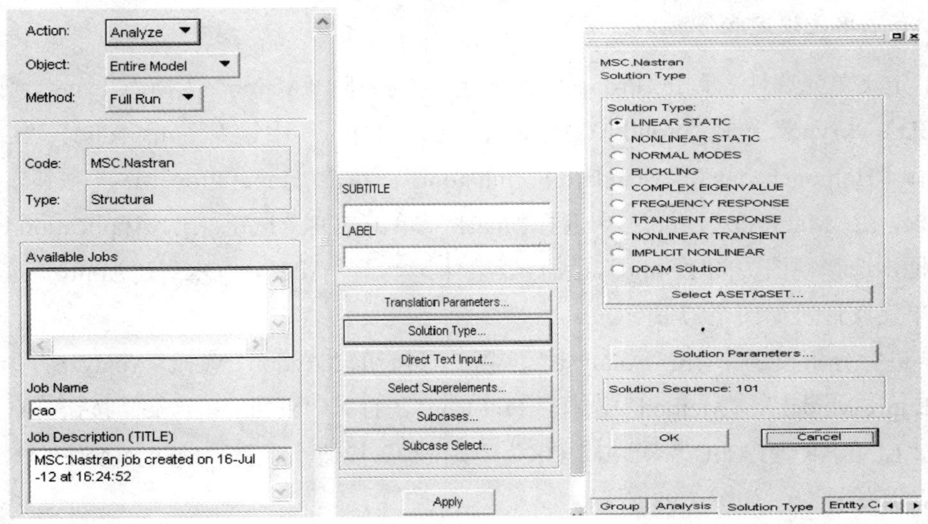


(a) 分析设定面板示意图

图 7.98　分析面板设置示意图

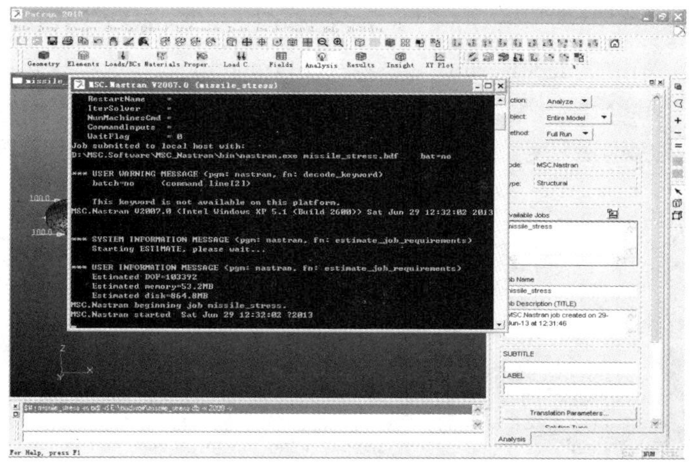


(b) PATRAN 递交 NASTRAN 仿真界面

图 7.98　分析面板设置示意图(续)

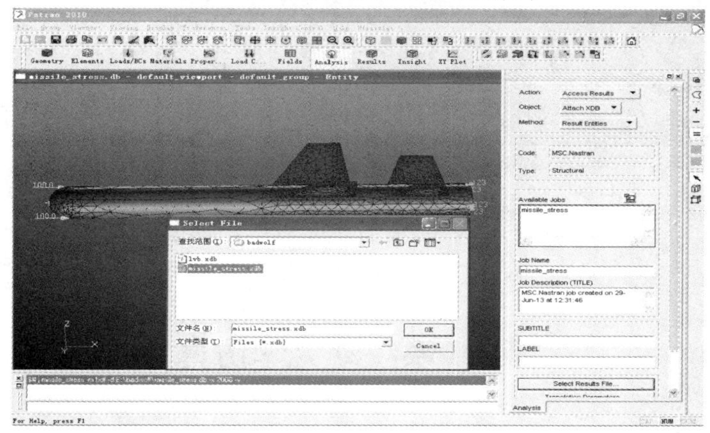


图 7.99　获取仿真结果示意图

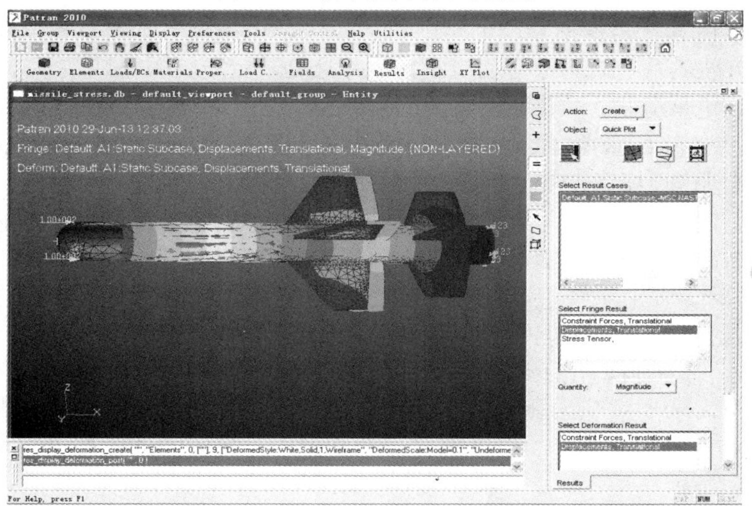


图 7.100　飞行器受力后的位移云图

(3) 显示应力云图。单击“Results”应用工具按钮。“Action”选择“Create”，“Object”选择“Quick Plot”，单击“Select Result”，在“Select Fringe Result”选项中选择“Stress Tensor”，“Quantity”选择“Von Misses”，单击“Apply”按钮，应力云图如图 7.101 所示。

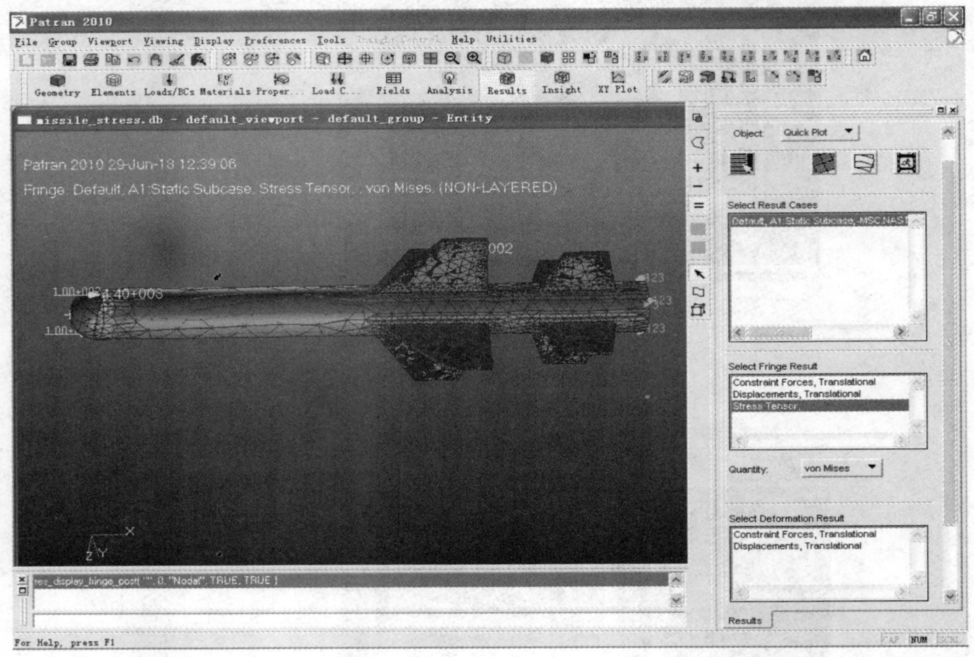


图 7.101　飞行器受力后的应力图

# 7.6　系统动力学仿真

## 7.6.1　系统动力学仿真场景描述

系统动力学仿真就是根据系统分析的目的，在分析系统各个要素性质及其相互关系的基础上，建立能描述系统结构或行为过程的，并且有一定逻辑关系或数学方程的仿真模型，据此进行试验或定量分析，以获取所需要的系统运动信息。MSC.ADAMS 的主要步骤如下：

(1) 创建一个包括运动件、运动副、柔性连接和作用力等在内的机械系统模型。

(2) 通过模拟仿真模型在实际操作过程中的动作来测试所建模型。

(3) 通过将模拟仿真结果与物理样机试验数据对照比较来验证所设计的方案。

(4) 细化模型，使仿真测试数据符合物理样机试验数据。

(5) 深化设计，评估系统模型针对不同的设计变量的灵敏度。

(6) 优化设计方案，找到能够获得最佳性能的最佳优化设计组合。

(7) 使各设计步骤自动化，以便迅速地测试不同的设计可选方案。

本小节示例演示的是利用 MSC.ADAMS 软件模拟飞行器在飞行过程中与拦截弹丸碰撞的运动情况，主要涉及固定约束设定、滑动副设定、接触的创建和设定及创建作用力函数等操作。

### 7.6.2 仿真实例及步骤

对飞行器进行动力学仿真，获取其相关的运动轨迹。MSC.ADAMS 示例步骤如下：

(1) 打开 MSC.ADAMS 软件进入初始界面，如图 7.102 所示，单击“New Model”按钮，弹出“Create New Model”对话框，如图 7.103 所示，所有选项默认即可，单击“OK”按钮进入主界面，如图 7.104 所示。

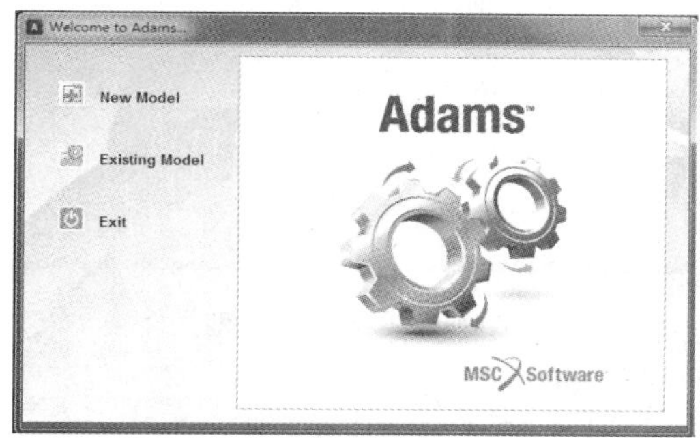


图 7.102 Adams 新建工程模板示意图

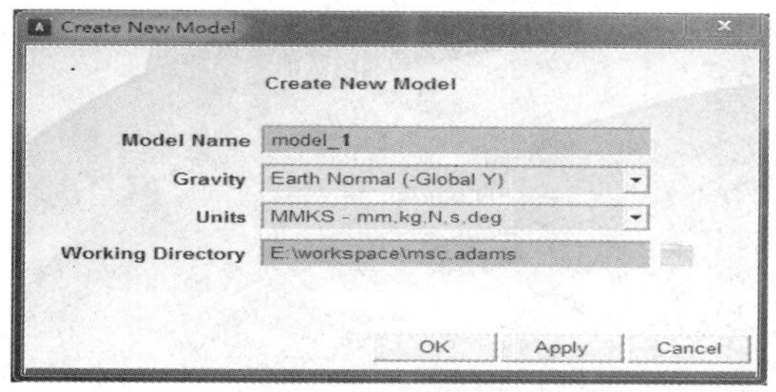


图 7.103 新建模板文件

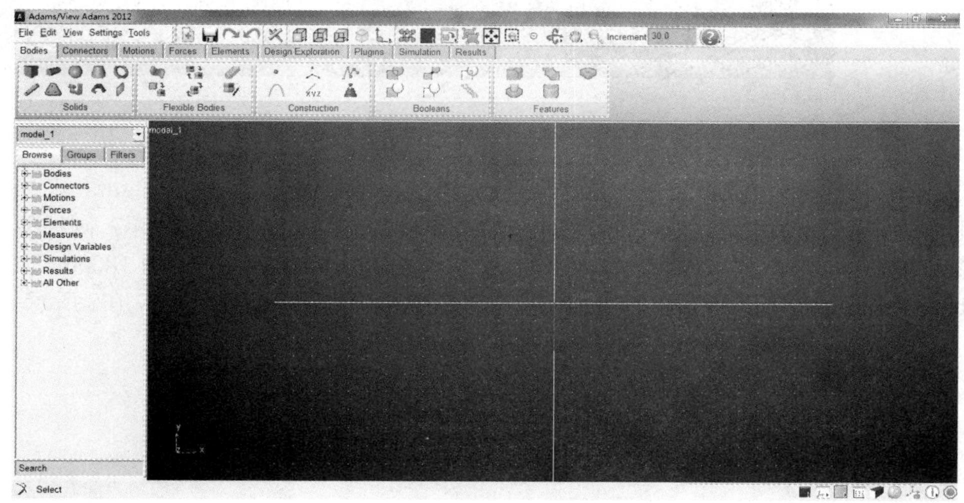


图 7.104 Adams 主界面示意图

(2) 单击“File”→“Import”命令，弹出“File Import”对话框，在“File Type”下拉列表中选择“Parasolid”，输入已做好的飞行器模型的导出文件地址，如“E：\workfile\cae\taicae\cae\example\missile.x_t”，将“Model Name”改为“Part Name ”并输入“PART_1”，并

在“Location”中填写“3000，2000，0”，将“Orientation”中的数值改为“340，0，0”，如图7.105所示，单击“OK”按钮返回主界面，如图7.106所示。

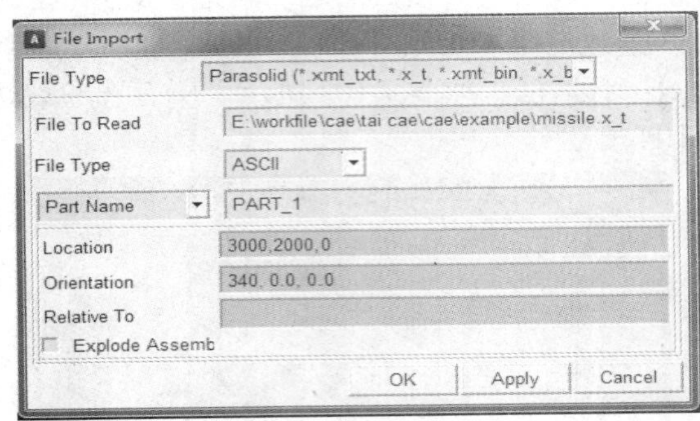


图7.105　导入几何模型文件

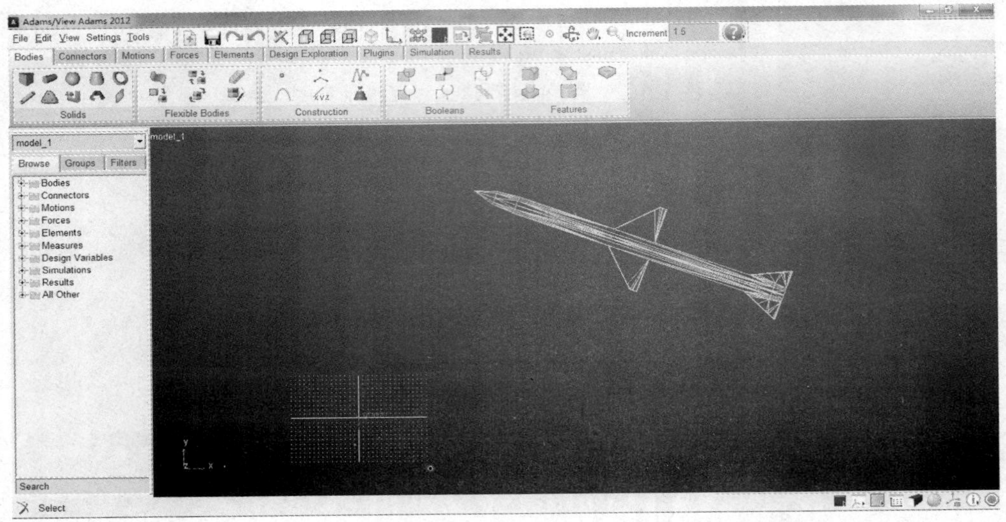


图7.106　导入的飞行器几何模型示意图

(3) 单击“body”面板中的 按钮，进入圆柱绘制对话框，选择“Length”和“Radius”复选框，并将“Length”设为150cm，“Radius”设为20cm，如图7.107所示，圆柱便绘制在工作窗口的左下方，斜向上成45°角，继续按照上述方法绘制“Length”为180cm，“Radius”为10cm的圆柱，其下底与生成的上一圆柱重合并位于圆柱中心处，如图7.108所示。

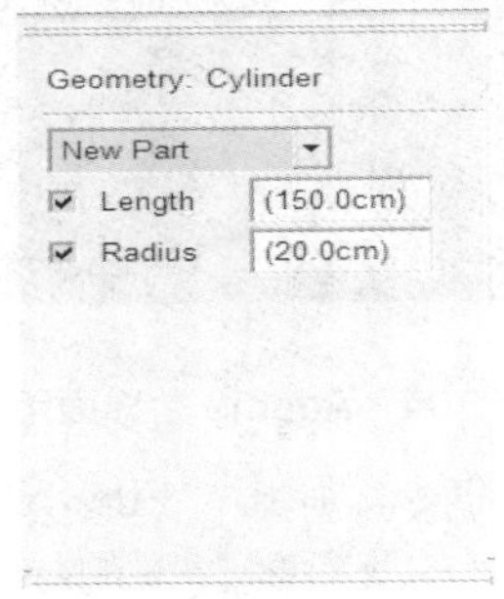


图7.107　新建圆柱体面板设置

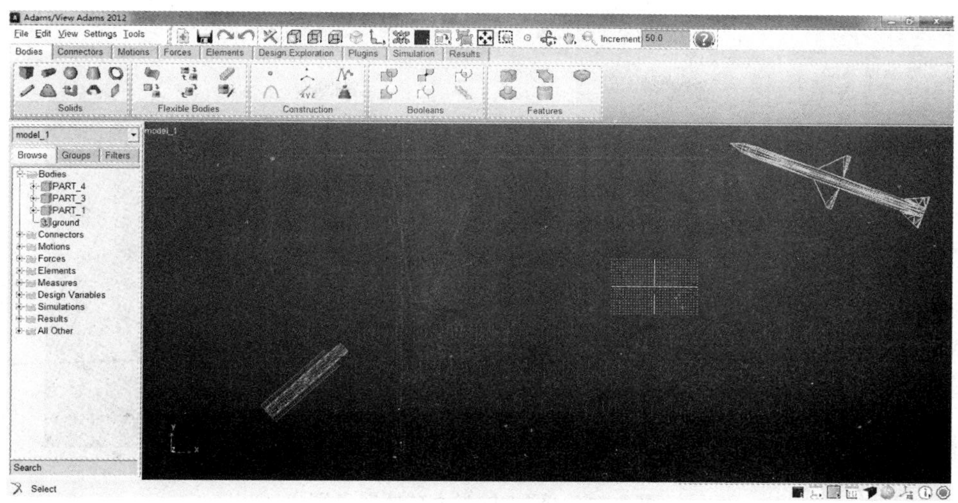


图 7.108　新建弹道内侧圆柱示意图

(4) 单击布尔运算求解按钮，然后依此单击大圆柱和小圆柱，所得结果如图 7.109 所示。

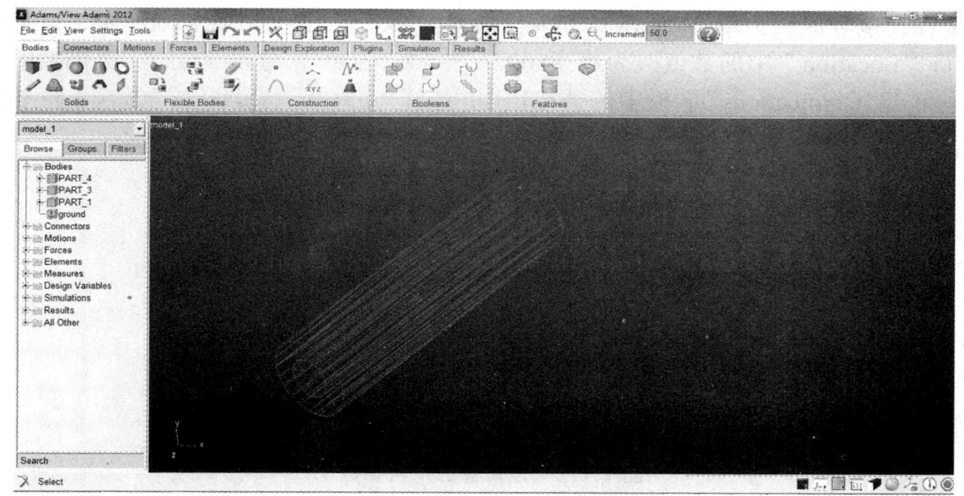


图 7.109　完成布尔运算后的炮管简易模型

(5) 单击“bodies”面板中的球体按钮，进入设置面板，如图 7.110 所示。设置“Radius”为 9cm，绘制在圆柱的底部中心处，如图 7.111 所示。

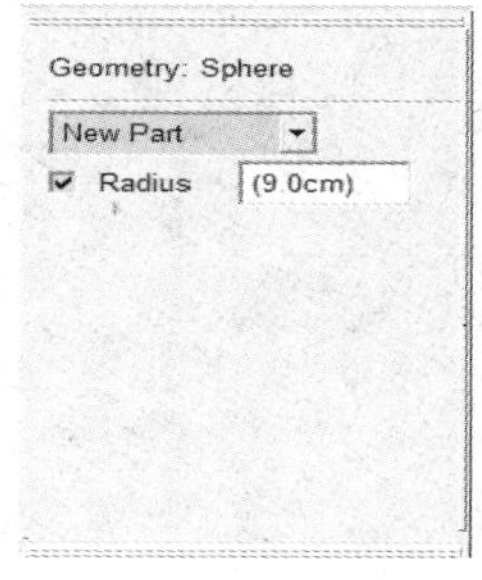


图 7.110　新建球体模型面板设置

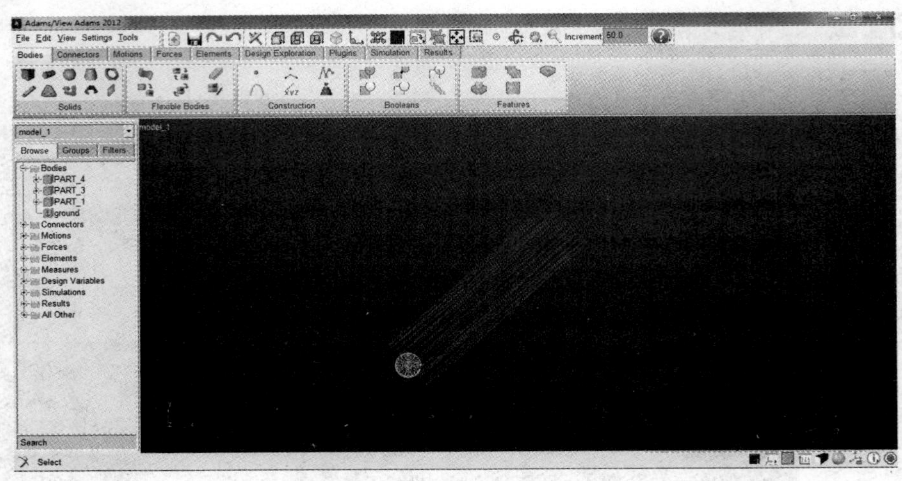

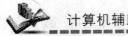

图 7.111　建立的弹丸球体示意图

(6) 单击“bodies”面板中的长方体按钮，进入设置面板，设置“Length”为 270cm，“Height”为 100cm，“Depth”为 190cm，如图 7.112 所示，绘制在图 7.113 所示的位置。

(7) 在左侧导航栏中单击“PART_5”→“MARKER_4”，进入其属性对话框，如图 7.114 所示，将“Location”中的数值改为“-8500，-3350，-950”，单击“OK”按钮退出。

(8) 单击“Connections”面板中的按钮，并选择“1 Location - Bodies impl.”选项，如图 7.115 所示，单击工作区中的圆柱，并用相同的方法锁定长方体，如图 7.116 所示。

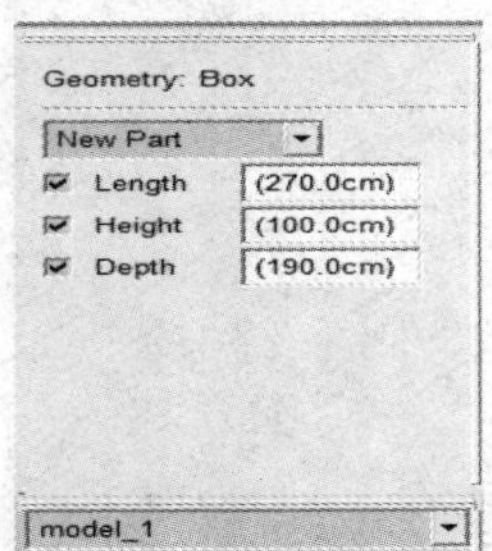


图 7.112　设置盒形平台参数

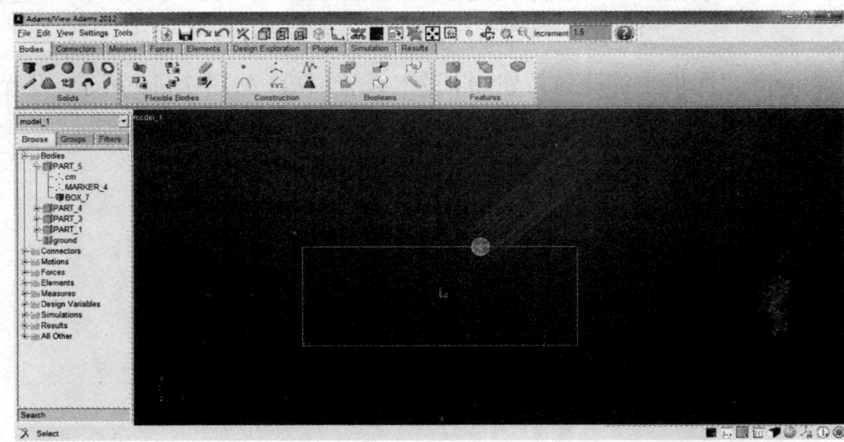


图 7.113　模型示意图

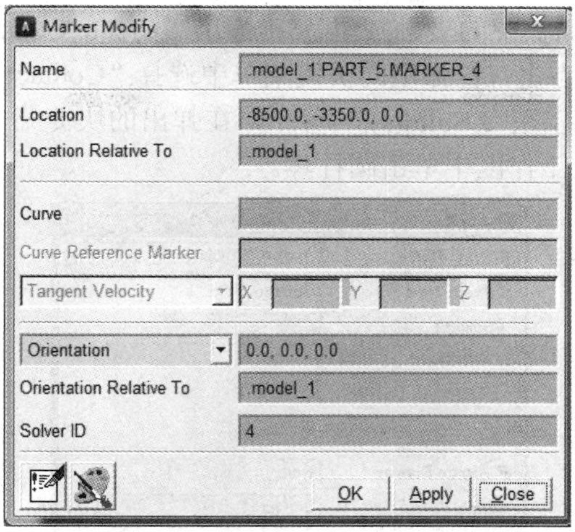

图 7.114 修改 Marker 点的属性

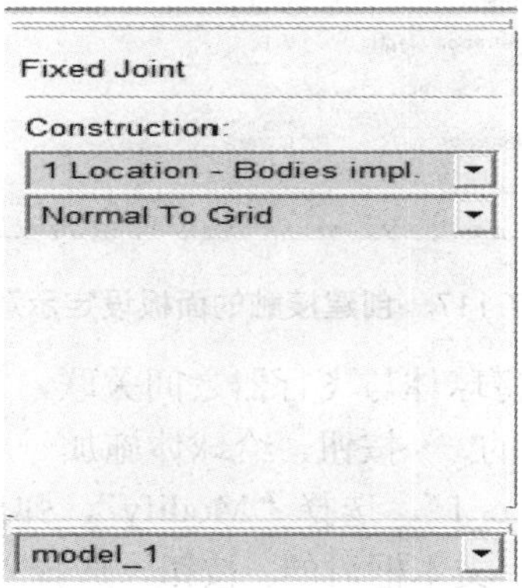

图 7.115 Connections 面板示意图

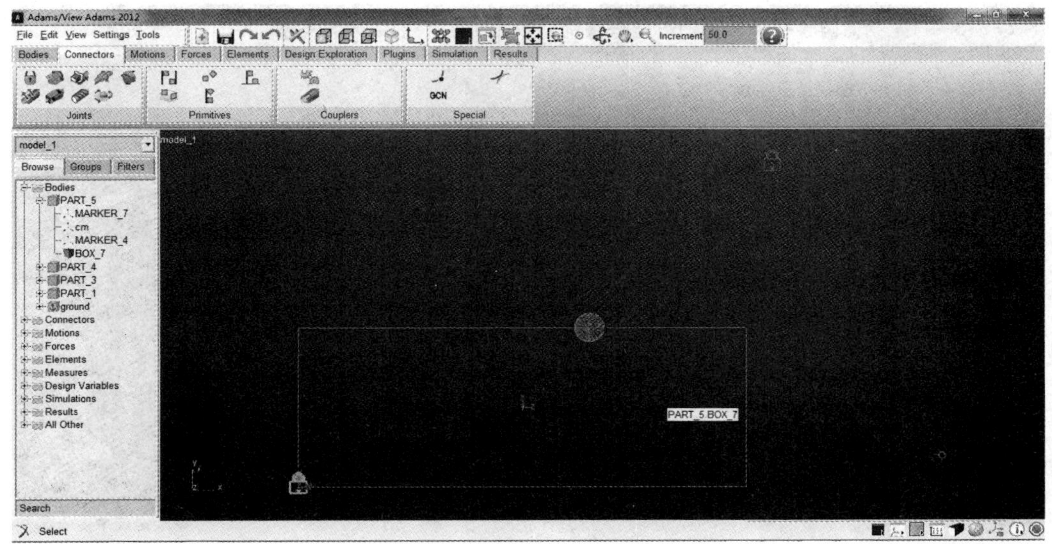


图 7.116 将模型与大地固定之后的约束示意图

(9) 单击“Forces”面板中的接触按钮，弹出“Create Contact”对话框，如图 7.117 所示，在“I Solid(s)”中右击，在弹出的快捷菜单中选择“Contact_Solid”→“Pick”命令，然后在工作区中单击球体，在“J Solid(s)”中右击，在弹出的快捷菜单中选择“Contact_Solid”→“Pick”命令，然后在工作区中单击圆柱体。

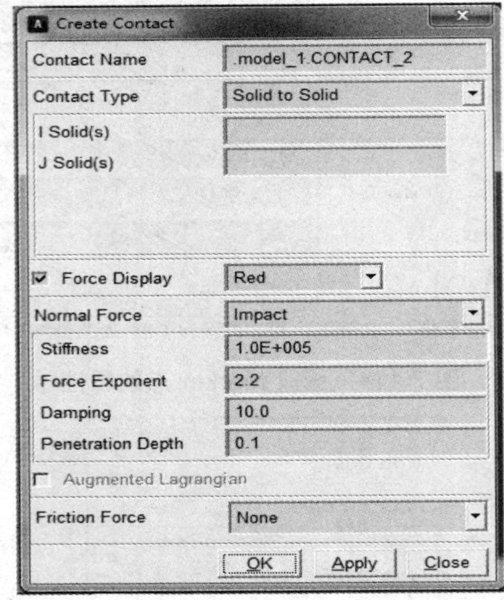


图 7.117　创建接触的面板设定示意图

(10) 用与(9)相同的方法，将球体与飞行器之间关联，如图 7.118 所示。

(11) 单击“Forces”面板中的 按钮，给球体施加一个沿圆柱斜向上的力，右击左侧导航栏中的“Forces”→“Sforce_1”，选择“Modify”，弹出“Modify Force”对话框，如图 7.119 所示，单击“Function”文本框后的按钮，选择“Step5”函数，并将其中的值设为“STEP5(time，0，3500000，0.05，0)”，如图 7.120 所示，单击“OK”按钮退出。

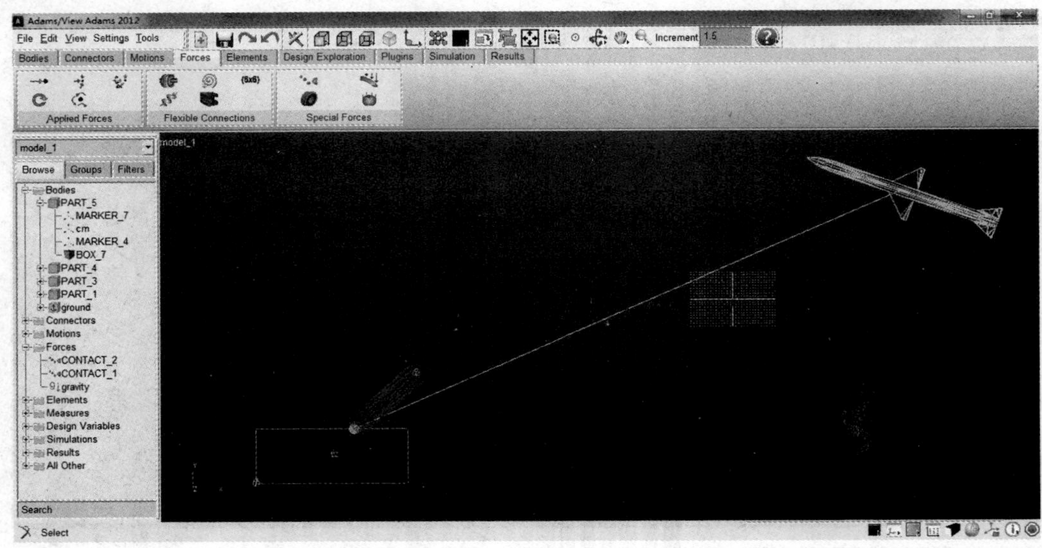


图 7.118　创建球体与飞行器的碰撞接触示意图

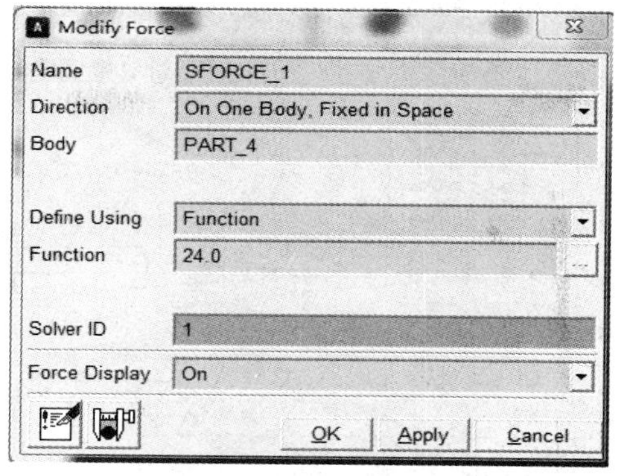


图 7.119　修改力的属性

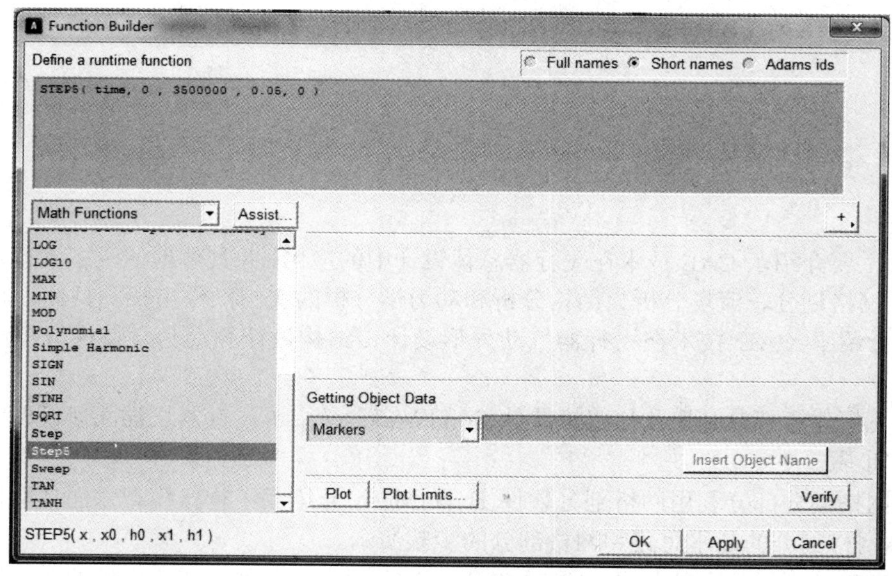


图 7.120　修改作用力的函数

(12) 单击“Forces”面板中的 → 按钮，给飞行器施加一个沿弹体斜向前的力，右击左侧导航栏中的“Forces”→“sforce_2”，选择“Modify”，弹出“Modify”对话框，单击“Function”文本框后的 按钮，选择“Step5”函数，并将其中的值设为“STEP5(time，0，1.50E+005，0.35，0)”，单击“OK”按钮退出。单击“Simulation”面板中的 按钮，进入仿真面板，设置仿真时间为 2.5S，迭代步数为 3000 步，单击 按钮，即可看到动态的仿真图像。单击“Results”面板中的 按钮可以查看仿真结果，并能够画出整个过程中的力、位移等曲线图，如图 7.121 所示。

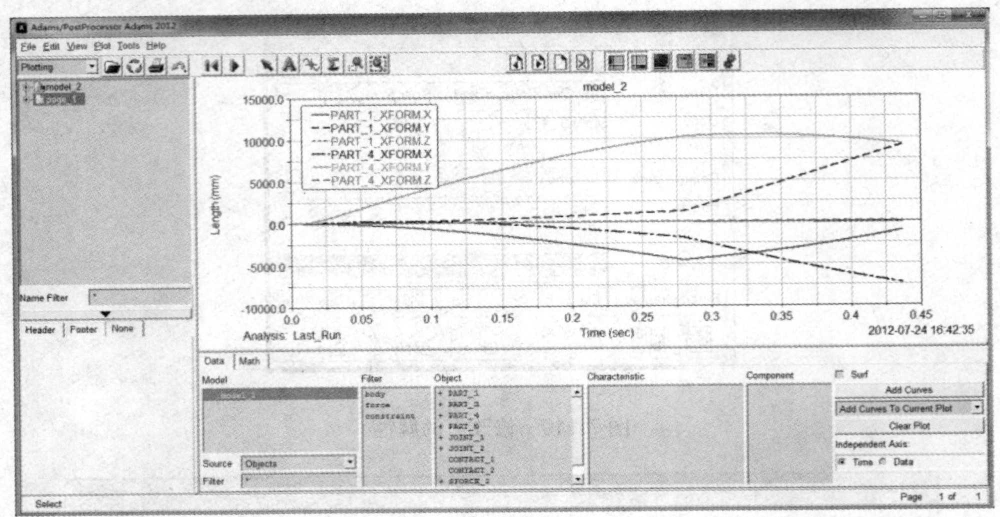


图 7.121　获取力和位移示意图

## 小　　结

本章主要介绍了 CAE 技术在飞行器总体设计中的应用，并具体地演示了飞行器几何模型构建、网格划分、流场分析、结构分析和动力学分析的实例操作步骤。具体内容如下：

(1) 介绍了 CAE 技术在飞行器气动外形设计、结构设计和动力学特性分析中的应用范围。

(2) 几何建模部分利用几何建模软件 SolidWorks 介绍了飞行器三维几何模型的建模过程和操作步骤。

(3) 网格剖分部分利用网格剖分软件 HyperMesh 介绍了飞行器模型六面体网格剖分和非六面体网格剖分的基本思路和网格剖分的步骤演示。

(4) 空气动力学仿真部分以 FLUENT 为工具介绍飞行器外部绕流流场的仿真过程和步骤，并给出了飞行器表面的压力梯度云图、温度梯度云图和马赫数梯度云图。

(5) 静力分析主要以 Patran 和 Nastran 软件为工具介绍了飞行器模型的静力分析和模态分析的方法和步骤。

(6) 系统动力学仿真部分以 ADAMAS 软件为工具进行了飞行器碰撞系统的系统动力学仿真，介绍了仿真模型的建模方法和步骤，并给出了分析结果。

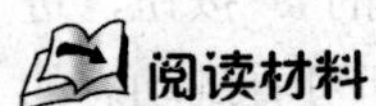

### 阅读材料

#### MSC 与航空航天业

可以说，CAE 软件自诞生之日起，就与航空航天业结下了不解之缘。航空航天空间飞行器是技术高度密集产品。结构力学、空气动力学、机构运动学、控制学等各个力学领域的最新技术发展成果大多最早应用于空间飞行器上。同时，这些力学领域的一些最新技术，也大多来自航空航天领域的研究探索和应用反馈。

计算机技术、有限元技术、计算机辅助工程(CAE)等，都首先在航空航天领域进行开发研究，并得到广泛应用。航空航天飞行器高精尖的工作性能决定了结构设计的极其复杂。飞行任务的特殊性决定了工作环境的恶劣。因而应用的CAE分析软件要求可靠、安全稳定、功能适用和针对航空航天行业、有丰富的航空航天行业应用经验等。早期的CAE软件发展更是得益于航空航天业的大力推动，MSC公司就是其中的典型。

MSC.Software公司创建于1963年，总部设在美国洛杉矶，是世界领先的虚拟产品开发解决方案(Virtual Product Development，VPD)和咨询提供商。1966年，美国国家航空航天局(NASA)为了满足当时航空航天工业对结构分析的迫切需求，招标开发大型有限元应用程序，MSC.Software公司一举中标，负责了整个Nastran的开发过程。自此，开始了大型商用CAE软件在工业领域的工程应用历史。MSC.Software公司从最初的MSC.Nastran，到现在已经开发出覆盖结构、机构、控制、流体、电子等多学科领域的一系列软件和集成分析系统。2008年年初MSC公司与波音公司签下了一项多年长期合作协议，协议中波音公司将运用MSC.Software公司新的企业级仿真方案的优势系统(Enterprise Advantage System)，以便更加便捷在整个企业使用MSC新一代数字仿真技术和整体解决方案。在美国“发现号”航天飞机的研制过程中，MSC.Software软件广泛用于系统级和部件级的CAE模拟分析中。美国在研制联合攻击机过程中，从最初的方案阶段到最后的样机研制，从整机性能的论证到部件的功能模拟，广泛采用MSCVPD技术。MSCVPD技术也始终贯穿“神舟”飞船研制过程，帮助飞船轨道舱减重70kg。在航空领域，MSC.Nastran软件被美国联邦航空管理局(FAA)认证为领取飞行器适航证指定的唯一验证软件。美国宇航局(NASA)，波音公司(Boeing)，洛克希德·马丁公司(Lockheed-Martin)，通用电气(GE)，美国Sikorsky，加拿大Bombardier，欧洲航空航天局(ESA)，日本空间探测局(JAXA)，欧洲空中客车公司(Airbus)，法国Snecma，美国Sikorsky，德国著名航空公司Eurocopter、FairchildDornierGmbH，巴西Embraer等都是MSC.Software长期稳定的客户。

MSC公司最出色的软件是MSC.Nastran，它是NA(sa)STR(uctural)AN(alysis)的缩写，是国际上最著名和功能最强的有限元解算器，是航空航天领域共同的分析平台，是唯一获得FAA和JAA认证资格的CAE软件，它具有独特的气动弹性分析功能。飞行器上普遍存在和最为关注的动力学问题，是MSC.Nastran最权威的功能。MSC.Nastran始终作为美国联邦航空管理局(FAA)飞行器适航证领取的唯一验证软件。MSC.Nastran的分析功能主要包括：线性与非线性静力；屈曲失稳；正则模态、复特征值分析、频率及瞬态响应分析、(噪)声学分析、随机响应分析、响应及冲击谱分析、动力灵敏度分析等动力学；热力学；空气动力学及颤振；解决流体(含气体)与结构之间相互作用效应的流-固耦合；具有静、动凝聚的多级超单元；高级循环对称分析；设计灵敏度和设计优化；复合材料分析；转子动力学特性；概率有限元分析；与MSC.ADAMS有机结合进行刚/柔性体的多体运动力学分析；高速碰撞；对巨大模型的分布式并行分析；利用DMAP对MSC.Nastran二次开发。

MDNastran是唯一真正的多学科求解器。通过一个完全集成的系统提供了真正的多学科仿真，是目前业界最强大和得到最广泛应用的仿真方案，它基于业界标准软件MSC.Nastran。MSC.Software从2001年以来，额外投入了500人-年的研发力量把一流的解算器Nastran、Marc、Dytran、ADAMS和LS-DYNA综合成一个完全集成的多学科仿真方案，形成了MDNastran这一仿真产品。这些高度协调、世界一流的解算器提高了数倍的分析计算速度，其强大的高性能计算能力HPC支持极大模型解算，结合一流的CAE前后处理器Patran能够建立极其复杂的模型，进行显式非线性分析、隐式非线性分析、热力学、高级动力学、转子动力学、复杂接触、流-固耦合、非线性材料、多体运动仿真、有限元和多体系统集成、多体系统和控制集成等分析。

# 习　题

## 一、简答题

1．简述飞行器气动设计步骤。

2．简述利用CAE软件进行仿真分析的基本步骤。

## 二、操作题

1．使用几何建模软件建立一个简单的飞行器几何模型，几何尺寸如图 7.122 所示。

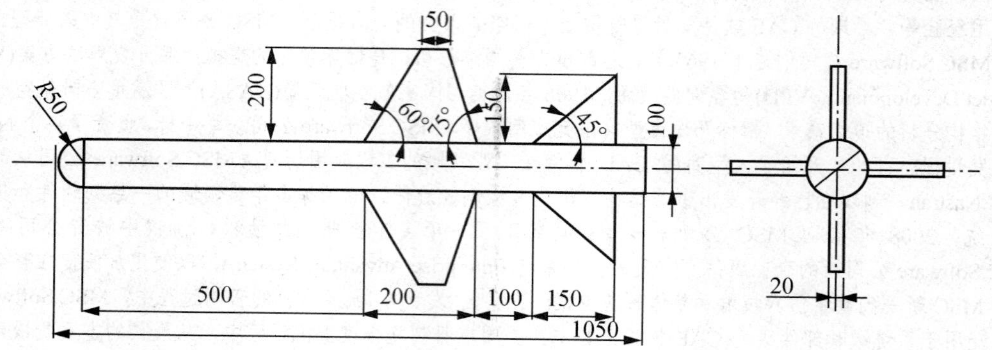


图 7.122　飞行器几何模型尺寸

2．完成二维飞行器模型的表面压力仿真。

3．对上述飞行器模型划分六面体网格，进行静力分析并获取应力图和应变图。仿真条件是飞行器底部进行固支铰链约束，在弹头部施加 1000Pa 的压力载荷，如图 7.123 所示。

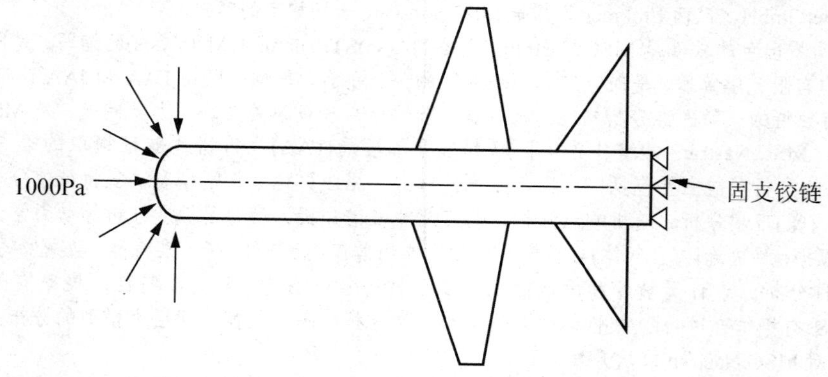


图 7.123　飞行器静力分析约束示意图

4．完成飞行器以一定速度碰撞墙面的动力学仿真，如图 7.124 所示。

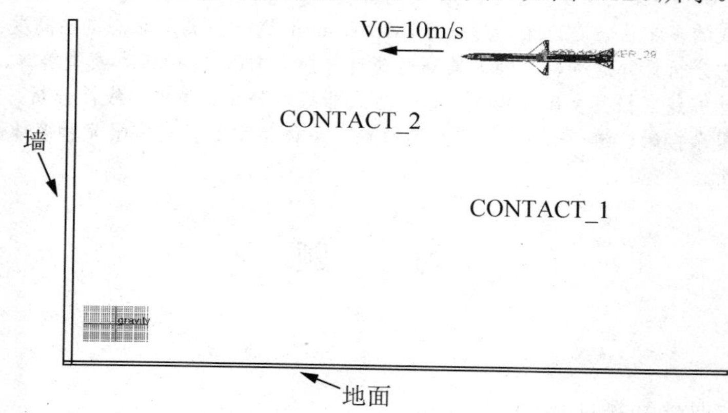


图 7.124　飞行器动力学系统模型示意图

# 附录　课后习题答案

## 第 1 章

一、填空题

1．运行性能，安全可靠性，工程数值分析，结构与过程优化设计，强度与寿命评估，运动/动力学仿真

2．运算器，逻辑控制器，存储器，输入设备和输出设备

3．CAE 软件向专业应用方向发展，CAE 功能进一步扩充，三维图形处理与虚拟现实技术，一体化的 CAD/CAE/CAM 系统，多媒体用户界面与智能化，网络化

4．有限元法，偏微分方程式近似解，积分方程式

5．前处理，分析计算，后处理

二、选择题

1．B　　2．C　　3．A　　4．B

## 第 2 章

一、填空题

1．顶点，边，面，点，直线(或曲线)，平面(或曲面)

2．几何信息，拓扑信息，线框建模，曲面建模，实体建模，特征建模

3．区域的边界拟合，速度快，质量好，数据结构简单

4．网格密度，单元阶次，单元形状，单元协调性

5．满足一定的规则，四边形或三角形，六面体

二、选择题

1．C　　2．B　　3．A

三、判断题

1．T　　2．F　　3．F　　4．T　　5．T

## 第 3 章

一、填空题

1．连续物理量的场，有限个离散点上的变量值

2．剪切应力，剪切速率，成正比，非线性

3．有限差分法，有限元法，有限体积法

4．有限个数的单元，等效组合体，单元，有限个数的节点，有限个数的参数，单元的力学，单元体特性的叠加，单元之间的协调条件

5．模态分析，谐波分析(谐响应分析)，瞬态动力分析，谱分析，显式动力分析

二、选择题

1. B　　2. B　　3. B　　4. C

三、判断题

1. T　　2. F　　3. T　　4. T　　5. F

## 第4章

一、填空题

1. 点阵图，矢量图
2. 直线，圆，弧线，封闭图形的大小和形状
3. Postprocessing & Data Export，可视化的图形，曲线，报表
4. Result，Insight，Insight
5. 位移，温度，应力，应变，速度，热流，图形表示，数据列表

二、选择题

1. C　　2. B　　3. D　　4. C　　5. A

三、判断题

1. T　　2. F　　3. F　　4. T

## 第5章

一、填空题

1. 参数化设计，基于特征建模，单一数据库
2. UG，Pro/E，CATIA，IGES，STEP
3. 交互式图形环境，零件库，约束库，力库，静力学，运动学，动力学，位移，速度，加速度，反作用力曲线
4. 显式动力分析，二维/三维非线性结构，传热，流体，流-固耦合
5. 特征模态分析，直接复特征值分析，直接瞬态响应分析，模态瞬态响应分析，响应谱分析，模态复特征值分析，直接频率响应分析，模态频率响应分析，非线性瞬态分析，模态综合，动力灵敏度分析

二、选择题

1. C　　2. B　　3. D　　4. C　　5. C

三、判断题

1. F　　2. T　　3. T　　4. F　　5. T

## 第6章

一、填空题

导热系数，密度，对流换热系数，比热容，弹性模量，泊松比，热膨胀系数

# 参 考 文 献


[1] 苏春．数字化设计与制造 [M]．2 版．北京：机械工业出版社，2010.

[2] 王华侨，张颖，等．数字化设计制造仿真与模拟[M]．北京：机械工业出版社，2010.

[3] 杨朝丽．计算机辅助工程(CAE)发展现状及其应用综述[J]．昆明大学学报(综合版)，2003(2)：50-54.

[4] 梅飞．计算机辅助工程技术发展及应用综述[J]．滁州大学学报，2007，9(3)：45-47.

[5] 吕军，王忠军，王仲仁．有限元六面体网格的典型生成方法及发展趋势[J]．哈尔滨工业大学学报，2001，33(4)：485-490.

[6] 张洪武，关振群．有限元分析与 CAE 技术基础[M]．北京：清华大学出版社，2004.

[7] 张洁，陈世元．平面域中的 Delaunay 三角算法[J]．防爆电机，2007(4)：1-4.

[8] 胡恩球，张新访，向文，等．有限元网格生成方法发展综述[J]．计算机辅助设计与图形学学报，1997，9(4)：378-382.

[9] 崔建，江雄心，游步东．二维有限元网格生成方法[J]．南昌大学学报(工科版)，2003，25(2)：92-96.

[10] 修荣荣，徐明海，黄善波．自动生成四边形网格的方法及其在数值模拟中的应用[J]．中国石油大学学报(自然科学版)，2011，35(2)：131-136.

[11] 李华，李笑牛，程耿东．一种全四边形网格生成方法——改进模板法[J]．计算力学学报，2002，19(1)：16-19 页.

[12] 刘怀辉．平面区域有限元三角网格剖分算法研究[D]．山东：山东大学，2007.

[13] 郑志镇，李尚健，李志刚．复杂曲面上的四边形网格生成方法[J]．计算机辅助设计与图形学学报，1999，11(6)：521-524.

[14] 潘子杰，杨文通．有限元四边形网格划分的两种算法[J]．机械设计与制造，2002(2)：50-53.

[15] 何玉香．四边形网格生成算法研究[D]．武汉：华中科技大学，2003.

[16] 林建忠．流体力学[M]．北京：清华大学出版社，2005.

[17] 张兆顺．湍流理论与模拟[M]．北京：清华大学出版社，2005.

[18] 苏铭德，黄素逸．计算流体力学基础[M]．北京：清华大学出版社，1997.

[19] 王福军．计算流体动力学分析-CFD 软件原理和应用[M]．北京：清华大学出版社，2004.

[20] 练章华．现代 CAE 技术与应用基础[M]．北京：石油工业出版社，2004.

[21] 韩占忠，王敏，兰小平．FLUENT 流体工程仿真计算实例与应用[M]．北京：北京大学出版社，2006.

[22] 谢祚水．计算结构力学[M]．武汉：华中科技大学出版社，2004.

[23] 王世忠．结构力学与有限元法[M]．哈尔滨：哈尔滨工业大学出版社，2003.

[24] 王新荣．ANSYS 有限元基础教程[M]．北京：电子工业出版社，2011.

[25] 张洪信．有限元基础理论与 ANSYS 应用[M]．北京：机械工业出版社，2006.

[26] 曾攀．有限元分析基础教程[M]．北京：高等教育出版社，2009.

[27] 尹飞鸿．有限元法基本原理及应用[M]．北京：高等教育出版社，2010.

[28] 罗伯特 • D • 库克．有限元分析的概念与应用[M]．关正西，强洪天，译．西安：西安交通大学出版社，2007.

[29] 杜平安，甘娥忠，于亚婷．有限元法：原理、建模及应用[M]．北京：国防工业出版社，2006.

[30] 秦太验，周喆，徐春晖．有限单元法[M]．北京：中国农业科学技术出版社，2006.

[31] 朱慈勉，张伟平．结构力学(上册)[M]．2 版．北京：高等教育出版社，2009.
[32] 曾娜，郭小刚．探讨流固耦合分析方法[J]．水科学与工程技术，2008(增刊)：65-68.
[33] 何薇．计算机图形图像处理技术与应用[M]．北京：清华大学出版社，2007.
[34] 唐波，马伯宁，邹焕新，等．计算机图形图像处理基础[M]．北京：电子工业出版社，2010.
[35] 于开平，周传月，谭惠丰．HYPERMESH 从入门到精通[M]．北京：科学出版社，2005.
[36] 李楚琳，张胜兰，冯英，等．HyperWorks 分析应用实例[M]．北京：机械工业出版社，2011.
[37] 苏春．制造系统建模与仿真[M]．北京：机械工业出版社，2008.
[38] 杨文玉，尹周平，孙容磊．数字制造基础[M]．北京：北京理工大学出版社，2005.
[39] 陈月根．航天器数字化设计基础[M]．北京：中国科学技术出版社，2010.
[40] 张颖，王华侨．数字化设计制造仿真与模拟[M]．北京：机械工业出版社，2010.
[41] 练章华．现代 CAE 技术与应用教程[M]．北京：石油工业出版社，2004.
[42] 李楚琳，张胜兰，冯樱，等．HyperWorks 分析应用实例[M]．北京：机械工业出版社，2008.
[43] 陈小安，谭宏．三维几何模型的中性文件格式的数据交换方法研究[J]．机械工程学报，2001(10)：93-99.
[44] 维基百科，http：//zh.wikipedia.org.
[45] 百度文库，http：//wenku.baidu.com.
[46] 百度百科，http：//baike.baidu.com.
[47] Pro/E(Creo)官网：http：//creo.ptc.com/.
[48] UG 官网：http：//www.plm.automation.siemens.com/en_us/products/nx/.
[49] SolidWorks 官网：http：//www.solidworks.com/.
[50] CATIA 官网：http：//www.3ds.com/products/catia/welcome/.
[51] HYPERMESH 官网：http：//www.altairhyperworks.com.
[52] ALTIR 官网：http：//www.altair.com/.
[53] MSC 软件官网：http：//www.mscsoftware.com/.
[54] ANSYS 官网：http：//www.ansys.com/.
[55] ABAQUS 官网：http：//www.simulia.com/.
[56] Fastran 官网：http：//www.esi-group.com/products/Fluid-Dynamics/cfd-fastran.
[57] 严隽耄，傅茂海．车辆工程[M]．北京：中国铁道出版社，2011.
[58] 任重．ANSYS 实用分析教程[M]．北京：北京大学出版社，2003.
[59] 吴甲生，雷娟棉．制导兵器气动布局与气动特性[M]．北京：国防工业出版社，2008.
[60] 于剑桥，文仲辉，梅跃松，等．战术导弹总体设计[M]．北京：北京航空航天大学出版社，2010.

# 北京大学出版社教材书目

✧ 欢迎访问教学服务网站 www.pup6.com，免费查阅已出版教材的电子书(PDF 版)、电子课件和相关教学资源。

✧ 欢迎征订投稿。联系方式：010-62750667，童编辑，13426433315@163.com，pup_6@163.com，欢迎联系。

| 序号 | 书　　名 | 标准书号 | 主　　编 | 定价 | 出版日期 |
|---|---|---|---|---|---|
| 1 | 机械设计 | 978-7-5038-4448-5 | 郑　江，许　瑛 | 33 | 2007.8 |
| 2 | 机械设计 | 978-7-301-15699-5 | 吕　宏 | 32 | 2009.9 |
| 3 | 机械设计 | 978-7-301-17599-6 | 门艳忠 | 40 | 2010.8 |
| 4 | 机械设计 | 978-7-301-21139-7 | 王贤民，霍仕武 | 49 | 2012.8 |
| 5 | 机械设计 | 978-7-301-21742-9 | 师素娟，张秀花 | 48 | 2012.12 |
| 6 | 机械原理 | 978-7-301-11488-9 | 常治斌，张京辉 | 29 | 2008.6 |
| 7 | 机械原理 | 978-7-301-15425-0 | 王跃进 | 26 | 2010.7 |
| 8 | 机械原理 | 978-7-301-19088-3 | 郭宏亮，孙志宏 | 36 | 2011.6 |
| 9 | 机械原理 | 978-7-301-19429-4 | 杨松华 | 34 | 2011.8 |
| 10 | 机械设计基础 | 978-7-5038-4444-2 | 曲玉峰，关晓平 | 27 | 2008.1 |
| 11 | 机械设计基础 | 978-7-301-22011-5 | 苗淑杰，刘喜平 | 49 | 2012.12 |
| 12 | 机械设计基础 | 978-7-301-22957-6 | 朱　玉 | 38 | 2013.8 |
| 13 | 机械设计课程设计 | 978-7-301-12357-7 | 许　瑛 | 35 | 2012.7 |
| 14 | 机械设计课程设计 | 978-7-301-18894-1 | 王　慧，吕　宏 | 30 | 2011.5 |
| 15 | 机电一体化课程设计指导书 | 978-7-301-19736-3 | 王金娥　罗生梅 | 35 | 2013.5 |
| 16 | 机械工程专业毕业设计指导书 | 978-7-301-18805-7 | 张黎骅，吕小荣 | 22 | 2012.5 |
| 17 | 机械创新设计 | 978-7-301-12403-1 | 丛晓霞 | 32 | 2010.7 |
| 18 | 机械系统设计 | 978-7-301-20847-2 | 孙月华 | 32 | 2012.7 |
| 19 | 机械设计基础实验及机构创新设计 | 978-7-301-20653-9 | 邹旻 | 28 | 2012.6 |
| 20 | TRIZ 理论机械创新设计工程训练教程 | 978-7-301-18945-0 | 蒯苏苏，马履中 | 45 | 2011.6 |
| 21 | TRIZ 理论及应用 | 978-7-301-19390-7 | 刘训涛，曹　贺等 | 35 | 2011.8 |
| 22 | 创新的方法——TRIZ 理论概述 | 978-7-301-19453-9 | 沈萌红 | 28 | 2011.9 |
| 23 | 机械工程基础 | 978-7-301-21853-2 | 潘玉良，周建军 | 34 | 2013.2 |
| 24 | 机械 CAD 基础 | 978-7-301-20023-0 | 徐云杰 | 34 | 2012.2 |
| 25 | AutoCAD 工程制图 | 978-7-5038-4446-9 | 杨巧绒，张克义 | 20 | 2011.4 |
| 26 | AutoCAD 工程制图 | 978-7-301-21419-0 | 刘善淑，胡爱萍 | 38 | 2013.4 |
| 27 | 工程制图 | 978-7-5038-4442-6 | 戴立玲，杨世平 | 27 | 2012.2 |
| 28 | 工程制图 | 978-7-301-19428-7 | 孙晓娟，徐丽娟 | 30 | 2012.5 |
| 29 | 工程制图习题集 | 978-7-5038-4443-4 | 杨世平，戴立玲 | 20 | 2008.1 |
| 30 | 机械制图(机类) | 978-7-301-12171-9 | 张绍群，孙晓娟 | 32 | 2009.1 |
| 31 | 机械制图习题集(机类) | 978-7-301-12172-6 | 张绍群，王慧敏 | 29 | 2007.8 |
| 32 | 机械制图(第 2 版) | 978-7-301-19332-7 | 孙晓娟，王慧敏 | 38 | 2011.8 |
| 33 | 机械制图 | 978-7-301-21480-0 | 李凤云，张　凯等 | 36 | 2013.1 |
| 34 | 机械制图习题集(第 2 版) | 978-7-301-19370-7 | 孙晓娟，王慧敏 | 22 | 2011.8 |
| 35 | 机械制图 | 978-7-301-21138-0 | 张　艳，杨晨升 | 37 | 2012.8 |
| 36 | 机械制图习题集 | 978-7-301-21339-1 | 张　艳，杨晨升 | 24 | 2012.10 |
| 37 | 机械制图与 AutoCAD 基础教程 | 978-7-301-13122-0 | 张爱梅 | 35 | 2011.7 |
| 38 | 机械制图与 AutoCAD 基础教程习题集 | 978-7-301-13120-6 | 鲁　杰，张爱梅 | 22 | 2010.9 |
| 39 | AutoCAD 2008 工程绘图 | 978-7-301-14478-7 | 赵润平，宗荣珍 | 35 | 2009.1 |
| 40 | AutoCAD 实例绘图教程 | 978-7-301-20764-2 | 李庆华，刘晓杰 | 32 | 2012.6 |
| 41 | 工程制图案例教程 | 978-7-301-15369-7 | 宗荣珍 | 28 | 2009.6 |
| 42 | 工程制图案例教程习题集 | 978-7-301-15285-0 | 宗荣珍 | 24 | 2009.6 |
| 43 | 理论力学 | 978-7-301-12170-2 | 盛冬发，闫小青 | 29 | 2012.5 |
| 44 | 材料力学 | 978-7-301-14462-6 | 陈忠安，王　静 | 30 | 2011.1 |
| 45 | 工程力学(上册) | 978-7-301-11487-2 | 毕勤胜，李纪刚 | 29 | 2008.6 |
| 46 | 工程力学(下册) | 978-7-301-11565-7 | 毕勤胜，李纪刚 | 28 | 2008.6 |

| | | | | | |
|---|---|---|---|---|---|
| 47 | 液压传动（第 2 版） | 978-7-301-19507-9 | 王守城，容一鸣 | 38 | 2013.7 |
| 48 | 液压与气压传动 | 978-7-301-13179-4 | 王守城，容一鸣 | 32 | 2012.10 |
| 49 | 液压与液力传动 | 978-7-301-17579-8 | 周长城等 | 34 | 2010.8 |
| 50 | 液压传动与控制实用技术 | 978-7-301-15647-6 | 刘　忠 | 36 | 2009.8 |
| 51 | 金工实习指导教程 | 978-7-301-21885-3 | 周哲波 | 30 | 2013.1 |
| 52 | 金工实习(第 2 版) | 978-7-301-16558-4 | 郭永环，姜银方 | 30 | 2013.2 |
| 53 | 机械制造基础实习教程 | 978-7-301-15848-7 | 邱　兵，杨明金 | 34 | 2010.2 |
| 54 | 公差与测量技术 | 978-7-301-15455-7 | 孔晓玲 | 25 | 2011.8 |
| 55 | 互换性与测量技术基础(第 2 版) | 978-7-301-17567-5 | 王长春 | 28 | 2010.8 |
| 56 | 互换性与技术测量 | 978-7-301-20848-9 | 周哲波 | 35 | 2012.6 |
| 57 | 机械制造技术基础 | 978-7-301-14474-9 | 张　鹏，孙有亮 | 28 | 2011.6 |
| 58 | 机械制造技术基础 | 978-7-301-16284-2 | 侯书林　张建国 | 32 | 2012.8 |
| 59 | 机械制造技术基础 | 978-7-301-22010-8 | 李菊丽，何绍华 | 42 | 2013.1 |
| 60 | 先进制造技术基础 | 978-7-301-15499-1 | 冯宪章 | 30 | 2011.11 |
| 61 | 先进制造技术 | 978-7-301-22283-6 | 朱　林，杨春杰 | 30 | 2013.4 |
| 62 | 先进制造技术 | 978-7-301-20914-1 | 刘　璇，冯　凭 | 28 | 2012.8 |
| 63 | 先进制造与工程仿真技术 | 978-7-301-22541-7 | 李　彬 | 35 | 2013.5 |
| 64 | 机械精度设计与测量技术 | 978-7-301-13580-8 | 于　峰 | 25 | 2008.8 |
| 65 | 机械制造工艺学 | 978-7-301-13758-1 | 郭艳玲，李彦蓉 | 30 | 2008.8 |
| 66 | 机械制造工艺学 | 978-7-301-17403-6 | 陈红霞 | 38 | 2010.7 |
| 67 | 机械制造工艺学 | 978-7-301-19903-9 | 周哲波，姜志明 | 49 | 2012.1 |
| 68 | 机械制造基础(上)——工程材料及热加工工艺基础(第 2 版) | 978-7-301-18474-5 | 侯书林，朱　海 | 40 | 2013.2 |
| 69 | 机械制造基础(下)——机械加工工艺基础(第 2 版) | 978-7-301-18638-1 | 侯书林，朱　海 | 32 | 2012.5 |
| 70 | 金属材料及工艺 | 978-7-301-19522-2 | 于文强 | 44 | 2013.2 |
| 71 | 金属工艺学 | 978-7-301-21082-6 | 侯书林，于文强 | 32 | 2012.8 |
| 72 | 工程材料及其成形技术基础（第 2 版） | 978-7-301-22367-3 | 申荣华 | 58 | 2013.5 |
| 73 | 工程材料及其成形技术基础学习指导与习题详解 | 978-7-301-14972-0 | 申荣华 | 20 | 2009.3 |
| 74 | 机械工程材料及成形基础 | 978-7-301-15433-5 | 侯俊英，王兴源 | 30 | 2012.5 |
| 75 | 机械工程材料（第 2 版） | 978-7-301-22552-3 | 戈晓岚，招玉春 | 36 | 2013.6 |
| 76 | 机械工程材料 | 978-7-301-18522-3 | 张铁军 | 36 | 2012.5 |
| 77 | 工程材料与机械制造基础 | 978-7-301-15899-9 | 苏子林 | 32 | 2009.9 |
| 78 | 控制工程基础 | 978-7-301-12169-6 | 杨振中，韩致信 | 29 | 2007.8 |
| 79 | 机械工程控制基础 | 978-7-301-12354-6 | 韩致信 | 25 | 2008.1 |
| 80 | 机电工程专业英语(第 2 版) | 978-7-301-16518-8 | 朱　林 | 24 | 2012.10 |
| 81 | 机械制造专业英语 | 978-7-301-21319-3 | 王中任 | 28 | 2012.10 |
| 82 | 机床电气控制技术 | 978-7-5038-4433-7 | 张万奎 | 26 | 2007.9 |
| 83 | 机床数控技术(第 2 版) | 978-7-301-16519-5 | 杜国臣，王士军 | 35 | 2011.6 |
| 84 | 自动化制造系统 | 978-7-301-21026-0 | 辛宗生，魏国丰 | 37 | 2012.8 |
| 85 | 数控机床与编程 | 978-7-301-15900-2 | 张洪江，侯书林 | 25 | 2012.10 |
| 86 | 数控铣床编程与操作 | 978-7-301-21347-6 | 王志斌 | 35 | 2012.10 |
| 87 | 数控技术 | 978-7-301-21144-1 | 吴瑞明 | 28 | 2012.9 |
| 88 | 数控技术 | 978-7-301-22073-3 | 唐友亮　佘　勃 | 45 | 2013.2 |
| 89 | 数控加工技术 | 978-7-5038-4450-7 | 王　彪，张　兰 | 29 | 2011.7 |
| 90 | 数控加工与编程技术 | 978-7-301-18475-2 | 李体仁 | 34 | 2012.5 |
| 91 | 数控编程与加工实习教程 | 978-7-301-17387-9 | 张春雨，于　雷 | 37 | 2011.9 |
| 92 | 数控加工技术及实训 | 978-7-301-19508-6 | 姜永成，夏广岚 | 33 | 2011.9 |
| 93 | 数控编程与操作 | 978-7-301-20903-5 | 李英平 | 26 | 2012.8 |
| 94 | 现代数控机床调试及维护 | 978-7-301-18033-4 | 邓三鹏等 | 32 | 2010.11 |
| 95 | 金属切削原理与刀具 | 978-7-5038-4447-7 | 陈锡渠，彭晓南 | 29 | 2012.5 |
| 96 | 金属切削机床 | 978-7-301-13180-0 | 夏广岚，冯　凭 | 28 | 2012.7 |
| 97 | 典型零件工艺设计 | 978-7-301-21013-0 | 白海清 | 34 | 2012.8 |
| 98 | 工程机械检测与维修 | 978-7-301-21185-4 | 卢彦群 | 45 | 2012.9 |

| 99 | 特种加工 | 978-7-301-21447-3 | 刘志东 | 50 | 2013.1 |
|---|---|---|---|---|---|
| 100 | 精密与特种加工技术 | 978-7-301-12167-2 | 袁根福，祝锡晶 | 29 | 2011.12 |
| 101 | 逆向建模技术与产品创新设计 | 978-7-301-15670-4 | 张学昌 | 28 | 2009.9 |
| 102 | CAD/CAM 技术基础 | 978-7-301-17742-6 | 刘　军 | 28 | 2012.5 |
| 103 | CAD/CAM 技术案例教程 | 978-7-301-17732-7 | 汤修映 | 42 | 2010.9 |
| 104 | Pro/ENGINEER Wildfire 2.0 实用教程 | 978-7-5038-4437-X | 黄卫东，任国栋 | 32 | 2007.7 |
| 105 | Pro/ENGINEER Wildfire 3.0 实例教程 | 978-7-301-12359-1 | 张选民 | 45 | 2008.2 |
| 106 | Pro/ENGINEER Wildfire 3.0 曲面设计实例教程 | 978-7-301-13182-4 | 张选民 | 45 | 2008.2 |
| 107 | Pro/ENGINEER Wildfire 5.0 实用教程 | 978-7-301-16841-7 | 黄卫东，郝用兴 | 43 | 2011.10 |
| 108 | Pro/ENGINEER Wildfire 5.0 实例教程 | 978-7-301-20133-6 | 张选民，徐超辉 | 52 | 2012.2 |
| 109 | SolidWorks 三维建模及实例教程 | 978-7-301-15149-5 | 上官林建 | 30 | 2009.5 |
| 110 | UG NX6.0 计算机辅助设计与制造实用教程 | 978-7-301-14449-7 | 张黎骅，吕小荣 | 26 | 2011.11 |
| 111 | Cimatron E9.0 产品设计与数控自动编程技术 | 978-7-301-17802-7 | 孙树峰 | 36 | 2010.9 |
| 112 | Mastercam 数控加工案例教程 | 978-7-301-19315-0 | 刘　文，姜永梅 | 45 | 2011.8 |
| 113 | 应用创造学 | 978-7-301-17533-0 | 王成军，沈豫浙 | 26 | 2012.5 |
| 114 | 机电产品学 | 978-7-301-15579-0 | 张亮峰等 | 24 | 2009.8 |
| 115 | 品质工程学基础 | 978-7-301-16745-8 | 丁　燕 | 30 | 2011.5 |
| 116 | 设计心理学 | 978-7-301-11567-1 | 张成忠 | 48 | 2011.6 |
| 117 | 计算机辅助设计与制造 | 978-7-5038-4439-6 | 仲梁维，张国全 | 29 | 2007.9 |
| 118 | 产品造型计算机辅助设计 | 978-7-5038-4474-4 | 张慧姝，刘永翔 | 27 | 2006.8 |
| 119 | 产品设计原理 | 978-7-301-12355-3 | 刘美华 | 30 | 2008.2 |
| 120 | 产品设计表现技法 | 978-7-301-15434-2 | 张慧姝 | 42 | 2012.5 |
| 121 | CorelDRAW X5 经典案例教程解析 | 978-7-301-21950-8 | 杜秋磊 | 40 | 2013.1 |
| 122 | 产品创意设计 | 978-7-301-17977-2 | 虞世鸣 | 38 | 2012.5 |
| 123 | 工业产品造型设计 | 978-7-301-18313-7 | 袁涛 | 39 | 2011.1 |
| 124 | 化工工艺学 | 978-7-301-15283-6 | 邓建强 | 42 | 2009.6 |
| 125 | 构成设计 | 978-7-301-21466-4 | 袁涛 | 58 | 2013.1 |
| 126 | 过程装备机械基础（第 2 版） | 978-301-22627-8 | 于新奇 | 38 | 2013.7 |
| 127 | 过程装备测试技术 | 978-7-301-17290-2 | 王毅 | 45 | 2010.6 |
| 128 | 过程控制装置及系统设计 | 978-7-301-17635-1 | 张早校 | 30 | 2010.8 |
| 129 | 质量管理与工程 | 978-7-301-15643-8 | 陈宝江 | 34 | 2009.8 |
| 130 | 质量管理统计技术 | 978-7-301-16465-5 | 周友苏，杨　飒 | 30 | 2010.1 |
| 131 | 人因工程 | 978-7-301-19291-7 | 马如宏 | 39 | 2011.8 |
| 132 | 工程系统概论——系统论在工程技术中的应用 | 978-7-301-17142-4 | 黄志坚 | 32 | 2010.6 |
| 133 | 测试技术基础(第 2 版) | 978-7-301-16530-0 | 江征风 | 30 | 2010.1 |
| 134 | 测试技术实验教程 | 978-7-301-13489-4 | 封士彩 | 22 | 2008.8 |
| 135 | 测试技术学习指导与习题详解 | 978-7-301-14457-2 | 封士彩 | 34 | 2009.3 |
| 136 | 可编程控制器原理与应用(第 2 版) | 978-7-301-16922-3 | 赵　燕，周新建 | 33 | 2010.3 |
| 137 | 工程光学 | 978-7-301-15629-2 | 王红敏 | 28 | 2012.5 |
| 138 | 精密机械设计 | 978-7-301-16947-6 | 田　明，冯进良等 | 38 | 2011.9 |
| 139 | 传感器原理及应用 | 978-7-301-16503-4 | 赵　燕 | 35 | 2010.2 |
| 140 | 测控技术与仪器专业导论 | 978-7-301-17200-1 | 陈毅静 | 29 | 2012.5 |
| 141 | 现代测试技术 | 978-7-301-19316-7 | 陈科山，王燕 | 43 | 2011.8 |
| 142 | 风力发电原理 | 978-7-301-19631-1 | 吴双群，赵丹平 | 33 | 2011.10 |
| 143 | 风力机空气动力学 | 978-7-301-19555-0 | 吴双群 | 32 | 2011.10 |
| 144 | 风力机设计理论及方法 | 978-7-301-20006-3 | 赵丹平 | 32 | 2012.1 |
| 145 | 计算机辅助工程 | 978-7-301-22977-4 | 许承东 | 38 | 2013.8 |